岩石圈探测与地球动力学论文集

下 册

高锐 主编

中山大学出版社
·广州·

图书在版编目（CIP）数据

岩石圈探测与地球动力学论文集：全二册/高锐主编．—广州：中山大学出版社，2021.8
ISBN 978 - 7 - 306 - 06999 - 3

Ⅰ．①岩…　Ⅱ．①高…　Ⅲ．①岩石圈—探测—文集 ②地球动力学—文集
Ⅳ．①P31 - 53 ②P541 - 53

中国版本图书馆 CIP 数据核字（2020）第 202026 号

YANSHIQUAN TANCE YU DIQIU DONGLIXUE LUNWENJI XIACE

出 版 人：王天琪
策划编辑：嵇春霞　李海东
责任编辑：姜星宇
封面设计：刘　犇
责任校对：罗永梅
责任技编：何雅涛
出版发行：中山大学出版社
电　　话：编辑部 020 - 84111946，84110283，84113349，84110779
　　　　　发行部 020 - 84111998，84111981，84111160
地　　址：广州市新港西路 135 号
邮　　编：510275　　　传　真：020 - 84036565
网　　址：http：//www.zsup.com.cn　E-mail：zdcbs@mail.sysu.edu.cn
印 刷 者：恒美印务（广州）有限公司
规　　格：787mm × 1092mm　　1/16
总 印 张：59 印张
总 字 数：1375 千字
版次印次：2021 年 8 月第 1 版　　2021 年 8 月第 1 次印刷
总 定 价：268.00 元（全二册）

地球是人类居住的唯一场所，它不仅为人类提供了生产生活必需的能源和矿产资源，同时也带来了火山、地震、海啸等灾难。由于地球结构的复杂性，人类对赖以生存的地球内部特别是地球的深部结构和地球生长、发展的动力学过程知之甚少，从而在一定程度上影响了人类探求自然奥秘、获取自然资源、研究地质灾害的进程。世界各国近百年地球科学观测实践表明，要想揭开大陆地壳演化的奥秘，更加有效地寻找资源、保护环境、减轻灾害，必须进行地球的深部探测。

地球物理方法是获得地球深部的结构图像、了解地球内部结构行之有效的方法之一。高锐院士的研究团队基于野外观测实验，发展了以地震学为核心，地震、大地电磁、重磁等综合地球物理观测的技术体系。对中国大陆开展了地壳、地幔多圈层立体探测，获得了大批基于观测数据的科学认识，取得了一批国际一流的科研成果，在世界地球科学界发出了深部探测的中国声音。

《岩石圈探测与地球动力学论文集》集中了中国深部探测的优秀研究成果，研究区域从青藏高原、松辽盆地、华北克拉通到华南陆块，涵盖了主动源地震、被动源地震、大地电磁、MT等主流的地球物理手段，同时还包括了数据处理、信息识别等先进的技术方法。该论文集的出版必将有助于推动对地球精细结构的探测，推动解决地球动力学领域的关键问题。

习近平总书记指示，"向地球深部进军是我们必须解决的战略科技问题"。在当前"深地""深海"和"深空"全面探测的科技战略指导下，我相信，通过不断采取多学科、多方法协同创新，中国地球物理学家肩负"向地球深部进军"的历史使命，必将获得系列原创性、开拓性的研究成果。

李廷栋

中国科学院院士

2021 年 7 月 28 日于北京

目 录
MU LU

第三编　研究方法的探索

第一编

DIYI BIAN

QINGZANG GAOYUAN DE YANJIU

青藏高原的研究

深地震反射剖面所揭示的青藏高原中部羌塘地体运动学过程研究

郭晓玉[1]，高锐[1]，卢占武[2]，李文辉[2]，李朋武[2]

0 引 言

正在进行的印度板块与欧亚板块碰撞崛起了喜马拉雅山—青藏高原（England & Searle，1986），随后又导致其重力坍塌（Deway，1988；Houseman & England，1996；Ratschbacher et al.，1994；Seeber & Pêcher，1998；Searle et al.，2011）。全球定位系统（GPS）的测量结果显示青藏高原内部存在侧向垮塌，发生了以西部为中心向北部/东北持续的物质逃逸（Zhang et al.，2004；Gan et al.，2007）。不同方向的物质逃逸产生了不同的表面结构（图1），包括青藏高原南部的喀喇昆仑—嘉里走滑断层和青藏高原北部的阿尔金走滑剪切带以及昆仑走滑断带。同时，在青藏高原中部出现了一系列"V"形共轭走滑断层系统，该"V"形共轭走滑系统开口朝向青藏高原东部中下坡方向（Yin & Taylor，2011）（图1）。该"V"形共轭走滑断层系统在西藏中部占地约 $4 \times 10^5 \ km^2$（Taylor et al.，2003）。青藏高原边界的喀喇昆仑—嘉里断裂带（Taylor et al.，2003）以及阿尔金断裂带和昆仑山断裂带（Jolivet et al.，2003）以右旋或者左旋的走滑剪切运动来调节青藏高原向东的物质逃逸。青藏高原中部及南部，地表地形所观察到的裂谷分别在共轭"V"形断层系统的南、北两侧发育（图1 左上角小图）。前人研究表明该裂谷系形成于14—8 Ma 前（Yin & Taylor，2011）。同时，藏南裂谷系具有明显较长的长度和较宽的宽度，而在西藏中部则表现为较窄的宽度和较短的长度（Yin，2000；Yin & Harrison，2000）。

除却前人在青藏高原地表地质研究所获得的大量研究成果，前人利用地震成像技术对欧亚大陆下方的印度岩石圈几何结构也进行了深度研究（如 Owens & Zandt，1997；Tilmann et al.，2003；Li et al.，2008；Zhao et al.，2010；Searle et al.，2011；Zhao et al.，2011；Replumaz et al.，2013；Gao et al.，2016；Guo et al.，2017，2018）。前人研究结果

1 中山大学地球科学与工程学院，广州，510275；2 中国地质科学院地质研究所，北京，100037。
基金项目：国家自然科学基金项目（41674087，41430213，41590863）的联合资助。

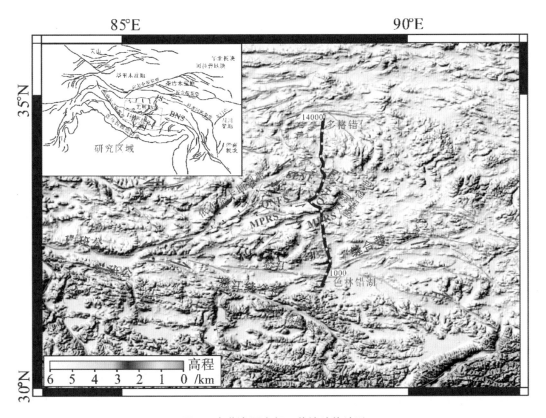

图 1　青藏高原中部—羌塘地体地形

　　图中黑线代表了本文研究所用的深地震反射测线位置。图中断裂信息主要来自 Taylor 等（2003）和 Ratschbacher 等（2011）的研究。1st 和 2nd 班公—怒江缝合带信息主要来自 Zhu 等（2016）的研究。

表明，印度板块俯冲岩石圈在青藏高原中部沿 88°E 向北已俯冲至与主要碰撞带相距约 600 km 的班公—怒江缝合带区域（如 Owens & Zandt，1997；Tilmann et al.，2003）。印度板块俯冲岩石圈的俯冲清除了西藏中部以下稠密的地幔物质（England & Houseman，1989；Bird，1991；Jiménez-Munt & Platt，2006）。同时，俯冲板块前缘的地幔物质上涌逆流在高原内部下方的中下地壳内造成机械减弱作用，从而引起侧向流动（England & Houseman，1989；Royden et al.，1997；Clark & Royden，2000；Beaumont et al.，2001；Shapiro et al.，2004）。

　　虽然板块构造理论为地球物理现象和地表结构特征提供了板块动力学过程解释，但地幔流动如何导致局部构造形变的细节，目前仍然不确定。地幔流动对表面变形有什么影响？许多研究已将青藏高原周围的地表结构的形成解释为适应高原侧向逃逸或各向异性活动的结果，突出了地幔的地球动力学过程。然而，该关系仍缺少中间媒介，即地壳构造响应的细节研究。因此，青藏高原中部的地表结构存在多样性。同时，沿 88.5°E 经度范围内，印度板块俯冲前缘已到达青藏高原中部区域，这些结构特点决定了青藏高原中部是研究地貌特征与内部驱动机制相互关系的天然实验室。本文首先对青藏高原中部收集的 355 km 长的深地震反射剖面进行构造解释，获得了重要的中间媒介——地壳尺度结构特征。所获得的地壳尺度结构特征与前人的地质和地球物理研究结果相结合，本文将最终系统阐述正在进行的印度板块俯冲过程对青藏高原中部所造成的深部形变以及由浅及深的地球动力学响应过程。

1 地震反射剖面和解释

本次研究所用的深地震反射剖面采集于 2009 年。该测线全长约 355 km，南北向伸展横跨班公—怒江缝合带并横穿了整个青藏高原中部—羌塘地体（地体亦可称"地块"）（图 1 中的实线）。

前人研究表明羌塘地块主要是由大陆弧岩浆作用形成（Zhu et al., 2016）。该地块包括南羌塘域，中羌塘背斜隆起域和北羌塘域（图 1）。中羌塘背斜隆起域南部边界为南西倾向的左旋 Muga Purou 裂谷系（共轭走滑断层）（Ratschbacher et al., 2011）和 Qiagam 正断层断裂带（QNFS）（Kapp et al., 2003；Ratschbacher et al., 2011）。北边界为双湖低角度正断层带（SLF）（图 1）。中羌塘背斜隆起域以东的双湖断陷盆地（图 1）自 4—3 Ma 前发生了约 6～8 km 的位移（Yin & Harrison, 2000）。同时，中羌塘背斜隆起域以北存在一条西北走向的走滑断层（我们命名该断裂带为 F1 断层），该断裂带表现为右旋走滑运动（Ratschbacher et al., 2011）（图 1）。F1 以北的北羌塘域，逆冲断层和断裂带均终止于一东西向伸展的断裂带。Ratschbacher 等（2011）研究认为该断层为昆仑断裂带西向延伸的断裂分支。

Gao 等（2013）和 Lu 等（2013）在其研究论文中提供了详细的数据收集和处理方法过程，以及本文研究中所用的深地震反射剖面的最终偏移数据处理结果（图 2）。请参考这两篇文章以了解更多详细信息。在本次研究中，这部分内容就不再赘述。

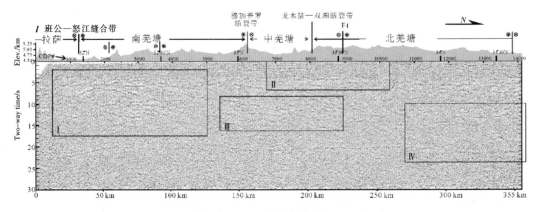

图 2 深地震反射剖面的最终偏移数据处理结果

图中 Ⅰ—Ⅳ 表示文中重点讨论区域，按照文中出现顺序排序。

地震剖面近垂直叠前时间偏移纵轴约为 30 s（双程走时，TWT，下同）（图 2）。图 2 中的区域 Ⅰ—Ⅳ 分别按照这些区域在文章当中出现的顺序进行编号，突出放大这个剖

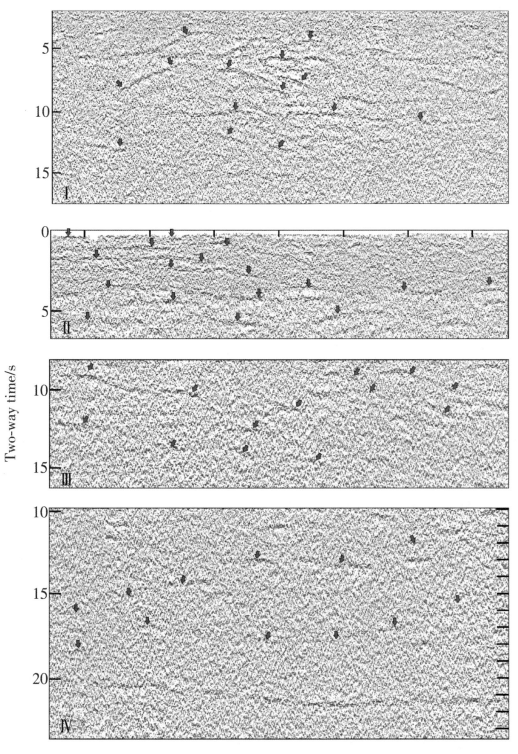

图 3　深地震反射剖面文中重点讨论区域（各区域位置请参照图 2）

面中的关键地震图像，并在图 3 中进行显示。同时，为了突出该剖面所要表达的地质信息，我们分别对这个剖面中的强振幅反射信息进行了提取［图 4（a）］，并单独进行展示［图 4（b）］。该地震剖面和结构解释结果揭示了青藏高原中部区域精细的地壳几何结构，为讨论该区域相对于印度与欧亚板块碰撞的由深及浅的构造响应提供了详细的数据支持。

因为班公—怒江洋板块存在双向俯冲过程（Zhu et al.，2016），我们将该北倾缝合线命名为第一班公—怒江缝合线，将南倾缝合线称为第二班公—怒江缝合线。北倾的班公—怒江缝合带由侏罗纪中期的拉萨与羌塘地块之间的碰撞形成（图 1）（Zhu et al.，2016）。在深地震反射剖面中，该缝合带基本为近垂直结构，并可连续向下追踪至壳幔边界（Moho）（图 2—图 4）。另外，深地震反射剖面所过区域的莫霍面表现为一条强烈的反射带（20 ～ 23 s，TWT），在整个青藏高原中部可以连续追踪。莫霍面在北倾班公—怒江缝合带下方表现出偏移，并且在地震剖面的南北两段埋深增大。这种结构与该深地震反射剖面两端对应的碰撞造山带，即北部的松潘—甘孜地块和羌塘地块的碰撞（Yin & Harrison，2000；Kapp et al.，2003）以及南部的拉萨和羌塘地块的拼合（Zhu et al.，2016）相一致。此外，莫霍面在中羌塘底部加深，并显示出不对称的向下凸的几何形状（图 3 和图 4）。

为了详细讨论羌塘地块南北中三块区域各自独特的地壳结构，我们将该深地震反射剖面分为三块区域，分别命名为南羌塘域、中羌塘域和北羌塘域，并做出如下相应讨论。

1.1 南羌塘域（SQD）

在地震反射图像的南部（图 2 中的共同深度点 CDP 1000 ～ 6000 范围内），上地壳（0 ～ 7 s，TWT）表现出与区域性向北收缩的变形反射模式。这些结构主要由南倾的反射组成（图 2 和图 4）。同时，在 CDP 3000 ～ 6000 范围内的 6 ～ 7 s（TWT）的深度处出现一近水平反射条带，该近水平条带将南倾反射分为两组。上层反射结构逐渐合并并被此近水平条带截断。下层的高振幅反射信号显示反射开始出现逐渐向北的倾斜（图 2 和图 4）。在 7 ～ 10 s（TWT）深度处，高振幅反射信号显示出了另一条规则反射带，它们相应地限制了其上较短波长的反射层（图 3 和图 4），其下又被几个长波长反射层所包裹，但表现出相反的反射倾向（图 2 和图 3 中的Ⅰ）。考虑到该区域接近班公—怒江向北俯冲缝合带，我们将这些叠瓦状结构解释为因受中侏罗纪拉萨和羌塘块体之间碰撞收缩而导致的主要挤压结构构造。另外，我们在该剖面位置的中低层地壳发现壳内反射出现冲断终止并向上合并，直至在 10 s（TWT）深度处出现清晰且规则的线性反射。该冲断截止处连接起来表现为明显的线性斜坡条带，并可连续追踪至地表，与地表出露的 Muga Purou 裂谷系统（Ratschbacher et al.，2011）或南倾的 Lugu‐Rongma 断裂系统（LRFS）（Kapp et al.，2005）［图 4（a）（b）］对应。前人的研究已经表明，Lugu‐Rongma 断裂系统为一从超过 35 km 的深度处出露地表的滑脱层，其滑脱出露过程伴随了中羌塘背斜的隆升（Kapp et al.，2003；Kapp et al.，2005）［图 2 和图 4（b）］。并且该断裂系统目前已显示出了左旋滑移的运动模式。"V"形共轭走滑断层系统适应印度—

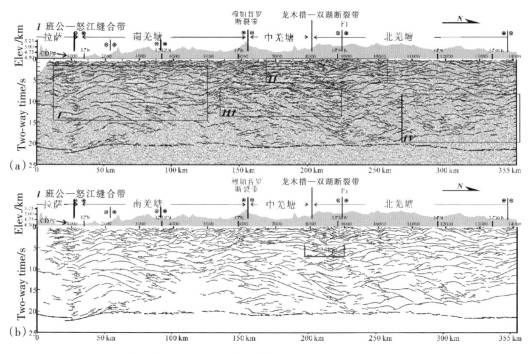

图 4　深地震反射剖面强振幅反射线条提取（a）与强振幅界面线条展示（b）

欧亚大陆碰撞的远程影响。在穆加普罗裂谷（Muga Purou）系统的南部和中部，伸展构造更为发育（Ratschbacher et al., 2011）。在南羌塘域中不同深度处出现的这两个线性特征 [CDP 4000～6000，图 4（a）（b）] 包括壳内挠曲系统，是为适应南羌塘物质横向不均匀性而出现的构造形变调节。

1.2　中羌塘域背斜隆起（CQA）

在反射地震剖面中间部位（图 2 中的 CDP 6000～8000 和图 3 中的Ⅱ）出现了一系列近乎平坦的长波反射层。该区域与中羌塘域背斜隆起位置相一致（图 1）。前人研究认为该背斜隆起是从 30 km 以上深度出露到地表的变质核杂岩体（Kapp et al., 2003）。这套明显的水平长波反射层可以连续向下追踪到约 5 s（TWT）及其以下深度，该平坦层反射消失，取而代之的是一套连续向北倾斜的反射 [图 4（a）（b）]。我们将二者之间的层位解释为壳内滑脱层。根据在地震剖面底部标注的长度标尺 [图 2 和图 4（b）]，中羌塘背斜隆起顶部向北沿该滑脱层向北位移的距离大概为 25 km [图 3 中的Ⅲ和图 4（b）]。在该滑脱断层之下，独特的长波地壳结构在更宽的范围内延伸并变得复杂。在中心域内 [CDP 5000～8500，深度为 15～30 s（TWT）；图 4]，平坦的长波结构逐渐在韧性偏转下向北倾斜 [图 3 中的Ⅲ和图 4（b）中的Ⅲ]。并在 15～30 s（TWT）的深度处留下结构楔形物。北向反射在 CDP 3000～7000 之间的 10～20 s（TWT）深度消失 [图 4（a）（b）]。在中羌塘背斜隆起的北部地区 [图 4（b）]，所识别的 25 km 位移上方（5 s，TWT）的长波反射以某种方式终止，终止点位置连成一线，表现为一低角度特征。该线性结构与地表出露的双湖断裂带位置相吻合，表明双湖断裂带为一低角度正断层（SLNF），与前人研究一致（Kapp et al., 2003）。该断层带向下合并于底部的滑脱层［图3中的Ⅲ和图4（b）中的Ⅲ］。地震剖面 CDP 8000 ~ 11 000 之间，更大的深度处 5 ~ 20 s（TWT）范围内，长波反射波长的向北终止点连成一线，勾勒出一向北陡倾的结构特征［图4（b）］。我们将此结构解释为羌塘大陆弧结晶基底的北边界。此外，南羌塘和中羌塘域内的整体地壳几何轮廓可以清晰地勾勒出该结晶基底的构造轮廓［图4（a）（b）］。

1.3　北羌塘域（NQD）

在地震反射剖面中，整个北羌塘域的最上层地壳表现为不同规模大小的背斜结构［图4（a）（b）］。在 5 s（TWT）的深度处，这些背斜组合被一组近水平反射结构所截切。我们将这两种结构单元所共同组成的构造称为滑脱断层相关褶皱［图4（b）］。同时，该壳内滑脱层可以追踪到更南边，与中羌塘和南羌塘域先前确定的壳内滑脱层连接［图4（b）］。这些现象共同表明整个羌塘域内存在显著的壳内滑脱剪切结构。

在地壳内滑脱层以下，清晰可辨的壳内褶皱构造基本表现为几组南倾反射带［图4（a）（b）］，可能用来调节受挤压作用所产生的地壳缩短过程。在深度 12 ~ 18 s（TWT）内，下地壳出现一系列的南倾到近乎平坦的反射层［图3中的Ⅳ和图4（b）中的Ⅳ］。我们将该现象解释为与沿北部金沙缝合线的古特提斯洋岩石圈平板向南俯冲（Yin & Harrison, 2000; Kapp et al., 2003）有关的壳内变形结构响应。在 18 s（TWT）的深度以下出现另一组水平反射（图3中的Ⅳ）。除莫霍反射外，地震剖面在这组近水平线性结构下方没有出现明显的反射结构。尽管这组水平反射结构没有表现出很强的反射振幅，但它们包含了非常重要的信息。先前的研究发现羌塘地体地壳在莫霍面深度内温度达到 1000 ℃（Hacker et al., 2014）。同时，羌塘地体北段地幔存在低 S_n 和低 P_n 参数（Owens & Zandt, 1997）。结合该深地震反射剖面所发现的下地壳水平反射结构，这些特征可以表明羌塘地体北段存在熔体或先前部分熔融的地壳物质。

综上所述，深地震反射剖面表明：①羌塘地体横向上划分为三个区域，并显示出了不同深度的壳内滑脱结构序列。②南羌塘域内主要表现出了与碰撞有关的地震反射结构，这是由拉萨和羌塘地体之间的碰撞收缩引起的。③中羌塘域上地壳表现出近水平反射结构，而在中下地壳区表现出侧向的北倾结构。同时，上地壳在主要壳内滑脱层之上向北运移延伸了约 25 km。④南羌塘域和中羌塘域具有统一的结晶基底。⑤北羌塘域表现为由一系列壳内韧性剪切带所隔开的几个次变形域：包括上地壳中的一系列滑脱断层相关褶皱，中地壳中的褶皱结构以及与平板向南俯冲有关的地震反射结构以及下地壳底部的壳内熔融或先前部分熔融的地震反射结构。

◆ 2　讨　论

2.1　中生代的构造特征

本文对新的深地震反射剖面进行了构造解释，结合前人在青藏高原中部—羌塘地体的地质和地球物理研究，本文将地表和地下特征与区域构造事件联系起来进行综合分析（图 5）。深地震反射剖面结构，特别是出现在中羌塘背斜隆起上部区域的平坦结构，不支持"与羌塘向北俯冲有关的隆升模型"（Li et al., 1995）。该剖面结构反而表明中羌塘域的背斜隆起域的出露为"核杂岩体出露"模式，南侧 MPRS 断裂带和北侧龙木错—双湖断裂带的从深及浅的断裂活动过程伴随着该核杂岩体的出露（图 5）。后期，由于受印度—欧亚板块碰撞过程的影响，龙木错—双湖断裂带出现了沿壳内滑脱层向北的滑动位移 [图 4（b）和图 5]。新的深地震反射剖面结构解释表明，羌塘地体的结晶基底主要存在在南羌塘域和中羌塘域之下。三叠纪晚期，松潘—甘孜残余洋向南俯冲作用弱化了结晶基底的刚性程度（Yin & Harrison, 2000）。随后侏罗纪时期，拉萨地体与羌塘地体的碰撞拼接作用导致了该结晶基底的垂向增厚。由此产生的垂直造山带挤压逆冲作用将中羌塘域的结晶基底带到了地表，形成了现如今的构造结构分布（Kapp et al., 2005）（图 5）。

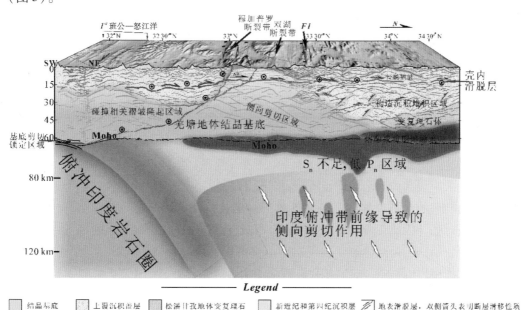

图 5　青藏高原中部—羌塘地体深地震反射剖面综合构造解释

该构造解释展示了羌塘地体侧向和纵向物质分布的不均匀性，该特点决定了羌塘地体现如今的运动学模式。

2.2 新生代晚期的构造变形

在新生代晚期，印度板块俯冲岩石圈几乎已经到达了青藏高原中部，接近向北俯冲的班公—怒江缝合带附近（Owens & Zandt，1997；Tilmann et al.，2003；Li et al.，2008；Zhao et al.，2010；Zhao et al.，2011；Replumaz et al.，2013；Gao et al.，2016；Guo et al.，2017，2018）。刚性的印度板块的俯冲前缘引起下涌的上地幔的热扰动（Owens & Zandt，1997；Hacker et al.，2014）。相应地，这种扰动又减弱了羌塘域北段中下地壳物质的机械强度。该侧向俯冲同时又带动了同期中羌塘域中下地壳的侧向剪切运动（图5）。地震剖面中出现的下地壳底部平坦但清晰度不佳的结构（图5）与先前关于青藏高原中部岩石圈物质拆沉、软流圈物质上涌而进行下地壳物质加热的解释是一致的（England & Houseman，1989；Bird，1991；Jiménez–Munt & Platt，2006）。所以，羌塘地体下地壳所存在的近水平反射结构表明该区域存在部分熔融或熔融（Owens & Zandt，1997；Hacker et al.，2014；Wang et al.，2016）（图5）。本次研究的地震反射结构是对下地壳底部有限的部分熔融或以前熔融带的首次直接观察。从南羌塘域的南部和中羌塘域背斜隆升域（存在大陆弧的结晶基底）到北羌塘域（变复理石组合）（Yin & Harrison，2000），地壳成分的侧向变化决定了对远程挤压变形的不同构造响应（图5）。羌塘地体的结晶基底表现出了北倾结构的侧向弯曲变形，而北羌塘域则在中到下地壳中发展了千米规模的褶皱（图5）以及褶皱间的逆冲变形结构，以响应印度板块俯冲岩石圈在此区域内造成的地壳缩短变形过程。

2.3 运动过程

南羌塘域与北羌塘域之间存在刚性的中羌塘背斜隆起域［图6（a）］。南羌塘域沉积覆盖层下方存在与碰撞相关的变形结构［图6（a）］。该构造薄弱带可能在随后的喜马拉雅造山运动中被重新激活。北羌塘域致密的变复理石组合很好地吸收了来自印度与欧亚大陆之间持续不断的碰撞挤压作用。同时，羌塘地体上地壳水平挤压与下地壳横向剪切和褶皱之间的结构差异显示了该地体对不断发生的碰撞的不同构造响应。持续碰撞引起的远程效应引起的该区域地壳缩短主要被中下地壳缩短变形所吸收，而上地壳正在进行向北至北东的水平位移，这与GPS测向观测数据相一致。这种差异性上地壳的变形解耦于下地壳。因此，深地震反射剖面中所观察到的各个区域地壳响应的解耦被描述为青藏高原中部—羌塘地体的"抽屉式"挤出模式［图6（b）］。该运动过程类似于几个被不同程度推出的抽屉。它们主要调节垂向上上地壳和中下地壳之间，以及横向上从南羌塘域到中羌塘域和北羌塘域之间的差异性向东位移过程。这种运动学上的差异性很可能是由羌塘地体内不同的物质成分组构差异引起的。同时，这种差异性的变形也导致了表面结构的多样性（图5）。

青藏高原物质逃逸大约始于13.5 Ma前（Blisniuk et al.，2001），由于青藏高原中部物质侧向逃逸的不均匀性，该逃逸过程在青藏高原中部引起了不均匀的响应。挤压变形在南羌塘域形成了三个壳内的滑脱层［图6（a）］。壳内滑脱层共同调节地壳尺度的挤

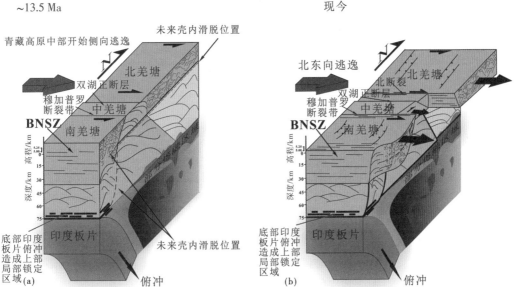

（a）构造继承的结晶基底和沉积盖层的位置决定了该区域侧向逃逸的模式；（b）青藏高原中部——羌塘地体侧向和纵向物质分布的不均匀性决定了羌塘地体的"抽屉"式运动模式。

BNSZ：班公—怒江缝合带。

图6 青藏高原中部—羌塘地体运动学模式

压缩短。南羌塘域的北东向位移的北边界为左旋走滑的 Muga Purou 裂谷系统［图6（b）］。印度板块俯冲前缘位于班公—怒江缝合带之下［图5和图6（b）］，与其上地壳之间存在明显的基底耦合，发生了共同的壳内弯折。远离该基底耦合区域，这种壳内统一的弯折结构便逐渐消失（图5和图6）。

中羌塘域，刚性背斜隆升核杂岩体顶部沿壳内滑脱层发生了北东向大约25 km 的位移［图4（b）和图5］。Yin 等（1999）模拟了邻近双湖地区东部正断层（图1）的活动模式，认为该区域最小滑移率约为2 mm/a。如果假设存在恒定的滑移率，那么该25 km 的位移则大约始于12.5 Ma 前，该数值与前人研究表明的青藏高原中部北东向13.5 Ma 的逃逸滑移起始时间一致（Blisniuk et al.，2001）。中羌塘地体中下地壳出现的侧向剪切结构是由于俯冲印度板块前缘产生的热扰动而出现前期薄弱区域的重新活化作用造成的［图6（b）］。

北羌塘域下地壳底部存在部分熔融的或先前已熔融的地壳物质。中地壳存在明显的千米尺度的背斜结构，以调节该区域的地壳缩短变形（图5）。上地壳则以滑脱断层相关褶皱结构为主。热梯度的垂直差异会形成壳内滑脱层，这也是北羌塘域差异性构造响应的一部分［图6（b）］。该地震反射结构突显出不均匀的运动学特征，在该运动学过程中，北羌塘域的向北运动是于地壳滑脱层（4 s，TWT）深度处进行的。这表明北羌塘域或许移动得更快，从而在其南部后侧留有空隙，而在北侧前缘形成了一系列滑脱相关褶皱（图1和图5）。

整个地壳的几何形状和相关的运动学过程勾勒出青藏高原中部—羌塘地体段的"抽屉式"变形模式。Xu 等（2013）最初在他们关于青藏高原东南部的构造研究中描述了这一过程，而在青藏高原中部所观察到的这一"抽屉式"运动学过程是由于地壳特性的横向和纵向物质分布差异引起的。本研究所获得的精细地壳几何结构可以帮助我们更好地了解壳幔构造响应关系，以及由深及浅的变形过程。

3 结 论

本文通过详细解释一沿 88.5°E 横穿羌塘地体的 355 km 长深地震反射剖面，获得了精细且复杂的地壳尺度几何学结构。结合前人地表地质研究，本次构造解释表明南羌塘域和中羌塘域存在统一的结晶基底，北羌塘域则存在致密的变复理石物质组构。同时，整个羌塘地体不同深度域存在多条壳内滑脱层。羌塘地体横向和纵向上物质成分的不均一性决定了针对印度—欧亚板块碰撞远程构造挤压的差异性构造响应。而不同深度内的滑脱层则是这种差异性构造响应的主要调节单元。

结合前人研究获得的有关在青藏高原中部存在印度板块岩石圈俯冲前缘以及相应的热扰动作用，通过综合的数据分析，我们获得了青藏高原中部羌塘地区受印度—欧亚板块碰撞远程影响的运动学过程。我们将这一过程描述为青藏高原中部—羌塘地体的"抽屉式"挤出模式。这种差异性挤出模式在地表表现为大规模剪切作用，如"Ｖ"形共轭断层的北支和向北东逃逸速度不均而拉张成的裂谷结构。响应于印度—欧亚板块碰撞过程，该运动学模式强调了羌塘域地区复杂的运动学调节过程。本次研究所提出的这种新的运动学模型解释有助于我们理解俯冲印度岩石圈与上覆地壳之间圈层相互作用关系，以及由深及浅的构造响应过程。

参考文献

Beaumont C, Jamieson R A, Nguyen M, et al., 2001. Himalayan tectonics explained by extrusion of a low-viscosity crustal channel coupled to focused surface denudation. Nature, 414 (6865): 738 – 742.

Bird P, 1991. Lateral extrusion of lower crust from under high topography in the isostatic limit. Journal of Geophysical Research: Solid Earth, 96 (B6): 10275 – 10286.

Blisniuk P M, Hacker B R, Glodny J, et al., 2001. Normal faulting in central Tibet since at least 13.5 Myr ago. Nature, 412 (6847): 628.

Clark M K, Royden L H, 2000. Topographic ooze: Building the eastern margin of Tibet by lower crustal flow. Geology, 28 (8): 703 – 706.

Dewey J F, 1988. Extensional collapse of orogens. Tectonics, 7 (6): 1123 – 1139.

England P C, Houseman G, 1989. Extension during continental convergence, with application to the Tibetan Plateau. Journal of Geophysical Research: Solid Earth, 94 (B12): 17561 – 17579.

England P C, Searle M A, 1986. Cretaceous – Tertiary deformation of the Lhasa terrane and its implications for crustal thickening in Tibet. Tectonics, 5 (1): 1 – 14.

Gan W, Zhang P, Shen Z K, et al., 2007. Present-day crustal motion within the Tibetan Plateau inferred from GPS measurements. Journal of Geophysical Research: Solid Earth, 112: B08416.

Gao R, Chen C, Lu Z W, et al., 2013. New constraints on crustal structure and Moho topography in central Tibet revealed by SinoProbe deep seismic reflection profiling. Tectonophysics, 606: 160 – 170.

Gao R, Lu Z, Klemperer S L, et al., 2016. Crustal-scale duplexing beneath the Yarlung Zangbo suture in the western Himalaya. Nature Geoscience, 9 (7): 555 – 560.

Guo L H, Gao R, Meng X H, et al., 2015. A hybrid positive and negative curvature approach for detection of the edges of magnetic anomalies, and its application in the South China Sea. Pure Applied Geophysics, 172 (10): 2701 – 2710.

Guo X, Gao R, Zhao J, et al., 2018. Deep-seated lithospheric geometry in revealing collapse of the Tibetan Plateau. Earth – Science Reviews, 185: 751 – 762.

Guo X, Li W, Gao R, et al., 2017. Nonuniform subduction of the Indian crust beneath the Himalayas. Scientific Reports, 7 (1): 12497.

Hacker B R, Ritzwoller M H, Xie J, 2014. Partially melted, mica-bearing crust in central Tibet. Tectonics, 33 (7): 1408 – 1424.

Houseman G, England P C, 1996. A lithospheric thickening model for the Indo – Asian collision // Yin A, Harrison T M (eds.). The tectonic evolution of Asia. New York: Cambridge University Press: 3 – 17.

Jiménez-Munt I, Platt J P, 2006. Influence of mantle dynamics on the topographic evolution of the Tibetan Plateau. Results from numerical modeling. Tectonics, 25 (6): 6002.

Jolivet M, Brunel M, Seward D, et al., 2003. Neogene extension and volcanism in the Kunlun Fault zone, northern Tibet: New constraints on the age of the Kunlun Fault. Tectonics, 22 (5): 1052.

Kapp P, Yin A, Craig E, et al., 2003. Tectonic evolution of the early Mesozoic blueschist-bearing Qiangtang metamorphic belt, central Tibet. Tectonics, 22 (4): 1043.

Kapp P, Yin A, Harrison T M, et al., 2005. Cretaceous – Tertiary shortening, basin development, and volcanism in central Tibet. Geological Society of America Bulletin, 117 (7 – 8): 865 – 878.

Li C, van der Hilst R D, Meltzer A S, et al., 2008. Subduction of the Indian lithosphere beneath the Tibetan Plateau and Burma. Earth and Planetary Science Letters, 274 (1 – 2): 157 – 168.

Lu Z, Gao R, Li Y, et al., 2013. The upper crustal structure of the Qiangtang Basin revealed by seismic reflection data. Tectonophysics, 606: 171 – 177.

Owens T J, Zandt G, 1997. Implications of crustal property variations for models of Tibetan plateau evolution. Nature, 387 (6628): 37 – 43.

Petley-Ragan A, Ben-Zion Y, Austrheim H, et al., 2019. Dynamic earthquake rupture in the lower crust. Science Advances, 5: 1 – 7.

Ratschbacher L, Frisch W, Liu G, et al., 1994. Distributed deformation in southern and western Tibet during and after the India – Asia collision. Journal of Geophysical Research: Solid Earth, 99: 19917 – 19945.

Ratschbacher L, Krumrei Ingrid Blumenwitz M, Staiger M, et al., 2011. Rifting and strike-slip shear in central Tibet and the geometry age and kinematics of upper crustal extension in Tibet // Gloaguen R, Ratschbacher L (eds.). Growth and Collapse of the Tibetan Plateau. Geological Society London Special Publications, 153 (1): 127 – 163.

Replumaz A, Guillot S, Villaseñor A, et al., 2013. Amount of Asian lithospheric mantle subducted during the India/Asia collision. Gondwana Research, 24 (3 – 4): 936 – 945.

Royden L H, Burchfiel B C, King R, et al., 1997. Surface deformation and lower crustal flow in eastern Tibet. Science, 276 (5313): 788 – 790.

Searle M P, Elliott J R, Phillips R J, et al., 2011. Crustal-lithospheric structure and continental extrusion of Tibet. Journal of the Geological Society, 168 (3): 633 – 672.

Seeber L, Pêcher A, 1998. Strain partitioning along the Himalayan arc and the Nanga Parbat antiform. Geology, 26 (9): 791 – 794.

Shapiro N M, Ritzwoller M H, Molnar P, et al., 2004. Thinning and flow of Tibetan crust constrained by seismic anisotropy. Science, 305 (5681): 233 – 236.

Taylor M, Yin A, Ryerson F J, et al., 2003. Conjugate strike-slip faulting along the Bangong – Nujiang suture zone accommodates coeval east – west extension and north – south shortening in the interior of the Tibetan Plateau. Tectonics, 22 (4): 1044.

Tilmann F, Ni J, INDEPTH Ⅲ S EISMIC TEAM, 2003. Seismic imaging of the downwelling Indian lithosphere beneath central Tibet. Science, 300 (5624): 1424 – 1427.

Wang Q, Hawkesworth C J, Wyman D, et al., 2016. Pliocene – Quaternary crustal melting in central and northern Tibet and insights into crustal flow. Nature Communications, 7: 11888.

Xu Z Q, Jean-Pierre B, Wang Q, et al., 2013. Indo – Asian collision: transition from compression to lateral escape tectonics. Acta Geologica Sinica (English Edition), 87 (s1): 112 – 184.

Yin A, 2000. Mode of Cenozoic east – west extension in Tibet suggesting a common origin of rifts in Asia during the Indo – Asian collision. Journal of Geophysical Research: Solid Earth, 105 (B9): 21745 – 21759.

Yin A, Harrison T M, 2000. Geologic evolution of the Himalayan – Tibetan orogen. Annual Review of Earth and Planetary Sciences, 28 (1): 211 – 280.

Yin A, Kapp P, Murphy M, et al., 1999. Evidence for significant late Cenozoic E—W extension in North Tibet. Geology, 17: 787 – 790.

Yin A, Taylor M H, 2011. Mechanics of V-shaped conjugate strike-slip faults and the corresponding continuum mode of continental deformation. Geological Society of America Bulletin, 123 (9 – 10): 1798 – 1821.

Zhang P Z, Shen Z, Wang M, et al., 2004. Continuous deformation of the Tibetan Plateau from global positioning system data. Geology, 32 (9): 809 – 812.

Zhao J M, Yuan X H, Liu H B, et al., 2010. The boundary between the Indian and Asian tectonic plates below Tibet. Proceedings of the National Academy of Sciences of the United States of America, 107 (25): 11229 – 11233.

Zhao W J, Kumar P, Mechie J, et al., 2011. Tibetan plate overriding the Asian plate in central and northern Tibet. Nature Geoscience, 4 (12): 870 – 873.

Zhu D C, Li S M, Cawood P A, et al., 2016. Assembly of the Lhasa and Qiangtang terranes in central Tibet by divergent double subduction. Lithos, 245: 7 – 17.

李才, 程立人, 胡克, 等, 1995. 西藏龙木错—双湖古特提斯缝合带研究. 北京: 地质出版社: 1 – 31.

朱英, 2013. 中国及邻区大地构造和深部构造纲要. 北京: 地质出版社.

拉萨地体中段岩石圈电性结构研究

梁宏达[1]，金胜[2,3]，魏文博[2,3]，高锐[1,4]，叶高峰[2,3]，张乐天[2,3]，尹曜田[2,3]，卢占武[4]

◆ 0 引 言

　　青藏高原位于全球之巅，平均海拔 4500 m 以上，在地理上位于亚洲大陆中部偏南部位，是当今世界上海拔最高、形成年龄最年轻的高原。她是特提斯洋盆多期扩张与消减和期间陆块多期俯冲 – 碰撞作用的产物，具有长期、复杂的地质演化历史（Molnar & Tapponnier，1975；Harrison et al.，1992）。伴随着新生代以来印度板块与欧亚板块碰撞以及随后印度板块俯冲至欧亚板块之下引起广泛的地壳变形和加厚，青藏高原成为全球最年轻、规模最大和正在活跃的大陆造山带，其独特的岩石圈结构和构造演化、强烈的新构造运动和环境变迁，对我国乃至亚洲大陆的自然环境和人文地理产生了巨大影响（Yin & Harrison，2000；Chung et al.，2005；Ding et al.，2017）。

　　拉萨地体，一般指南部的雅鲁藏布江缝合带（IYS）与北部的班公湖—怒江缝合带（BNS）所夹持的一条近东西走向的巨型狭长构造 – 岩浆岩带，是青藏高原的重要组成部分。其不但经历了新生代早期印度—欧亚大陆之间的陆 – 陆碰撞，而且还经历了中生代时期班公湖—怒江特提斯洋壳、新特提斯洋壳俯冲消减和晚侏罗纪—早白垩纪的拉萨—羌塘碰撞等复杂地质过程（Zhu et al.，2013）。有关其构造单元的划分，不同学者根据所掌握资料的不同，也分别提出了相应的划分方案：如莫宣学等（2005）根据花岗岩分布特征把其划分为南带、中带和北带，其中南带有新生地壳特征，中带和北带地壳可能具有古元古代—中元古代基底；潘桂棠等（2006）通过时空结构的剖析和相关火山岩浆作用记录的分析，把其划分为 6 类不同构造单元和 18 个次级单元，认为其为

---

　　1 中山大学地球科学与工程学院，广州，510275；2 中国地质大学（北京）地球物理与信息技术学院，北京，100083；3 地下信息探测技术与仪器教育部重点实验室，北京，100083；4 中国地质科学院地质研究所，北京，100037。

　　基金项目：本文得到国家自然科学基金项目（41704099、41590863）、第二次青藏高原综合科学考察研究（2019QZKK0701）、珠江人才计划项目（2017ZT07Z066）联合资助。

复合造山带；杨经绥等根据在松多地区发现的榴辉岩带，认为拉萨地块中可能存在一条石炭纪至二叠纪的古缝合带并以此划分为南拉萨和北拉萨（Yang et al., 2009）；朱弟成等以洛巴堆—米拉山断裂带（LMF）和狮泉河—纳木错蛇绿混杂岩带（SNMZ）为界，将其划分为南部拉萨地体、中部拉萨地体和北部拉萨地体（Zhu et al., 2011）。侯增谦等人近来研究结果表明，拉萨地体南部和北部以新生地壳为主，部分地区可能存在前寒武系结晶基底，而中部则具有元古代甚至太古代结晶基底（Hou et al., 2015a）。总之，有关拉萨地体的构造演化和深部结构还存在很多不同的认识与争议。另外由于其经历了复杂的地质—构造—岩浆演化过程，形成了巨量的金属和非金属矿产资源，近年来成为我国大力推进基础地质调查和矿产资源评价的重点成矿带（侯增谦 等，2010；唐菊兴等，2012）。

拉萨地体的岩石圈结构记录了大洋俯冲和陆－陆碰撞的深部过程，深部地球物理探测资料能够提供证据与约束，促进对其构造演化的认识。大地电磁法是研究大陆岩石圈电性结构的一种重要方法，对探测地下流体或者熔融体比较敏感（Chave & Jones, 2012）。众多学者在青藏高原完成了大量的大地电磁观测，结果发现广泛存在壳内低阻层，可能与局部熔融或流体相关（Pham et al., 1986；Chen et al., 1996；Wei et al., 2001；Li et al., 2003；Unsworth et al., 2005；Rippe & Unsworth, 2010；Le Pape et al., 2012；Vozar et al., 2014；Wang et al., 2017）。拉萨地体不仅是深入研究青藏高原形成演化和发展的重要"窗口"，而且也是我国矿产资源勘查的重要区域。本研究利用横过拉萨地体中段的大地电磁测深数据开展深部电性结构研究，旨在从电性角度探测其深部壳幔结构，为拉萨地体的构造演化提供新的证据与约束，也为深部资源勘察远景提供新的依据与信息。

1 大地电磁数据采集和处理

在国家自然科学基金资助下，中国地质大学（北京）与中国地质科学院地质研究所岩石圈中心合作，于2015年9月完成了横过拉萨地体中段的大地电磁长剖面。大地电磁测点位置如图1所示，剖面近南北方向，长约400 km，沿途经过岗巴、谢通门、申扎、色林错，共包括75个宽频大地电磁测深点（黑色）和18个长周期测点（红色）。其中宽频数据的采集仪器使用的是加拿大凤凰公司生产的MTU－5仪器，平均点距5 km，平均采集时间20 h；长周期数据的采集仪器使用的是乌克兰Lemi仪器，平均点距20 km，平均采集时间3～5天。宽频和长周期野外数据采集过程采用张量测量方式布极，每个测点测量3个相互正交的磁场分量（H_x，H_y，H_z）和2个相互正交的水平电场分量（E_x，E_y），下标x、y、z分别代表南北方向、东西方向和垂直方向。宽频数据处理主要利用Phoenix公司提供的SSMT2000处理软件对原始时间序列数据进行快速傅里叶变换得到频率域数据，并使用Robust估计（Egbert, 1997）、功率谱编辑等数据处理技术，获得各个测点的大地电磁阻抗张量信息，经过处理后采集到的有用信号的周期范围为0.003～2000 s。长周期数据利用Varentsov等（2003）的方法，经处理得到的

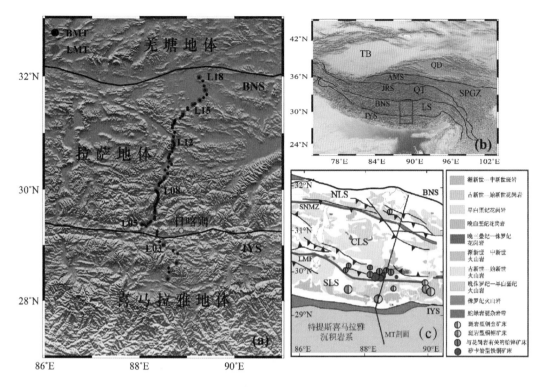

黑色圆点：宽频测点；红色圆点：长周期测点。

IYS：雅鲁藏布江缝合带；BNS：班公—怒江缝合带；JRS：金沙江缝合带；AMS：阿尼玛卿缝合带；LS：拉萨地体；QT：羌塘地体；TB：塔里木盆地；QD：柴达木盆地；SPGZ：松潘—甘孜地体；LMF：洛巴堆—米拉山断裂；SNMZ：狮泉河—纳木错断裂；SLS：南拉萨地体；CLS：中拉萨地体；NLS：北拉萨地体。

图1 测区点位分布图及构造（Hou et al.，2015）

有用信号频段范围为 100～10 000 s。另外对宽频测点和长周期测点进行了拼接处理（100 s 处拼接），经过拼接处理后测点可用周期可达 10 000 s。视电阻率和阻抗相位曲线可以反映地下介质的电性分布特征，如构造分区、电性分层等，研究区的典型视电阻率和阻抗相位曲线如图2所示，其中 L03 位于喜马拉雅地体，L05 位于雅鲁藏布江缝合带附近，L08 位于拉萨地体南缘，L12 位于拉萨地体中部，L15 位于拉萨地体中北部，L18 位于拉萨地体北部。由于测区人烟稀少，噪声干扰很少，从曲线图也可以看到数据质量比较高。通过对剖面测点曲线观察和分析发现，不同构造单元具有不同的曲线特征。L03 低频部分呈高阻特征，可能反映喜马拉雅地体深部存在高阻体；L08、L12 以及 L15 低频部分呈低阻特征，可能反映拉萨地体深部存在高导体；L05 和 L18 位于缝合带附近，在大于 0.1 s 的部分 $x-y$ 和 $y-x$ 曲线产生分离，可能是俯冲构造的反映。

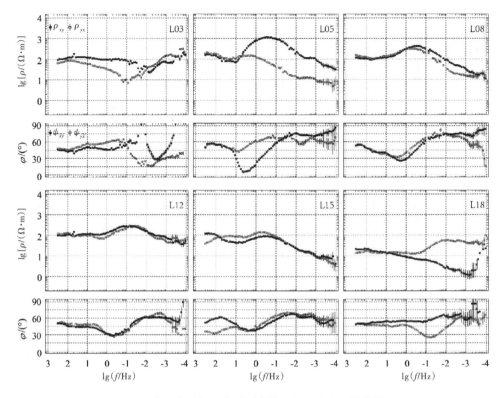

图2　大地电磁剖面典型测点的视电阻率和相位曲线

2　大地电磁数据分析

2.1　维性分析

获得阻抗张量数据后，需要进行维性分析，以便选择合适的反演方法（1D/2D/3D）。相位张量是阻抗张量实部矩阵的逆矩阵和虚部矩阵的乘积（Caldwell et al., 2004；Moorkamp，2007）。其图示一般情况下可以用一个椭圆来表示，椭圆的长轴对应着张量元素不变量的最大值 Φ_{max}，短轴则对应着张量元素不变量的最小值 Φ_{min}，椭圆长轴与短轴的方向分别对应着两个相互垂直的电性主轴方向，通常情况下，椭圆的长轴和短轴长度越相近，说明一维性越好，若椭圆退化为圆形，则认为地下为理想的一维介质。此外，椭圆主轴与参考轴之间的夹角 β 又称为二维偏离角，当其值为 0 时表示一维或者二维结构；当其值不为 0 时表示三维结构，一般来说 β 的角度值越大说明 MT 数据的三维性越强。

图3 中给出了在1 s、10 s、100 s、1000 s、3000 s、10 000 s 六个周期值下相位张量的分布情况。由图中可以看出，在高频段［图3（a）（b）］绝大部分测点的二维偏离角 β 均小于5°（蓝色），表明剖面浅部呈现比较好的一维或者二维结构。在中低频段

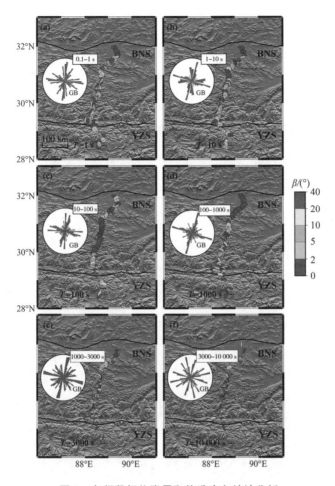

图 3 各频段相位张量和构造走向统计分析

［图 3（c）（d）］，沿剖面部分区域的二维偏离角 β 开始增加，如雅江缝合带附近的二维偏离角 β 基本大于 5°（绿黄色），表明其深部可能存在着较强的三维特性，但这些三维性相对来说是局部的。在低频段［图 3（e）（f）］，随着周期的增加二维偏离角 β 基本都大于 5°（红色），表明剖面深部呈三维性。总体而言，本研究剖面表现为较强的二维特征，可以进行二维反演与解释。另外整体来看，剖面北部无论是浅部还是深部都呈比较好的二维性。通过相位张量分析结果，我们也可以看到剖面的构造走向基本为近东西向，与地质构造走向比较一致。

2.2 构造走向

MT 数据在实际的采集过程中，通常以 x 为正北方向，以 y 为正东方向，而实际情况下，坐标轴的方向与电性主轴的方向可能是不一致的。因此，在对 MT 数据进行二维反演之前，首先需要确定的是剖面所经区域的地质构造走向，然后将剖面大地电磁测深剖面旋转至构造走向上。这样才能将 MT 数据分解为两组相互垂直且独立的极化模式，即横电极化模式（TE 模式）和横磁极化模式（TM 模式）。本文研究中使用的是基于阻抗张量 GB 分解方法的多点、多频段阻抗张量分解技术（Groom & Bailey, 1989；McNeice & Jones, 2011），得到了整个研究区域内所有测点的电性主轴分布情况，如图 3 中玫瑰图所示。玫瑰图中红蓝交叉的十字为不同频段（不同深度）的电性主轴方向（即两个相互垂直的可能的构造走向方向）。经过阻抗张量分解，结合前面相位张量分析以及研究区地质情况，确定区域构造走向为北偏东 110°。

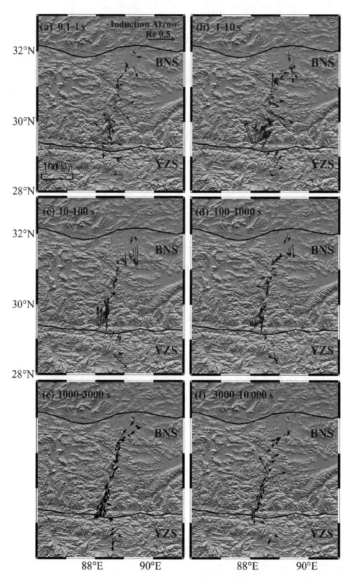

图 4　各频段磁感应矢量分布

另外我们还进行了磁感应矢量分析（图 4），在帕金森规范（Parkinson, 1959）下，磁感应矢量的方向表示电流汇聚的区域，即高导体所在的位置。磁感应矢量的大小表示地下介质的电性不均匀程度。利用磁感应矢量，可以判断测点附近高导体的位置，并且可以用来判别剖面的二维性状况。对于理想的二维介质，高导体的分布应当是沿构造走向方向无限延伸的，所以磁感应矢量的指向应该是垂直于构造走向方向的。为了进一步验证上述的维性与构造走向分析结果，对全部测点数据进行了感应矢量分析（Parkinson 规范），各个频段的分析结果如图 4 所示。可以看出，在高频段（0.1 ～ 10 s），感应矢量分布较为杂乱，可能是受到浅部电性不均匀体的影响；在中低频段（10 ～ 3000 s）感应矢量的分布则表现出了一定的规律性，近南北向指向表明区域构造走向为东西向。另外，从箭头的指向上也可以定性地判断出一些高导与高阻区域，如在雅鲁藏布江缝合带附近，箭头明显指向了拉萨地体，代表其深部存在高导体。

3 二维反演

根据上面的数据维性和构造走向分析结果，将研究区大地电磁测深数据旋转至北东 110°。本文反演选择目前广泛使用的非线性共轭梯度算法（NLCG）（Rodi & Mackie, 2001），对研究区 MT 剖面数据在不同模式、不同反演参数条件下进行了大量的反演。为了尽可能多地利用数据信息，最终选取 TE + TM + 倾子模式。根据前面维性分析可知研究区深部存在一定的三维结构，蔡军涛和陈小斌（2010）研究结果表明 TE 模式的视电阻率数据比较容易受到三维畸变效应的影响，因此本文反演过程中通过提高 TE 模式视电阻率的 Error Floor（即降低 TE 模式视电阻率在反演过程中的权重，主要依靠 TE 模式相位和 TM 模式视电阻率、相位进行二维反演），这样可以减小 TE 模式数据对整个反演结果的影响。见图 5。

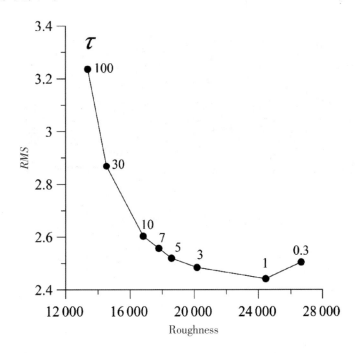

图 5　剖面不同正则化因子反演得到的模型粗糙度与拟合误差曲线

基于以上分析，本文对剖面进行了 TE + TM + 倾子模式反演。反演参数为：正则化因子 $\tau = 3$，横纵光滑比 $a = 1$，TE 模式（视电阻率误差级数 40%，相位误差级数 10%），TM 模式（视电阻率误差级数 10%，相位误差级数 5%），倾子绝对误差级数 0.05。其中正则化因子 τ 是一个十分重要的参数，它起到表征数据拟合程度与模型光滑程度的作用。τ 越小，数据拟合差越小，但过小的拟合差说明反演过程可能已经开始拟合噪声，从而使得模型的光滑程度降低，即模型粗糙程度增大；τ 越大，反演模型越光滑，但相应的数据拟合差会变大，从而失去一些细节信息。本文选用不同的正则化因子 τ 值（0.3、1、3、5、7、10、30、100）进行反演，其他参数保持不变。然后以各个模型的粗糙度（roughness）为横轴，均方根误差（RMS）为纵轴作 L 曲线图（图 5），处于曲线拐点处对应的 τ 值，既兼顾了模型的光滑程度，又与原始数据有很好的拟合关系（Farquharson & Oldenburg，2004），因此选择拐点处对应值 3 作为模型的最佳 τ 值。反演过程中使用了 $0.01 \sim 10\,000$ s 共六个数量级的 MT 数据，初始模型为 $100\ \Omega \cdot m$ 均匀半空间，剖分网格为 82×309，经过 200 次迭代计算，最终 RMS 反演拟合差 2.4850，反演结果如图 7 所示。图 6 给出了剖面所有测点 TE、TM 以及倾子的实测数据以及二维模型响应数据的拟断面图，通过对比可以看出，实测数据与反演模型响应数据拟合良好，进一步说明了本剖面二维反演结果的可靠性。

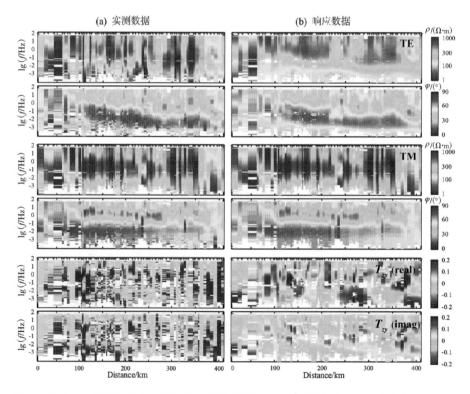

图 6　TE 和 TM 视电阻率与阻抗相位以及倾子的（a）实测数据和（b）响应数据拟断面

◆ 4 解释与讨论

根据反演得到的电性结构模型，考虑视电阻率和阻抗相位曲线的变化特征并结合研究区域地质情况，沿测线绘制了电性构造解释图（图7）。图中纵坐标代表深度，横坐标代表测点累积距离；红色代表低阻，蓝色代表高阻，C1 为高导体，R1 为高阻体。一般来说，不同电性体之间的接触界线都与电阻率等值线的梯度带（畸变带）相对应。由电性结构图可以看到，剖面整体具有"横向分块，纵向分层"的特点，结合地质资料可划分为喜马拉雅地体和拉萨地体，两个块体呈现不同的电性结构特征。下面我们从三个方面对电性结构模型进行讨论。

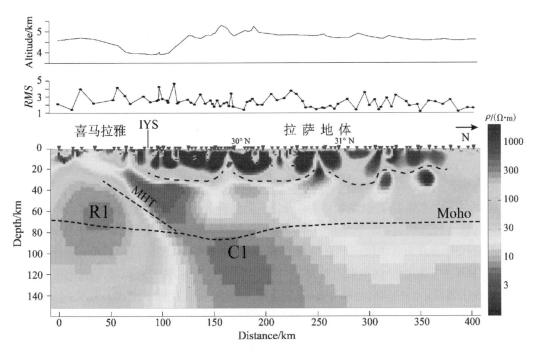

MHT：主喜马拉雅逆冲断裂；IYS：雅鲁藏布江缝合带。

C1：高导体；R1：高阻体；黑色倒三角：宽频测点；红色倒三角：宽频和长周期测点。莫霍面参照 Kind 等（2002）。

图7 电性结构模型解释

4.1 印度大陆的俯冲

喜马拉雅地体位于雅鲁藏布江构造带与印度恒河平原之间，从南到北依次被主边界逆冲断裂（MBT）、主中央逆冲断裂（MCT）和藏南拆离系（STDS）分为低喜马拉雅推覆褶皱带（低喜马拉雅）、高喜马拉雅褶皱带（高喜马拉雅）、北喜马拉雅褶皱带（特提斯喜马拉雅）三个构造单元。我们的 MT 剖面南部主要经过北喜马拉雅褶皱带。由电性结构图可以看到喜马拉雅地体上地壳电性结构比较复杂，高阻体与高导体相互穿插，在相位张量分析中其二维偏离度角也比较大，复杂的电性结构特征反映了复杂的构造特征，这可能与藏南的地质构造在印度板块与亚洲板块的碰撞与俯冲过程中经受了长期的挤压与变形有关。前人研究认为板块碰撞后，印度板块岩石圈穿过雅江缝合带继续向北俯冲，俯冲前缘进入拉萨地体（Nábělek et al., 2009）。从结果图可以看到喜马拉雅地块中下地壳至上地幔存在大规模高阻体 R1，宽频带地震结果显示在相应位置对应高速特征（Liang et al., 2016），由此我们推断 R1 可能属于印度板块岩石圈。

本 MT 剖面主要经过雅鲁藏布江缝合带中部，缝合带为构造薄弱带，一般来讲，当地下断裂构造发育时，断裂带上结构松散、破碎，往往充填大量地下水溶液或其他低阻介质，形成与周围地层有明显差异的低阻异常带。从电性结构图可以看到雅鲁藏布江缝合带附近及其北部在上地壳存在巨厚的高阻块体，此高阻体应该是冈底斯花岗岩体的反映，其南部有小规模的良导体，在中下地壳存在北倾的高导层，反映了印度板块向北俯冲的电性痕迹。无论是地质资料还是地球资料都显示印度板块在拉萨地块的俯冲存在东西向差异，有关印度板块俯冲距离和角度存在很大争议，地质上认为俯冲角度东平西陡，距离东近西远（许志琴 等，2016），而地球物理资料则显示西平东陡，西远东近（Li et al., 2008；Zhao et al., 2010）。最新发表的同测线深地震反射剖面显示印度地壳以较陡角度向拉萨地体俯冲（Guo et al., 2017），结合前面电性结构分析，我们推断印度岩石圈板片在 88°E 可能以高角度向北俯冲。

4.2 拉萨地体

拉萨地体位于雅鲁藏布江缝合带和班公—怒江缝合带之间，是青藏高原的重要组成部分，有着巨大的构造 - 岩浆岩带（Chung et al., 2005）。冈底斯花岗岩类的形成与新特提斯洋板片俯冲消减、印度—欧亚大陆的碰撞和后碰撞等事件密切相关（潘桂棠 等，2006）。从电性结构图整体来看，拉萨地体中上地壳存在连续的高阻层，结合地质情况推断其为花岗岩，厚约 20～40 km，表明其经历了大规模岩浆活动；另外我们注意到，浅部存在一些小的电性梯度带，这些梯度带一般为断裂带，可能代表其受到了后期地质作用的改造。但是在中下地壳及上地幔，拉萨地体南部和北部则呈现了明显不同的电性结构特征（大致以 31°N 为界），南部呈大面积高导特征而北部呈相对高阻特征。在其东部 92°E 的南北向 MT 剖面也显示在约 31°N 拉萨地体中下地壳存在明显电性差异（Xie et al., 2016）。31°N 可能是拉萨地体内部一个重要的界限，前人宽频带地震结果认为其是榴辉岩化的印度下地壳的俯冲前缘，但是地球化学结果（Hou et al., 2012）和重力模拟结果（Bai et al., 2013）并不支持以上宽频带地震观点。另据同测线最新深地震反射剖面结果，印度地壳只有小部分俯冲到拉萨地体内部（Guo et al., 2017）。同位素地球化学结果表明，研究区拉萨地体南部以新生地壳为主（Zhu et al., 2011；Hou et al., 2015a；Xu et al., 2016）。结合前面分析，我们认为 31°N 可能是拉萨地体南缘新生地壳的北界限。而在 31°N 以北，前人大地电磁结果也显示拉萨地体北部中下地壳呈高阻特征（Solon et al., 2005；Xie et al., 2016），另据宽频带地震结果显示北部呈高速特征（Klemperer., 2006；Liang et al., 2016）。总体来说，研究区拉萨地体北部呈相对比较稳定的特征。同位素地球化学数据显示其可能属于前寒武纪微陆块，由此我们推断研究区拉萨地体北部可能具有古老结晶基底，而拉萨地体北部中下地壳的高导体可能代表其后期经过了局部改造作用。

4.3 地壳加厚和成矿作用

我们知道，印度—欧亚大陆主碰撞带具有青藏高原最厚的地壳，什么机制造成如此巨厚地壳一直是国际争论的重大问题。多数涉及青藏高原演化的构造模型认为，新生代印度—欧亚大陆碰撞是造成陆壳增厚的主要动力，而且认为构造作用起主导作用，例如双层地壳叠置模型（Powell，1986）和碰撞挤压缩短增厚模型（England & Houseman，1989）。但是火山岩证据表明地幔物质对青藏高原地壳增厚的贡献也是非常重要的（Mo et al.，2007）。拉萨地体南部中下地壳及上地幔存在大范围连续高导体，并且中下地壳高导体与上地幔高导体相连（C1），结合电性结构模型，我们认为地幔物质上涌对研究区地壳增厚起到了一定作用。另外拉萨地体南部存在大量的矿产资源，主要大型铅锌矿集中分布于中拉萨地体古老地壳域内或边缘，反映古老地壳的熔融产生了含矿花岗岩岩浆，并提供了成矿物质；大型铁矿或铁铜矿通常分布于古老地壳块的同位素边缘，介于新生地壳与古老地壳接触带，暗示岩石圈不连续控制了壳幔岩浆混合和铁铜富集（Hou et al.，2015a，2015b），结合电性结构模型以及前面分析，我们推断如此大规模的矿产资源分布也可能与幔源热物质的上涌有关。前人研究认为印度岩石圈板片的撕裂/断离可能造成了地幔热物质的上涌（Chung et al.，2005；Hou et al.，2015b；Ji et al.，2016）。由此我们推断印度岩石圈在俯冲过程中发生撕裂/断离引发地幔热物质上涌，造成研究区拉萨地体南部地壳进行再造产生新生地壳并加厚，同时伴生了大规模矿产资源。

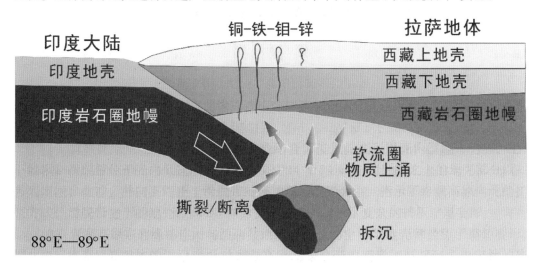

图8 拉萨地体中段岩石圈结构

5 主要结论

在项目资助下完成了横过拉萨地体中段的大地电磁测深长剖面，通过一系列标准的数据处理、分析和反演，获得了剖面岩石圈尺度的二维电性结构。结合区域地质与其他地球物理资料，对电性结构模型进行了分析和讨论（图8）。本文主要得到以下几点认识：

（1）印度大陆岩石圈在88°E可能以较陡角度向北俯冲到拉萨地体之下。

（2）拉萨地体中上地壳为大规模高阻体，可能为多层叠置的岩浆岩，厚度20～40 km，代表其经历了大规模岩浆活动；拉萨地体南部和北部呈不同的电性结构特征（大致以31°N为界），南部中下地壳呈高导特征（新生地壳），而北部呈高阻特征（古老基底），可能代表了不同的构造演化过程。

（4）拉萨地体地壳的加厚以及冈底斯带的多金属矿的形成，可能与印度板块俯冲过程中的撕裂/断离所造成的地幔热物质上涌有关。

说　明

修改自 Liang H D, Jin S, Wei W B, et al., 2018. Lithospheric electrical structure of the middle Lhasa terrane in the south Tibetan plateau. Tectonophysics, 731–732: 95–103.

参考文献

Bai Z M, Zhang S F, Braitenberg C, 2013. Crustal density structure from 3D gravity modeling beneath Himalaya and Lhasa blocks, Tibet. J. Asian Earth Sci., 78: 301–317.

Caldwell T G, Bibby H M, Brown C, 2004. The magnetotelluric phase tensor. Geophysical Journal International, 158 (2): 457–469.

Chave A D, Jones D A G, 2012. The magnetotelluric method: Theory and practice. Cambridge University Press.

Chen L S, Booker J R, Jones A G, et al., 1996. Electrically conductive crust in southern Tibet from INDEPTH magnetotelluric surveying. Science, 274: 1694–1696.

Chung S L, Chu M F, Zhang Y Q, et al., 2005. Tibetan tectonic evolution inferred from spatial and temporal variations in post-collisional magmatism. Earth–Science Reviews, 68: 173–196.

Ding L, Spicer R A, Yang J, et al., 2017. Quantifying the rise of the Himalaya orogen and implications for the South Asian monsoon. Geology, 45 (3): 215–218.

Egbert G D, 1997. Robust multiple-station magnetotelluric data processing. Geophysical Journal International, 130 (2): 475–496.

England P C, Houseman G A, 1989. Extension during continental convergence with application to the Tibetan Plateau. Journal of Geophysical Research, 94: 17561–17579.

Farquharson C G, Oldenburg D W, 2004. A comparison of automatic techniques for estimating the regularization parameter in non-linear inverse problems. Geophys. J. Int., 156 (3): 411–425.

Groom R W, Bailey R C, 1989. Decomposition of Magnetotelluric Impedance Tensors in the Presence of Local 3-Dimensional Galvanic Distortion. Journal of Geophysical Research – Solid Earth and Planets (B2): 1913 – 1925.

Guo X Y, Li W H, Gao R, et al., 2017. Nonuniform subduction of the Indian crust beneath the Himalayas. Scientific Reports, 7 (1): 1 – 8.

Harrison T M, Copeland P, Kidd W S F, et al., 1992. Raising Tibet. Science, 255: 1663 – 1670.

Hou Z Q, Duan L F, Lu Y J, et al., 2015a. Lithospheric Architecture of the Lhasa Terrane and Its Control on Ore Deposits in the Himalayan – Tibetan Orogen. Economic Geology, 110: 1541 – 1575.

Hou Z Q, Yang Z M, Lu Y J, et al., 2015b. A genetic linkage between subduction-and collision-related porphyry Cu deposits in continental collision zones. Geology, 43, 247 – 250.

Hou Z Q, Zheng Y C, Zeng L S, et al., 2012. Eocene – Oligocene granitoids in southern Tibet: Constraints on crustal anatexis and tectonic evolution of the Himalayan orogen. Earth and Planetary Science Letters, 349: 38 – 52.

Ji W Q, Wu F Y, Chung S L, et al., 2016. Eocene Neo-Tethyan slab breakoff constrained by 45 Ma oceanic island basalt-type magmatism in southern Tibet. Geology, 44 (4): 283 – 286.

Kind R, Yuan X H, Saul J, et al., 2002. Seismic Images of Crust and Upper Mantle Beneath Tibet: Evidence for Eurasian Plate Subduction. Science, 298: 1219 – 1221.

Klemperer S L, 2006. Crustal flow in Tibet: geophysical evidence for the physical state of Tibetan lithosphere, and inferred patterns of active flow. Geol. Soc. (Lond.) Spec. Publ., 268, 39 – 70.

Le Pape F, Jones A G, Vozar J, et al., 2012. Penetration of crustal melt beyond the Kunlun Fault into northern Tibet. Nature Geoscience, 5: 330 – 335.

Li C, van der Hilst R D, Meltzer A S, et al., 2008. Subduction of the Indian lithosphere beneath the Tibetan plateau and Burma. Earth and Planetary Science Letters, 274: 157 – 168.

Li S H, Unsworth M J, Booker J R, et al., 2003. Partial melt or aqueous fluid in the mid-crust of Southern Tibet? Constraints from INDEPTH magnetotelluric data. Geophysical Journal International, 153 (2): 289 – 304.

Liang X F, Chen Y, Tian X B, et al., 2016. 3D imaging of subducting and fragmenting Indian continental lithosphere beneath southern and central Tibet using body-wave finite-frequency tomography. Earth and Planetary Science Letters, 443: 162 – 175.

McNeice G W, Jones A G, 2001. Multisite, multifrequency tensor decomposition of magnetotelluric data. Geophysics, (1): 158 – 173.

Mo X X, Hou Z Q, Niu Y L, et al., 2007. Mantle contributions to crustal thickening during continental collision: evidence from Cenozoic igneous rocks in southern Tibet. Lithos, 96: 225 – 242.

Molnar P, Tapponnier P, 1975. Cenozoic tectonics of Asia: effects of a continental collision. Science, 189: 419 – 426.

Moorkamp M, 2007. Comment on "The magnetotelluric phase tensor" by T. Grant Caldwell, Hugh M. Bibby and Colin Brown. Geophysical Journal International, 171 (2): 565 – 566.

Nábělek J, Hetenyi G, Vergne J, et al., 2009. Underplating in the Himalaya – Tibet collision zone revealed by the Hi – CLIMB experiment. Science, 325: 1371 – 1374.

Parkinson W, 1959. Directions of Rapid Geomagnetic Fluctuations. Geophys. J. R. Astr. Soc., (1): 1 – 14.

Pham V N, Boyer D, Therme P, et al., 1986. Partial melting zones in the crust in southern Tibet from magnetotelluric results. Nature, 319: 310 – 314.

Powell C M, 1986. Continental underplating model for the rise of the Tibetan plateau. Earth Planetary Science Letter, 81: 79 – 94.

Rippe D, Unsworth M, 2010. Quantifying crustal flow in Tibet with magnetotelluric data. Phys. Earth Planet. Inter. , 179: 107 – 121.

Rodi W, Mackie R L, 2001. Nonlinear conjugate gradients algorithm for 2-D magnetotelluric inversion. Geophysics, 66 (1): 174 – 187.

Solon K D, Jones A G, Douglas N K, et al., 2005. Structure of the crust in the vicinity of the Banggong-Nujiang suture in central Tibet from INDEPTH magnetotelluric data. Journal of Geophysical Research, 110: 1 – 20.

Unsworth M J, Jones A G, Wei W B, et al., 2005. Crustal rheology of the Himalaya and Southern Tibet inferred from magnetotelluric data. Nature, 438: 78 – 81.

Varentsov I M, Sokolova E Y, Martanus E, et al., 2003. System of electromagnetic field transfer operators for the BEAR array of simultaneous soundings: methods and results. Izv. Phys. Solid Earth, 39: 118 – 148.

Vozar J, Jones A G, Fullea J, et al., 2014. Integrated geophysical-petrological modeling of lithosphere-asthenosphere boundary in central Tibet using electromagnetic and seismic data. Geochem. Geophys. Geosyst. , 15: 3965 – 3988.

Wang G, Wei W B, Ye G F, et al., 2017. 3-D electrical structure across the Yadong – Gulu rift revealed by magnetotelluric data: New insights on the extension of the upper crust and the geometry of the underthrusting Indian lithospheric slab in southern Tibet. Earth and Planetary Science Letters, 474 (15): 172 – 179.

Wei W B, Unsworth M, Jones A, et al., 2001. Detection of widespread fluids in the Tibetan crust by magnetotelluric studies. Science, 292: 716 – 718.

Xie C L, Jin S, Wei W B, et al., 2016. Crustal electrical structures and deep processes of the eastern Lhasa terrane in the south Tibetan plateau as revealed by magnetotelluric data. Tectonophysics, 675: 168 – 180.

Xu B, Griffin W L, Xiong Q, et al., 2016. Ultrapotassic rocks and xenoliths from South Tibet: Contrasting styles of interaction between lithospheric mantle and asthenosphere during continental collision. Geology, 45 (1), 51 – 54.

Yang J S, Xv Z Q, Li Z L, et al., 2009. Discovery of an eclogite belt in the Lhasa block, Tibet: a new border for Paleo-Tethys?. Journal of Asian Earth Sciences, 34: 76 – 89.

Yin A, Harrison T M, 2000. Geologic evolution of the Himalayan – Tibetan orogen. Annual Review of Earth and Planetary Sciences, 28: 211 – 280.

Zhao J M, Yuan X H, Liu H B, et al., 2010. The boundary between the Indian and Asian tectonic plates below Tibet. Proc. Natl. Acad. Sci. USA, 107 (25): 11229 – 11233.

Zhu D C, Zhao Z D, Niu Y L, et al., 2011. The Lhasa Terrane: Record of a microcontinent and its histories of drift and growth. Earth and Planetary Science Letters, 301 (1 – 2): 241 – 255.

Zhu D C, Zhao Z D, Niu Y L, et al., 2013. The origin and pre-Cenozoic evolution of Tibetan Plateau. Gondwana Research, 23 (4): 1429 – 1454.

蔡军涛, 陈小斌, 2010. 大地电磁资料精细处理和二维反演解释技术研究 (二): 反演数据极化模式选择. 地球物理学报, 53 (11): 2703 – 2714.

侯增谦，2010. 大陆碰撞成矿论. 地质学报，84（1）：30 – 58.

莫宣学，董国臣，赵志丹，等，2005. 西藏冈底斯带花岗岩的时空分布特征及地壳生长演化信息. 高校地质学报，11（3）：281 – 290.

潘桂棠，莫宣学，侯增谦，等，2006. 冈底斯造山带的时空结构及演化. 岩石学报，22（3）：521 – 533.

唐菊兴，多吉，刘鸿飞，等，2012. 冈底斯成矿带东段矿床成矿系列及找矿突破的关键问题研究. 地球学报，33（4）：393 – 410.

许志琴，杨经绥，侯增谦，等，2016. 青藏高原大陆动力学研究若干进展. 中国地质，43（1）：1 – 42.

青藏高原东缘岷山的深部地壳结构

徐啸[1]，高锐[1,2]，郭晓玉[1]，李文辉[2]，李洪强[3]，王海燕[2]，黄兴富[1]，卢占武[2]

0 引　言

青藏高原的隆升是世界上最重要的地质难题之一。它的新生代构造演化大约是从50万年前开始的印度—欧亚大陆板块碰撞产生的大范围的陆内构造变形响应（Clark，2011；Royden et al.，2008），高原如何向外扩张以及高原边缘的构造响应仍存在争议（Hubbard & Shaw，2009；Zhang et al.，2004；Clark et al.，2000，2005；Lease et al.，2012）。在地质、地球物理研究（Guo et al.，2013；Burchfiel et al.，2008；Bai et al.，2010；Liu et al.，2014）的基础上形成了连续的地壳形变和通道流两个端元模型（Tapponnier et al.，2001；Royden et al.，1997）。这两种模型的关键区别在于挤压缩短引起的垂直变化差异，尤其是在下地壳。目前观测到的 Moho 位错和下地壳挠曲是通道流模型不可解释的，而地壳的连续变形则要求上地壳和下地壳之间不能存在大范围的解耦。

目前的研究广泛认同龙门山和岷山区域的隆起是由于青藏高原的侧向挤出受到了东部四川盆地刚性基底的阻挡（Kirby et al.，2008）（图1）。青藏高原东缘灾难性的汶川地震和芦山地震（Kirby，2008）提醒人们，龙门山的陡峭地形和极低的缩短率，吸收了青藏高原隆起造成的侧向挤压带来的地壳变形（Hubbard & Shaw，2009；Wang et al.，2015）。然而，先前的研究认为青藏高原东部构造单元相对统一，青藏高原的东缘北部的岷山地区具有与龙门山相同规模的地形起伏，且频繁发生块体内部地震（Chen et al.，1994），例如，最近的 2017 年 7.0 级九寨沟地震。因此，本项研究把岷山作为主要的研究对象。

岷山地区位于龙门山东北部（图1），是青藏高原东部的一个构造边缘（Guo et al.，2013），平均海拔 3500 多米。现今的水平缩短率小于 2 ~ 3 mm/a，该区域地震主要发

1 中山大学地球科学与工程学院，广州，510275；2 中国地质科学院地质研究所，北京，100037；3 中国地质科学院地球深部探测中心，北京，100037。

生在岷江断裂和虎牙断裂（Kirby et al., 2000）。岷山地区与龙门山地区在隆升速率和隆升年代上存在差异，先前的热年代学研究表明青藏东缘的剥蚀抬升主要发生在早侏罗纪到第三纪（Kirby et al., 2002）。根据岷山地区的冷却历史，近 5 年平均抬升速率为 1 ～ 2 mm/a（Kirby et al., 2002）。此外，龙门山隆升历史较早，在 10 Ma 之前就有两个生长期（Wang et al., 2012），隆升速率约为 0.5 ～ 1.2 mm/a。这些资料表明，青藏高原东部地区构造不均一，是研究青藏高原边缘地区造山作用下地壳响应的重要天然实验室。

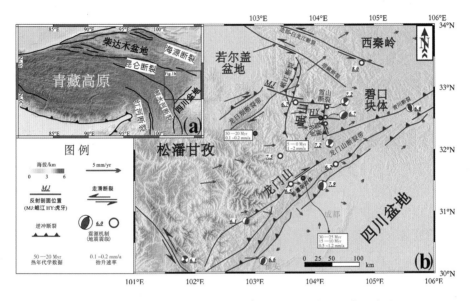

（a）青藏高原的地形和图（b）的位置；（b）研究区域的区域构造图。

图 1 青藏高原东缘区域构造

岷山地区西部以岷江断裂带为界，虎牙断裂带为东部边界（图 1）。从野外地质资料和震源机制来看，这两个断裂带均为由西倾的逆断层组成（Kirby et al., 2000）。岷江断裂带中部通过雪山断裂与虎牙断裂相连；北部进一步与塔藏断裂相连（Ren et al., 2013）；南部连接龙门山断裂带（Burchfiel et al., 2008）。这些断裂大致为古生代沉积盆地（碧口块体）和三叠纪复理石（若尔盖盆地）的边界。然而，在相同的应力场和应变下发生的褶皱，例如，在若尔盖盆地、岷山地区和碧口块体，都有不同的特点。此外，岷江断裂和虎牙断裂作为不同地壳强度的岷山和碧口块体的边界表现也不尽相同。

岷山的西侧包含西北倾第四纪地层，倾角大约 10°（Kirby et al., 2000）。这表明岷山吸收了青藏高原在这个区域的向外挤出，但是目前的缩短率不可能产生现今的地形海拔（Kirby et al., 2000）。根据 GPS 观测（Gan et al., 2007）、沿虎牙断层发生的地震震源机制以及断裂的几何展布（Kirby et al., 2000），在局部区域内，汶川—茂汶断裂的右旋运动位移量通过岷山转移到青川断裂。在东缘的大区域内，岷山地区充当昆仑断裂带和龙门山断裂带直接的转换（Chen et al., 1994），因此，岷山是理解青藏高原东北缘如何向外扩展的关键区域。为了获得岷山地区的深部地壳结构，本次研究于 2014 年采集了两个横穿岷江断裂和虎牙断裂的深地震反射剖面（图 1）。并增加区域重力异常数据用于帮助理解区域变形。这些数据可以对关键地区地壳成像，观测到该地区前所未有的细节，有助于描述青藏高原的东部边界和隆起相关的深部结构信息。

1 数据采集与处理

1.1 深地震反射剖面

两个深地震反射剖面分别穿过岷江断裂（55 km）和虎牙断裂（45 km）。观测系统的接收点间距是 50 m。震源分为大（500 kg）、中（120 kg）、小（36 kg）三个等级。中、小震源的记录时间是 30 s，大震源的记录时间是 60 s。中、小震源的观测系统可以为后期处理做到 75 次共中心点叠加。地震数据处理分别通过 CGG、ProMAX、GeoTomo、GeoRest 和 GeoDenoise 等专业软件完成。数据处理步骤包括静校正、真振幅恢复、频率分析、过滤参数测试、地表一致性振幅校正、地表一致性反褶积、相干噪声抑制、随机噪声衰减、人机交互速度分析、剩余静校正、复杂地形的克希霍夫叠前时间偏移和叠后的多项式拟合消除噪声。采用迭代过程得到的最优参数进行叠加，叠后噪声被有效压制。这些处理步骤保留了相对真实振幅。而这些高密度和近乎垂直反射（图2）正是我们的综合研究地壳结构的数据基础。

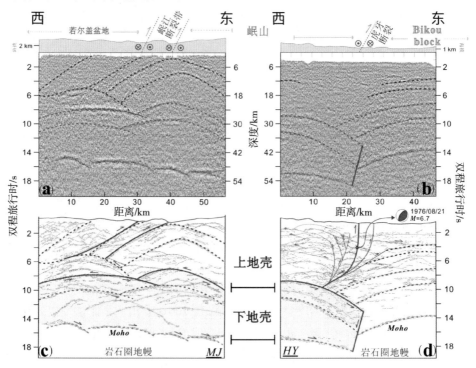

（a）穿过岷江断裂的深地震反射剖面；（b）穿过虎牙断裂的深地震反射剖面；
（c）岷江断裂带的解释剖面；（d）虎牙断裂带的解释剖面。

图 2　深地震反射剖面及解释

1.2 区域重力数据

区域重力异常数据从 ICGEM（International Centre for Global Earth Models）下载。数据通过专业软件 Geosoft/Oasis Montaj 进行处理和分析。青藏高原东缘的区域简单布格重力异常变化展现了地壳的厚度变化（Xu et al., 2016）。为了显示地壳内部结构的区域特点，我们消除了莫霍面起伏引起的重力异常。而莫霍面深度通过该区域前人的接收函数结果来确定（Sun et al., 2012；Xu et al., 2013）。区域地壳的剩余重力异常能更好地与地表地形、逆冲断裂相一致（Xu et al., 2016）。这些逆冲断层主要对应了青藏高原东缘的地形边界。该区域同属于扬子块体的西缘，重力异常的水平梯度（图3）可以用来鉴别不同块体的边界。

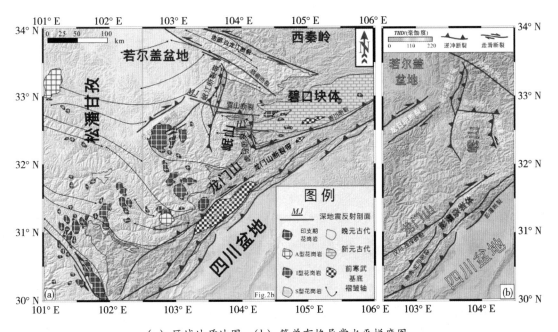

（a）区域地质地图；（b）简单布格异常水平梯度图。

图3 区域重力异常水平梯度

◆ 2 结 果

2.1 岷山地区壳内解耦

本项研究基于2014年采集的深地震反射数据，提出了一种新的青藏高原东缘的地壳结构特征，并提出新的深地壳形变机制用于解释该地区的快速隆升。根据研究区域沿剖面展布方向的构造属性变化，以及反射同相轴的位错信息，地震反射数据成像［图2（a）（b）］向我们展示了三个不同的主要构造单元。这三个构造单元分别为若尔盖盆地（岷江断裂带以西）、岷山块体（岷江断裂带与虎牙断裂之间的区域）和碧口块体。若尔盖盆地地表起伏相对平坦，但在岷江断裂带的东南侧有明显的地形变化。因此，我们定义了岷山块体为松潘甘孜块体（若尔盖盆地）和碧口块体的汇聚区域。

在细节上，若尔盖盆地（松潘—甘孜块体）的上地壳和下地壳形成一系列挤压褶皱，但不同深度，褶皱的规模不相同［图 2（c）］。位于岷江断裂带以西，若尔盖盆地下方 6～8 s（TWT）处存在一个亮点反射区域，该亮点反射位于上地壳的底部［图 2（a）］。类似的反射特性在西藏南部采集的反射剖面中出现在地壳中部（Brown et al.，1996），并被解释为部分熔融（Nelson et al.，1996）。显然，我们的地震反射数据展现了若尔盖盆地和岷山块体的上地壳和下地壳有着不同类型和程度的变形［图 2（a）（c）］。因此，我们解释从青藏高原中部向东北部扩展的挤压应力造成了地壳的上下地壳解耦，并进一步推测地壳解耦可能造成壳内部分熔融。岷江断裂带不仅在地形上，并且在上地壳都是两个块体的边界，是高原侧向生长的产物。岷山块体地壳内部主要是挤压变形形成的褶皱，褶皱的发育程度和规模随深度变化［图 2（c）］。穿越虎牙断裂的深反射数据中的反射特性［图 2（b）（d）］相对简单，但它们包含虎牙断裂是碧口块体与岷山块体的边界重要信息。虎牙断层被分成两段，反映了上地壳和下地壳对于挤压变形有不同尺度的响应。碧口地块的性质与四川盆地相似，具有刚性且相对稳定。因此，针对地壳缩短和刚性碧口块体的阻挡，韧性滑脱断层发育，上地壳是斜交向上仰冲，下地壳向下弯曲俯冲。地壳受到挤压发生褶皱弯曲是岷山隆起的关键，但上、下地壳褶皱规模不同。深地震反射剖面表明，地壳缩短发生在上、下地壳，但上部和下部地壳逆冲方向相反。

2.2　青藏高原东缘地壳形变

为了理解更大区域的地壳形变，我们采用了区域重力异常数据。重力异常水平梯度（THD）突出刻画了龙日坝断裂带与龙门山断裂带之间的扬子块体西缘地壳的分布形状［图 3（b）］。根据 GPS 观测（Gan et al.，2007）和地震分布（Kirby et al.，2000）显示，扬子块体西缘展现出与周缘不同的变形程度。以往的研究表明，大陆花岗质到闪长质的造山带地壳中包含有一个强而脆的上地壳和一个韧性的、可变形的下地壳（Handy et al.，2004）。松潘—甘孜块体自晚古生代以来经历了多个构造事件（Wu et al.，2016）。印度板块和欧亚大陆板块碰撞之前，松潘—甘孜块体经历了古特提斯洋关闭的重大构造事件（Ding et al.，2013；Roger et al.，2011）。同构造花岗岩类岩石表明松潘—甘孜块体经历了后造山期（图 3）。根据花岗岩的分布和年龄，松潘—甘孜块体的东部和扬子块体的西缘在新生代经历了地壳增厚的第二阶段。岷山块体缺失中生代花岗岩，表明这个地区变形相比龙门山区域没那么强烈。因此，重力异常水平梯度图揭示的地壳形变是由最新的新生代构造事件产生。因此，岷山地区的新生代地壳变形程度比龙门山地区更高。

◇ 3 讨 论

3.1 2017 年九寨沟 7.0 级地震

2017 年 8 月 8 日，岷山北部地区发生 7.0 级地震（图 4）。地震发生在一个构造复杂的地区，地震的诱发断裂存在争议；该地区是岷江断裂带、塔藏断裂和虎牙断裂交汇处（图 4）。地震震源机制表明，可能是由北西走向的左旋断层或北东走向的右旋断层触发（美国地质调查局，图 4）。因此，为了更好地分析是哪条断裂引发了地震，我们绘制主震和余震分布图（图 4 中的红点），地震分布呈北西走向。此外，表面地质调查（Kirby et al., 2000）发现了一系列持续向南弯曲的褶皱（图 4 中的黄线）。这些弯曲的褶皱终止于雪山断层北侧，雪山断裂为北倾逆冲断层。然而，该区域的历史地震（图 4 中的蓝点）并没有终止于雪山断裂北侧，且可以持续向南追踪，雪山断裂南侧的历史地震分布与虎牙断裂位置相近。而雪山断裂南北两侧的东西或北北西走向的皱褶在虎牙断裂两侧均发生错断或者弯曲。因此我们确定虎牙断裂在雪山断裂北侧转为隐伏断裂，并触发了这次 7.0 级九寨沟地震。

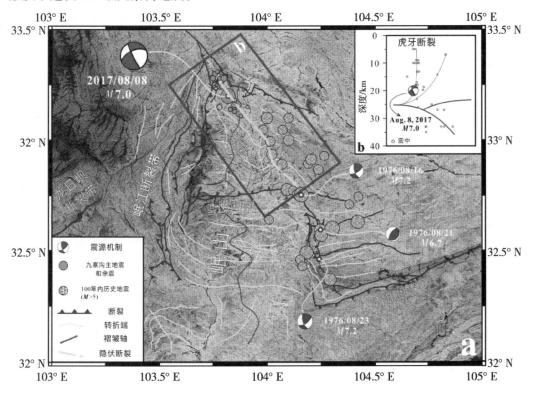

（a）岷山地区构造图；（b）沿图（a）中蓝色虚线的主走向在红色框中投影的震源。

红线：虎牙断层；绿线：地层。

图 4 岷山地区详细构造及地震分布

3.2 地壳结构

岷山地区深部地壳结构（图5）表明上、下地壳之间的解耦挤压变形是岷山块体产生隆起的主要机制。此外，上、下地壳内褶皱和断裂发育完全。然而，在沿着虎牙断裂前缘，岷山块体下地壳收到碧口块体阻挡发生向下挠曲，而上地壳产生滑脱褶皱并向碧口块体向东仰冲。因此，我们首次揭示了该区域的地壳结构和变形特征。这些结构特征并没有强有力的证据证明青藏高原东部边缘是依据通道流模型向外生长的，因为并没有发现按照通道流模型预测的因为刚硬块体的阻挡，Moho 向下隆起的现象。而虎牙断裂可以被定义为青藏高原东北边缘的边界断裂。

3.3 隆升机制

为了研究青藏高原东缘的隆升机制，我们比较岷山和龙门山之间的深部地壳结构（图5）。沿龙门山前缘发育全地壳尺度的逆断层来实现地壳缩短，这是龙门山地区的基本隆起和地壳增厚机制。然而，地壳的解耦可以实现更多的地壳形变以达到地壳增厚和抬升。另一个需要考虑的重要单元是位于龙门山断裂带中部与岷山块体南端相连部分的彭灌杂岩体［图3（b）］。彭灌杂岩体构造形成于中晚元古代，侵位于映秀—北川断裂与汶川—茂汶断裂之间（Clark et al., 2005），其新生代构造变形可用于联系岷山和龙门山的构造变形关系。基于2008年汶川地震的震源机制，映秀—北川断裂是西北倾逆冲并伴有右旋滑动断层。结合我们的研究结果与地震分布［图5（a）］表明该地区因为多重挤压叠置，极可能引发毁灭性的地震事件。

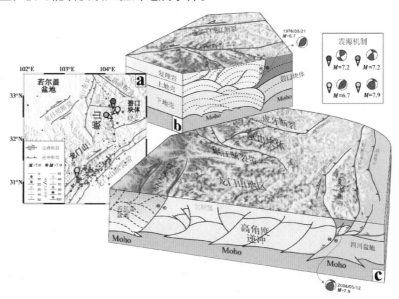

（a）100年内的区域地震分布图（震级≥5级）；（b）岷山地壳结构；（c）龙门山的地壳结构和四川盆地。

图5　岷山及龙门山地区深部地壳结构及地震分布

✕◆致 谢

这项研究由中国地质调查局调查项目（1212011220260）、中国自然科学基金项目（41430213、41590863、41590863）和深部探测技术与实验研究专项（SinoProbe－02－01）的资助。我们感谢所有参与本项研究深地震反射数据采集和处理的同事。

✕◆说 明

文章的英文版：Xu X, Gao R, Guo X Y, et al., 2017. Outlining tectonic inheritance and construction of the Min Shan region, eastern Tibet, using crustal geometry. Scientific Reports, 7 (9－3)：991－992.

文中地形图件均使用通用制图工具（GMT；Wessel & Smith, 1998）绘制完成。

✕◆参 考 文 献

Bai D, Martyn J Unsworth, Max A Meju, et al., 2010. Crustal deformation of the eastern Tibetan plateau revealed by magnetotelluric imaging. Nature Geoscience, 3：358－362.

Brown L, Zhao W, Nelson K, et al., 1996. Bright spots, structure, and magmatism in southern Tibet from INDEPTH seismic reflection profiling. Science, 274：1688.

Burchfiel B C, Royden L H, Hilst R D V D, et al., 2008. A geological and geophysical context for the Wenchuan earthquake of 12 May 2008, Sichuan, People's Republic of China. GSA Today, 18：4.

Chen S F, Wilson C, Deng Q D, et al., 1994. Active faulting and block movement associated with large earthquakes in the Min Shan and Longmen Mountains, northeastern Tibetan Plateau. J geophys Res, 99：38.

Clark M K, 2011. Early Tibetan Plateau uplift history eludes. Geology, 39：991－992.

Clark M K, Bush J W M, Royden L H, 2005. Dynamic topography produced by lower crustal flow against rheological strength heterogeneities bordering the Tibetan Plateau. Geophysical Journal International, 162：575－590.

Clark M K, Royden L H, 2000. Topographic ooze：Building the eastern margin of Tibet by lower crustal flow. Geology, 28：703－706.

Cooper G, Cowan D, 2006. Enhancing potential field data using filters based on the local phase. Computers & Geosciences, 32：1585－1591.

Ding L, Yang D, Cai F L, et al., 2013. Provenance analysis of the Mesozoic Hoh－Xil－Songpan－Ganzi turbidites in northern Tibet：Implications for the tectonic evolution of the eastern Paleo-Tethys Ocean. Tectonics, 32：34－48.

Gan W, Zhang P Z, Shen Z K, et al, 2007. Present-day crustal motion within the Tibetan Plateau inferred from GPS measurements. Journal of Geophysical Research, 112：B8.

Guo X Y, Gao R, Keller R, et al., 2013. Imaging the crustal structure beneath the eastern Tibetan Plateau and implications for the uplift of the Longmen Shan range. Earth and Planetary Science Letters, 379：72－80.

Handy M R, Brun J P, 2004. Seismicity, structure and strength of the continental lithosphere. Earth and Planetary Science Letters, 223：427－441.

Hubbard J, Shaw J H, 2009. Uplift of the Longmen Shan and Tibetan plateau, and the 2008 Wenchuan ($M = 7.9$) earthquake. Nature, 458：194－197.

Kirby E, Ouimet W, 2011. Tectonic geomorphology along the eastern margin of Tibet: insights into the pattern and processes of active deformation adjacent to the Sichuan Basin. Geological Society, London, Special Publications, 353: 165 – 188.

Kirby E, Reiners P W, Krol M A, et al., 2002. Late Cenozoic evolution of the eastern margin of the Tibetan Plateau: Inferences from 40Ar/39Ar and (U – Th) /He thermochronology. Tectonics, 21: 1001.

Kirby E, Whipple K X, Burchfiel B C, et al., 2000. Neotectonics of the Min Shan, China: Implications for mechanisms driving Quaternary deformation along the eastern margin of the Tibetan Plateau. Geological Society of America Bulletin, 112: 375 – 393.

Kirby E, Whipple K, Harkins N, 2008. Topography reveals seismic hazard. Nature Geoscience, 1: 485 – 487.

Lease R O, Burbank D W, Zhang H P, et al., 2012. Cenozoic shortening budget for the northeastern edge of the Tibetan Plateau: Is lower crustal flow necessary?. Tectonics, 31: TC3001.

Liu Q Y, Robert van der Hilst, Li Y, et al., 2014. Eastward expansion of the Tibetan Plateau by crustal flow and strain partitioning across faults. Nature Geoscience, 7: 361 – 365.

Nelson K D, Zhao W, Brown L, et al., 1996. Partially molten middle crust beneath southern Tibet: synthesis of project INDEPTH results. Science, 274: 1684.

Ren J, Xu X, Yeats R S, et al., 2013. Millennial slip rates of the Tazang fault, the eastern termination of Kunlun fault: Implications for strain partitioning in eastern Tibet. Tectonophysics, 608: 1180 – 1200.

Roger F, Jolivet M, Cattin R, Malavieille J, 2011. Mesozoic – Cenozoic tectonothermal evolution of the eastern part of the Tibetan Plateau (Songpan – Garzê, Longmen Shan area): insights from thermochronological data and simple thermal modelling. Geological Society, London, Special Publications, 353 (9 – 3): 9 – 25.

Royden L H, Burchfiel B C, van der Hilst R D, 2008. The geological evolution of the Tibetan Plateau. Science, 321: 1054 – 1058.

Royden L H, Burchfil B C, King R W, et al., 1997. Surface deformation and lower crustal flow in eastern Tibet. Science, 276: 788 – 790.

Sun Y, Niu F, Liu H, et al., 2012. Crustal structure and deformation of the SE Tibetan plateau revealed by receiver function data. Earth and Planetary Science Letters, 349 – 350: 186 – 197.

Tapponnier P, Xu Z Q, Roger F, et al., 2001. Oblique stepwise rise and growth of the Tibet plateau. Science, 294: 1671 – 1677.

Wang E, Kirby E, Furlong K P, et al., 2012. Two-phase growth of high topography in eastern Tibet during the Cenozoic. Nature Geoscience, 5: 640 – 645.

Wang Z, Su J, Liu C, et al., 2015. New insights into the generation of the 2013 Lushan Earthquake (M_s 7.0), China. Journal of Geophysical Research: Solid Earth, 120: 3507 – 3526.

Wessel P, Smith W H F, 1998. New, improved version of generic mapping tools released. Eos, 79: 579.

Wu C, Yin An, Zuza A V, et al., 2016. Pre-Cenozoic geologic history of the central and northern Tibetan Plateau and the role of Wilson cycles in constructing the Tethyan orogenic system. Lithosphere, 8: 254 – 292.

Xu X, Ding Z, Shi D, et al., 2013. Receiver function analysis of crustal structure beneath the eastern Tibetan plateau. Journal of Asian Earth Sciences, 73: 121 – 127.

Xu X, Gao R, Guo X, 2016. Relationship between the regional tectonic activity and crustal structure in the eastern Tibetan plateau discovered by gravity anomaly. Earthquake Science, 29: 71 – 81.

Xu X, Keller G R, Gao R, et al., 2016. Uplift of the Longmen Shan area in the eastern Tibetan Plateau: an integrated geophysical and geodynamic analysis. International Geology Review, 58: 14 – 31.

Zhang P Z, Shen Z K, Wang M, et al., 2004. Continuous deformation of the Tibetan Plateau from global positioning system data. Geology, 32: 809.

青藏高原东北缘祁连山与酒西盆地结合部
深部地壳结构及其构造意义

黄兴富[1]，高锐[1,2]，郭晓玉[1]，李文辉[2]，熊小松[3]

❖ 0 引 言

　　欧亚大陆与印度大陆于新生代的碰撞拼合以及拼合之后的持续汇聚挤压过程不但塑造了现今青藏高原的高海拔地貌（平均海拔约 4000 m），同时也造就了青藏高原地区全球范围内最厚的大陆地壳，Moho 平均埋深达 60 ～ 70 km（Gao et al.，2013；Lu et al.，2015；卢占武 等，2016），埋深大处可达 80 ～ 90 km（吴功建 等，1991；高锐 等，1998；Wittlinger et al.，2004）。关于青藏高原地壳变形和地壳加厚机制问题（Argand，1924；England & Housemann，1986；Tapponnier et al.，2001；Clark & Royden，2000），一直以来是全球地球科学界研究和争论的焦点。研究表明，目前青藏高原仍然处在持续向外扩张生长之中（Yuan et al.，2013；Wang et al.，2014；Li et al.，2015；Zheng et al.，2017）。而青藏高原的边界地带代表了青藏高原地壳最新的变形和加厚过程，是了解研究青藏高原地壳变形加厚过程的关键区域。

　　目前，涉及青藏高原东北缘祁连山地区地壳变形加厚机制主要有两种端元模型：①上地壳变形加厚模型。该模型认为地壳的变形加厚主要集中在上地壳部分，Galve 等（2002）通过宽角反射/折射地震资料观测到了上地壳加厚现象，而加厚的方式可能主要是通过上地壳的逆冲叠置作用（Burchfiel et al.，1989；Tapponnier et al.，1990；Zhang et al.，1990）。②下地壳变形加厚模型。这一模型认为地壳的变形加厚过程主要集中在下地壳部分，上地壳几乎未发生变形，而加厚的方式有管道流（channel flow；Clark & Royden，2000）和岩浆底侵作用（magmatic underplating；Wang et al.，2003）两种不同

---

　　1 中山大学地球科学与工程学院，广州，510275；2 中国地质科学院地质研究所，原国土资源部深部探测与地球动力学重点实验室，北京，100037；3 中国地质科学院地球深部探测中心，北京，100037。

　　基金项目：国家自然科学基金项目（41430213，41590863，41674087，41404072，41774114），中国地质调查项目（DD20160022 - 05，DD20179342；12120115027101）联合资助。

认识。综合前人研究成果来看，青藏高原东北缘祁连山地区地壳的变形加厚机制问题远未有定论，仍然存在巨大争议，亟须提供更多精确的证据，以此做更多深入的研究。但是，不论存在何种争议，几个地质事实却是真实存在的：①青藏高原东北缘上地壳的缩短变形（Zuza et al., 2016）以及造成的上地壳加厚（Galve et al., 2002）；②下地壳的加厚（Wang et al., 2003）。

造成这些争议的原因，本文认为主要是缺乏地壳深部精细结构证据的约束。青藏高原东北缘地壳浅表部的变形样式通过详细的野外地质调查、浅表部的反射地震勘探以及钻探资料等获得了良好的约束（杨树峰 等，2007；Yin et al., 2008a, 2008b）；而随着深度的加深，一些地球物理手段虽然获得了青藏高原东北缘岩石圈的电性结构特征（赵国泽 等，2004；金胜 等，2012）、速度结构特征（Zhang et al., 2013）以及岩石圈几何结构特征（Tian et al., 2014；Feng et al., 2014；Ye et al., 2015），但是，受限于探测手段分辨率不足的影响，对地壳深部的具体变形行为并未做明确的约束。深地震反射剖面技术是目前全球公认度高的能揭示高精度地壳结构图像的方法（王海燕 等，2010）。因此，本文以一个横跨祁连山与酒西盆地结合部位的深地震反射剖面（图1）的观测资料为研究基础，通过对地震剖面进行构造解译，获得青藏高原东北缘祁连山与酒西盆地结合部位地壳的构造变形样式，以期给青藏高原东北缘的地壳变形加厚方式提供更多的证据。

◆ 1 地质构造背景

深地震反射剖面位于青藏高原东北缘构造转换带的北祁连山与河西走廊盆地的最西段，靠近 NE 走向的阿尔金断裂附近 [图1（a）]。深地震反射剖面呈 NNE—SSW 走向，自南而北穿过北祁连山、北祁连山前断裂带、酒西盆地、黑山—宽滩山断裂带等地质构造单元，该深地震反射剖面南北全长约90 km [图1（b）]。

北祁连山：为北祁连早古生代缝合带的一部分，于约10 Ma前（Zheng et al., 2010）快速隆升成山。北祁连山主体由前寒武纪结晶基底、寒武—奥陶纪地层、志留纪地层以逆冲构造岩片的形式构成，其间还可以见一些白垩纪和新生代的残余沉积盆地 [图1（b）]。

北祁连山前断裂带：为一南倾、北冲的逆冲断裂带，将北祁连山古生代、中生代的岩石向北逆冲叠置到北边酒西盆地内的新生代地层之上 [图1（b）]，断裂带内断层面的倾角在40°~60°。从断层面上所见的正倾滑擦痕以及断层面附近的不对称褶皱可以判定北祁连山前断裂带内的断层主要是以逆冲活动为主（Tapponnier et al., 1990）。北祁连山前断裂带往北约15 km还可见一些逆冲断层，如旱峡逆冲断层 [图1（b）]，这些断层也表现为南倾、北冲的运动形式，倾角在25°~30°（陈柏林 等，2008），这些断层可能最终向南在一定的深度归并到南边的北祁连山前逆冲断裂带内。

酒西盆地：为河西走廊盆地最西段的一个次级盆地，西起阿尔金断裂带，东至嘉峪关断裂—文殊沟断裂一带，南以北祁连山断裂为界，北达赤金峡山—宽滩山—黑山一带，面积约2700 km² [图1（b）]，盆地呈长条状，大致平行于南边呈 NWW 走向的北

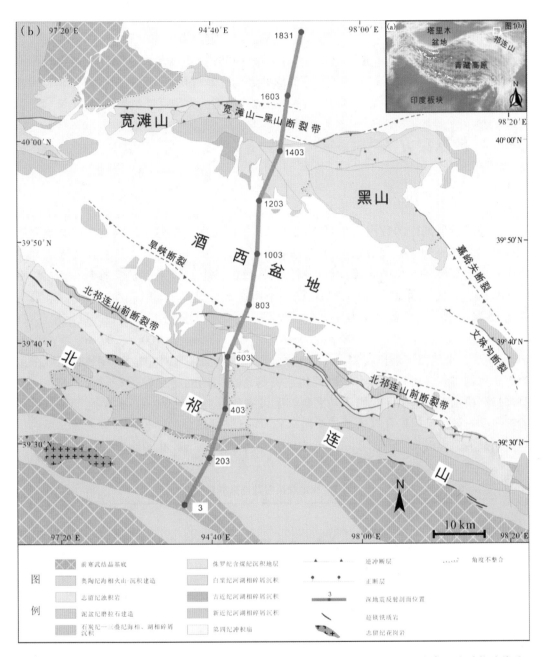

（a）基于 DEM 的青藏高原及邻区地貌简图；（b）北祁连山与酒西盆地结合部位地质构造简图 ［据 1∶（2×10^5）地质图改编］及深地震反射剖面位置。

图 1 深地震反射剖面沿线基本地质情况及位置

祁连山。酒西盆地为一个与北祁连隆起相伴生的新生代前陆盆地（Wang et al，2016）。酒西盆地自新生代以来，在前新生代的基底之上沉积了巨厚的新生代地层，自上而下可以划分为渐新统火烧沟组（E$_3$h）、中新统白杨河组（N$_1$b）、上新统疏勒河组（N$_2$s）、下更新统玉门组（Qpy）、中更新统酒泉组（Qpj）。酒西盆地内部深地震反射剖面所过之处的新生代沉积地层厚度在 1.5 ～ 2 km（玉门油田石油地质志编写组，1989）。

宽滩山—黑山断裂带：为酒西盆地的北部边界，表现为奥陶纪的地层向北逆冲在侏罗纪以及新生代地层之上 ［图 1（b）］。Gao 等（1999）由格尔木—额济纳地学断面计划获得的成果中认为该断裂为青藏高原北缘的最新边界断裂，并将其命名为"北边界逆冲断裂（north border thrust，NBT）"，为一条地壳尺度的大型逆冲边界断裂。

◆ 2 数据和方法

2.1 数据采集

深地震反射剖面的数据采集自 20 世纪 90 年代实施的格尔木—额济纳地学断面计划，剖面全长约 94 km。深地震反射数据采集（表 1）采用可控震源组合作为人工地震震源，采用 6 台 MOZ18/615 型的可控震源车，每台震动 25 次作为施工参数，扫描频率 8 ～40 Hz，扫描长度 20 ～ 25 s，即在同一个地点 6 台震源车同时震动，且每台震源车震动 25 次，这一震动叠加作为一次有效激发；检波器采用 DFS – V/FPCS 数字地震仪；排列 96 道，道间距 100 m，源检距 100 ～ 1000 m，震源间距 100 ～ 200 m，叠加次数 24 ～48 次，全剖面记录长度 25 s。由于深地震反射剖面采集时间是 90 年代，所以采集当时所用的震源（可控震源车）以及检波器与现在采用的相比较都有较大的差距。但是经过严格的野外施工，我们还是采集到了可靠的资料。图 2（a）的单炮记录就可以看到一些有效的反射信息（红色箭头所示），而且经过简单的静校正处理之后，反射信息更明显的显现出来了 ［图 2（b）］。因此，采集到的原始数据还是可靠的。

表 1 深地震反射数据采集参数

项目	采集参数
震源	6 台 MOZ18/615 型可控震源车
震源间距	100 ～ 200 m
接收道数	96 道
记录长度	25 s
覆盖次数	24 ～ 48 次
道间距	100 m
检波器	DFS – V/FPCS 数字地震仪

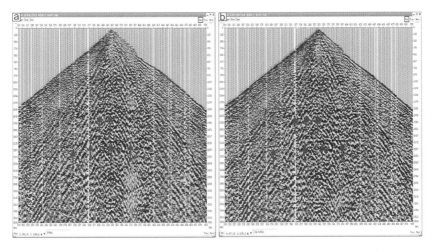

（a）深地震反射剖面原始单炮记录；（b）TOMO 静校正。

图2　原始单炮记录及处理结果

2.2　数据处理

本次处理采用 CGG、OMEGA 和 GRISYS 多个处理软件相结合的手段，在详细分析原始资料的基础上，对处理方法和参数进行了大量的测试工作，确定了处理流程（图3），其中关键处理技术包括严格的叠前预处理、静校正、子波一致性处理和叠前去噪等。经过精细的数据处理过程，最终获得了一个叠加剖面以及一个偏移剖面。本文的研究采用了偏移剖面（图4）。

图3　深地震反射数据处理流程

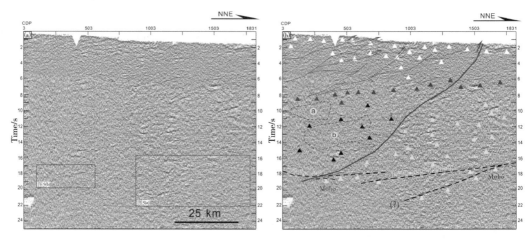

（a）未解译的深地震反射偏移剖面；（b）初步解译的深地震反射偏移剖面。

白色三角形：一系列横向连续的强反射轴，可能为浅部的沉积地层；红色三角形：一条横向上可以断续追踪的强反射轴，可能为地壳内一滑脱层的反射；黑色三角形：中下地壳内一些短的、近水平的反射轴；绿色三角形：中下地壳内一系列向南倾斜的反射轴；蓝色三角形：强反射的Moho；蓝色竖线：Moho转换带；黑色点线：一系列截断主要反射轴的逆冲断层；黑色粗虚线：Moho；带字母的绿色圆圈：透明反射区；红色实线：北边界逆冲断裂（NBT）。

图4　深地震反射剖面结果

3　深地震反射剖面特征

图4（a）展示了我们在研究区获得的高精度的深地震反射剖面，剖面中一些显著的、清晰的强反射同向轴在图4（b）中用不同的符号进行了标注，剖面中更细致、具体的反射特征将会在下文进行阐述。深地震反射剖面的横轴表示共深度点（common depth point，CDP）编号，纵轴表示双程走时（two-way-travel time）。本文采用6 km/s的地壳平均速度来进行时-深转换。在剖面中还得注意的一点是零时所在的位置代表海拔3000 m。

3.1　岩石圈地幔及Moho反射特征

深地震反射剖面中显示的岩石圈地幔（双程走时17～19 s之下）反射特征表现为呈弥散性分布的、长度较短的（长度<2 km）反射同向轴（图4）。但是在深地震反射剖面的右下角位置（CDP：903～1703，双程走时17～21.5 s）可见一系列向南倾斜的、长度较短的强反射同向轴［图5（a）］。剖面中显示的这些向南倾斜的、长度较短的强反射同向轴与Moho之上的中下地壳的强反射轴的反射特征比较相似（向南倾斜的倾角几乎一致，而且强反射轴的长度也近乎等长），因此我们推测目前残留在岩石圈地幔内部的反射轴所代表的地幔物质可能是在新生代挤压缩短变形过程中从下地壳挤入的物质。除了剖面右下角位置（CDP：903～1703，双程走时17～21.5 s）所见的反射特征之外，地震剖面中展现的岩石圈地幔上部总体的反射特征表现为"透明反射"的

特点。

    我们的地震反射剖面清晰地揭示了研究区复杂的 Moho 几何形态 [图 4 (b)]，根据揭示的 Moho 的反射特征，可以将 Moho 分为两类：一类表现为厚 300 ~ 500 m 的强反射同向轴 [图 4 (b)、图 5]；另一类表现为厚 300 ~ 3000 m，反射信号相对较弱的反射转换带 [Moho transitional zone；图 4 (b)、图 5]。本文将这些具有一定厚度的反射轴的底部解释为定义中的 Moho。以 6 km/s 的地壳平均速度进行时 - 深转换，获得 Moho 的埋深在 45 ~ 54 km，表现为南部深，向北变浅，与前人揭示的 Moho 深度基本一致 (Han et al., 2012；Tian et al., 2014)。

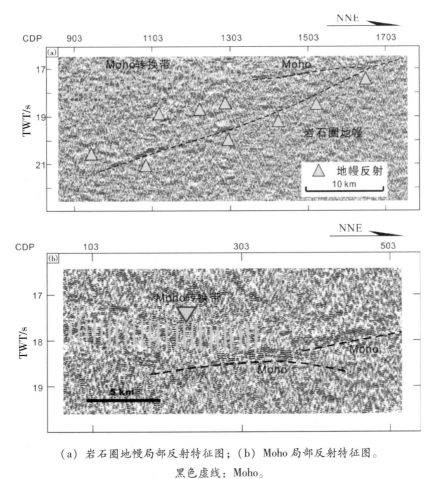

(a) 岩石圈地幔局部反射特征图；(b) Moho 局部反射特征图。

黑色虚线：Moho。

图 5 地幔及 Moho 反射细节 [位置见图 4 (a)]

3.2 中下地壳反射特征

    本文将深地震反射剖面的 Moho 之上，双程走时 8 s 之下的部分定义为中下地壳，中下地壳的反射信号要明显强于岩石圈地幔顶部的反射信号 [图 4 (b)]。以 NBT 为界，可以将中下地壳划分为反射信息完全不同的两部分 [图 4 (b)]。NBT 北边的中下地壳以向南倾斜的（倾角约为14°）、短的（长度＜8 km）反射同向轴为基本特征，但是这些向南倾斜的、短的反射同向轴可以从双程走时8 s处一直向下断续追踪到Moho附近［图4（b）绿色三角形］。此外，在中下地壳中还显示了两个反射地震透明区［图4（b）］。NBT南边的中下地壳总体表现为透明反射的特点，但是透明反射的中下地壳中还可见少许弥散性断续分布的近水平反射同向轴［图4（b）］。

3.3 上地壳反射特征

根据上地壳（双程走时8 s之上的部分）的反射特征，可将上地壳进一步划分为上地壳顶部和上地壳底部两个部分，大致以双程走时4 s为分界线［图4（b）］。上地壳的顶部以清晰的、横向可连续追踪的强反射同向轴为特征［图4（b）］，一般都认为是地壳浅表沉积地层的反射特征。因此地震剖面中顶部那些清晰的，呈薄层状的强反射同向轴代表了研究区从寒武纪一直到第四纪的沉积地层。双程走时4～8 s的上地壳底部的反射信息相比于上地壳顶部明显减弱，反射同向轴的长度明显变短以及分布也明显更为稀疏［图4（b）］，这可能是因为上地壳底部为前寒武纪结晶基底造成的。

上地壳底部还显示了一个比较明显的，横向上可以断续追踪的薄层状反射同向轴［图4（b）红色三角形］。该反射同向轴分布在整个剖面双程走时6～8 s之间，略向南倾斜，倾角在8°左右，并且在CDP 1253之下，双程走时6 s的深度被NBT错断，垂向错断了约9 km［3 s×3 km/s；图4（b）］。推测这一连续的反射同向轴可能为上地壳内部滑脱层的反射特征。

◆4 讨 论

4.1 地壳变形方式以及加厚机制探讨

如前文所述，目前已有的两个端元模型分别给出了青藏高原东北缘祁连山地区地壳可能的变形加厚方式。上地壳变形加厚模型认为青藏高原东北缘祁连山地区地壳变形集中在上地壳，上地壳的逆冲叠置是造成地壳加厚的原因（Burchfiel et al.，1989；Tapponnier et al.，1990；Zhang et al.，1990）。但是，这一模型忽略了下地壳的变形以及下地壳变形对地壳加厚的贡献。且从目前研究区地球物理资料的揭示来看，下地壳也的确存在加厚现象（Wang et al.，2003）。因此，上地壳变形加厚模型并未能完全解释青藏高原东北缘祁连山地区地壳的变形加厚现象。

下地壳变形加厚模型首先就无法解释上地壳的强烈缩短变形（Zuza et al.，2016）。即使暂且忽略上地壳缩短变形这一地质事实，上文所述的关于下地壳变形增厚的两种不同方式，即管道流（channel flow）和岩浆底侵作用（magmatic underplating）也未能完全解释一些近几年揭示的关于青藏高原东北缘的深部地质现象。青藏高原东缘以及东南缘目前被认为是管道流模型可能存在的重点区域（Liu et al.，2014），这些区域揭示的地壳低速层S波速度在3～4 km/s（Liu et al.，2014）。虽然青藏高原东北缘也揭示出了地壳低速层（崔作舟 等，1995；Liu et al.，2006；Zhang et al.，2013；Ye et al.，2015；Shen et al.，2015），但是地壳低速层 S 波速度在 5.5 km/s 左右（Liu et al.，2006），且低速层的深度在 20～30 km。青藏高原东北缘与青藏高原东缘、东南缘的地壳低速层 S 波速度存在很大的差异。因此，从 S 波速度差异方面来看，青藏高原东北缘的地壳低速层能否如青藏高原东缘以及东南缘那样用管道流模型来解释还需要进一步商榷。从实验岩石学角度出发，青藏高原东北缘的地壳低速层更接近于糜棱岩（邓晋福 等，1995），而糜棱岩能否用于解释地壳管道流模型也是待定的，目前也没有学者论证这一观点。如果青藏高原东北缘的地壳加厚是通过岩浆底侵的方式实现的，那如此大规模的岩浆底侵势必会造成大规模的岩浆活动，但是青藏高原东北缘地区鲜有新生代岩浆活动发育。而且，大量幔源岩浆底侵到下地壳之中的话会造成下地壳密度增大、地震波速度增大，但是从折射地震资料揭示的结果来看，下地壳的成分为中酸性物质成分，地震波速度并没有明显增加（崔作舟 等，1995；Liu et al.，2006；Zhang et al.，2013）。综上所述，目前关于青藏高原东北缘地壳变形加厚的两种端元模型并未能很好地解释地壳的变形加厚问题。

从获得的深地震反射剖面资料以及综合地质解释结果来看，青藏高原东北缘祁连山与酒西盆地结合部位的整个地壳都发生了强烈的缩短变形，但是，上、下地壳的缩短变形并不是连续的，而是发生了解耦（图 6）。在深地震反射剖面双程走时 6～8 s 范围内，可见一横向上可以连续追踪、略向南倾斜的反射同向轴［图 4（b）红色三角形］。以 6 km/s 的地壳平均地震波 P 波速度进行换算，则这一深度约为 14～24 km，这一连续同向轴的展布深度与前人在该处发现的低速层顶面的埋深位置基本吻合（崔作舟 等，1995）。而实验岩石学证据表明，组成这一低速层的物质的地震波速度与糜棱岩的地震波速度非常类似，因此推测这一低速层的物质组成可能是糜棱岩（邓晋福 等，1995）。正常的地温梯度之下，这一深度也是糜棱岩发育的正常深度（Brace & Kohlstedt，1980）。因此，我们将深地震反射剖面中揭示出的这一连续同向轴解释为一滑脱带（图6）。以这一滑脱带为界，上、下地壳的变形样式发生了明显的解耦现象（图 6）。滑脱带之上可见一系列有规律的南倾北冲逆冲断裂，而这些断裂都向下归并至滑脱带之上，且自南而北变形强度有所减弱（图 6），可能指示着青藏高原正以逆冲断裂的形式向东北缘方向扩张。剖面中变形最强的南端正是现今的祁连山，而酒西盆地之下的隐伏逆冲断裂可能代表着青藏高原向东北缘扩张的未来方向。滑脱带之下的地壳以发生复杂错断、叠置的 Moho 为变形标记指示地壳发生了复杂的缩短变形，此外 Moho 至滑脱带之间的地壳内部还可见一些北倾南冲的逆冲断裂（图 6）。此外，与滑脱带之上地壳自南而北变形强度变弱正好相反，滑脱带之下的地壳越往北变形强度反而增强（图 6）。

从获得的深地震反射剖面资料来看，青藏高原东北缘祁连山与酒西盆地结合部位的地壳是整个发生了缩短变形，这一发现基本可以解释上文所提及的两个基本地质事实：①青藏高原北缘上地壳的缩短变形；②下地壳的加厚。青藏高原东北缘祁连山与酒西盆地结合部位的地壳整体缩短变形在整个地壳内部并不是统一连续的，而是以地壳内的一滑脱带为界，上、下地壳的变形是发生了解耦的。滑脱带之上的地壳以有规律的南倾北冲逆冲断裂为主要的变形样式发生逆冲、叠置，而滑脱带之下的地壳以错断、叠置的

Moho 为变形标志指示地壳发生了复杂的缩短变形。进而我们推断认为青藏高原东北缘地壳的加厚机制可能为整个地壳的缩短变形作用，但是地壳的缩短变形具体能给地壳的增厚贡献多大的量还需要进一步做深入的研究。

4.2 地壳变形的动力学机制探讨

青藏高原隆升的动力学背景长期以来被认为是基于南侧印度大陆向北插入喜马拉雅山脉与藏南特提斯构造带之下引起的单向挤压作用，直到 20 世纪 80—90 年代亚东—格尔木—额济纳地学断面计划实施之后，发现青藏高原的隆升以及地壳加厚过程是处于南、北双向构造挤压力作用之下（吴功建 等，1991；高锐 等，1998），印度板块向北的挤压和西伯利亚板块的向南楔入，构成了青藏高原岩石圈最新变形的动力学环境（高锐 等，1995，1998；Gao et al.，1999）。近些年来，揭示青藏高原北缘大陆向南插入青藏高原之下的证据也显著增多，Kumar 等（2005）和 Zhao 等（2010）的宽频带接收函数图像清晰地揭示了塔里木板块的岩石圈地幔已向南楔入青藏高原之下。青藏高原北缘的东段地区也有越来越多的证据揭示了北边地块岩石圈地幔向南楔入青藏高原之下，如，宽频带接收函数图像清晰地追踪到了柴达木地块的岩石圈地幔已向南进入青藏高原岩石圈地幔之下（Kind et al.，2002；Kumar et al.，2005；Zhao et al.，2010；Zhao et al.，2011），认为青藏高原北缘整个骑跨（overriding）于亚洲板块之上（Zhao et al.，2011）；宽频带接收函数图像还揭示了位于祁连山地体之下的阿拉善地块岩石圈地幔，指示阿拉善地块也往南边的青藏高原北缘之下楔入（Feng et al.，2014；Ye et al.，2015）。此外，地震层析成像结果也于青藏高原之下的更深处追踪到了亚洲岩石圈的信息（Replumaz et al.，2013）。以上种种证据指示青藏高原北边地块（亚洲板块）向南下插（underthrusting）于青藏高原之下，对高原向北的生长可能起着重要的作用。

深地震反射剖面揭示的青藏高原东北缘祁连山与酒西盆地结合部位的地壳变形方式似乎也支持亚洲板块俯冲于青藏高原之下。深地震反射剖面资料揭示祁连山与酒西盆地结合部位的地壳变形方式以壳内的一滑脱带为界，上、下解耦，且变形强度也存在差异，即滑脱带之上的地壳自南而北变形逐渐减弱，而滑脱带之下的地壳变形强度则自南而北显示有逐渐增强的趋势（图6）。如果其变形动力来自亚洲大陆南侧印度大陆向北的俯冲挤入，则不应该出现这一现象。祁连山与酒西盆地结合部位这一地壳变形现象的一种可能解释为：亚洲岩石圈地幔向南俯冲下插与青藏高原之下时，由于大陆地壳物质无法随地幔物质同时俯冲进入地球深部，大陆地壳物质只能在亚洲大陆岩石圈地幔俯冲下插的拖曳力之下发生向南运动并与南侧的祁连山地壳发生相互挤压，进而发生缩短变形；随着下地壳缩短变形到一定程度，滑脱带之上的地壳也被动地发生缩短变形，形成剖面中所示的逆冲断裂（图6）。这一变形过程是一个自深部而浅部，再到地表的完整变形过程。祁连山与酒西盆地结合部位地壳的这一变形过程也从侧面反映了亚洲大陆向南的俯冲下插对青藏高原向北扩张的动力学意义。

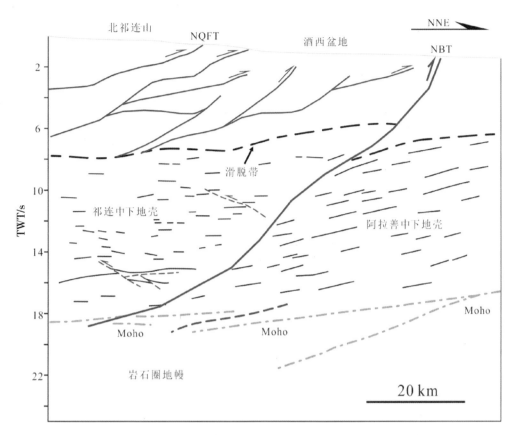

NQFT：北祁连山前逆冲断裂；NBT：北边界逆冲断裂；TWT：双程走时。

图6 深地震反射剖面构造解释

◢ 5 结 论

本文以一个穿越青藏高原东北缘祁连山与酒西盆地结合部位的深地震反射剖面为基础，通过综合解释，获得以下几点认识：

（1）青藏高原东北缘祁连山与酒西盆地结合部位地壳变形以壳内滑脱带为界，上、下解耦。滑脱带位于壳内低速层的顶部，深度14～24 km。滑脱带之上的地壳部分以一系列南倾、北冲，并向下终止于滑脱带的逆冲断裂变形为主，指示了青藏高原向北的扩张方式；滑脱带之下的地壳以Moho作为变形标志，指示了复杂的挤压缩短变形。

（2）青藏高原东北缘祁连山与酒西盆地结合部位的上、下地壳都经历了缩短变形，据此我们推测地壳整体的缩短变形对青藏高原北缘地壳的变形加厚起到了决定性的作用，甚至在整个青藏高原地壳的变形加厚过程中都起到了重要作用。因此我们的证据并不支持青藏高原东北缘地壳变形加厚的两种端元模型：①上地壳变形加厚模型；②下地壳变形加厚模型。

✕◆说　明

原文发表信息：黄兴富，高锐，郭晓玉，等，2020. 青藏高原东北缘祁连山与酒西盆地结合部深部地壳结构及其构造意义. 地球物理学报，61（9）：3640 – 3650. DOI：10. 6038/cjg2018L0632.

✕◆参考文献

Argand E，1924. La tectonique de l'Asie. Proceedings of the Ⅷth International Geological Congress Brussels：181 – 372.

Brace W F，Kohlstedt D L，1980. Limits on lithospheric stress imposed by laboratory experiments. Journal of Geophysical Research，85：6248 – 6252.

Burchfiel B C，Deng Q D，Molnar P，et al.，1989. Intracrustal detachment within zones of continental deformation. Geology，17（8）：748 – 752.

Chen B L，Wang C Y，Cui L L，et al.，2008. Developing model of thrust fault system in western part of northern Qilian Mountains margin – Hexi Corridor basin during late Quaternary. Earth Science Frontiers（in Chinese），15（6）：260 – 277.

Clark M K，Royden L H，2000. Topographic ooze：Building the eastern margin of Tibet by lower crustal flow. Geology，28（8）：703 – 706.

Cui Z Z，Li Q S，Wu C D，et al.，1995. The crustal and deep structures in Glomud – Ejin Qi GGT. Chinese Journal of Geophysics（in Chinese），38（Suppl. Ⅱ）：15 – 28.

Deng J F，Wu Z X，Yang J J，et al.，1995. Crust-mantle petrological structure and deep processes along the Golmud – Ejin Qi geoscience section. Chinese Journal of Geophysics（in Chinese），38（Suppl. Ⅱ）：130 – 144.

England P，Housemann G，1986. Finite strain calculations of continental deformation 2. Comparison with the Indian – Asia plate collision. Journal of Geophysical Research：Solid Earth，91：3664 – 3676.

Feng M，Kumar P，Mechie J，et al.，2014. Structure of the crust and mantle down to 700 km depth beneath the East Qaidam basin and Qilian Shan from P and S receiver functions. Geophys. J. Int.，199：1416 – 1429.

Galve A，Hirn A，Jiang M，et al.，2002. Modes of raising northeastern Tibet probed by explosion seismology. Earth and Planetary Science Letter，203（1）：35 – 43.

Gao R，Chen C，Lu Z W，et al.，2013. New constraints on crustal structure and Moho topography in central Tibet revealed by SinoProbe deep seismic reflection profiling. Tectonophysics，606：160 – 170.

Gao R，Cheng X Z，Ding Q，1995. Preliminary geodynamic model of Golmud – Ejin Qi geoscience transect. Chinese Journal of Geophysics（in Chinese），38（S2）：3 – 14.

Gao R，Cheng X，Wu G J，1999. Lithospheric structure and geodynamic model of the Golmud – Ejin transect in northern Tibet // Macfarlane A，Sorkhabi R B，Quade J（eds.）. Himalaya and Tibet：Mountain Roots to Mountain Tops. Geol. Soc. Am. Spec. Pap.，328：9 – 17.

Gao R，Li T D，Wu G J，1998. Lithospheric evolution and geodynamic process of the Qinghai – Tibet

Plateau: An inspiration from the Yadong – Golmud – Ejin geoscience transect. Geological Review (in Chinese), 44 (4): 389 – 395.

Han Y, Chen Y J, Sandvol E, et al., 2012. Lithospheric and upper mantle structure of the northeastern Tibetan Plateau. Journal of Geophysical Research: Solid Earth, 117: B05307.

Jin S, Zhang L T, Jin Y J, et al., 2012. Crustal electrical structure along the Hezuo – Dajing profile across the Northeastern Margin of the Tibetan Plateau. Chinese Journal of Geophysics (in Chinese), 55 (12): 3979 – 3990.

Kind R, Yuan X H, Saul J, et al., 2002. Seismic Images of Crust and Upper mantle Beneath Tibet: Evidence for Eurasian Plate Subduction. Science, 298 (5596): 1219 – 1221.

Kumar P, Yuan X H, Kind R, et al., 2005. The lithosphere-asthenosphere boundary in the Tien Shan – Karakoram region from S receiver functions: Evidence for continental subduction. Geophysical Research Letters, 32 (32): L07305.

Li Y L, Wang C S, Dai J G, et al., 2015. Propagation of the deformation and growth of the Tibetan – Himalayan orogen: A review. Earth – Science Reviews, 143 (1): 36 – 61.

Liu M J, Mooney W D, Li S L, 2006. Crustal structure of the northeastern margin of the Tibetan plateau from the Songpan – Ganzi terrane to the Ordos basin. Tectonophysics, 420 (1): 253 – 266.

Liu Q Y, Hilst R D V D, Li Y L, et al., 2014. Eastward expansion of the Tibetan Plateau by crustal flow and strain partitioning across faults. Nature Geoscience, 7 (5): 361 – 365.

Lu Z W, Gao R, Li H Q, et al., 2015. Variation of Moho depth across Bangong – Nujiang suture in central Tibet: Results from deep seismic reflection data. International Journal of Geosciences, 6 (8): 821 – 830.

Lu Z W, Gao R, Li H Q, et al., 2016. Crustal thickness variation from Northern Lhasa terrane to Southern Qiangtang terrane revealed by deep seismic reflection data. Geology in China (in Chinese), 6 (8): 821 – 830.

Replumaz A, Guillot S, Villaseñor A, et al., 2013. Amount of Asian lithospheric mantle subducted during the India/Asia collision. Gondwana Research, 24: 936 – 945.

Shen X Z, Yuan X H, Ren J S, 2015. Anisotropic low-velocity lower crust beneath the northeastern margin of Tibetan Plateau: Evidence for crustal channel flow. Geochemistry, Geophysics, Geosystems, 16 (12): 4223 – 4236.

Tapponnier P, Meyer B, Avouac J P, et al., 1990. Active thrusting and folding in the Qilian Shan, and decoupling between upper crust and mantle in northeastern Tibet. Earth and Planetary Science Letters, 97 (3 – 4): 382 – 403.

Tapponnier P, Xu Z Q, Roger F, et al., 2001. Oblique stepwise rise and growth of the Tibet plateau. Science, 294 (5547): 1671 – 1677.

Tian X B, Liu Z, Si S K, et al., 2014. The crustal thickness of NE Tibet and its implication for crustal shortening. Tectonophysics, 634: 198 – 207.

Wang C S, Dai J G, Zhao X X, Li Y L et al., 2014. Outward-growth of the Tibetan Plateau during the Cenozoic: A review. Tectonophysics, 621: 1 – 43.

Wang H Y, Gao R, Lu Z W, et al., 2010. Fine structure of the continental lithosphere circle revealed by deep seismic reflection profile. Acta Geologica Sinica (in Chinese), 84 (6): 818 – 839.

Wang W T, Zhang P Z, Yu J X, et al., 2016. Constraints on mountain building in the northeastern Tibet:

Detrital zircon records from synorogenic deposits in the Yumen Basin. Scientific Reports, 6: 1 – 8.

Wang Y X, Mooney W D, Yuan X H, et al., 2003. The crustal structure from the Altai Mountains to the Altyn Tagh Fault, northwest China. Journal of Geophysical Research: Solid Earth, 108 (2): 169 – 170.

Wittlinger G, Vergne J, Tapponnier P, et al., 2004. Teleseismic imaging of subducting lithosphere and Moho offsets beneath western Tibet. Earth and Planetary Science Letters, 221 (1 – 4): 117 – 130.

Wu G J, Gao R, Yu Q F, et al., 1991. Integrated investigations of the Qinghai – Tibet Plateau along the Yadong – Golmud geoscience transect. Chinese Journal of Geophysics (in Chinese), 34 (05): 552 – 562.

Yang S F, Chen H L, Cheng X G, et al., 2007. Deformation characteristics and rules of spatial change for the Northern Qilianshan thrust belt. Earth Science Frontiers (in Chinese), 14 (5): 211 – 221.

Ye Z, Gao R, Li Q S, et al., 2015. Seismic evidence for the North China plate underthrusting beneath northeastern Tibet and its implications for plateau growth. Earth and Planetary Science Letters, 426: 109 – 117.

Yin A, Dang Y Q, Wang L C, et al., 2008a. Cenozoic tectonic evolution of Qaidam basin and its surrounding regions (Part 1): The southern Qilian Shan – Nan Shan thrust belt and northern Qaidam basin. Geological Society of America Bulletin, 120 (7): 813 – 846.

Yin A, Dang Y Q, Zhang M, et al., 2008b. Cenozoic tectonic evolution of the Qaidam basin and its surrounding regions (Part 3): Structural geology, sedimentation, and regional tectonic reconstruction. Geological Society of America Bulletin, 120 (7): 847 – 876.

Yuan D Y, Ge W P, Chen Z W, et al., 2013. The growth of northeastern Tibet and its relevance to large-scale continental geodynamics: A review of recent studies. Tectonics, 32 (5): 1358 – 1370.

Zhang P Z, Burchfiel B C, Molnar P, et al., 1990. Late Cenozoic tectonic evolution of the Ningxia – Hui Autonomous Region, China. Geological Society of America Bulletin, 102 (11): 1484 – 1498.

Zhang Z J, Bai Z M, Klemperer S L, et al., 2013. Crustal structure across northeastern Tibet from wide-angle seismic profiling: Constraints on the Caledonian Qilian Orogeny and its reactivation. Tectonophysics, 606: 140 – 159.

Zhao G Z, Tang J, Zhan Y, et al., 2004. Relation between electricity structure of the crust and deformation of crustal blocks on the northeastern margin of Tibetan plateau. Science in China: Earth Science (in Chinese), 34 (10): 908 – 918.

Zhao J M, Yuan X H, Liu H B, et al., 2010. The boundary between the Indian and Asian tectonic plates below Tibet. Proceedings of the National Academy of Sciences of the United States of America, 107 (25): 11229 – 11233.

Zhao W J, Kumar P, Mechie J, et al., 2011. Tibetan plate overriding the Asian plate in central and northern Tibet. Nature Geoscience, 4 (12): 870 – 873.

Zheng D W, Clark M K, Zhang P Z, et al., 2010. Erosion, fault initiation and topographic growth of the North Qilian Shan (northern Tibetan Plateau). Geosphere, 6: 937 – 941.

Zheng D W, Wang W T, Wan J L, et al., 2017. Progressive northward growth of the northern Qilian Shan – Hexi Corridor (northeastern Tibet) during the Cenozoic. Lithosphere, 9 (3): 408 – 416.

Zuza A V, Cheng X, Yin A, 2016. Testing models of Tibetan Plateau formation with Cenozoic shortening estimates across the Qilian Shan – Nan Shan thrust belt. Geosphere, 12 (2): 501 – 532.

陈柏林, 王春宇, 崔玲玲, 等, 2008. 祁连山北缘—河西走廊西段晚新生代逆冲推覆断裂发育模式.

地学前缘, 15 (6)：260-277.

崔作舟, 李秋生, 吴朝东, 等, 1995. 格尔木—额济纳旗地学断面的地壳结构与深部构造. 地球物理学报, (S2)：15-28.

邓晋福, 吴宗絜, 杨建军, 等, 1995. 格尔木—额济纳旗地学断面走廊域地壳—上地幔岩石学结构与深部过程. 地球物理学报, (S2)：130-144.

高锐, 成湘洲, 丁谦, 1995. 格尔木—额济纳旗地学断面地球动力学模型初探. 地球物理学报, 38 (S2)：3-14.

高锐, 李廷栋, 吴功建, 1998. 青藏高原岩石圈演化与地球动力学过程：亚东—格尔木—额济纳旗地学断面的启示. 地质论评, 44 (4)：389-395.

金胜, 张乐天, 金永吉, 等, 2012. 青藏高原东北缘合作—大井剖面地壳电性结构研究. 地球物理学报, 55 (12)：3979-3990.

卢占武, 高锐, 李洪强, 等, 2016. 深反射地震数据揭示的拉萨地体北部到羌塘地体南部地壳厚度的变化. 中国地质, 43 (5)：1679-1687.

王海燕, 高锐, 卢占武, 等, 2010. 深地震反射剖面揭露大陆岩石圈精细结构. 地质学报, 84 (6)：818-839.

吴功建, 高锐, 余钦范, 等, 1991. 青藏高原"亚东—格尔木"地学断面综合地球物理调查与研究. 地球物理学报, 34 (5)：552-562.

杨树锋, 陈汉林, 程晓敢, 等, 2007. 祁连山北缘冲断带的特征与空间变化规律. 地学前缘, 14 (5)：211-221.

玉门油田石油地质志编写组, 1989. 玉门油田//中国石油地质志：卷十三. 北京：石油工业出版社：84-180.

赵国泽, 汤吉, 詹艳, 等, 2004. 青藏高原东北缘地壳电性结构和地块变形关系的研究. 中国科学：地球科学, 34 (10)：908-918.

雅鲁藏布缝合带东段地壳形变的反射地震揭露

董新宇[1,2]，李文辉[3,4]，卢占武[3,4]，黄兴富[1,2]，高锐[1,2,3,4]

◆ 0 引　言

作为新生代以来规模最大、最典型的陆－陆碰撞造山事件之一，印度—亚洲板块碰撞造山过程从 55 Ma 前持续至今（Yin & Harrison，2000；Zhang et al.，2004；Tapponnier et al.，2001）。该碰撞造山过程导致青藏高原主体隆升与扩张（许志琴 等，2011），同时对北半球气候变化产生了巨大影响（An et al.，2001；Yin，2006；Ding et al.，2017）。目前对于喜马拉雅造山带隆升机制仍然存在多种端元模型，例如：双重地壳叠置模型（e. g. Argand，1924），重力垮塌模型（e. g. Burg et al.，1984a），韧性楔状挤出模型（e. g. Burchfiel & Royden，1985），隧道流模型（e. g. Nelson et al.，1996）以及中下地壳楔状挤出模型（e. g. Chemenda et al.，1995，2000）等。然而，任一种模型都不能全面而合理地解释喜马拉雅造山带展示出的复杂地质现象，而这些模型的区别集中反映在对雅鲁藏布江缝合带及其两侧特提斯喜马拉雅、冈底斯岩浆带组成的主碰撞带深部结构认识的不同。

Gao 等（2016a）和 Guo 等（2017，2018）在主碰撞带西部（81°E）和中部（88°E）开展的工作发现高喜马拉雅岩系的"双重逆冲（duplexing）"增厚行为对主碰撞造山带西部与中部隆升过程有重要影响，并发现印度板块下地壳在俯冲越过缝合带以后没有向北大规模进入拉萨地体。Hou 等（2015）基于 Hf 同位素填图及地球化学证据发现南拉萨地体的东部地区（88°E 以东）下地壳相较于南拉萨地体中部（83°E—87°E）更为年轻，并认为幔源岩浆的底侵作用（underplating）导致拉萨地体东部年轻下地壳的形成与地壳垂向生长，即该地质过程导致了南拉萨地体东、西地壳组成及结构差异。88°E 以东主碰撞带地区新生地壳具有怎样的内部精细结构与特征？如果造山带

1 中山大学地球科学与工程学院，广州，510275；2 南方海洋科学与工程广东省实验室，珠海，519082；3 中国地质科学院地质研究所，北京，100037；4 自然资源部深地动力学重点实验室，北京，100037。

东部地区高喜马拉雅岩系增厚过程依旧被"双重逆冲"过程主导，这一独特的构造增厚机制具体又是如何表现的？

获取主碰撞带东部雅江缝合带地区地壳精细结构对于回答上述问题以及进一步揭示喜马拉雅造山带隆升机制具有重要科学价值。中国地质科学院地质研究所于 2017 年在西藏山南地区（92°E）完成了一个横跨雅鲁藏布缝合带、满叠长度约 69 km 的反射地震剖面（剖面路线见图 1 与图 2）。本文基于有效野外数据采集与室内数据处理获得的高精度反射剖面，分析了反射剖面中所表现出的强振幅特征，建立了印度—亚洲主碰撞带东部地壳精细结构，并基于与前人研究结果对比，进一步对喜马拉雅造山带隆升机制进行了解剖。

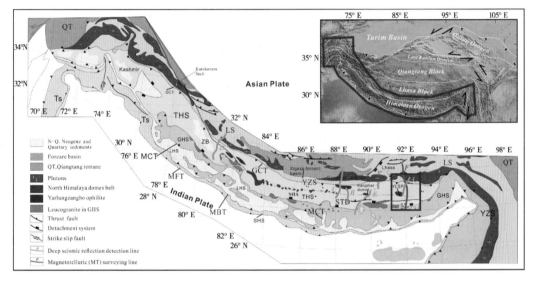

数值高程模型（DEM）下载自 Global Mapper – 17 软件，地理位置信息参考 Yin 和 Harrison（2000）以及 Kapp 和 Decelles（2019）。图中蓝色方框指示图 2 所在地理位置。剖面线 A 为本次反射地震工作实施路线，剖面线 B 和 C 为反射地震工作实施路线（Guo et al., 2017），剖面线 D 为反射地震工作实施路线（Gao et al., 2016），剖面线 F 为 INDEPTH（Ⅰ，Ⅱ）反射地震工作实施路线（Hauck et al., 1998），剖面线 F 为大地电磁探测工作实施路线（Spratt et al., 2015）。右上角插图中蓝色线条所框示范围为图 1 所处大地构造位置。

THS：特提斯喜马拉雅；GHS：高喜马拉雅；LHS：低喜马拉雅；SHS：次喜马拉雅；LS：拉萨地体；QT：羌塘地体；GCT：大反冲断裂；YZS：雅鲁藏布缝合带；STD：藏南拆离系；MCT：主中央断裂；MBT：主边界断裂；NHA：北喜马拉雅片麻岩穹隆；YLSP：雅拉香波穹隆；Ts：沿雅鲁藏布缝合带分布以及分布于喜马拉雅前陆盆地的古近纪—新近纪沉积物；ZB：扎达盆地（青藏高原西南部）。

图 1　印度—亚洲碰撞带地质（改自 Yin，2006；Guo et al., 2012）

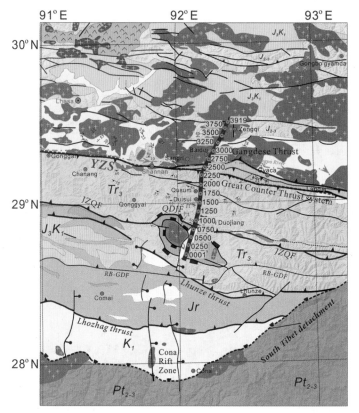

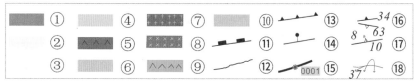

YZS：雅鲁藏布缝合带；RB－GDF：绒布—谷堆断裂；JZQF：加麻—宗许—曲桑断裂；QDJF：邛多江断裂。

①中元古代—新元古代片岩、片麻岩以及榴辉岩；②早白垩世砂岩、页岩、灰岩以及泥灰岩；③第四纪沉积物；④晚三叠世至早白垩世砂岩、页岩、灰岩以及安山岩；⑤白垩纪蛇绿岩；⑥晚三叠世砂岩、板岩夹泥灰岩、放射虫硅质岩以及玄武岩；⑦新生代酸性侵入岩；⑧白垩纪中酸性侵入岩；⑨林子宗火山岩；⑩侏罗纪地层；⑪滑脱层；⑫断层；⑬逆断层；⑭正断层；⑮地震阵列 CMP 编号；⑯板状劈理和片麻状叶理；⑰冈底斯冲断系中的糜棱岩叶理；⑱褶皱和褶皱枢纽产状。

图 2　研究区地质

改自 Yin 等（1994，1999）、Webb 等（2013）、李廷栋等（2006）。

◢◣ 1　地 质 背 景

　　雅鲁藏布缝合带将喜马拉雅造山带与拉萨地体南缘的冈底斯岩浆岩带分隔，缝合带由北至南由白垩纪—渐新世日喀则弧前盆地（主要存在于日喀则附近）、蛇绿岩带、新生代柳区（Liuqu）砾岩或朗杰学增生楔（胡可卫 等，2016）与特提斯洋壳增生楔组成（Metcalf & Kapp，2019；Kapp & Decelles，2019）。

　　缝合带北侧为分布于拉萨地体南缘的冈底斯岩浆岩带（或称 Trans-Himalayan 岩浆岩带），该岩浆岩带主要由花岗岩岩基（granitoid batholith）与覆盖于其北侧部分地区的林子宗火山凝灰岩组成，这些岩浆岩形成时代为中生代至晚新生代（朱弟成 等，2018；Metcalf & Kapp，2019；DePaolo et al.，2019；Guo et al.，2018；Kapp & Decelles，2019），该区域中生代时期的岩浆活动主要与新特提斯洋的俯冲过程相关（Ma et al.，2018），而新生代以来的岩浆活动主要与印度—亚洲板块的碰撞过程相关，如中新世的钾质埃达克岩被认为是幔源物质参与下的增厚下地壳部分熔融形成的（Mo et al.，2007；Hou et al.，2004）。地球化学分析表明，与本研究区邻近的89.5°E—92.3°E 范围的拉萨地体南缘29.8°N 以南范围地壳厚度在距今45—32 Ma 之间从15～35 km 快速增厚到60～75 km，并认为该时期印度岩石圈板块的陡俯冲可能是造成在该狭窄南北范围内地壳快速增厚的原因（DePaolo et al.，2019）。

　　位于缝合带南侧的喜马拉雅造山带从北至南被雅鲁藏布缝合带（YZS）、藏南拆离系（STD）、主中央冲断裂（MCT）、主边界断裂（MBF）以及主前锋断裂（MFT）分隔为特提斯喜马拉雅（THS）、高喜马拉雅（GHS）、低喜马拉雅（LHS）以及次喜马拉雅（SHS）等次一级构造单元（Yin，2006；Aikman et al.，2008）。其中，高喜马拉雅主要由古元古代到奥陶纪高级变质岩系组成，此外，从印度西北部的 Zanskar 到喜马拉雅东部的不丹境内的高喜马拉雅域，大量中新世淡色花岗岩沿 STDS 下盘出露（Harris et al.，1994），这些淡色花岗岩被认为是从印度被动大陆边缘刮削下的盖层与基地增生楔在碰撞峰期与后期的部分熔融产物（Long et al.，2019；Monteragni et al.，2018；郑永飞 等，2015）。低喜马拉雅由元古代到寒武纪低级变质沉积岩组成，次喜马拉雅主要由新近纪西瓦里克等岩系组成（Guo et al.，2012；Montemagni et al.，2018；Yin，2006）。

　　特提斯喜马拉雅主要由元古代到始新世海相沉积物、碎屑岩与火山岩组成（Hauck et al.，1998；Guo et al.，2012），包括浅变质岩（如板块和千枚岩）、早古生代火山岩、石炭纪至早侏罗世碎屑岩与稳定台地型碳酸盐岩以及晚三叠世"大印度"被动大陆边缘沉积物等（许志琴 等，2011；戚学祥 等，2008；王二七 等，2018）。地球物理资料探测表明该区域地壳平均厚度达70 km（王二七 等，2018），相应的沉积岩系厚度在碰撞挤压过程中也从原始的 ca. 10 km 增厚到 ca. 20 km（Cottle et al.，2015）。此外，还发育大量由于特提斯喜马拉雅域内部构造活动形成的南倾叠瓦状断层系统以及断褶带（Hauck et al.，1998；Aikman et al.，2008；Long et al.，2019），如洛扎断裂、绒布—古堆断裂、邛多江断裂、隆子断裂等，研究认为这些断裂带初始活动时间为50 Ma 前，终止活动时间在11—9 Ma 前（Ratschbacher et al.，1994；Harrison et al.，2000；刘顺 等，

2019；郑有业，等，2014），部分断层可能在距今 13 Ma 以后进一步发生逆冲或被更年轻的正断裂运动切割（Yin & Harrison, 2000；Murphy & Yin, 2003；Hauck et al., 1998）。其中，特提斯喜马拉雅北缘还发育可以沿整个造山带追踪的南倾大反冲断裂（GCT），该断裂将特提斯喜马拉雅域部分印度大陆边缘沉积物与蛇绿混杂岩等逆冲推覆越过雅鲁藏布缝合带，置于冈底斯南缘，被认为代表雅鲁藏布缝合带的南界（王二七 等，2018），活动时间为 25—9 Ma 前（Yin, 2006）。此外，Yin 等（1994）认为 GCT 根部向南延伸并与由一系列脆性断层和剪切带组成的 STD 相连（Edwards et al., 1996），而冈底斯岩基则可能沿 GCT 下盘向南延伸到特提斯喜马拉雅下方（Aikman et al., 2004），与 GCT 相邻的冈底斯岩浆岩带南缘还存在一活动时间为 27—23 Ma 前的巨型北倾逆冲断裂，名为冈底斯逆冲断裂（GT）（Yin, 2006），该逆冲断裂将部分冈底斯岩基物质向南推覆到特提斯喜马拉雅构造域，被认为代表冈底斯岩浆岩带南缘边界（Yin et al., 1994）。

研究区还涉及北喜马拉雅片麻岩穹隆带（NHA），该伸展构造单元东西范围分布于 78°E 到 92°E，北侧被 GCT 限定，南侧被 STD 限定（Hauck et al., 1998；Zhang et al., 2012；Jessup et al., 2019）。该构造带由许多被韧性剪切带限定的穹隆或年轻山体（advanced mountain bodies）组成，并伴随多期次的构造活动，主要构造活动时限于中新世（Lee et al., 2000），穹隆核部多发育距今 35—10 Ma 的淡色花岗岩体（Zhang et al., 2012）。本研究工作剖面经过北喜马拉雅片麻岩穹隆带最东端的雅拉香波穹隆（Aikman et al., 2004；Wang et al., 2018）。目前，对于位于该穹隆北侧的邛多江断裂的活动性质依旧存在不同观点，部分学者认为其为北倾逆冲断裂（郑有业 等，2014；李廷栋 等，2006），也有部分学者认为其为北倾正断裂（张进江 等，2007a；Chen et al., 2018）。本文认为，基于详细地表地质调查认识的穹隆北侧范围内邛多江断裂的确表现为正断层性质，但是穹隆东西两侧延续部分可能并非正断层性质，而是其他研究所认识的逆断层。为便于区分，文中基于地理位置将穹隆两侧延伸的逆断裂称为"加麻—宗许—曲桑逆断裂"，与前人所认识的逆冲性质邛多江断裂相同。

◆2 数据采集与处理

野外数据采集工作中（表1），共使用三种类型的爆炸源：井深 30 m、炮距 250 m、药量 48 kg 的"小炮"，井深 50 m、炮距 1000 m、药量 192 kg 的双组合井"中炮"，井深 50 m、炮距 30 000 m、药量 2000 kg 的多组合井（15 井）"大炮"。同时，分别采用 720/900/ >2000 道进行数据采集，采集过程接收超过 30 s（双程走时）的时间窗口。

表1　野外数据采集相关参数

Source	Dynamite		
Charge	48 kg	192 kg	2000 kg
Shot interval	0. 25 km	1 km	30 km
Shot depth	30 m	50 m ×2	50 m ×15

续表

Source		Dynamite	
Spread End-on	End-on	End-on	
Near offset	25 m	25 m	25 m
Far offset	15 km	22 km	69 km
Sample rate	2 ms	2 ms	2 ms
Record length	30 s	30 s	60 s
Number of groups	720（cable）	900（eable）	> 900（cable）
Geophones per group	24	24	24
Group interval	50 m	50 m	50m
Geophone type	SM24 – 10 Hz	SM24 – 10 Hz	SM24 – 10 Hz

数据处理中（图3），使用了 CGG 和 GeoEast 软件包中的软件模块进行地震数据处理。整个过程包括静校正、真振幅恢复、频率分析、滤波参数测试、地表一致性振幅校正、地表一致性反褶积、相干噪声抑制、随机噪声衰减、人机交互速度分析、剩余静校正、Kirchhoff 时间偏移、DMO 叠加和叠后滤波噪声去除等步骤。

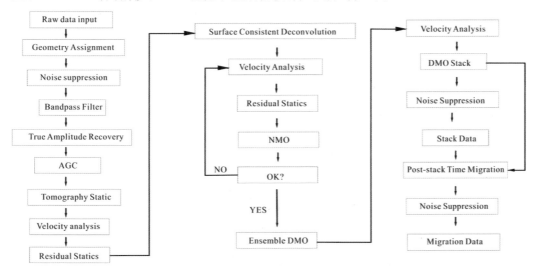

图3 深地震反射数据处理流程

在针对原始数据处理结果进行充分分析和测试后，进一步对部分成像问题采用针对性的技术进行解决，利用无射线追踪层析静校正和多反射面界面残余静校正方法对由于近地表不规则地形起伏和低速结构引起的静校正问题进行处理。将叠前多域处理与噪声衰减技术相结合，抑制了一系列噪声源。人机交互速度分析方法则提供了相对准确的均方根速度（RMS）估计。并通过 Kirchhoff 时间偏移对起伏地形区域进行处理，以提高相应地震图像质量。

最终叠加剖面如图4 - Ⅰ所示，该剖面延伸至30 s（TWT）或约90 km 深度（假设平均地壳速度为6 km/s）。

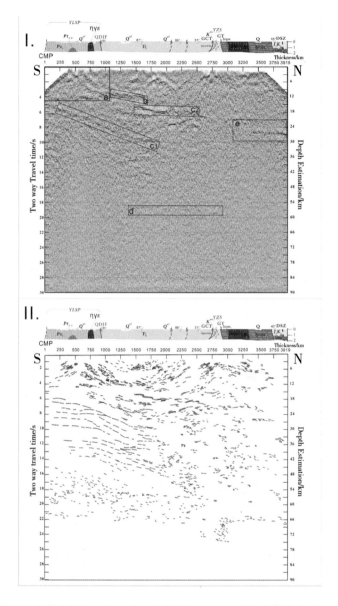

Ⅰ. 叠后偏移的深地震反射原始剖面（无垂直放大，假设平均地壳速度为 6 km/s），剖面线地理位置见图 1；Ⅱ. 主要反射特征突出图像。

QDJ：邛多江断裂；GCT：大逆冲断层；YZS：雅鲁藏布缝合带；GT：冈底斯逆冲断层；DSZ：韧性剪切带；YLSP：雅拉香波穹隆。

Pz^1：晚古生代变质岩；Pt^{2-3}：中－新元古代变质岩；Tr^3：晚三叠世沉积岩；J^3K^1：晚侏罗世——早白垩世沉积岩；K^{ms}：白垩纪蛇绿岩；Q：第四纪冲积扇沉积物；Q^{gf}：第四纪冰碛/冰川沉积；$\eta\gamma E$：古近纪二长花岗岩；$\delta\eta oK^2$：晚白垩世石英二长闪长岩；$\gamma\delta E^2$：始新世花岗闪长岩；$\gamma\delta oK$：白垩纪英云闪长岩。

图 4　反射剖面及反射特征描绘

地质剖面改自 Yin 等（1994，1999）、Webb 等（2013）、李廷栋等（2006）。

◈3 构造解释

基于强振幅、同相性和波形相似性的反射波组对比基本原则，获得了图 4 – Ⅱ 所示强反射波组解译图像。整个剖面解释过程主要基于该反射波组解译图像与研究区构造地质、地球物理背景等资料（解释结果见图 5）。为了便于对应地表地质位置，解释过程中利用 CMP 号（common middle points，共中心点）指示相应剖面中各震相位置。同时，在解释过程中基于地壳分层结构与剖面由南至北反射特征在振幅强弱与倾向倾角等方面的变化进行了纵向上和横向上的分区解释。

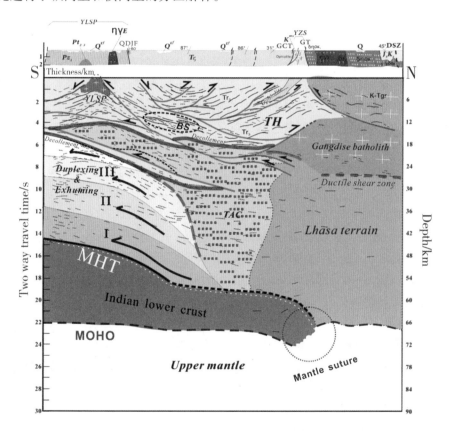

BS：亮点；TH：特提斯喜马拉雅；MHT：喜马拉雅主冲断层；QDJF：邛多江断裂；GCT：大反冲断裂；YZS：雅鲁藏布缝合带；GT：冈底斯逆冲断裂；DSZ：韧性剪切带；YLSP：雅拉香波穹隆。

Pz^1：晚古生代变质岩；Pt^{2-3}：中 – 新元古代变质岩；Tr^3：晚三叠世沉积岩；$J^3 - K^1$：晚侏罗世—早白垩世沉积岩；K^{ms}：白垩纪蛇绿岩；Q：第四纪冲积扇沉积物；Q^{gf}：第四纪冰碛/冰川沉积；$\eta\gamma E$：古近纪二长花岗岩；$\delta\eta o K^2$：晚白垩世石英二长闪长岩；$\gamma\delta E^2$：始新世花岗闪长岩；$\gamma\delta o K$：白垩纪英云闪长岩；K – Tgr：三叠纪—白垩纪花岗岩。

图 5　反射地震剖面构造解释

无垂向放大，假设平均地壳速度为 6 km/s。地质剖面改自 Yin 等（1994，1999）、Webb 等（2013）、李廷栋等（2006）。

0～4 s（双程走时，TWT）或者 0～12 km 深度内（以地震波在地壳中传播的平均速度为 6 km/s 计算），可于剖面南侧发现一系列成对北倾和南倾反射波组（图 4 - Ⅰ 方框 a），在更大尺度下表现为明显的弧状构造反射特征，且反射地震剖面在该区域经过雅拉香波穹隆（CMP 1～1000）（张进江 等，2007b；Yan et al., 2012），故该弧状反射特征系雅拉香波穹隆深部构造的反映。

在雅拉香波穹隆北侧 CMP 750 附近存在一明显指示逆断层活动的反射波组错断现象，并且该反射波组错断现象指代的隐伏断裂向地表下延伸至 ca. 4 s（TWT），其可对应于穹隆两侧出露地表的加麻—宗许—曲桑逆断层（图 2）。同时，CMP 750～2250 范围主要出露特提斯喜马拉雅晚三叠世被动大陆边缘沉积系，该区域获得的剖面浅部可见几组北倾和南倾反射特征（0～4 s，TWT），表明原有被动陆缘沉积已被后期构造事件改造，将该系列反射波组解释为特提斯喜马拉雅域内发育的断褶构造，其形成受到 GHS 地体挤出过程伴随的 STD 以及 GCT 活动效应影响（戚学祥 等，2008；董汉文 等，2016）。

代表印度板块与拉萨地体之间现今碰撞缝合标志的雅鲁藏布缝合带蛇绿岩套反射特征在 CMP 2500 处表现为 0～4 s（TWT）的轻微南倾反射波组，剖面北侧接近雅鲁藏布缝合带所表现的南倾和北倾反射特征代表区域性断裂 GCT 与 GT。

对于 3～5 s（TWT）反射特征，由南向北表现为几组近水平断续强反射特征（图 4 - Ⅰ 方框 b），该反射特征与 INDEPTH 剖面中的"亮点反射"（Brown et al., 1996；Nelson et al., 1996）和造山带西部 81°E（Gao et al., 2016）与中部 88°E（Guo et al., 2017）剖面在相同深度具有相似的反射特征。研究认为 INDEPTH（Ⅰ，Ⅱ）剖面中上地壳"亮点"反射与负反射极性和强振幅相对应，可能为壳内岩浆或者部分熔融体（Brown et al., 1996），而在本研究区其他地质地球物理研究工作已发现相近深度存在的高导低阻现象（图 6 - Ⅰ①③；Chen et al., 1996；Spratt et al., 2005）、P—S 波负极性阻抗向正极性阻抗转换特征（Shi et al., 2015；Makovsky et al., 1996b），地表淡色花岗岩出露（高利娥 等，2016）与地热异常（Wei et al., 1978）等，因此我们认为剖面中发现的 3～5 s 断续强反射特征（或者"亮点"反射）指示部分熔融体。在印度板块向亚洲板块下方俯冲过程中，高喜马拉雅片麻岩既受到来自低喜马拉雅的流体交代作用，又受到放射性元素生热形成的高温环境与伸展减压作用的共同影响，这些因素一并促进了部分熔融在高喜马拉雅片麻岩中的发生（Harris et al., 1994；Guo et al., 2012）。

研究剖面中部至南部 6～10 s（TWT）可见多组 20°～30°北倾反射波组（图 4 - Ⅰ），这些反射整体结构上多表现为断续反射信息。将剖面南部 6～10 s（TWT）北倾反射波组进行细节分析，发现几组约 25°NE 倾向、类似于逆冲岩片或者马鞍状推覆构造的反射信息出现于对应 CMP 1～1750 的 5～16 s（TWT）范围，综合对比喜马拉雅造山带西部和中部反射剖面解释工作（Gao et al., 2016；Guo et al., 2017, 2018），认为该处反射特征代表了造山带东部地区印度板块上地壳俯冲时形成的逆冲推覆增生体，即双重逆冲推覆构造。其中，可以从反射剖面南侧反射特征中识别出至少三组倾角变化的逆冲推覆体（图 7），因为碰撞过程印度上地壳物质在挤压力与异常空隙压力/间隙流体压力（interstitial fluid pressures）（Hubbert et al., 1959）作用下向南侧地表运移，并且原有构造薄弱界面发生韧

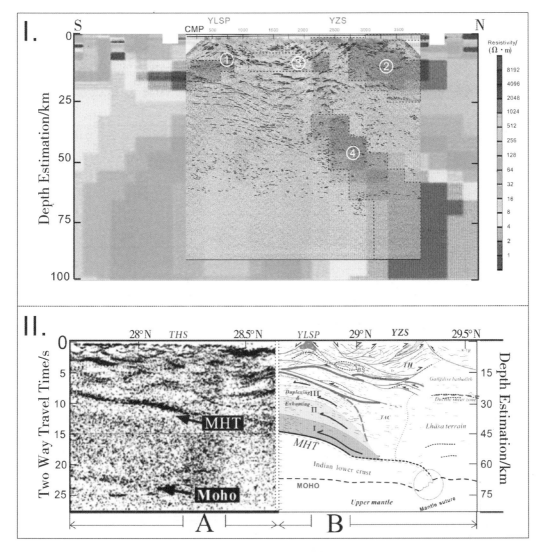

Ⅰ. 深地震反射剖面（强振幅反射突出）与研究邻区大地电磁剖面对比（使用纬度参考点进行对齐，Spratt et al., 2005）；Ⅱ. INDEPTH（Ⅰ，Ⅱ）项目反射地震剖面（部分）（图示范围 A 部分）与本次研究反射地震剖面（图示范围 B 部分）的地震反射图像联合对比。

Tr^3：晚三叠世沉积岩；K - Tgr：三叠纪—白垩纪花岗岩；BS：亮点；STD：藏南拆离体系；TH：特提斯喜马拉雅；MHT：喜马拉雅主冲断层；YZS：雅鲁藏布江缝合线；TAC：特提斯增生杂岩。

图6　MT - 深反射叠加剖面

以纬度为参考点对齐，无垂直放大，假设平均地壳速度为 6 km/s，INDEPTH（Ⅰ，Ⅱ）剖面改自 Brown 等（1996）。

性逆剪切，最终导致上盘物质沿构造薄弱带（剪切带）向南逆冲推覆（图7方框a），持续的碰撞挤压使得该剪切带下方继续形成多组向南逆冲推覆构造/冲褶席（图7方框b、c），这与前人针对大陆板块俯冲过程开展的热力学数值模拟揭示的多期次逆冲推覆/挤出结果相似（Boutelier et al., 2004）。此外，该双重逆冲过程形成的冲褶席顶部可见一明显强振幅反射特征（图4－Ⅰ方框c），解释为图7的方框a、b、c等冲褶席顶部形成的顶板逆冲断层反射特征（Davis et al., 1983；Dahlen et al., 1984；Yin, 2006）。

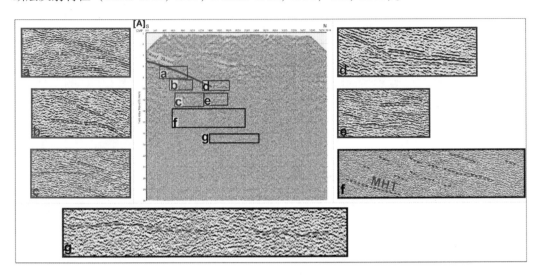

图［A］中a、b、c分别对应图5中Ⅲ、Ⅱ、Ⅰ期构造，同期推覆特征相似，从反射特征变化可以发现逆冲推覆体（断夹块）角度逐渐发生变化。d、e处反射特征较平缓，与南侧b、c推覆体反射同相轴相交，表明该区域由于印度—亚洲板块的持续相向挤压正在形成新的逆冲推覆体。f区域可以追踪到南侧北倾逆冲推覆体与印度板块下地壳密集反射层的边界，将其定义为MHT在本剖面中反射特征，同时该反射特征可向北继续追踪到g区域。g区域反射特征比南侧逆冲推覆体下方MHT反射特征更加明显，一方面由于南侧反射界面处于地壳深部；另一方面相较于上部的逆冲推覆体，位于下方的MHT形成时代更新，构造变形量（位错量）更小，因此反射特征也相对不明显（Gao et al., 2016）。a—g各图为图［A］中各主要反射特征局部突出图示。

图7　反射地震图像中双冲构造局部

MHT和Moho不连续面反射特征可在14～26 s（TWT）范围内得到认识。基于对反射剖面中位于下地壳密集反射的低界面识别，发现22～25 s（TWT）深度存在断续、强振幅（narrowbang）的反射信息，以6 km/s平均地震波传播速度计算，该反射信息深度大约为66～75 km，该深度与INDEPTH反射剖面研究结果（23～24 s，TWT）、中法折射研究结果（ca. 75 km）以及邻区接收函数结果（65～72 km）发现的Moho不连续面相近（Zhao et al., 1993；Hirn et al., 1984；Shi et al., 2015, 2016），因此该22～25 s（TWT）的断续反射信息指示了Moho不连续面在剖面中的位置。此外，CMP 2750～3000或者地表位置（29.4°N, 92°E）（图2）下方对应的Moho不连续面表现出一定汇聚特征（图5），认为该错断构造代表了地幔缝合带，即青藏地壳和俯冲印度地壳底部汇聚接触构造（Zhao et al., 2011；Klemperer et al., 2013）。

MHT 反射在本剖面南侧表现为逆冲推覆体反射特征底界，对应剖面中 CMP 1 ～ 2750 的 14 ～ 20 s（TWT）范围。剖面中部 18 s（TWT）深度，可见一断续反射层（图 4 - Ⅰ方框 d），结合喜马拉雅造山带中部反射地震剖面解释结果（Guo et al., 2017），可知该反射同样代表该剖面中的 MHT，由于该反射信息向北无法继续追踪，认为 MHT 终止于该位置，值得注意的是，本研究剖面揭示的 MHT 结构由剖面南侧 25°NE（CMP 1 ～ 1250；15 ～ 18 s，TWT）反射特征向北逐步转变为剖面中部 5°NE—10°NE（CMP 1250 ～ 2750；18 ～ 20 s，TWT）反射特征，表明俯冲印度板块在向北运移过程可能存在一个厚度减薄、俯冲角度变缓过程。此外，当与地幔缝合带位置结合分析，发现印度板块下地壳向北俯冲越过缝合带东侧后并未大规模进入拉萨地体下部，该现象与前人在造山带中部地区研究结果相近（Guo et al., 2017, 2018）。

剖面北侧，图 4 中 9 s（TWT）以下反射信息不明显，仅可见几组短轴反射波组，结合该区域前人研究获得的岩石学与地球物理学资料，主要原因可能为该区域在下地壳增厚过程中经历了地幔物质底侵加入（图 6 - Ⅰ④）与强烈的岩浆活动（Kind et al., 1996；Wang et al., 2016；Wang et al., 2017；Hou et al., 2004；侯增谦 等，2009；Mo et al., 2007；Guo et al., 2017；Xie et al., 2016）。

剖面北部 9 s（TWT）以上区域对应地表出露冈底斯岩浆岩，大地电磁测量结果显示高阻特征（图 6 - Ⅰ②；Spratt et al., 2005），表明该范围出现的短轴透明反射特征或者弧状非构造特征代表了拉萨地体南缘上地壳冈底斯岩基，而冈底斯岩基与拉萨地体下地壳之间存在的分隔两者的反射特征（图 4 - Ⅰ方框 e），认为其代表壳内韧性剪切带（Guo et al., 2017）。

此外，由于 INDETH（Ⅰ，Ⅱ）反射剖面工作区域位于 STDS 和 YZS 之间的 89°E 到 91°E（Hauck et al., 1998），与本研究工作区相近，为进一步确定与补充前人研究工作，本文中以纬度为参考坐标将两项工作剖面连接进行分析（图 6 - Ⅱ，本文称为"联合剖面"）。我们发现 MHT 可沿整个联合剖面从 STD 下方 9 s（TWT）追踪到 YZS 下方 20 s（TWT），并且两剖面中所揭示的 Moho 不连续面深度也相近。

◆ 4 讨 论

4.1 雅拉香波穹隆地下精细结构与造山带挤压 - 伸展转换事件

北喜马拉雅片麻岩穹隆成因机制是研究热点之一，前人提出许多模型解释该穹隆带的成因，如岩浆底辟模型（Lefort et al., 1987）、通道流模型（Beaumont et al., 2004）、变质核杂岩模型（Chen et al., 1990；Searle et al., 2019）、双冲构造模型（Burg et al., 1984a）、非顺序逆冲断层（out-of-sequence thrust）模型（Lee et al., 2000）等。虽然这些模型都能在一定程度上解释北喜马拉雅穹隆带的成因机制，但是对于 STDS 与穹隆的关系以及穹隆形成是否与地壳伸展过程相关还存在诸多争议（Jessup et al., 2019；Serale et al., 2019），穹隆深部结构的揭示及其与周围构造环境的关系对于理清 NHA 演化机制有重要意义。本研究剖面路线经过的雅拉香波穹隆出露面积约为 140 km²，与西侧康马穹隆相距约 130 km，与南侧错那穹隆相隔约 40 km（Lee et al., 2000；Chen et al., 2018），基于所获得的反射剖面特征，可以发现该穹隆被上下两个断层分隔为三个构造层（图7），这与前人研究认为的雅拉香波穹隆被韧/脆性变形上拆离断层与韧性变形下拆离断层分隔为三个构造层的结果相吻合（张进江 等，2007b；Yan et al., 2012；Wang et al., 2018；Chen et al., 2018）。值得注意的是，雅拉香波穹隆正好位于双重逆冲构造上部，该现象在造山带西侧纳木那尼（Gurla Mandhata）核杂岩（Gao et al., 2016）与中部康马（Kangmar）穹隆（Hauck et al., 1998；Nelson et al., 1996）下方同样被发现，故北喜马拉雅片麻岩穹隆的形成与高喜马拉雅岩系 ramp 结构之间是否存在成因联系，需要进一步研究。

此外，针对剖面浅部被加麻—宗许—曲桑断裂错断的 N—S 向延伸至 CMP 1750 强振幅反射特征，基于邻区地球物理、地质学研究结果（Hauck et al., 1998；张进江 等，2007b；Yin，2006）以及其他部分对 GHS 挤出机制解释模型（Nelson et al., 1996；许志琴 等，2013），初步认为其指示了 STD 在研究区剖面的出露，即其上部反射特征为雅拉香波穹隆的中构造层，而 STD 反射将早古生代岩系与下构造层分隔，并在后期被加麻—宗许—曲桑断裂逆冲错断，最底部反射特征为下构造层，主要由新生代侵位岩浆体和 GHS 岩系组成（图8）。

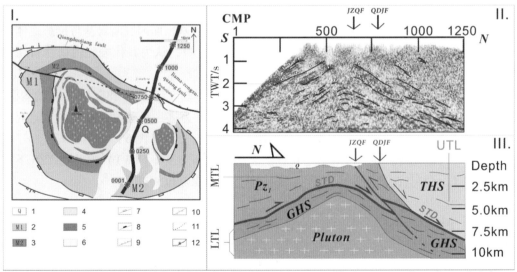

Ⅰ. 雅拉香波穹隆地质图，改自张进江等（2007b）、Wang 等（2018b）；Ⅱ. 图4-Ⅰ方框 a 放大图示，指示雅拉香波穹隆地下反射地震图像（等比例放大）。Ⅲ. 雅拉香波穹隆地下反射地震图像构造解释（无垂向放大，假设平均地震速度为 5 km/s），参考 Makovsky 等（1996a）。

1：第四纪冰碛物；2：石榴石千枚岩；3：糜棱岩化石榴石片岩；4：糜棱片麻岩；5：糜棱状淡色花岗岩；6：三叠纪特提斯喜马拉雅沉积岩系；7：上拆离断层；8：下拆离断层；9：正断层；10：逆断层；11：推断断层；12：反射地震阵列路线。

JZQF：加麻—宗许—曲桑断裂；QDJF：邛多江断裂；STD：藏南拆离系；THS：特提斯喜马拉雅；GHS：高喜马拉雅；UTL：上构造层；MTL：中构造层；LTL：下构造层。

图8　雅拉香波穹隆反射地震剖面与构造解释

因为 STD 与喜马拉雅淡色花岗岩都与造山带中新世伸展活动相关，被加麻—宗许—曲桑断裂截切的 STD 在研究区停止活动时间为 18—15 Ma 前（Chen et al., 2018），表明加麻—宗许—曲桑逆冲断裂活动时间应该晚于 15 Ma 前，即该逆冲断裂形成于 STD 伸展拆离后的 N—S 向挤压增厚事件中，可能与该时期印度板块向青藏高原下方加速俯冲碰撞作用以及距今 15 Ma 以后高原 E—W 向伸展活动相关（White et al., 2012；Zhang et al., 2012）。

4.2 印度板块上部双重逆冲构造多期次变化

Davis 等（1983）与 Dahlen 等（1984）提出"临界楔（critical taper theory）"变形机制对以褶皱－冲断带为典型构造的造山带构造演化过程进行解释，并将这些断褶带或者增生楔形象描述为"移动推土机前方的楔形体"。对于本研究所发现的喜马拉雅造山带东部地区印度板块上地壳多期次逆冲构造特征（图 5、图 7），结合前人砂箱模拟等实验结果（Marshak et al., 1992；邓宾 等，2016），可解释为当印度—亚洲碰撞造山过程中俯冲印度板块上地壳物质面对刚性拉萨块体阻挡时（Li & Song, 2018；Huangfu et al., 2018），上地壳物质逐步发生"单向汇聚楔形体"模式挤压增厚（Hubbert et al., 1951）并依次形成图 5－Ⅲ－Ⅱ－Ⅰ和图 7 a－b－c 等冲褶席，上地壳物质向南发生前展式扩展变形不断导致地壳加积增厚，而该过程中主应力轴方向和/或内摩擦角大小随深度的变化也导致新形成的冲褶席倾角发生一定改变（Marshak et al., 1992）。

基于以上证据并结合前人研究，我们重新梳理了喜马拉雅青藏高原中生代以来的演化过程（图 9）：即新特提斯洋洋壳从中生代开始逐步向北发生俯冲消减，并在俯冲洋壳脱水作用下促使冈底斯区域发育大面积火成岩，而后至 55 Ma 前（Tapponnier et al., 2001），印度板块与亚洲板块发生碰撞，印度板块在俯冲特提斯洋壳拖拽作用下向北持续俯冲。此后，在至早渐新世的俯冲碰撞过程中，印度板块上覆物质开始在压力和浮力作用下向南发生逆冲推覆作用（Zhang et al., 2012），并使得地壳增厚。同时，巨厚地壳引发壳内部分熔融（Gao et al., 2016b；Harris & Massey, 1994），后由于发生重力垮塌等事件，使得整个造山带发生在碰撞挤压环境下的 N—S 向伸展减薄事件，形成 STD 和北喜马拉雅穹隆等一系列伸展构造，而伸展减薄过程也进一步促进了陆内减压熔融事件发生；至 10 Ma 前，由于高原东部部分熔融运移通道被打通，使得造山带开始发生 E—W 向伸展，而此时印度板块向北加速运移同时促进了 N—S 向挤压。

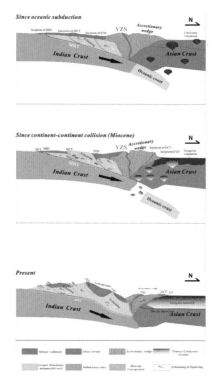

GCT：大反冲断裂；YZS：雅鲁藏布缝合带；GT：冈底斯逆冲断裂；STD：藏南拆离系；MCT：主中央断裂；MBT：主边界断裂；MFT：主前锋断裂。

图9 研究区新生代构造演化

南北向剖面，改自 Guo 等（2017，2018），非等比例。

✕◆ 5 结 论

本文基于在喜马拉雅造山带东部 92°E 开展的深地震反射探测工作，对所获得的地震剖面进行了详细的构造解释，研究认为：①雅拉香波穹隆被两个拆离系从边缘到核部分为上中下三层结构；②雅拉香波穹隆北侧发育一截切 STD 的北倾隐伏逆冲断裂；③MHT 在剖面中部（18 ～ 20 s，TWT）存在向北从 18°到 6°的倾角变缓过程；④基于解释结果，进一步推断出北喜马拉雅地区在距今约 10 Ma 以来存在 N—S 向挤压事件；⑤双重逆冲过程是缝合带东段地壳的主要增厚方式。

✕◆ 致 谢

中石化石油工程地球物理有限公司中南分公司参与了野外反射地震数据的采集与处理工作，Simon Klemperer 教授、An Yin 教授、Mike Murphy 教授以及郭晓玉教授等对反射数据的解释提出许多宝贵意见与建议。在此一并感谢。

❈◆说　明

该文章英文版已发表，具体信息如下：Dong X，Li W，Lu Z，et al.，2020. Seismic reflection imaging of crustal deformation within the eastern Yarlung – Zangbo Suture Zone. Tectonophysics，780：228395. https：//doi. org/10. 1016/j. tecto. 2020. 228395.

❈◆参 考 文 献

Aikman A B，Harrison T M，Lin D，2004. Preliminary Results from the Yala – Xiangbo Leucogranite Dome，SE Tibet. Himalayan Journal of Sciences，2（4）：91.

Aikman A B，Harrison T M，Lin D，2008. Evidence for Early（ > 44 Ma）Himalayan Crustal Thickening，Tethyan Himalaya，southeastern Tibet. Earth and Planetary Science Letters，274（1 – 2）：14 – 23.

An Z，Kutzbach J E，Prell W L，et al.，2001. Evolution of Asian monsoons and phased uplift of the Himalaya – Tibetan Plateau since Late Miocene times. Nature，411（6833）：62 – 66.

Argand E，1924. La tectonique de l'Asie. 13th Internat. Geol. Congr. ，Bruxelles 1922. Comptes Rendus，1：171 - 372.

Bai L，Klemperer S，Mori J，et al.，2019. Lateral variation of the Main Himalayan Thrust controls the rupture length of the 2015 Gorkha earthquake in Nepal. Science Advances，5（6）：eaav0723.

Beaumont C，2004. Crustal channel flows：1. Numerical models with applications to the tectonics of the Himalayan – Tibetan orogen. Journal of Geophysical Research，109（B6）：B06406.

Beaumont C，Jamieson R，Am，et al.，2001. Himalayan tectonics explained by extrusion of a low-viscosity crustal channel coupled to focused surface denudation. Nature，414（6865）：738 – 42.

Boutelier D，Chemenda A，Jorand C，2004. Continental subduction and exhumation of high-pressure rocks：insights from thermo-mechanical laboratory modelling. Earth and Planetary Science Letters，222（1）：209 – 216.

Brown L D，Zhao W，Nelson K，et al.，1996. Bright Spots，Structure，and Magmatism in Southern Tibet from INDEPTH Seismic Reflection Profiling. Science，274（5293）：1688 – 1690.

Burchfiel B C，Royden L H，1985. North – south extension within the convergent Himalayan region. Geology，13（10）：679.

Burg J P，Brunel M，Gapais D，et al.，1984a. Deformation of leucogranites of the crystalline Main Central Sheet in southern Tibet（China）. Journal of Structural Geology，6（5）：535 – 542.

Burg J P，Guiraud G M，Chen Li，G C，1984b. Himalayan metamorphism and deformations in the northern Himalayan belt（Southern Tibet China）. Earth and Planetary Science Letters，69：391 – 400.

Chambers J，Parrish R，Argles T，et al.，2011. A short-duration pulse of ductile normal shear on the outer South Tibetan detachment in Bhutan：alternating channel flow and critical taper mechanics of the eastern Himalaya. Tectonics，30：TC2005. https：//doi. org/10. 1029/2010TC002784.

Chemenda A I，Burg J P，Mattauer M，2000. Evolutionary model of the Himalaya – Tibet system：geopoem：based on new modeling，geological and geophysical data. Earth and Planetary Science Letters，174：397 – 409.

Chemenda A I，Mattauer M，Malavieille J，et al.，1995. A mechanism for syn-collisional rock exhumation and associated normal faulting: Results from physical modelling. Earth and Planetary Science Letters, 132 (132): 225 – 232.

Chen J, Carosi R, Cao H, et al., 2018. Structural setting of the Yalaxiangbo dome, SE Tibet (China). Italian Journal of Geosciences, 137 (2): 330 – 347.

Chen L, Booker J R, Jones A G, et al., 1996. Electrically Conductive Crust in Southern Tibet from INDEPTH Magnetotelluric Surveying. Science, 274 (5293): 1694 – 1696.

Chen Y, Li, W, Yuan X H, et al., 2015. Tearing of the Indian lithospheric slab beneath southern Tibet revealed by SKS-wave splitting measurements. Earth Planet. Sci. Lett. , 413: 13 – 24.

Chen Z, Liu Y, Hodges K V, et al., 1990. The Kangmar Dome: A Metamorphic Core Complex in Southern Xizang (Tibet). Science, 250 (4987): 1552 – 1556.

Cook F A, Clowes R M, Snyder D B, et al., 2004. Precambrian crust beneath the Mesozoic northern Canadian Cordillera discovered by lithoprobe seismic reflection profiling. Tectonics, 23: 1 – 28.

Cottle J M, Larson K P, Kellett D A, 2015. How does the mid-crust accommodate deformation in large, hot collisional orogens? A review of recent research in the Himalayan orogen. Journal of Structural Geology, 78: 119 – 133.

Dahlen F, Suppe J, Davis D, 1984. Mechanics of fold-and-thrust belts and accretionary wedges: Cohesive Coulomb Theory. Journal of Geophysical Research: Solid Earth, 89 (B12): 10087 – 10101.

Davis D, Suppe J, Dahlen F, 1983. Mechanics of fold-and-thrust belts and accretionary wedges. Journal of Geophysical Research, 88 (B2): 1153.

DePaolo D J, Harrison T M, Wielicki M, et al., 2019. Geochemical evidence for thin syn-collision crust and major crustal thickening between 45 and 32 Ma at the southern margin of Tibet. Gondwana Research. DOI: 10.1016/j. gr. 2019. 03. 011.

Ding L, Spicer R A, Yang J, et al., 2017. Quantifying the rise of the Himalaya orogen and implications for the South Asian monsoon. Geology, 45 (G38583. 1): G38583. 1.

Dong S, Gao R, Yin A, et al., 2013. What drove continued continent – continent convergence after ocean closure? Insights from high-resolution seismic-reflection profiling across the Daba Shan in central China. Geology, 41 (6): 671 – 674.

Edwards M A, Kidd W S F, Li J, et al., 1996. Multi-stage development of the southern Tibet detachment system near Khula Kangri. New data from Gonto La. Tectonophysics, 260 (1 – 3): 1 – 19.

Gao R, Lu Z, Klemperer S L, et al., 2016. Crustal-scale duplexing beneath the Yarlung Zangbo suture in the western Himalaya. Nature Geoscience, 9 (7): 555 – 560.

Guo X, Gao R, Zhao J, et al., 2018. Deep-seated lithospheric geometry in revealing collapse of the Tibetan Plateau. Earth – Science Reviews, 185: 751 – 762.

Guo X, Li W, Gao R, et al., 2017. Nonuniform subduction of the Indian crust beneath the Himalayas. Scientific Reports, 7: 12497.

Guo Z, Wilson M, 2012. The Himalayan leucogranites: Constraints on the nature of their crustal source region and geodynamic setting. Gondwana Research, 22 (2): 360 – 376.

Hammer P T C, Clowes R M, Cook F A, et al., 2010. The lithoprobe trans-continental lithospheric cross sections: imaging the internal structure of the North American continent. Can. J. Earth Sci. , 47: 821 – 857.

Harris N, Massey J, 1994. Decompression and anatexis of Himalayan metapelites. Tectonics, 13 (6): 1537 – 1546.

Harrison T M, Yin A, Grove M, et al., 2000. The Zedong window: a record of superposed tertiary convergence in southeastern Tibet. Journal of Geophysical Research, 105: 19211 – 19230.

Hauck M L, Nelson K D, Brown L D, et al., 1998. Crustal structure of the Himalayan orogen at ～ 90° east longitude from Project INDEPTH deep reflection profiles. Tectonics, 17 (4): 481 – 500.

He D, A. Alexander G. Webb, Kyle P. Larson, et al., 2015. Extrusion vs. duplexing models of Himalayan mountain building 3: duplexing dominates from the Oligocene to Present. International Geology Review, 56 (1): 1 – 27.

Hirn A, Sapin M, 1984. The Himalayan zone of crustal interaction. Annales Geophysicae, 39: 205 – 249.

Hou Z Q, Gao Y F, Qu X M, et al., 2004. Origin of adakitic intrusives generated during mid-Miocene east – west extension in southern Tibet. Earth and Planetary Science Letters, 220 (1): 139 – 155.

Hou Z, Duan L, Lu Y, et al., 2015. Lithospheric Architecture of the Lhasa Terrane and Its Control on Ore Deposits in the Himalayan – Tibetan Orogen. Economic Geology, 110: 1541 – 1575.

Huangfu P, Li Z H, Gerya T, et al., 2018. Multi-terrane structure controls the contrasting lithospheric evolution beneath the western and central-eastern Tibetan plateau. Nature Communications, 9 (1). DOI: 10. 1038/s41467 – 018 – 06233 – x.

Hubbert M K, Rubey W W, 1959. Mechanics of fluid – filled porous solids and its application to overthrust faulting, [Part] 1 of Role of fluid pressure in mechanics of overthrust faulting. Geological Society of America Bulletin, 70 (5): 115.

Jessup M J, Langille J M, Diedesch T F, et al., 2019. Gneiss Dome Formation in the Himalaya. Geological Society London. DOI: 10. 1144/SP483. 15.

Kapp P, Decelles P G, 2019. Mesozoic – Cenozoic geological evolution of the Himalayan – Tibetan orogen and working tectonic hypotheses. American Journal of Science, 319 (3): 159 – 254. DOI: 10. 2475/03. 2019. 01.

Kellett D A, Grujic D E, Rdmann S, 2009. Miocene structural reorganization of the South Tibetan detachment, eastern Himalaya: implications for continental collision. Lithosphere, 1: 259 – 281.

Kellett D A, Grujic D W, Arren C, et al., 2010. Metamorphic history of a syn-convergent orogen-parallel detachment: the South Tibetan detachment system, Bhutan Himalaya. Journal of Metamorphic Geology, 28: 785 – 808.

Kellett D A, Grujic D, Coutand I, et al., 2013. The South Tibetan detachment system facilitates ultra rapid cooling of granulite-facies rocks in Sikkim Himalaya. Tectonics, 32: 252 – 270.

Kind R X, Yuan J, Saul, et al., 2002. Seismic images of crust and upper mantle beneath Tibet: evidence for Eurasian plate subduction. Science, 298: 1219 – 1221.

Kind R, Ni J, Zhao W, et al., 1996. Evidence from Earthquake Data for a Partially Molten Crustal Layer in Southern Tibet. Science, 274 (5293): 1692 – 1694.

Klemperer S L, Kennedy B M, Sastry S R, et al., 2013. Mantle fluids in the Karakoram fault: Helium isotope evidence. Earth and Planetary Science Letters, 366 (2): 59 – 70.

Koons P O, 1990. Two-sided orogen: Collision and erosion from the sandbox to the Southern Alps, New Zealand. Geology, 18 (8): 679 – 682.

Lee J, Hacker B R, Dinklage W S, et al., 2000. Evolution of the Kangmar Dome, southern Tibet: structural, petrologic, and thermochronologic constraints. Tectonics, 19: 872 – 895.

LeFort P, Vuney M, Deniel C, et al., 1987. Crustal generation of the Himalayan leucogranites. Tectonophysics, 134: 39 – 57.

Li J T, Song X D, 2018. Tearing of Indian mantle lithosphere from high-resolution seismic images and its implications for lithosphere coupling in southern Tibet. PNAS, 115 (33): 8296 – 8300. https://doi.org/10. 1073/pnas. 1717258115.

Long S P, Mullady C L, Starnes J K, et al., 2019. A structural model for the South Tibetan detachment system in northwestern Bhutan from integration of temperature, fabric, strain, and kinematic data. Lithosphere. DOI: 10. 1130/l1049. 1.

Ma X, Meert J, Xu Z, et al., 2019. The Jurassic Yeba Formation in the Gangdese arc of S. Tibet: implications for upper plate extension in the Lhasa terrane. International Geology Review, 61 (4): 481 – 503.

Makovsky Y, Klemperer S L, Huang L, et al., 1996a. Structural elements of the southern Tethyan Himalaya crust from wide-angle seismic data. Acta Geoscentia Sinica, 15 (5): 997 – 1005.

Makovsky Y, Klemperer S L, Ratschbacher, L, et al., 1996b. INDEPTH Wide-Angle Reflection Observation of P-Wave-to-S-Wave Conversion from Crustal Bright Spots in Tibet. Science, 274 (5293): 1690 – 1691.

Marshak S, Wilkerson M S, 1992. Effect of overburden thickness on thrust belt geometry and development. Tectonics, 11 (3): 560 – 566.

Metcalf K, Kapp P, 2019. History of subduction erosion and accretion recorded in the Yarlung Suture Zone, southern Tibet. Geological Society, London, Special Publications. DOI: 10. 1144/sp483. 12.

Mints M, Suleimanov A, Zamozhniaya N, et al., 2009. A three-dimensional model of the Early Precambrian crust under the southeastern Fennoscandian Shield: Karelia craton and Belomorian tectonic province. Tectonophysics, 472: 323 – 339.

Mo X, Hou Z, Niu Y, et al., 2007. Mantle contributions to crustal thickening during continental collision: Evidence from Cenozoic igneous rocks in southern Tibet. Lithos., 96 (1 – 2): 225 – 242.

Montemagni C M, Iaccarino S I, Montomoli C M, et al., 2018. Age constraints on the deformation style of the South Tibetan Detachment System in Garhwal Himalaya. Italian Journal of Geosciences, 137 (2): 175 – 187. DOI: 10. 3301/ijg. 2018. 07.

Murphy M A, Yin A, 2003. Structural evolution and sequence of thrusting in the Tethyan fold-thrust belt and Indus – Yalu suture zone, southwest Tibet. Geological Society of America Bulletin, 115 (1): 21 – 34.

Murphy M, 2007. Isotopic characteristics of the Gurla Mandhata metamorphic core complex: Implications for the architecture of the Himalayan orogen. Geology, 35 (11): 983.

Nabelek J, Gyorgy H, Jérôme V, et al., 2009. Underplating in the Himalaya – Tibet collision zone revealed by the Hi – CLIMB experiment. Science, 325: 1371 – 1374.

Nelson K D, Zhao W, Brown L D, et al., 1996. Partially molten middle crust beneath southern Tibet: Synthesis of project INDEPTH results. Science, 274 (5293): 1684 – 1688.

Ratschbacher L, Frisch W, Liu G, et al., 1994. Distributed deformation in southern and western Tibet during and after the India – Asia collision. Journal of Geophysical Research, 99: 19817 – 19945.

Searle M P, Lamont T N, 2020. Compressional metamorphic core complexes, low-angle normal faults and extensional fabrics in compressional tectonic settings. Geological Magazine, 157: 101 – 118.

Shi D, Wu Z, Klemperer S L, et al., 2015. Receiver function imaging of crustal suture, steep subduction, and mantle wedge in the eastern India – Tibet continental collision zone. Earth and Planetary Science Letters, 414: 6 – 15.

Shi D, Wu Z, Klemperer S L, et al., 2016. West – east transition from underplating to steep subduction in the India – Tibet collision zone revealed by receiver-function profiles. Earth and Planetary Science Letters,

452：171 -177.

Spratt J E, Jones A G, Nelson K D, et al., 2005. Crustal structure of the India – Asia collision zone, southern Tibet, from INDEPTH MT investigations. Physics of the Earth and Planetary Interiors, 150 (1 – 3)：227 – 237.

Tapponnier P, Xu Z Q, Roger F, et al., 2001. Oblique Stepwise Rise and Growth of the Tibet Plateau. Science, 294 (5547)：1671 – 1677.

Wang G, Wei W, Ye G, et al., 2017. 3-D electrical structure across the Yadong – Gulu rift revealed by magnetotelluric data：New insights on the extension of the upper crust and the geometry of the underthrusting Indian lithospheric slab in southern Tibet. Earth and Planetary Science Letters, 474：172 – 179. DOI：10. 1016/j. epsl. 06. 027.

Wang J, Wu F, Rubatto D, et al., 2018. Early Miocene rapid exhumation in southern Tibet：Insights from P – T – t – D – magmatism path of Yardoi dome. Lithos. , 304 – 307：38 – 56.

Wang Q, Hawkesworth C J, Wyman D, et al., 2016. Pliocene – Quaternary crustal melting in central and northern Tibet and insights into crustal flow. Nature Communications, 7：11888.

Webb A A G, An Y, Harrison T M, et al., 2007. The leading edge of the Greater Himalayan Crystalline complex revealed in the NW Indian Himalaya：Implications for the evolution of the Himalayan orogen. Geology, 35：955 – 958. DOI：10. 1130 /G23931A. 1.

Webb A A G, Yin A, Dubey C S, 2013. U – Pb zircon geochronology of major lithologic units in the eastern Himalaya：Implications for the origin and assembly of Himalayan rocks. Geological Society of America Bulletin, 125：499 – 522. DOI：10. 1130 /B30626. 1.

White L T, Lister G S, 2012. The collision of India with Asia. Journal of Geodynamics, 56 – 57 (3)：7 – 17.

Willett S D, Beaumont C, Fullsack P, 1993. Mechanical model for the tectonics of doubly vergent compressional orogens. Geology, 21 (4)：371 – 374.

Xie C L, Sheng J, Wenbo W, et al., 2016. Crustal electrical structures and deep processes of the Eastern Lhasa Terrane in the South Tibetan Plateau as revealed by magnetotelluric data. Tectonophysics：S0040195116300117.

Yan D P, Zhou M F, Robinson P, et al., 2012. Constraining the mid-crustal channel flow beneath the Tibetan Plateau：data from the Nielaxiongbo gneiss dome, SE Tibet. International Geology Review, 54 (6)：615 – 632.

Yin A, 2004. Gneiss domes and gneiss dome systems // Whitney D L, Teyssier C, Siddoway C S (Eds.). Gneiss Domes and Orogeny, Geological Society of America Special Paper, 380：1 – 14.

Yin A, 2006. Cenozoic tectonic evolution of the Himalayan orogen as constrained by along-strike variation of structural geometry, exhumation history, and foreland sedimentation. Earth Science Frontiers, 76 (1)：1 – 131.

Yin A, Harrison T M, 2000. Geologic Evolution of the Himalayan – Tibetan Orogen. Annual Review of Earth and Planetary Sciences, 28 (28)：211 – 280.

Yin A, Harrison T M, Ryerson F J, et al., 1994. Tertiary structural evolution of the Gangdese thrust system, southeastern Tibet. Journal of Geophysical Research, 99：18175 – 18201.

Yin A, Harrison T, Murphy M, et al., 1999. Tertiary deformation history of southeastern and southwestern Tibet during the Indo – Asian collision. Geological Society of America Bulletin, 111 (11)：1644.

Zhang J, Santosh M, Wang X, et al., 2012. Tectonics of the northern Himalaya since the India – Asia collision. Gondwana Research，21（4）：939 – 960.

Zhang P Z，Shen Z，Wang M，et al.，2004. Continuous deformation of the Tibetan Plateau from global positioning system data. Geology，32（9）：809.

Zhang S，Gao R，Li H，et al.，2014. Crustal structures revealed from a deep seismic reflection profile across the Solonker suture zone of the Central Asian Orogenic Belt，northern China：An integrated interpretation. Tectonophysics，612 – 613：26 – 39.

Zhao W J，Nelson K D，Che J，et al.，1993. Deep seismic reflection evidence for continental underthrusting beneath southern Tibet. Nature，366：557 – 559.

Zhao W，Kumar P，Mechie J，et al.，2011. Tibetan plate overriding the Asian plate in central and northern Tibet. Nature Geoscience，4（12）：870 – 873.

邓宾，赵高平，万元博，等，2016. 褶皱冲断带构造砂箱物理模型研究进展. 大地构造与成矿学，40（3）：446 – 464.

董汉文，许志琴，周信，等，2016. 喜马拉雅造山带北缘大反转递冲断层（GCT）东段的活动时限及构造演化. 地质学报，90（11）：3011 – 3022.

高利娥，曾令森，王莉，等，2016. 喜马拉雅碰撞造山带不同类型部分熔融作用的时限及其构造动力学意义. 地质学报，（90）：3059.

侯增谦，杨志明，2009. 中国大陆环境斑岩型矿床：基本地质特征、岩浆热液系统和成矿概念模型. 地质学报，（12）：5 – 43.

胡可卫，陈武，董富权，等，2016. 西藏古堆地区成矿系列、成矿谱系研究及其找矿意义. 矿产与地质，30（5）：761 – 767.

李井元，朱擎宇，谢灵宝，等，2017. 冈底斯成矿带深地震反射剖面数据采集与常规处理成果总结报告. 技术报告.

李廷栋，姚冬生，丁孝忠，等，2006. 拉萨幅地质（中国地质图 H – 46，1∶1 000 000）. 中国地质出版社.

刘顺，夏特，武梅千，等，2019. 藏南洛扎地区洛扎断裂构造特征及其地质意义. 现代地质，33（1）：1 – 12.

戚学祥，李天福，孟祥金，等，2008. 藏南特提斯喜马拉雅前陆断褶带新生代构造演化与锑金多金属成矿作用. 岩石学报，（7）：208 – 218.

佟伟，张知非，章铭陶，等，1978. 喜马拉雅地热带. 北京大学学报（自然科学版），（1）：76 – 88 + 157.

王二七，孟恺，许光，等，2018. 印度陆块新生代两次仰冲事件及其构造驱动机制：论印度洋、特提斯和欧亚板块相互作用. 岩石学报，34（7）：1867 – 1875.

许志琴，王勤，曾令森，等，2013. 高喜马拉雅的三维挤出模式. 中国地质，（3）：17 – 26.

许志琴，杨经绥，李海兵，等，2011. 印度—亚洲碰撞大地构造. 地质学报，85（1）：1 – 33.

张进江，2007a. 北喜马拉雅及藏南伸展构造综述. 地质通报，26（6）：639 – 649.

张进江，郭磊，张波，等，2007b. 北喜马拉雅穹隆带雅拉香波穹隆的构造组成和运动学特征 ［J］. 地质科学，42（1）：16 – 30.

郑永飞，陈伊翔，戴立群，等，2015. 发展板块构造理论：从洋壳俯冲带到碰撞造山带. 中国科学：地球科学，45（6）：711.

郑有业，孙祥，田立明，等，2014. 北喜马拉雅东段金锑多金属成矿作用、矿床类型与成矿时代. 大地构造与成矿学，（1）：108 – 118.

朱弟成，王青，赵志丹，等，2018. 大陆边缘弧岩浆成因与大陆地壳形成. 地学前缘，（6）：67 – 77.

拉萨地体的平 Moho

——深地震反射大炮的证据

师卓璇[1]，高　锐[1,2,3]，李文辉[2]，卢占武[2]，李洪强[3]

✖◆0 引　言

　　拉萨地体处于班公湖—怒江缝合带和雅鲁藏布江缝合带之间（图 1），作为印度板块与欧亚板块陆－陆碰撞的前缘地带，先后经历了新特提斯洋向北的俯冲作用和新生代以来印度板块与欧亚板块碰撞的造山作用，是喜马拉雅—青藏高原造山带中备受关注的构造单元（Yin，2000）。它的岩石圈结构记录了新特提斯大洋板块的俯冲消亡、印度大陆板块与欧亚大陆板块的碰撞、印度大陆板块俯冲的深部过程，因此探测拉萨地体的深部结构对理解大洋俯冲、陆－陆碰撞、俯冲引起的大陆地壳变形具有重要意义。

　　在过去的 60 年里，为揭示藏南岩石圈结构，大量主动源和被动源地球物理观测工作在藏南展开：主动源探测，如宽角反射与折射爆破深地震测深（Hirn et al.，1984；Zhao et al.，2001）、深地震反射剖面（Brown et al.，1996；Gao et al.，2013；Gao et al.，2016；Guo et al.，2018；Guo et al.，2017；Li et al.，2018；Lu et al.，2015；Nelson et al.，1996）；被动源探，如宽频带台阵（Chen et al.，2015；Galvé et al.，2002；Kind et al.，2002；Shi et al.，2015；Shi et al.，2016；Zhao et al.，2010）、大地电磁测深（Liang et al.，2018；Wei et al.，2001）等。这些探测成果与成像研究对分析印度板片俯冲样式和藏南现今构造格局提供了重要的数据支撑，提出多种碰撞与撕裂模型（Chen et al.，2015；Guo et al.，2018，Li & Song，2018）。其中 Moho 作为壳幔物质交换的动力学界面，它的深度变化与几何结构在一定程度上可以追踪区域构造演化（Cook et al.，2010）。因此精细研究拉萨地体 Moho 的深度与几何结构是揭示印度板块深部俯冲状态与青藏高原南缘现今构造格局的关键之一。

　　然而，已有的研究对拉萨地体的 Moho 埋深及其展布形态存有分歧（Gao et al.，2005；Gao et al.，2009）。中法合作宽角扇形剖面（Hirn et al.，1984）和接收函数（Galvé et al.，2002）的综合结果表明藏南呈现出一种相对复杂的 Moho 结构：横过雅鲁

　　1 中山大学地球科学与工程学院，广州，510275；2 中国地质科学院地质所，北京，100037；3 中国地质科学院深部探测中心，北京，100037。

藏布江缝合带和班公湖—怒江缝合带存在 20 km 的 Moho 错断，南深北浅，拉萨地体内部 Moho 呈现一系列倾斜、相互叠置的构造形态，Moho 深度在 50 ～ 70 km 范围内多次变化。然而，Mechie 等（2011）汇总了沿拉萨—格尔木公路地震学探测结果，归纳出拉萨地体及其周缘 Moho 的形态变化整体比较缓和：自高喜马拉雅结晶岩系，莫霍面向北倾斜至 28.5°N，接着维持 74 km 的深度经过特提斯喜马拉雅带北部，向北延伸到拉萨地体南部，随后在拉萨地体北部（30.5°N）和南羌塘抬升 8 km（Mechie et al.，2011）。值得注意的是，来自 Hi－CLIMB 的天然地震接受函数（Nábělek et al.，2009），认为在拉萨地体，南部（31°N 以南）Moho 信号保持在恒定深度 70 km，此外，该范围内 Moho 上方 15 km 存在另一强反射界面，因此提出拉萨地体存在双 Moho 的观点，并将它解释为印度下地壳已经俯冲穿过雅鲁藏布江缝合带，延伸至拉萨地体主体之下。而来自深地震反射剖面的证据支持印度地壳仅局限在雅鲁藏布江缝合带以北有限范围内，不存在继续向北大范围延伸（Guo et al.，2017）。亚东—格尔木地学断面的综合研究，也曾将 50 ～ 55 km 和 70 km 的两个界面解释为两个 Moho，50 ～ 55 km 界面是老的 Moho，70 km 界面是地体挤压增厚新形成的 Moho（Wu et al.，1991）。

这些不一致的结果表明，由于缺乏高精度的观测数据和成像技术，拉萨地体 Moho 深度与几何结构仍然存在争议，没有被准确揭示，阻碍了人们对陆－陆碰撞过程的深入认识。深地震反射剖面是探测大陆深部结构的高分辨率先锋技术，全球大陆深反射地震剖面探测实验表明，它在揭露大陆地壳精细结构方面，具有绝对优势，可提供最为精确的壳幔接触关系（Brown et al.，2013；Cook，2002；Li et al.，2013；Oliver，1982）。

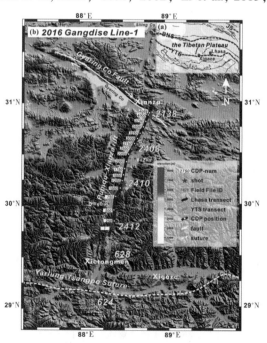

（a）青藏高原构造简图；（b）拉萨深地震反射测线位置。

图 1　拉萨深地震反射测线位置分布

为揭示拉萨地体的深部结构，研究青藏高原形成演化，中国地质科学院地质所于2016年开展了穿越拉萨地体的深地震反射剖面探测（图1）。测线位于朋曲—申扎裂谷，南起谢通门，自南向北穿过冈底斯岩基、林子宗火山岩群，北端抵达申扎，全长137 km，南端靠近雅江缝合带，北边接近北西西向右旋的格仁错断裂。本文选取其中4个大药量激发的深地震反射大炮数据，经过常规数据分析处理，获得显示拉萨地体下地壳和Moho结构的近垂直反射一次剖面，进而讨论拉萨地体Moho几何形态对揭示该区构造演化的意义。

⬥ 1 数据采集及处理

4个大药量激发的大炮近等距分布于整条测线。测线地形变化剧烈，每个大炮采用15口井组合激发，井深50 m，单炮总药量2000 kg。数据采集参数和炮点参数可见表1，炮检关系，观测系统如图2所示，四个人工大炮射线路径基本覆盖全线（图2中共反射点位置分布），保证充分控制区域深部结构。深地震反射大炮记录（图3）初至光滑、起振干脆，壳内波阻信息丰富，对比该区中小炮资料，大炮震源富含低频成分，频带范围更宽，记录了更多来自地壳深部的有效反射信息，信噪比更高。数据处理流程及主要参数见表2。

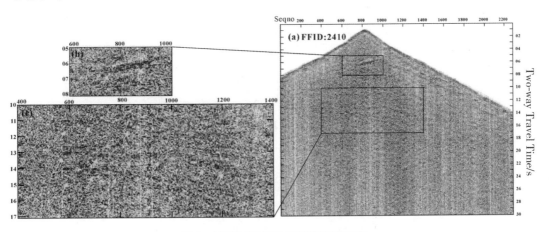

图2 拉萨深反射地震测线观测系统

表1 大炮数据采集参数（按炮点文件号排列）

文件号	2412	2410	2408	2138
药量/kg	2000	2000	2000	2000
井深与井数	50×15	50×15	50×15	50×15
激发岩性	花岗岩	花岗岩	花岗岩	花岗岩
接收道数	2617	2356	2283	1172
最小偏移距/m	25	25	25	25
最大偏移距/m	122 600	75 400	78 750	56 300

续表

文件号	2412	2410	2408	2138
记录长度/s	30	30	30	30
坐标	29°48′29.13″N 88°22′59.10″E	30°12′28.96″N 88°31′6.56″E	30°33′13.16″N 88°36′52.37″E	30°53′16.30″N 88°48′5.35″E

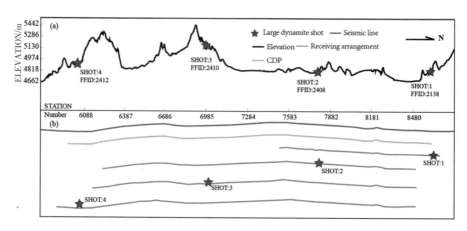

图3　原始单炮（2410）记录及反射同相轴（黄色箭头）

表2　数据处理流程及处理参数

处理步骤	内容
数据加载	输入 SEGD 地震数据记录，加载 SPS 文件
观测系统定义	定义炮检关系，CDP 间距 25 m，加载观测系统
静校正	选择同测线小炮初至反演浅表速度结构，计算大炮静校正量
振幅处理	几何扩散补偿因子为2，地表一致性振幅处理
滤波	滤波参数 4 – 10 – 18 – 25 Hz
面波衰减	通过统计平均振幅压制面波，压制参数为1
AGC	1500 ms
动校正	通过相似谱结合叠加段拾取大炮速度
切除和叠加	切除动校拉伸畸变，叠加4个单炮记录
F – K power	F – K 域进行信号增强和随机噪声衰减，参数 power 1.25，空间窗口大小41
RNA 增强	采用线性拟合技术提升资料信噪比
剖面显示	自动增益控制，参数设置为 1 s

两个单炮记录对比处理前后的效果。叠加前单炮记录见图 4（a）和图 4（c），经过层析静校正、带通滤波、几何扩散补偿、地表一致性振幅补偿、AGC、动校正和信号增强、随机噪声衰减之后的单炮记录中，有效信号得到增强，可以观察到 22～23 s 存在一组反射信息［图 4（b）（d）］。

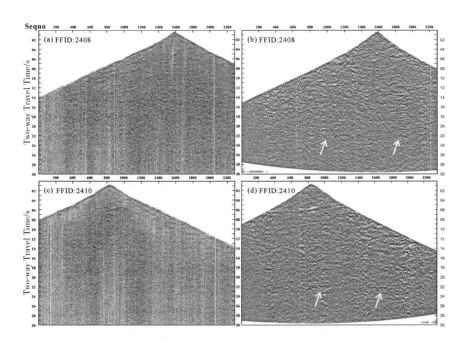

图 4 原始单炮记录（a）（c）与叠前单炮记录（b）（d）
白色箭头对应 Moho 反射位置。

深反射地震将双程走时最大的一个连续强的介于密集反射地壳和透明反射地幔界面识别为 Moho（Cook，2002）。经分析，4 个单炮均在炮口附近 22～23 s 表现出阻抗特征显著的一组水平不连续反射界面（图 4 白色箭头），振幅相对上方壳内反射较弱，频率较低，经频谱分析得壳内有效反射信号主频为 12～18 Hz，单炮 2412 深部有效信号主频 6～10 Hz。反射震相上方以倾斜层状反射波组为主，下方为透明反射。通过对 4 个大炮近炮点时频分析，在 22～23 s 时间窗振幅能量急剧衰减（图 5），主频由 15 Hz 突变到 8～9 Hz。同时深反射资料揭示拉萨地体最南部 Moho 深 66 km（Guo et al.，2017），最北部深 75.1 km（Lu et al.，2015），宽角地震资料表明深（65±5）km（Zhao et al.，2001）。前人对天然地震观测，如虚拟深地震测深（Tian et al.，2015；Tseng et al.，2009）和接受函数（Kind et al.，2002；Nábělek et al.，2009；Nowack et al.，2010；Zhang et al.，2013；Zhao et al.，2010）结果表明，拉萨地体 Moho 深度约为 70～80 km（Gao et al.，2009），对应反射波走时范围 22～25 s。

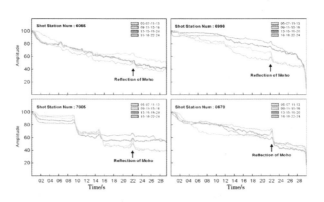

图 5　近炮点时频分析曲线

上述综合表明深反射剖面 22 ~ 23 s 处水平反射波应该来自拉萨地体的壳幔边界，因此水平 Moho 反射轴将 0 ~ 30 s 剖面分为有丰富反射信息的地壳（8 ~ 18 s 壳内倾斜反射系）和未见明显反射的上地幔。为获得整个拉萨地体的深部结构，依照反射地震理论，对测线 4 个大炮数据联合处理，形成覆盖整条测线的单次剖面（图 6）。

◆2　处理结果与 Moho 反射特征

处理后的单次叠加剖面（图 6）更清楚地揭示出拉萨地体地壳及 Moho 的精细结构。拉萨地体的中地壳整体呈现高密度的反射特征，具有一系列近平行的北倾反射，倾角约 14°，反射自约 9 s 到延续到下地壳 18 s，深度约 37.8 km。中地壳密集构造现象反射信息在图 5 表现为反射能量随深度逐级递减。其中，最显著的是 22 ~ 23 s 处水平反射轴，反映来自壳幔边界的 Moho 反射，表现出三个主要特点：①反射震相近水平展布，没有明显构造叠置或错断。自南向北，Moho 反射位于 22 ~ 23 s（TWT），地壳厚度变化较小（69.3 ~ 72.45 km，假设平均地壳速度为 6.3 km/s；参考 Zhao et al.，2001）。②Moho 呈现不连续反射特征，它相对稳定地区（Cook，2002），如鄂尔多斯地块（Li et al.，2017），振幅较弱，连续性不强。③Moho 展布形态未受中下地壳强烈变形影响，整个中下地壳呈现一系列近平行的北倾反射轴（图 6，8 ~ 18 s），这种变形样式没有延伸到壳幔边界，两者以约 4 s 厚的弱反射区连接，上方未观测到"双 Moho"。

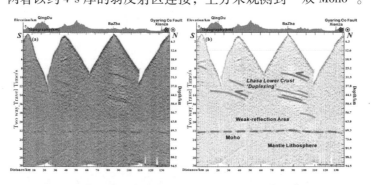

图 6　拉萨地体 4 炮单次叠加剖面（a）与构造解释（b）

◈3 讨 论

拉萨地体表现为地壳尺度强烈变形而 Moho 平坦的深部特征，根据 Cook 对壳幔反射关系的分类，这种构造样式与区域变形相关（Cook，2002），涉及俯冲、岩浆作用、地体增生等复杂构造演化过程。这样复杂的地质过程，使得难以将这种壳幔关系单一地解释为下地壳底部和上地幔顶部没有受到深部地质作用的影响，而被认为是经历区域性构造作用形成的"新"Moho。触发 Moho 形态变化的具体原因可能与热/变质作用（如岩石相变、岩浆作用），大型滑脱构造或韧性流等相关，但准确机制仍不清楚（Brown et al.，1987；Oliver，1991；Oueity & Clowes，2019）。

这种构造样式在北美科迪勒拉造山带（Hyndman，2007）和西秦岭造山带（Wang et al.，2014）都有揭示。青藏高原松潘—甘孜深地震反射剖面，揭示了西秦岭造山带下方近平的 Moho 反射特征，造山带 Moho 深度与松潘地块和临夏盆地 Moho 深度近似，没有明显增厚和显著变化（Wang et al.，2014）。因为地块下地壳存在比较强的倾斜反射特征［图7（a）］，作者将其解释为青藏高原东北缘地壳经历了高原隆升后强烈的伸展减薄作用［图7（a）］。拉萨地体 Moho 上方近 4 s 的无反射区［图6（b）］不同于西秦岭地壳底部反射结构［图7（a）］，但不能排除拉萨地壳底部可能存在韧性变形。

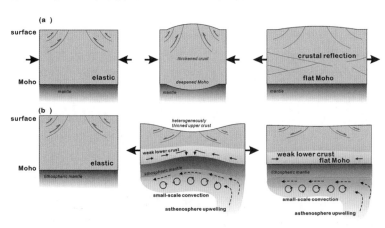

图7 平 Moho 的形成机制

地震数据揭示科迪勒拉造山带自墨西哥到阿拉斯加，不论是经历强烈地壳减薄的区域还是没有经历剧烈伸展作用的地区（Hauser et al.，1987；Cook，1995），都存在一个非常显著的平坦的 Moho［图7（b）］。北美科迪勒拉下方的高热流（75 mW·m^{-2}）和高温（下地壳 750 ~ 900 ℃）被认为是通过下地壳韧性流动从而驱动 Moho 展平的重要因素（Hyndman，2017）。地壳底部黏度足够低，近似"液态"的下地壳在高黏度但软弱的上地幔顶部可以形成韧性的流动，维持平坦的 Moho 结构（Hyndman，2017）。同时，地热－流变模型证实了地幔热扰动对北美科迪勒拉造山带深部结构和岩浆作用的影响（Liu，2001）。

穿过拉萨地体中南部的深地震反射大炮一次剖面揭示出地壳结构存在一些显著特

征：①地壳内部存在一系列近平行大角度倾斜反射，自 20 km 延伸到 50 km，显示印度岩石圈向北推进，拉萨地体在南北向挤压应力环境下，在内部产生一系列逆冲叠置构造（图 8）；②Moho 平坦反射结构与地壳内部变形样式明显不同，说明测线所经研究区不是地壳整体变形，下地壳倾斜反射被 Moho 上方约 15 km 的弱反射区"截断"（图 6），指示 Moho 和地壳底部经历改造时间晚于地壳内部倾斜反射轴形成时间；③水平不连续的反射轴形态，与克拉通或稳定地块下方连续平缓的反射形成对比（Cook，2002），指示原始 Moho 可能受到地幔源岩浆扰动，板块撕裂可能给幔源岩浆或流体提供了上升通道，地表表现为高 ^{3}He/^{4}He（Klemperer et al.，2019）。当区域地壳发生厚度、温度、变形或流体改变，Moho 的形态会随下地壳岩石学性质改变而变化（Cook et al.，2010）。因为地震学 Moho 通常标志着壳幔显著的速度间断面，从一个侧面反映岩石矿物组成的差异，同时对应不同深度下岩石流体力学属性，任何一个参数变化，都会在 Moho 形态和深度上有所体现（Cook，2002）。地幔高温和低速异常，使得测线下方 60 km 处地温已超过 1000 ℃（Sun et al.，2013）。此外，朋曲—申扎裂谷下方岩石圈电性结构，表现出自下地壳到上地幔的高导电性异常（Liang et al.，2018；Solon，2005；Wang et al.，2019；Xie et al.，2016）。朋曲—申扎裂谷和亚东谷露裂谷地壳下方存在非常显著的低速异常（Liang & Song，2006；Nunn et al.，2014；Tian et al.，2015；Zhang et al.，2015）。南北向的低速异常切穿印度岩石圈地幔，延伸到地下约 300 km，代表该深度下软流圈上涌产生的热物质或熔融体（Liang et al.，2016；Tian et al.，2015；Wang et al.，2019）。藏南地表地球化学同位素 ^{3}He/^{4}He 探测结果揭示朋曲—申扎裂谷和亚东谷露裂谷样品包含地幔流体，上涌的热物质减压或升温熔融产生幔源岩浆，附着在地壳底部，穿过并改造 Moho 和裂谷下方地壳结构，到达地表（Klemperer et al.，2019）。

此外，地球化学同位素证据已指出拉萨地壳底部存在减压或升温相关的幔源岩浆（Zhu et al.，2011），地热事件的同位素年龄证实了高地温梯度对青藏高原形成的贡献（Zheng & Wu，2018），地表也观测到新生代火成岩和地壳重熔相关矿产（Hou et al.，2015）。由于高温和岩浆作用可以有效地降低地壳底部的黏度，在因地幔热物质上涌产生的小尺度热对流和岩浆底侵的作用下，高温环境会让下地壳岩石黏度会迅速降低（Gleason et al.，1995），拉萨地壳底部物质可以定向产生韧性变形（Beaumont et al.，2002；Clark & Royden，2000；Klemperer，2006；Vanderhaeghe & Teyssier，2001），以维持局部地壳均衡，同时形成平坦的 Moho 结构（图 8），如北美科迪勒拉山系（Hyndman，2017）。方位角各向异性差异（Chen et al.，2015）、速度结构差异（Jiang et al.，2011；Liang et al.，2012；Liang et al.，2011；Tian et al.，2015）、东西向 Moho 深度错断（Guo et al.，2018；Tian et al.，2015）等结果支持这种高温异常可能是由于板片撕裂，软流圈上涌。地幔上涌、岩石圈弱化可能是诱发藏南南北向裂谷发育的主要原因，控制了现今裂谷下方的地壳和上地幔结构（Yin，2000）。

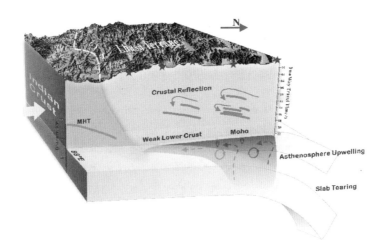

图 8　深部构造模式卡通图

综上，朋曲—申扎裂谷地壳下方存在的高温低速异常，指示地幔有热物质上涌，产生热扰动或幔源岩浆侵入，对拉萨地体原本壳幔边界进行局部改造，弱化地壳底部岩石的物理性质，在深地震反射剖面上，形成平坦的 Moho 形态，这可能与前人提出的印度岩石圈沿平行于板片汇聚方向产生撕裂，热的软流圈物质沿撕裂上涌的深部过程相关（图8）。

4　结　　论

穿过拉萨地体中心部位的 4 个深地震反射大炮数据揭示了下地壳与 Moho 结构。结果显示：①拉萨地体 Moho 深 22 ～ 23 s（TWT），对应深度 69 ～ 72 km，在整个剖面上近水平展布，未表现出构造叠置或错断；②Moho 平坦反射结构与下地壳内部变形样式明显不同，说明测线所经研究区不是地壳整体变形，揭示出被改造后"新"壳幔边界形态；③这种未受地壳变形干扰的平坦 Moho 特征，反映拉萨地体地壳底部经历了申扎裂谷下方软流圈上涌引起的强烈热改造作用，这可能与板片撕裂相关。

致　　谢

感谢中山大学地球科学与工程学院郭晓玉、黄兴富、梁宏达等长期以来给予的支持和帮助。野外数据采集由中石化石油工程地球物理有限公司中南分公司承担。

参 考 文 献

Beaumont C, Jamieson R A, Nguyen M H, et al., 2002. Himalayan tectonics explained by extrusion of a low-viscosity crustal channel coupled to focused surface denudation. Nature, 414：738 – 742.

Block L, Royden L H, 1990. Core complex geometries and regional scale flow in the lower crust. Tectonics,

9：557－567.

Brown L D, Barazangi M, Kaufman S, et al., 2013. The First Decade of COCORP：1974－1984// Reflection Seismology：A Global Perspective, volume 13：107－120.

Brown L D, Wille D, Zheng L, et al., 1987. COCORP：new perspectives on the deep crust. Geophysical Journal International, 89：47－54.

Brown L D, Zhao W J, Nelson K D, et al., 1996. Bright Spots, Structure, and Magmatism in Southern Tibet from INDEPTH Seismic Reflection Profiling. Science, 274：1688－1690.

Chen Y, Li W, Yuan X H, et al., 2015. Tearing of the Indian lithospheric slab beneath southern Tibet revealed by SKS-wave splitting measurements. Earth and planetary science letters, 413：13－24.

Clark M K, Royden L H, 2000. Topographic ooze：Building the eastern margin of Tibet by lower crustal flow. Geology, 28：703－706.

Cook F A, 1995. The reflection Moho beneath the southern Canadian Cordillera. Canadian journal of earth sciences, 31520－1530.

Cook F A, 2002. Fine Structure of the Continental Reflection Moho. Geological society of America bulletin, 114：64－79.

Cook F A, White D J, Jones A G, et al., 2010. How the crust meets the mantle：Lithoprobe perspectives on the Mohorovičić discontinuity and crust－mantle transition. Canadian journal of earth sciences, 47：315－351.

Galvé A, Sapin M, Hirn A, et al., 2002. Complex images of Moho and variation of v_P/v_S across the Himalaya and South Tibet, from a joint receiver-function and wide-angle-reflection approach. Geophysical research letters, 29（24）：35-1－35-4.

Gao R, Chen C, Lu Z W, et al., 2013. New constraints on crustal structure and Moho topography in Central Tibet revealed by SinoProbe deep seismic reflection profiling. Tectonophysics, 606：160－170.

Gao R, Lu Z W, Klemperer S L, et al., 2016. Crustal-scale duplexing beneath the Yarlung Zangbo suture in the western Himalaya. Nature Geosci., 9：555－560.

Gao R, Lu Z W, Li Q S, et al., 2005. Geophysical survey and geodynamic study of crust and upper mantle in the Qinghai－Tibet Plateau. Episodes, 28：263－273.

Gao R, Xiong X S, Li Q S, et al., 2009. The Moho Depth of Qinghai－Tibet Plateau Revealed by Seismic Detection. Acta geologica sinica, 30：761－773.

Gleason G C, Tullis J, Engelder T, 1995. A flow law for dislocation creep of quartz aggregates determined with the molten salt cell. Tectonophysics, 247：1－23.

Guo X Y, Gao R, Zhao J, et al., 2018. Deep-seated lithospheric geometry in revealing collapse of the Tibetan Plateau. Earth－Science Reviews, 185：751－762.

Guo X Y, Li W H, Gao R, et al., 2017. Nonuniform subduction of the Indian crust beneath the Himalayas. Sci. Rep., 7：12497.

Hauser E C, Gephart J, Latham T, et al., 1987. COCORP Arizona transect：Strong crustal reflections and offset Moho beneath the transition zone. Geology, 15：1103－1106.

Hirn A, Nercessian A, Sapin M, et al., 1984. Lhasa block and bordering sutures—a continuation of a 500 km Moho traverse through Tibet. Nature, 307：25.

Hou Z Q, Yang Z M, Lu Y J, et al., 2015. Lithospheric Architecture of the Lhasa Terrane and Its Control on Ore Deposits in the Himalayan－Tibetan Orogen. Economic Geology, 110：1541－1575.

Hyndman R D, 2017. Lower-crustal flow and detachment in the North American Cordillera：a consequence of

Cordillera-wide high temperatures. Geophysical journal international, 209: 1779 – 1799.

Jiang G Z, Hu S B, Shi Y Z, et al., 2019. Terrestrial heat flow of continental China: Updated dataset and tectonic implications. Tectonophysics, 753: 36 – 48.

Jiang M, Zhou S, Sandvol E, et al., 2011. 3-D lithospheric structure beneath southern Tibet from Rayleigh-wave tomography with a 2-D seismic array. Geophysical journal international, 185: 593 – 608.

Kind R, Yuan X, Saul J, et al., 2002. Seismic images of crust and upper mantle beneath Tibet: evidence for Eurasian plate subduction. Science, 298: 1219 – 1221.

Klemperer S L, 2006. Crustal flow in Tibet: Geophysical evidence for the physical state of Tibetan lithosphere, and inferred patterns of active flow. Geological society, London, special publications, 268: 39 – 71.

Klemperer S L, Hauge T A, Hauser E C, et al., 1986. The Moho in the northern Basin and Range province, Nevada, along the COCORP 40°N seismic-reflection transect. Geological society of America bulletin, 97: 603 – 618.

Klemperer S L, Zhao P, Crossey L J, et al., 2019. Torn Subducting Cratonic Lithosphere Shown by Mantle Fluids: India Does Not Underplate the Lhasa Terrane West of 82° or East of 88°E, and Does Not Underplate the Qiangtang Terrane. AGU Fall Meeting, San Francisco: T22C – 01.

Li H Q, Gao R, Li W H, et al., 2018. The Moho structure beneath the Yarlung Zangbo Suture and its implications: Evidence from 2000 kg large dynamite shots. Tectonophysics, 747 – 748: 390 – 401.

Li H Q, Gao R, Wang H Y, et al., 2013. Extracting the Moho structure of Liupanshan by the method of near vertical incidence. Chinese journal of geophysics, 56: 3811 – 3818.

Li H Q, Gao R, Xiong X S, et al., 2017. Moho fabrics of North Qinling Belt, Weihe Graben and Ordos Block in China constrained from large dynamite shots. Geophysical journal international, 209: 643 – 653.

Li J T, Song X D, 2018. Tearing of Indian mantle lithosphere from high-resolution seismic images and its implications for lithosphere coupling in southern Tibet. Proceedings of the national academy of sciences, 115: 8296.

Liang C T, Song X D, 2006. A low velocity belt beneath northern and eastern Tibetan Plateau from P_n tomography. Geophysical research letters, 33.

Liang H D, Jin S, Wei W B, et al., 2018. Lithospheric electrical structure of the middle Lhasa terrane in the south Tibetan plateau. Tectonophysics, 731 – 732: 95 – 103.

Liang X F, Chen Y, Tian X B, et al., 2016. 3D imaging of subducting and fragmenting Indian continental lithosphere beneath southern and central Tibet using body-wave finite-frequency tomography. Earth and planetary science letters, 443: 162 – 175.

Liang X F, Sandvol E, Chen Y J, et al., 2012. A complex Tibetan upper mantle: A fragmented Indian slab and no south-verging subduction of Eurasian lithosphere. Earth and planetary science letters, 333 – 334: 101 – 111.

Liang X F, Shen Y, Chen Y J, et al., 2011. Crustal and mantle velocity models of southern Tibet from finite frequency tomography. Journal of geophysical research: solid earth, 116.

Liu M, 2001. Cenozoic extension and magmatism in the North American Cordillera: the role of gravitational collapse. Tectonophysics, 342: 407 – 433.

Lu Z W, Gao R, Li H Q, et al., 2015. Large explosive shot gathers along the SinoProbe deep seismic reflection profile and Moho depth beneath the Qiangtang terrane in central Tibet. Episodes, 38: 169 – 178.

Mechie J, Kind R, Saul J, 2011. The seismological structure of the Tibetan Plateau crust and mantle down to

700 km depth. Geological society, London, special publications, 353：109 – 125.

Nábělek J, Hetényi G, Vergne J, et al., 2009. Underplating in the Himalaya – Tibet Collision Zone Revealed by the Hi – CLIMB Experiment. Science, 325：1371 – 1374.

Nelson K D, Zhao W, Brown L D, et al., 1996. Partially molten middle crust beneath southern Tibet： Synthesis of project INDEPTH results. Science, 274：1684 – 1688.

Nowack R L, Chen W P, Tseng T L, 2010. Application of Gaussian – Beam Migration to Multiscale Imaging of the Lithosphere beneath the Hi – CLIMB Array in Tibet. Bulletin of the seismological society of America, 100：1743 – 1754.

Nunn C, Roecker S, Priestley K, et al., 2014. Joint inversion of surface waves and teleseismic body waves across the Tibetan collision zone： The fate of subducted Indian lithosphere. Geophysical journal international, 198：1526 – 1542.

Oliver J, 1982. Probing the Structure of the Deep Continental Crust. Science, 216：689 – 695.

Oliver J, 1991. Seismology, the plate tectonics revolution, and making it happen again. Tectonophysics, 187：37 – 49.

Oueity J, Clowes R, 2019. On the nature of the Moho：Lithospheric-scale seismic refraction and reflection modeling in NW Canada. GeoCanada 2010 – Working with the Earth：1 – 4.

Shi D N, Wu Z H, Klemperer S L, et al., 2015. Receiver function imaging of crustal suture, steep subduction, and mantle wedge in the eastern India – Tibet continental collision zone. Earth and planetary science letters, 414：6 – 15.

Shi D N, Zhao W J, Klemperer S L, et al., 2016. West – east transition from underplating to steep subduction in the India – Tibet collision zone revealed by receiver-function profiles. Earth and planetary science letters, 452：171 – 177.

Solon K D, 2005. Structure of the crust in the vicinity of the Banggong – Nujiang suture in central Tibet from INDEPTH magnetotelluric data. Journal of geophysical research, 110：1 – 20.

Sun Y J, Dong S W, Zhang H, et al., 2013. 3D Thermal Structure of the Continental Lithosphere Beneath China and Adjacent Regions. Journal of Asian earth sciences, 62：697 – 704.

Tian X B, Chen Y, Tseng T L, et al., 2015. Weakly coupled lithospheric extension in southern Tibet. Earth and planetary science letters, 430：171 – 177.

Tseng T L, Chen W P, Nowack R L, 2009. Northward thinning of Tibetan crust revealed by virtual seismic profiles. Geophysical research letters, 36：L24304.

Vanderhaeghe O, Teyssier C, 2001. Partial melting and flow of orogens. Tectonophysics, 342：451 – 472.

Wang H Y, Gao R, Li Q S, et al., 2014. Deep seismic reflection profiling in the Songpan – west Qinling – Linxia basin of the Qinghai – Tibet plateau：data acquisition, data processing and preliminary interpretations. Chinese journal of geophysics, 57：1451 – 1461.

Wang Z W, Zhao D P, Gao R, et al., 2019. Complex subduction beneath the Tibetan plateau：A slab warping model. Physics of the earth and planetary interiors：42 – 54.

Wei W, Unsworth M, Jones A, et al., 2001. Detection of Widespread Fluids in the Tibetan Crust by Magnetotelluric Studies. Science：716 – 718.

Wu G J, Gao R, Yu Q F, et al., 1991. Integrated Investigations of the Qinghai – Tibet Plateau Along the Yadong – Golmud Geoscience Transect. Acta geologica sinica, 34：552 – 562.

Xie C L, Jin S, Wei W B, et al., 2016. Crustal electrical structures and deep processes of the eastern Lhasa terrane in the south Tibetan plateau as revealed by magnetotelluric data. Tectonophysics, 675：

168 – 180.

Yin A, 2000. Mode of Cenozoic east – west extension in Tibet suggesting a common origin of rifts in Asia during the Indo – Asian collision. Journal of geophysical research: solid earth, 105: 21745 – 21759.

Zhang H, Zhao D P, Zhao J M, et al., 2015. Tomographic imaging of the underthrusting Indian slab and mantle upwelling beneath central Tibet. Gondwana research, 28: 121 – 132.

Zhang Z J, Chen Y, Yuan X H, et al., 2013. Normal faulting from simple shear rifting in South Tibet, using evidence from passive seismic profiling across the Yadong – Gulu Rift. Tectonophysics, 606: 178 – 186.

Zhao J M, Yuan X H, Liu H B, et al., 2010. The boundary between the Indian and Asian tectonic plates below Tibet. Proceedings of the national academy of sciences, 107: 11229 – 11233.

Zhao W J, Mechie J, Brown L D, et al., 2001. Crustal structure of central Tibet as derived from project INDEPTH wide-angle seismic data. Geophysical journal international, 145: 486 – 498.

Zheng Y F, Wu F Y, 2018. The timing of continental collision between India and Asia. Science bulletin, 63: 1649 – 1654.

Zhu D C, Zhao Z D, Niu Y, et al., 2011. The Lhasa Terrane: Record of a microcontinent and its histories of drift and growth. Earth and planetary science letters, 301: 241 – 255.

全青藏高原地幔结构远震层析成像

王泽伟[1,2,3]，赵大鹏[2]，高锐[1]，华远远[2]

❈ 0 引 言

青藏高原是世界上最大、最高以及最年轻的高原，人类对其构造演化机制还不清楚。迄今为止，该问题仍是地球科学研究者们的巨大挑战（Li et al.，2015；Yin & Harrison，2000）。在青藏高原及其周边地区观测到的众多地质现象暗示着该区域正在发生或者曾经发生过复杂的地球动力学过程（图1）：高原上广泛分布的火山和火山岩，包括昆仑火山带和黑石北湖火山带，证明在该地区下方存在丰富的岩浆运动（Jolivet et al.，2003；Tapponnier et al.，2001）；高耸的弧形喜马拉雅块体和整个青藏高原复杂的形态暗示着形成演化过程中强烈的水平变形（Nabelek et al.，2009；Zhao et al.，2010）；在高原西部和南部分布的南北走向正断层以及 GPS 观测到的地表变形说明，除了印亚碰撞造成的挤压变形外，高原演化过程中还产生了拉张应力和拉张变形（Burchfiel & Royden，1985；Gan et al.，2007）。上述观测到的现象是否受控或受影响于同一个地球动力学过程目前还不清楚，该问题的答案对了解青藏高原构造演化有着重要意义。

地球科学家们提出了不同的模型用于解释青藏高原的构造演化过程，其中包括印度板块的俯冲或逆冲（Kosarev et al.，1999；Tapponnier et al.，2001）、欧亚岩石圈板内俯冲（Meyer et al.，1998）、下地壳和上地幔动力抬升（Dewey et al.，1988；Molnar et al.，1993）、新生代以来连续变形与地壳加厚（England & Houseman，1989）、板片撕裂（Chen et al.，2015；Li & Song，2018）等。验证这些模型的关键在于弄清印度岩石圈在青藏高原下方的几何形态（Yin & Harrison，2000）。在过去的数十年间，随着青藏高原上地球物理观测的增加，越来越多的研究着力于揭示印度岩石圈在高原下方的形态（Nabelek et al.，2009；Wei et al.，2013；Zhang et al.，2015；Zhao et al.，2014），然而印度板块的几何形状仍然处于争论中。例如，一些研究者认为印度板块只俯冲到羌塘地块南

---

1 中山大学地球科学与工程学院，广州，510275；2 日本东北大学地球物理学部，仙台，980 - 8578；3 南方海洋科学与工程广东省实验室，珠海，519082。

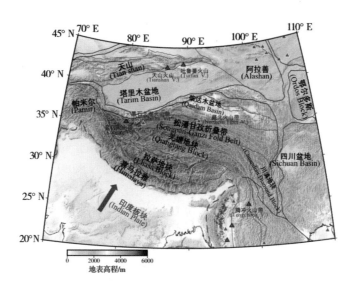

图1 青藏高原及其周边构造背景

部位置（Li et al., 2008；Tilmann & Ni, 2003），而另外一些研究者则提出俯冲前沿已经到了羌塘地块北部甚至更远（Priestley et al., 2006；Wei et al., 2016）。许多远震/区域震层析成像结果揭示了青藏高原下方较为平坦的印度板块（Huang & Zhao, 2006；Wei et al., 2016）；而另一些层析成像，尤其是采用了布设于高原内部临时台站数据的研究，则在上地幔中发现了代表倾斜俯冲或下沉的印度板块的高速体（He et al., 2010；Tilmann & Ni, 2003）。这些截然不同的成像结果可能由地震台站分布不均匀造成，也有可能源于印度板块本身水平方向上的剧烈变化，而后者被近年来越来越多的层析成像研究所证实（Bao et al., 2015；Huang & Zhao, 2006；Liang et al., 2012；Nunn et al., 2014；Wei et al., 2016；Guo et al., 2018；Zhang et al., 2016，2018）。

在本研究中，我们搜集了尽可能多的青藏高原及其周边台站所记录到的远震 P 波相对走时数据，并将这些数据进行合理地合并，以减小台站不均匀性以及不同时期台网布设对成像结果的影响。采用考虑方位各向异性的地震波走时层析成像方法，本研究建立了全青藏高原及其周边地区地幔结构的层析成像模型，得到的成像结果为了解印度岩石圈形态以及青藏高原构造演化提供重要信息。

◆ 1 数据与方法

1.1 远震数据的搜集与处理

本研究采用的数据分为两个数据集［图 2（a）］：数据集一为从国际地震中心（ISC）下载的到时数据中提取的 P 波相对走时数据（http://www.isc.ac.uk），其中包含 2040 个远震纪录；数据集二为从美国地震学研究联合会（IRIS）发布的波形数据中测量的 P 波相对走时数据（https://ds.iris.edu/ds/nodes/dmc/），其中包含 2299 个远震纪录。IRIS 数据集主要取自布设于青藏高原内部的临时台站，分属于 32 个台网。为了从波形数据中测量相对走时数据，我们首先将三分量地震波的竖直分量通过带通为 0.1～0.5 Hz 的零相位滤波器，然后采用自主开发软件准确地对齐地震波，从而获得相对走时数据。自主开发的软件基于 Mathematica 平台，采取人机交互方式，既可自动对齐，也可手动干预。自动对齐部分采用多通道互相关方法（VanDecar & Crosson，1990），手工干预部分可通过拖动地震波形来完成。每个地震事件的波形都经过多次自动对齐—手工干预—自动对齐过程，以确保获得高质量相对走时数据。最终用于反演的相对走时数据的拾取不确定性全部小于 0.2 s（绝大多数小于 0.1 s）。本研究采用的 ISC 和 IRIS 台站总数为 893 个，台站分布如图 2（b）所示。

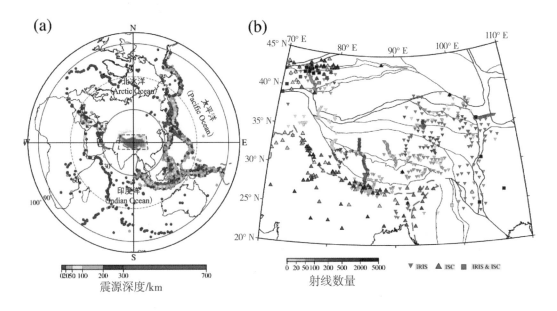

图 2 本研究采用的 4339 个地震事件分布（a）和 893 个台站分布（b）

由于远震数据来源于不同台网，而这些台网在布设时间和空间上都不均匀，因此需要对远震数据进行矫正，以减小台网不均匀对成像结果的影响。首先，我们将非常接近的台站（间距＜200 m）进行合并，再将同一个地震产生的路径接近的射线进行合并（台间距＜0.2°），取这些射线的平均相对走时，最后只留下合并后射线数量大于 10 的事件。经过合并与筛选，从原始近 20 万条射线中留取了 157 794 条射线用于最终的反演。根据远震层析成像假设，为了确保模型底部与模型内的相对走时残差期望值为 0，最理想的数据集应当是地震台站均匀分布，并且采用的地震能被所有台站纪录到（Aki et al.，1977）。尽管通过筛选地震射线和优化射线分布，以及对每个地震进行减平均操作可以达到单个地震在模型底部相对走时残差期望为 0 的目的，但是由于台站不均匀性和结构不均匀性导致的单个地震在模型内部的相对走时残差期望非零问题仍然存在。为了减小该问题对成像结果的影响，我们对每个台站进行了特定的矫正，矫正方法详见原文附录。

远震射线在接近台站时近垂直传播，因此地壳中射线交叉较差，难以准确获得地壳三维不均匀结构（Zhao，2015）。为了防止地壳内的结构异常在地幔成像中产生"假异常"，本研究采用了 CRUST 1.0 模型（http://igppweb. ucsd. edu/ ~ gabi/rem. html）进行地壳矫正，并且在矫正过程中考虑了台站高程。对于地幔，本研究采取 IASP91 模型（Kennett & Engdahl，1991）作为初始速度模型。

1.2 远震层析成像方法

本研究采用考虑方位各向异性的体波层析成像方法（Wang & Zhao，2013）反演收集的相对走时数据，该方法源自适用于各向同性的网格——不连续面体波层析成像方法（Zhao et al.，1992，1994）。在青藏高原及其周边地区（图1）的下方设置了两套网格，分别用于对各向同性速度结构和各向异性结构的离散化。其中，各向同性网格和各向异性网格的水平间距分别为 1.5° 和 2.0°，而竖向分别设置了 14 层（70 km、150 km、230 km、310 km、390 km、470 km、550 km、630 km、710 km、790 km、880 km、980 km、1080 km 和 1200 km）和 7 层（100 km、250 km、400 km、550 km、700 km、900 km 和 1200 km）网格点。在这些网格点中，只有被超过 10 条射线所触发的网格点上的未知数会参与反演计算。对于相对走时数据中的孤立值，本研究采用 $3-\sigma$ 准则进行判别，即只采用理论与实际相对走时的残差不大于 2.9 s 的数据进行反演。本研究的阻尼值采用折中曲线法选取 [图 3（a）]，最终反演后的残差均方根为 0.611 s，比反演前（0.887 s）有明显降低。相应地，理论与实际相对走时残差的方差降低了 52.6% [图 3（b）]。

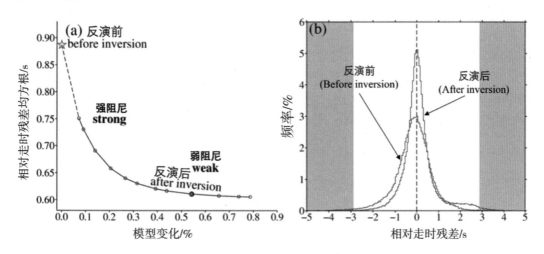

图 3 阻尼折中曲线（a）和反演前后相对走时残差分布（b）

❌◆ 2　反演结果与分辨率测试

远震层析成像得到的平面图如图 4 所示，6 个剖面如图 5 和图 6 所示。成像结果揭示了青藏高原下方上地幔中强烈、复杂的不均匀结构。在青藏高原与印度板块交界处的下方，成像结果展现了清楚的弧状高速体（HV1），该高速体在水平方向上的形态与喜马拉雅地块很相似（图 4），并且在剖面图上呈现出向下倾斜的形状（图 5 和图 6）。在羌塘和拉萨地块下方的 70～600 km 深度位置，另一个巨大的高速体（HV2）被成像结果所揭示（图 5 和图 6）。而在这两个高速体之间，存在一个较小但是清晰的低速异常体（LV1），该异常体为描绘印度板块在青藏高原下的形态起到至关重要的作用（见下文分析）。上地幔顶部另一个低速异常体出现在青藏高原东部和东北部下方（图 4），并延伸到该区域的火山带下方（图 6）。在青藏高原东部和东北部的更深处，一个巨大的中等高速体（HV3）存在于地幔过渡带中，该高速体周边的快波方向呈南北到南西—北东方向（图 4）。除了以上提到的特征外，本研究将得到的结果与前人在喜马拉雅东侧的成像结果相比较（Huang et al.，2015a；Lei & Zhao，2016；Raoof et al.，2017）。在缅甸下方，本研究结果揭示了清晰的向东倾的高速异常体（图 4），与前人结果相吻合（Huang et al.，2015a；Lei & Zhao，2016；Raoof et al.，2017），代表俯冲的缅甸板块。四川盆地在上地幔中呈现高速异常，这也为前人研究所证实（Huang et al.，2015a；Lei & Zhao，2016）。

本研究进行了一系列不同网格间距的检测板分辨率测试，用于检验射线覆盖情况和评估模型的分辨率（Liu & Zhao，2018；Zhao et al.，1992）。首先以检测板模型为背景，根据真实的台站分布和地震分布来生成测试数据，再向测试数据中加入标准差为 0.2 s 的噪声，最后反演包含噪声的测试数据，比较得到的输出与输入的检测板模型的吻合程度。检测板测试结果表明，在青藏高原下方地幔中大部分区域射线交叉比较好，在深度 70～310 km 范围内部分区域欠缺，尤其是青藏高原北部下方（图 7 和图 8）。

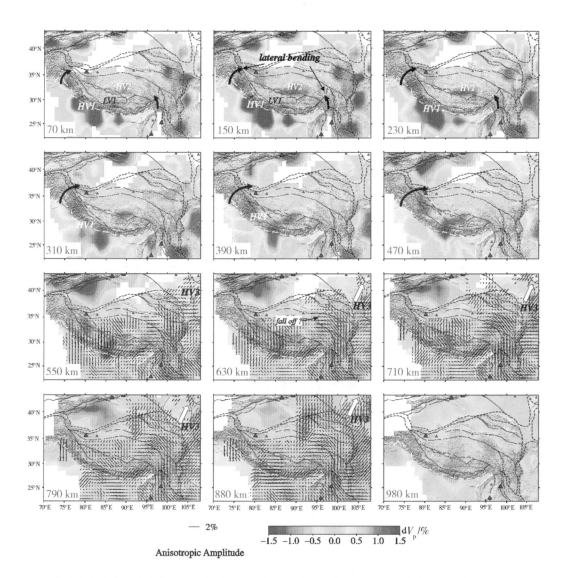

蓝色和红色分别代表高速区和低速区；黑框红三角和白框红三角分别代表全新世火山和更新世火山；白色虚线代表印度板块和欧亚大陆板块在地表的边界。70～470 km 图中黑色短线的方向和长度分别代表550～880 km 范围内的快波方向和各向异性幅值；70～150 km 图中红色虚线框代表地表观测到的早第三纪火山岩（Yin & Harrison，2000；Tapponnier et al.，2001），70~630 km 图中蓝色虚线代表根据成像结果估计的印度板块上表面位置。

图4 P波速度层析成像

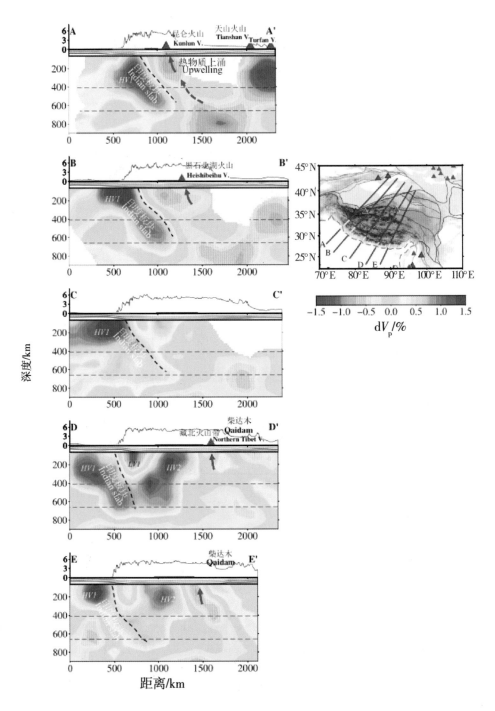

剖面图上方的黑线代表地表地形；蓝色和红色曲线分别代表上、中、下地壳分界线和 Moho（CRUST 1.0 模型）；两条蓝色虚线代表 410 km 和 660 km 不连续面；黑色虚线代表从层析成像结果估计的俯冲的印度板块的上表面。

图 5　P 波速度层析成像 5 个剖面

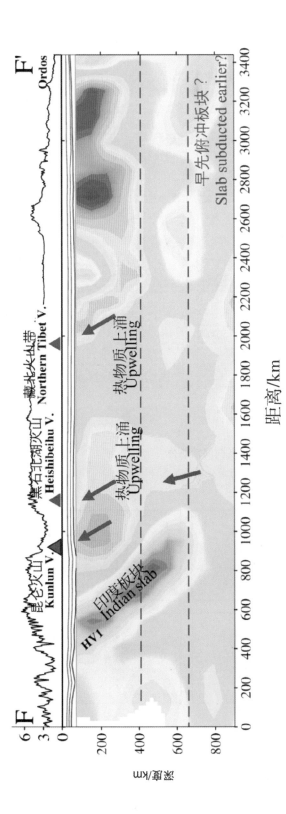

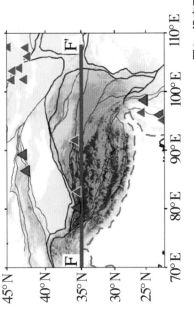

图6 沿东西向的P波速度层析成像剖面

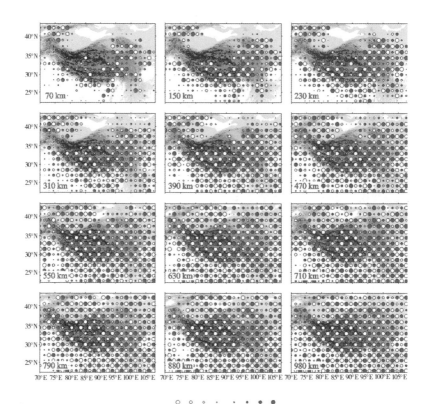

图7 检测板分辨率测试各向同性部分

各向同性和方位各向异性水平网格间距分别为 1.5° 和 2.0°。

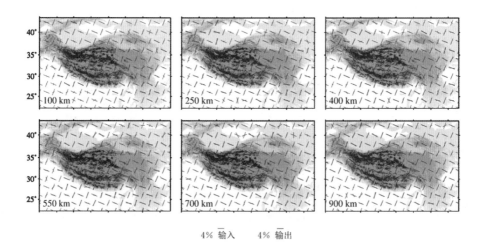

图8 检测板分辨率测试结果各向异性部分

各向同性和方位各向异性水平网格间距分别为 1.5° 和 2.0°。

为了检验得到的层析成像模型的可靠性，本研究进一步开展了恢复分辨率测试。恢复分辨率测试与检测板分辨率测试类似，不同之处在于将得到的成像模型作为输入模型。恢复分辨率测试结果表明，本研究最终模型中的主要特征较为稳定可靠。在考虑各向异性的层析成像研究中，往往存在各向异性参数与各向同性参数的耦合问题。为了评估这种耦合程度，本研究进行了一个耦合测试。该测试采用只保留最终得到的成像模型的各向同性部分作为输入模型，但是在反演时同时反演各向同性部分和各向异性部分。这样得到的各向异性部分即为由耦合作用产生的假象。耦合测试结果表明，在 400 km 以上部分得到的各向异性存在中等程度耦合现象，而在 400 ～ 700 km 范围内的各向异性耦合较小。

3　讨　　论

3.1　板块翘曲模型

在印度板块与欧亚大陆板块交界处下方反演得到的巨大高速体通常被认为是印度岩石圈（Huang & Zhao，2006；Li et al.，2008；Nunn et al.，2014；van der Voo et al.，1999；Wei et al.，2016；Zhang et al.，2015，2018）。然而，其形状、向北延伸的前沿位置和连续性在不同的成像结果中呈现很大的差异（Liang et al.，2012；Nunn et al.，2014），这限制了人们对该地区碰撞动力学的认识。一般认为，较平坦的高速异常体代表了低角度俯冲（或逆冲）的印度岩石圈（Huang & Zhao，2006；Wei et al.，2016），而陡峭的高速异常体则代表了高角度俯冲的印度岩石圈（Liang et al.，2016；van der Voo et al.，1999）。除此之外，还有一些研究揭示了不连续的高速异常体，表明印度岩石圈在地幔中可能存在拆沉现象（Ren & Shen，2008）。尽管如此，这个高速异常体东西向变化的特征已经被越来越多的成像结果所证实（Huang & Zhao，2006；Li et al.，2008；Liang et al.，2016）。

本研究得到层析成像在喜马拉雅地块下方揭示了一个显著的复杂形状的高速异常体（HV1）。类似于前人的研究（Lei & Zhao，2016；Zhang et al.，2016），我们认为这个高速体可能代表印度岩石圈地幔。该高速体的形状呈现沿着喜马拉雅弧水平变化的特点（图5）。在平面图中（图4），我们描绘了该高速体的北边缘外轮廓来估计印度板块的上表面，由轮廓线勾勒出的曲面展现出水平弯曲的形态，并且在水平方向上与印度—欧亚碰撞边界非常吻合（图4）。在剖面图像上，HV1 呈现出清晰的向下延伸到地幔转换带的形态，并且倾角沿着喜马拉雅弧变化（图5）。除此之外，在青藏高原西部昆仑火山带和黑石北湖火山带下方，倾斜的 HV1 上方存在一个清晰的低速异常（图6 剖面 AA′和 BB′），这可能代表了由俯冲引起的热物质上涌。这样的图像模式表明印度板块俯冲到了高原下方的地幔转换带中。

成像所揭示的另一个重要的特征是青藏高原南部上地幔顶部的低速异常体（LV1）（图4），该异常体出现在印度板块倾角最大处（图5）。LV1 在检测板分辨率测试和恢复分辨率测试中都是稳定可靠的，并且被一些采用了青藏高原内部台站数据的成像研究所证实（Liang et al.，2016；Nunn et al.，2014；Zhang et al.，2015）。LV1 的大小和位置与该地区地表观测到的第三纪火山岩的分布相吻合（Tapponnier et al.，2001；Yin & Harrison，2000），这表明 LV1 和这些火山岩存在某种关联，可能与一个板块碰撞之初（约 70—50 Ma 前，Molnar & Tapponnier，1975；Yin，2010；Yin & Harrison，2000）就开始的地球动力学过程有关。一个合理的解释为印度岩石圈向青藏高原俯冲，并为雅鲁藏布江缝合带以北提供持续的热源（Tapponnier et al.，2001），并在地幔楔中表现为低速异常。综合前面的分析，印度岩石圈向北俯冲似乎更符合本研究所呈现的成像结果。

为了更好地描述本研究成像结果所揭示的印度岩石圈的复杂几何形态，本研究采用一张纸来模拟表示印度岩石圈。如果想要重构本研究所揭示的印度板块的几何特点（即向下俯冲与水平弯曲的复合模式），在俯冲起始处自然地形成了一个弧形的翘曲，这个翘曲弧是为了保持板块结构完整，在板块内力作用下形成的［图 9（a）］。由于该翘曲弧的形状与喜马拉雅地块的弧状结构非常相似，两者之间（假设翘曲弧真实存在）可能存在因果关系。进一步地，我们假设喜马拉雅地块的异常隆起结构是由该翘曲弧所引起的，那么横穿喜马拉雅地块的莫霍面也应该呈现出向上隆起，或者在挤压下形成更为复杂的结构。这个推论似乎与接受函数和宽角反射的结果比较吻合（例如 Galvé et al.，2002；Nabelek et al.，2009；Zhao et al.，2010）。成像结果揭示的印度板块形态引出另一个问题：造成这种复杂形态驱动力是什么？

造成印度板块如此复杂形态的机制可能有很多，在本研究中我们给出一种可能的驱动力，即之前俯冲下去的板块对现在印度板块的北东向朝下的不均匀拉力。这种驱动机制的可能性已经被数值模拟研究所证实，而早先俯冲下去的板块有可能是大印度大陆（Capitanio et al.，2010）。这个不均匀拉力是在早先俯冲下去的板块与当前的板块拆沉脱离的过程中产生的（Bajolet et al.，2013；Capitanio & Replumaz，2013；Webb et al.，2017）。在这个拆沉脱离过程中，早先俯冲下去的板片与现在的板片从两侧开始分离，在此之后，破裂由两侧向内传播。在破裂横向传播期间，由于上下两个板片只有部分粘连，下方的板片作用于上方板片的向下拉力只在中间粘连部分施加，导致中间位置俯冲变陡；而现有板片的两翼由于下方拉力释放，后方推力持续进行，在不平衡力条件下发生板片两翼向内弯曲的现象。非常巧合地，在青藏高原东部和东北部下方的地幔转换带中观察到了一个显著的平坦的高速异常体（HV3），其附近的各向异性快波方向呈现较为一致的南北到北东—南西方向（图 4 和图 6）。该高速异常体位于射线交叉较好位置，且在各项分辨率测试中都表现稳定。根据本研究提出的驱动机制，从直观上来说该高速异常体可能代表先前俯冲下去并向北东方向移动的板片，但是，除了层析成像结果以外该猜测尚缺乏独立的验证证据。基于以上分析，本研究提出板块翘曲模型如图 9（b）—（d）所示。根据板块翘曲模型，现存的印度板片的倾斜段长度约为 700 km，如果以 5 cm/a 的俯冲速度（Molnar & Stock，2009），本研究估计该动力学过程的起始时间（即上、下板片开始拆离的时间）为 14 Ma 前。

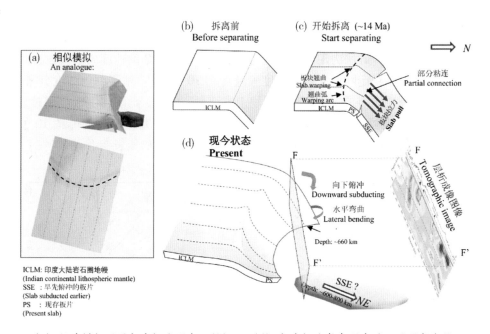

（a）纸片模拟还原印度板块形态；（b）—（d）印度板块复杂形态的不同形成阶段。

图9 板块翘曲模型和印度板块的复杂俯冲模式

3.2 岩浆活动、正断层和 GPS 观测

一些关于火山和火山岩的地球化学研究认为，青藏高原西部和北部的岩浆运动起源于软流圈物质上涌，但是其成因还不清楚（Chen et al., 2012；Guo et al., 2006）。本研究的成像结果清楚地展示了位于昆仑火山带和黑石北湖火山带正下方，一个上涌状低速异常体恰好位于倾斜俯冲的高速印度板块的上方（图5剖面 AA′ 和 BB′、图6剖面 FF′）。该结果支持了位于青藏高原西部的火山运动是由印度板块俯冲引起的热物质上涌的观点（Guo et al., 2006）。此外，在青藏高原北部火山带下方上地幔中也观测到了清晰稳定的上涌状低速异常体，该低速异常体与青藏高原东部上地幔中的巨大低速异常体相连，可能与俯冲的柴达木岩石圈有关（Kosarev et al., 1999）。

在藏南地区观测到了许多南北走向、东西倾向的正断层［图10（a）］。前人研究表明，其中靠近雅江缝合带的正断层的生成时间为 14—8 Ma 前（Coleman & Hodges, 1995；Harrison et al., 1995），与本研究所估计的印度板块水平向拆离的起始时间（约14 Ma 前）比较接近。在空间上，这些南北向正断层的分布范围与本研究所揭示的印度板块在水平方向上的位置也保持高度一致，更为巧合的是，这些正断层的走向与本研究所估计的印度板块的倾向也保持高度吻合［图10（a）］。这种时间和空间上的一致性暗示着两者之间的内在联系。从力学角度来看，根据本研究所提出的模型，印度板块持续向北的挤压力作用于翘曲弧所围成的扇形体，将在扇形体内形成很大的弯矩，同时在扇形体的边缘即藏南地区形成巨大的东西向拉张应力［图10（b）］。这种东西向的拉张应力为藏南地区南北向正断层提供了很好的形成条件。

为了更进一步地说明俯冲的印度板块对地表变形的影响，本研究从地表 GPS 观测 ［图 10（a）；Gan et al.，2007］中估计了印度板块相对于青藏高原内部各个观测点的相对运动速度矢量，估计方法为用印度板块相对于稳定欧亚大陆的速度矢量减去青藏高原内各个观测点相对于稳定欧亚大陆的速度矢量 ［图 10（c）］。从得到的速度分布来看，在本研究通过层析成像结果描绘的印度板块上方地表范围内，地表印度板块相对于青藏高原内部的运动与地幔中印度板块倾向（即俯冲方向）是完全一致的 ［图 10（c）］，这说明了印度板块在深部的俯冲控制了青藏高原西部和南部的地表变形。

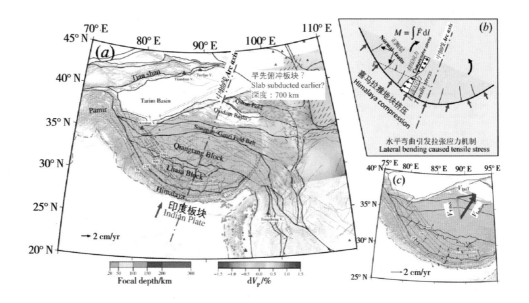

（a）本研究估计的印度板块上表面（蓝色点线）与其他地球物理和地质观测的对比。绿色箭头代表 GPS 观测得到的青藏高原相对于稳定欧亚大陆的速度（Gan et al.，2007）；红色短线代表青藏高原西部和南部的断层分布（邓起东 等，2003）；右上角彩图代表本研究层析成像得到的速度和各向异性（深度 700 km 处）；紫色虚线为板块边界线。（b）水平弯曲引起藏南张拉应力机制示意图。（c）本研究估计的印度板块上表面（蓝色点线）与印度板块相对于青藏高原内各个 GPS 观测点的相对速度（红色箭头，推导自 Gan et al.，2007）；紫色虚线为板块边界线。

图 10 层析成像结果与板块变形机制

4 结　论

为了更好地了解青藏高原构造演化机制，本研究收集了来自 893 个地震台站的近 20 万个远震相对走时数据，开展了整个青藏高原及周边地区的地幔远震层析成像，成像深度达 900 km。分析层析成像结果，本研究的主要结论如下：

（1）俯冲的印度板块在青藏高原下方呈现出东西向变化，倾斜的高速异常体以高角度延伸到地幔转换带中。在青藏高原西部，印度板块的俯冲引起了地幔中热物质上涌，从而形成了昆仑火山带和黑石北湖火山带。

（2）提出了板块翘曲模型用于描述印度板块向下俯冲和水平弯曲的复杂俯冲模式。该模式的形成可能同先前俯冲下去的板块在与现存板块拆离过程中施加在现存板块下方的不均匀拉力有关。在这个拆离过程中，上下板块的破裂由两侧向内传播。为了保持板块的完整性，在喜马拉雅地块下方，印度板块中可能产生了一个翘曲弧，并且该翘曲弧可能与喜马拉雅弧形构造和快速隆起有关。

（3）根据本研究所提出的板块翘曲模型，印度板块的俯冲控制了青藏高原西部和南部的岩浆运动和地表变形。

致　谢

本研究得到了国家自然科学基金项目（41430213 和41590863）、日本科学促进会项目（19H01996）和中国博士后基金项目（2018M633224）的资助；本研究采用的高质量波形数据下载自美国地震学研究联合会（IRIS）网站，部分 P 波到时数据下载自国际地震中心（ISC）网站；本研究的图件主要采用开源软件 GMT 制作，波形处理由 SAC 软件完成；原文的编辑 Vernon Cormier 教授和两位匿名审稿人给予了许多建设性意见，在此一并感谢。

说　明

该文稿翻译于发表在 *PEPI* 的文章。Wang Z，Zhao D，Gao R，et al.，2019. Complex subduction beneath the Tibetan plateau：A slab warping model. Phys. Earth Planet. Inter.，292：42–54.

参 考 文 献

Aki K，Christoffersson A，Husebye，et al.，1977. Determination of the three-dimensional seismic structure of the lithosphere. J. Geophys. Res.，82：277–296.

Bajolet F，Replumaz A，Lainé R，2013. Orocline and syntaxes formation during subduction and collision. Tectonics，32：1529–1546.

Bao X，Song X，Li J，2015. High-resolution lithospheric structure beneath Mainland China from ambient noise and earthquake surface-wave tomography. Earth Planet. Sci. Lett.，417：132–141.

Burchfiel B C，Royden L H，1985. North–south extension within the convergent Himalayan region. Geology，13：679–682.

Capitanio F A，Morra G，Goes S，et al.，2010. India–Asia convergence driven by the subduction of the Greater Indian continent. Nat. Geosci.，3：136–139.

Capitanio F A，Replumaz A，2013. Subduction and slab breakoff controls on Asian indentation tectonics and Himalayan western syntaxis formation. Geochem. Geophys. Geosystems，14：3515–3531.

Chen J, Xu J, Wang B, et al., 2012. Cenozoic Mg-rich potassic rocks in the Tibetan Plateau: Geochemical variations, heterogeneity of subcontinental lithospheric mantle and tectonic implications. J. Asian Earth Sci., 53: 115 – 130.

Chen Y, Li W, Yuan X, et al., 2015. Tearing of the Indian lithospheric slab beneath southern Tibet revealed by SKS-wave splitting measurements. Earth Planet. Sci. Lett, 413: 13 – 24.

Coleman M, Hodges K, 1995. Evidence for Tibetan plateau uplift before 14 Myr ago from a new minimum age for east – west extension. Nature, 374: 49 – 52.

Dewey J F, Shackleton R M, Chengfa C, 1988. The tectonic evolution of the Tibetan Plateau. Phil. Trans. R. Soc. Lond. A. 327 (1594): 379 – 413.

England P, Houseman G, 1989. Extension during continental convergence, with application to the Tibetan Plateau. J. Geophys. Res. Solid Earth, 94: 17561 – 17579.

Galvé A, Sapin M, Hirn A. et al., 2002. Complex images of Moho and variation of v_P/v_S across the Himalaya and South Tibet, from a joint receiver-function and wide-angle-reflection approach. Geophys. Res. Lett., 29: 2182. https://doi. org/ 10. 1029/2002GL015611.

Gan W, Zhang P, Shen Z, et al., 2007. Present-day crustal motion within the Tibetan Plateau inferred from GPS measurements. J. Geophys. Res. Solid Earth, 112: B08416. https://doi. org/10. 1029/2005JB004120.

Guo X, Gao R, Zhao J, et al., 2018. Deep-seated lithospheric geometry in revealing collapse of the Tibetan Plateau. Earth – Sci. Rev., 185: 751 – 762.

Guo Z, Wilson M, Liu J, 2006. Post-collisional, potassic and ultrapotassic magmatism of the northern Tibetan plateau: Constraints on characteristics of the mantle source, geodynamic setting and uplift mechanisms. J. Petrol., 47: 1177 – 1220. https://doi. org/10. 1093/petrology/egl007.

Harrison T M, Copeland P, Kidd W S F, 1995. Activation of the nyainqentanghla shear zone: Implications for uplift of the southern Tibetan plateau. Tectonics, 14: 658 – 676.

He R, Zhao D, Gao R, 2010. Tracing the Indian lithospheric mantle beneath central Tibetan Plateau using teleseismic tomography. Tectonophysics, 491: 230 – 243.

Huang J, Zhao D, 2006. High-resolution mantle tomography of China and surrounding regions. J. Geophys. Res. Solid Earth, 111: B09305. https://doi. org/10. 1029/2005JB004066.

Huang Z, Wang P, Xu Mingjie. Mantle structure and dynamics beneath SE Tibet revealed by new seismic images. Earth Planet. Sci. Lett., 411: 100 – 111.

Jolivet M, Brunel M, Seward D, 2003. Neogene extension and volcanism in the Kunlun Fault Zone, northern Tibet: New constraints on the age of the Kunlun Fault. Tectonics, 22: 1052. https://doi. org/10. 1029/2002TC001428.

Kennett B L N, Engdahl E R, 1991. Traveltimes for global earthquake location and phase identification. Geophys. J. Int., 105: 429 – 465.

Kosarev G, Kind R, Sobolev S V, 1999. Seismic evidence for a detached Indian lithospheric mantle beneath Tibet. Science, 283 (5406): 1306 – 1309.

Lei J, Zhao D, 2016. Teleseismic P-wave tomography and mantle dynamics beneath Eastern Tibet. Geochem. Geophys. Geosystems, 17: 1861 – 1884.

Li C, van der Hilst R D, Meltzer A S, 2008. Subduction of the Indian lithosphere beneath the Tibetan Plateau and Burma. Earth Planet. Sci. Lett., 274: 157 – 168.

Li J, Song X, 2018. Tearing of Indian mantle lithosphere from high-resolution seismic images and its implications for lithosphere coupling in southern Tibet. Proc. Natl. Acad. Sci. , 115: 8296 – 8300.

Li Y, Wang C, Dai J, 2015. Propagation of the deformation and growth of the Tibetan – Himalayan orogen: A review. Earth Sci. Rev. , 143: 36 – 61.

Liang X, Chen Y, Tian X, 2016. 3D imaging of subducting and fragmenting Indian continental lithosphere beneath southern and central Tibet using body-wave finite-frequency tomography. Earth Planet. Sci. Lett. , 443: 162 – 175.

Liang X, Sandvol E, Chen Y J, 2012. A complex Tibetan upper mantle: A fragmented Indian slab and no south-verging subduction of Eurasian lithosphere. Earth Planet. Sci. Lett. , 333 – 334: 101 – 111.

Liu X, Zhao D, 2018. Upper and lower plate controls on the great 2011 Tohoku-oki earthquake. Sci. Adv. , 4 (6): eaat4396. https://doi. org/10. 1126/sciadv. aat4396.

Meyer B, Tapponnier P, Bourjot L, et al., 1998. Crustal thickening in Gansu – Qinghai, lithospheric mantle subduction, and oblique, strike-slip controlled growth of the Tibet plateau. Geophys. J. Int. , 135: 1 – 47.

Molnar P, England P, Martinod J, 1993. Mantle dynamics, uplift of the Tibetan Plateau, and the Indian monsoon. Rev. Geophys. , 31: 357 – 396.

Molnar P, Stock J M, 2009. Slowing of India's convergence with Eurasia since 20 Ma and its implications for Tibetan mantle dynamics. Tectonics, 28: TC3001. https://doi. org/10. 1029/2008TC002271.

Molnar P, Tapponnier P, 1975. Cenozoic tectonics of Asia: effects of a continental collision: features of recent continental tectonics in Asia can be interpreted as results of the India – Eurasia collision. Science, 189: 419 – 426.

Nabelek J, Hetenyi G, Vergne J, et al., 2009. Underplating in the Himalaya – Tibet collision zone revealed by the Hi – CLIMB experiment. Science, 325: 1371 – 1374.

Nunn C, Roecker S W, Priestley K F, 2014. Joint inversion of surface waves and teleseismic body waves across the Tibetan collision zone: the fate of subducted Indian lithosphere. Geophys. J. Int. , 198: 1526 – 1542.

Priestley K, Debayle E, McKenzie D, 2006. Upper mantle structure of eastern Asia from multimode surface waveform tomography. J. Geophys. Res. Solid Earth, 111: B10304. https://doi. org/10. 1029 / 2005 JB004082.

Raoof J, Mukhopadhyay S, Koulakov I, 2017. 3-D seismic tomography of the lithosphere and its geodynamic implications beneath the northeast India region. Tectonics, 36: 962 – 980.

Ren Y, Shen Y, 2008. Finite frequency tomography in southeastern Tibet: Evidence for the causal relationship between mantle lithosphere delamination and the north – south trending rifts. J. Geophys. Res. , 113: B10316. https://doi. org/10. 1029/2008JB005615.

Tapponnier P, Zhiqin X, Roger F, 2001. Oblique stepwise rise and growth of the Tibetan Plateau. Science, 294: 1671 – 1677.

Tilmann F, Ni J, INDEPTH Ⅲ Seismic Team, 2003. Seismic imaging of the downwelling Indian lithosphere beneath central Tibet. Science, 300: 1424 – 1427.

van der Voo R, Spakman W, Bijwaard H, 1999. Tethyan subducted slabs under India. Earth Planet. Sci. Lett. , 171: 7 – 20.

VanDecar J C, Crosson R S, 1990. Determination of teleseismic relative phase arrival times using multi-channel cross-correlation and least squares. Bull. Seismol. Soc. Am. , 80: 150 – 169.

Wang J, Zhao D, 2013. P-wave tomography for 3-D radial and azimuthal anisotropy of Tohoku and Kyushu subduction zones. Geophys. J. Int. , 193: 1166 – 1181.

Webb A A G, Guo H, Clift P D, 2017. The Himalaya in 3D: Slab dynamics controlled mountain building and monsoon intensification. Lithosphere, 9: 637 – 651. https://doi. org/10. 1130/L636. 1.

Wei W, Zhao D, Xu J, 2013. P-wave anisotropic tomography in Southeast Tibet: New insight into the lower crustal flow and seismotectonics. Phys. Earth Planet. Inter. , 222: 47 – 57.

Wei W, Zhao D, Xu J, 2016. Depth variations of P-wave azimuthal anisotropy beneath Mainland China. Sci. Rep. , 6: 29614. https://doi. org/10. 1038/srep29614.

Yin A, 2010. Cenozoic tectonic evolution of Asia: A preliminary synthesis. Tectonophysics, 488: 293 – 325.

Yin A, Harrison T M, 2000. Geologic evolution of the Himalayan – Tibetan orogen. Annu. Rev. Earth Planet. Sci. , 28: 211 – 280.

Zhang H, Li Y E, Zhao D, 2018. Formation of rifts in central Tibet: Insight from P-wave radial anisotropy. J. Geophy. Res. Solid Earth. , 123 (10): 8827 – 8841.

Zhang H, Zhao D, Zhao J, et al., 2015. Tomographic imaging of the underthrusting Indian slab and mantle upwelling beneath central Tibet. Gondwana Res. , 28: 121 – 132.

Zhang H, Zhao J, Zhao D, 2016. Complex deformation in western Tibet revealed by anisotropic tomography. Earth Planet. Sci. Lett. , 451: 97 – 107.

Zhao D, 2015. Multiscale Seismic Tomography. Tokyo: Springer.

Zhao D, Hasegawa A, Horiuchi S, 1992. Tomographic imaging of P and S wave velocity structure beneath northeastern Japan. J. Geophys. Res. , 97: 19909 – 19928.

Zhao D, Hasegawa A, Kanamori H, 1994. Deep structure of Japan subduction zone as derived from local, regional, and teleseismic events. J. Geophys. Res. , 99: 22313 – 22329.

Zhao J, Yuan X, Liu H, 2010. The boundary between the Indian and Asian tectonic plates below Tibet. Proc. Nat. Acad. Sci. , 107: 11229 – 11233.

Zhao J, Zhao D, Zhang H, 2014. P-wave tomography and dynamics of the crust and upper mantle beneath western Tibet. Gondwana Res. , 25: 1690 – 1699.

邓起东, 张培震, 冉勇康, 等, 2003. 中国活动构造与地震活动. 地学前缘, 10: 66 – 73.

帕米尔—兴都库什地区岩石圈三维 S 波速度结构及其地球动力学意义： 基于地震瑞利面波层析成像的约束

梁演玲[1]，李伦[1,2,3]，廖杰[1]，高锐[1]

❉ 0 引　言

　　帕米尔与兴都库什地区，位于青藏的西北部（图1），是喜马拉雅造山带的一部分，主要由三叠—早白垩时期的一些小型陆块与欧亚板块汇聚拼合而成（Burtman et al.，1993；Robinson et al.，2004）。从北往南，帕米尔与兴都库什地区可划分为北帕米尔、中帕米尔、南帕米尔及科希斯坦—拉达克地区（如 Burtman，2000；Burtman et al.，1996；Robinson et al.，2004，2007；Robinson et al.，2012；Yin et al.，2000）。其周围被多个大型块体包围，如西北部的南天山褶皱带，东北部的塔里木地块，西南部的阿富汗塔吉克地块，南部的印度板块西北角和北部的费尔干纳地块（图1）。该地区广泛发育着大型逆冲断层与片麻岩穹窿，并且岩浆活动和高压与超高压变质作用异常活跃（Gordon et al.，2012；Schmidt et al.，2011），这些都指示着该地区经历了并正在经历着强烈的岩石圈活动。此外，喜马拉雅造山带西构造结地震活动异常活跃，发育有大量的中、深源地震（震源深度 >70 km，有些甚至可达 300 km）（Sippl et al.，2013a；楼小挺 等，2007）。震源机制研究表明西构造结的帕米尔—兴都库什地区存在着两个独立的地震带，震源深度在 70～250 km 之间（楼小挺 等，2007）。帕米尔地震带的倾向沿着西—东方向由东南变为南，在 170～190 km 深度附近存在着一个沿东西向展布的倒 "V" 形地震空白区；而兴都库什地震带的倾向由北东变为北西。在过去的 100 年中，在该区域发生了 15 次 >7.0 级的地震，其中包括 2015 年 10 月发生的破坏性极强的 7.5 级阿富汗地震（USGS，2015）。因此，帕米尔与兴都库什地区是研究陆 - 陆俯冲动力学演化过程及机制和大陆内部中深源地震发生机制的一个重要区域。

　　1 中山大学地球科学与工程学院，广州，510275；2 广东省地球动力作用与地质灾害重点实验室，广州，510275；3 南方海洋科学与工程广东省实验室（珠海），珠海，519000。

　　基金项目：国家自然科学基金青年科学基金项目（41804043）、第二次青藏高原综合科学考察研究（2019QZKK0701）与中山大学中央高校基本科研业务费专项资金（19lgpy67、19lgyjs13）资助。

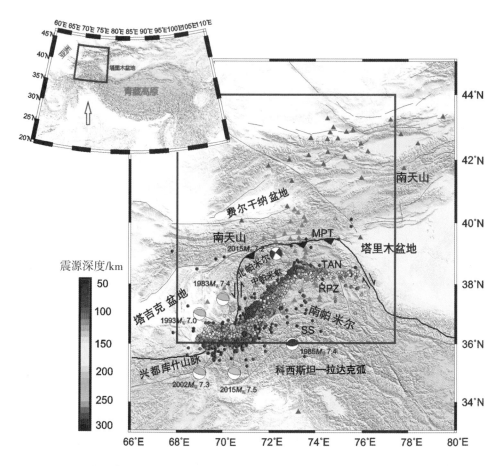

MPT：主帕米尔逆冲断层；TAN：塔尼玛斯断层；RPZ：如山—帕沙特缝合带；SS：什约克缝合带。

红色方框：研究区；红色三角形：来自 IRIS 的台站；蓝色三角形：来自 TIPAGE 的台站；不同颜色的圆圈：不同震源深度的地震活动；沙滩球：震级 >7 M_W 的震源机制解。

图 1　帕米尔—兴都库什地区的主要构造单元及断层示意

与青藏高原地区相似，新生代以来帕米尔与兴都库什地区吸纳了由印度板块与欧亚板块汇聚所产生的约 2100 ~ 1800 km 聚敛（Pichon et al., 1992）。另外，该区域大量发育的逆冲断层（马晓静 等，2011）、频繁的地震活动（Sippl et al., 2013a）及 GPS 观测显示的约 10 ~ 40 mm/a 的高运动速率（Ischuk et al., 2013），暗示着研究区岩石圈正经历强烈的大陆内部变形和南北向缩短增厚。大陆俯冲被认为是帕米尔—兴都库什岩石圈缩短增厚的主要机制。震源机制（Sippl et al., 2013a；楼小挺 等，2007）、地震体波层析成像（Koulakov et al., 2006；Kufner et al., 2016, 2017）、地震面波层析成像（Li et al., 2018；黄忠贤 等，2014）等研究表明了帕米尔地区大陆俯冲的存在。然而，现有的研究对该区域的大陆俯冲模式仍存在不同看法。例如，下地壳物质是否发生了俯冲？俯冲板片的几何形态如何？

体波和面波层析成像研究表明在岩石圈地幔存在着一个低速层（Kufner et al.,

2017；Li et al.，2018；雷建设 等，2002），位于高速异常体上方，在其内部地震活动异常活跃。接收函数的研究结果表明该低速层有 10 ～ 15 km 厚（Schneider et al.，2013），暗示着下地壳物质能够俯冲到岩石圈地幔中，并在俯冲过程中发生变质作用，从而引起中深源地震活动（Kufner et al.，2016；Li et al.，2018；Liao et al.，2017；Schmidt et al.，2011；Schneider et al.，2013）。然而，P_n 波层析成像的结果（Zhou et al.，2015）认为该低速异常可能指示板片俯冲后引起的地幔热物质上涌。

基于震源机制与地震事件的统计分析研究，前人提出了单一板片的单向俯冲模型，该模型认为大洋岩石圈向北俯冲到帕米尔—兴都库什地区并在碰撞过程中发生断开和后撤（Pavlis et al.，2000；Pegler et al.，1998）。而双向俯冲模型认为在帕米尔和兴都库什地区均存在一个板块分别向南、北发生双向俯冲。该模型认为帕米尔之下存在着一个向南俯冲的残余大洋岩石圈俯冲板片（Negredo et al.，2007；Roecker，1982），这两个双向俯冲板片还可能发生了碰撞（Fan et al.，1994）。近年来的体波层析成像（Kufner et al.，2016）、地震面波成像（Li et al.，2018）、接收函数（Schneider et al.，2013）和精细的地震事件分析（Sippl et al.，2013a）等研究则暗示俯冲的大洋岩石圈早已消亡，因此发生双向俯冲的板片是大陆岩石圈。向北俯冲的印度岩石圈板片在兴都库什地区下发生了断离和后撤，引发了兴都库什地区中深源地震。而向南俯冲的亚洲岩石圈板片在帕米尔之下可能发生了撕裂（Koulakov et al.，2006；Kufner et al.，2017，2016），从而形成了在帕米尔之下的倒 "V" 形地震空白区。全面刻画帕米尔与兴都库什地区岩石圈深部结构能够为深入理解该造山带的大陆俯冲机制及中深源地震提供重要约束。

因此，本研究通过收集覆盖研究区的地震波形数据，利用双平面波面波层析成像方法获取各个周期（20 ～ 143 s）瑞利面波相速度分布图，开展最小二乘反演，构建帕米尔—兴都库什地区的三维剪切波（S 波）速度结构，获取帕米尔—兴都库什地区深部结构，进而为理解其俯冲板块的几何形态与俯冲模式及中深源地震活动的成因机制提供重要约束。

◆ 1 数 据

1.1 数据收集

本研究的数据主要来自德国赫姆霍兹中心波兹坦（GFZ Potsdam）的天山—帕米尔地球动力学计划（TIPAGE），该计划于 2008—2012 年在天山、帕米尔地区相继布设了 57 个宽频带地震台站（Yuan et al.，2008）。此外，本研究还利用了美国地震学研究联合会（IRIS）上公开的国家地震台网数据，如吉尔吉斯地震遥测网台网（Kyrgyz Seismic Telemetry Network）、哈萨克斯坦台网（Kazakhstan Network）、吉尔吉斯数字台网（Kyrgyz Digital Network）等。通过限定经纬度范围（33°N—44°N，66°E—78°E）筛选出 60 个布设在帕米尔—兴都库什及其周边的宽频带地震台站。经过初步的数据处理，本研究只留取了 70 个台站在 2008 年 1 月—2009 年 12 月内记录到的地震波形数据。

1.2　数据处理与分析

本研究基于双平面波干涉法（TPW）（Forsyth et al., 2005；Li et al., 2013）获取瑞利面波的相速度图。与双台法的面波成像不同，双平面波干涉面波成像法并不要求地震的震中和接收台站位于同一大圆路径上，只需要台站位于研究区即可。因此，本研究的地震事件挑选原则是：①震级大于 5.8 级和震源深度小于 100 km 的大地震事件，确保获得发育较好的面波波形；②震中距在 25°～120°之间的远震事件，从而在提取基阶面波时可避免近源效应和高阶面波的干扰。本研究经以上标准筛选获得地震事件有 200 多个，用以提取 Rayleigh 面波。数据处理的流程包括：首先，给地震数据添加地震事件信息，并做仪器校正和分量旋转等预处理；其次，利用一系列 10 mHz 带宽的滤波器，在 18 个中心频率（6 mHz、7 mHz、8 mHz、9 mHz、10 mHz、11 mHz、13 mHz、15 mHz、17 mHz、20 mHz、22 mHz、25 mHz、29 mHz、33 mHz、36 mHz、40 mHz、45 mHz、50 mHz）下对所有事件的地震波形进行滤波；然后，用窄时间窗限定获取基阶面波波形，使其与其他震相分离，时间窗由包含最高振幅的面波包络面的时间和宽度自动确定；随后，对整个事件所有波形进行人工检测并剔除信噪比较差的波形；最后，对挑选的波形进行傅里叶变换得到不同频带面波的振幅和相位。这里得到的振幅和相位信息将用于一维和二维相速度的计算。更加详细的面波数据处理的流程可参考 Li 等（2015）和 Li 等（2016）。

经上述的数据处理与检查后，本研究共保留了 89 个具有高质量面波的地震事件用于后续的瑞利面波相速度反演。这些地震事件（图 2）集中分布在研究区东北和东南方向，震源多位于太平洋西岸俯冲边界。以 50 s 周期的射线路径覆盖为例（图 3），研究区整体的射线覆盖密度良好，在台站分布区及其东部尤为稠密。

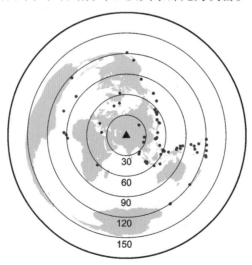

三角形表示台网的中心。地震事件距台网中心的震中距用带有数字的同心圆表示。

图 2　用于 Rayleigh 波成像的地震事件（圆点）的分布

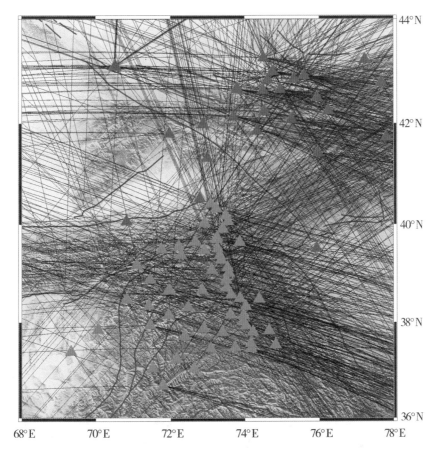

红色三角形：来自 IRIS 的台站，蓝色三角形：来自 TIPAGE 的台站。

图 3 50 s 周期的大圆射线路径

◆ 2 反 演 理 论

本研究采用两个步骤获取 S 波速度结构。第一步，利用前期处理得到的瑞利面波振幅和相位计算不同周期的相速度；第二步，利用不同周期的瑞利面波相速度反演不同深度的 S 波速度结构。

2.1 面波相速度反演

本研究采用双平面波法反演获取每个周期的一维平均相速度，随后以各个周期的平均相速度作为初始模型，反演二维相速度。相较于传统的面波相速度反演方法（如双台法），双平面波法有效克服了面波多路径传播引起的非球面波的影响（Forsyth et al., 2005）。

就双平面波法而言，对任意地震事件的任意频率 ω，这里用两个水平传播并以一定夹角入射的平面波之和来拟合入射波，因此可用下式表示垂直方向上的位移：

$$U_z(\omega) = A_1(\omega)\exp[-i(k_1x - \omega t)] + A_2(\omega)\exp[-i(k_2x - \omega t)] \tag{1}$$

其中，k 是每个波在水平方向的波数，x 是位置矢量。因为这里对每个事件的所有波形记录都使用了一个共同的参考原点时间，所以在每个频率下第 k 个台站记录的第 i 个事件的位移可简单描述为

$$_i^k U = {}_iA_1\exp(-i{}_i^k\varphi_1) + {}_iA_2\exp(-i{}_i^k\varphi_2) \tag{2}$$

其中，每个台站的非平面波相位由两个平面波相位表示，台站坐标 (x, y) 以参考台站为中心，大圆路径为方向的极坐标表示。台站与 x 轴的夹角为 ψ，平面波与大圆路径的夹角为 ϑ，则可得到双平面波的表达式，如下：

$$_i^k\varphi_1 = {}_i^0\varphi_1 + \overline{_i^kS}\omega\{_i^kr\cos(_i^k\psi - {}_i\vartheta_1) - {}_i^kx\} + \omega(_i^k\tau - {}_i^0\tau) \tag{3}$$

$$_i^k\varphi_2 = {}_i^0\varphi_2 + \overline{_i^kS}\omega\{_i^kr\cos(_i^k\psi - {}_i\vartheta_2) - {}_i^kx\} + \omega(_i^k\tau - {}_i^0\tau) \tag{4}$$

$_i^0\varphi_1$ 和 $_i^0\varphi_2$ 是参考台站用来拟合双平面波的相位。$_i^k\tau$ 和 $_i^0\tau$ 分别是研究区边缘沿着大圆路径到第 k 个台站和参考台站的走时，$\overline{_i^kS}\omega$ 是平均慢度。沿研究区边缘到各台站的大圆路径（x 方向）积分可求得到各台站的走时，表达式如下：

$$_i^k\tau = \int_{x_{edge}}^{_i^kx} {}_iSdx \tag{5}$$

$_ix_{edge}$ 为平面波波前和研究区边界交点的横坐标，$_i^kx$ 和 $_i^0x$ 分别是其他台站和参考台站的横坐标，平均慢度 $\overline{_i^kS}\omega$ 可表示为

$$\overline{_i^kS}\omega = \left[\frac{_i^k\tau}{(_i^kx - {}_ix_{edge})} + \frac{_i^0\tau}{(_i^0x - {}_ix_{edge})}\right]/2 \tag{6}$$

综上所述，每个频率的入射波场都可以用 6 个参数表示，分别是双平面波的振幅、参考相位、双平面波偏离大圆路径的角度。这些参数先用模拟退火方法估计，随后在广义线性反演中与相速度同时求解。这里采用高斯平滑函数求解研究区的平均相速度，再将各个周期的平均相速度作为初始模型，反演二维相速度。

在本研究中，研究区被参数化为 340 个网格节点，格点间距约为 55 km。特征长度可用来控制高斯加权函数中的模型方差与分辨率间的平衡，这里使用了 80 km 的特征长度来平滑所有频率下的相速度模型。另外，为了消除异常相位和振幅，这里还给予内部格点 0.25 km/s，边界网格 2.5 km/s 的先验误差。

2.2 剪切波（S 波）速度反演

反演的第二步需根据上一步求得的相速度，用广义线性反演方法确定 S 波速度结构。本研究在 20 ~ 167 s 之间选取了 18 个周期的相速度来做 S 波速度反演。模型参数包括研究区的地壳厚度和 S 波速度（地表到 410 km 共 16 层）。在给定周期内，瑞利面波相速度主要对 S 波速度较为敏感，在其波长的三分之一时达到灵敏的峰值（图 4），20 s 周期的敏感度峰值对应 20 km 深度，167 s 周期对 250 km 深度最为敏感，因此，本文将讨论焦点放在 20 ~ 250 km 的深度范围。

假设 m_0 为初始模型，预测值 $d_0 = g(m_0)$，广义非线性最小二乘解可由下式给出：

$$\Delta m = (G^T C_{nn}^{-1} G + C_{mm}^{-1})^{-1}[G^T C_{nn}^{-1}\Delta d - C_{mm}^{-1}(m - m_0)] \tag{7}$$

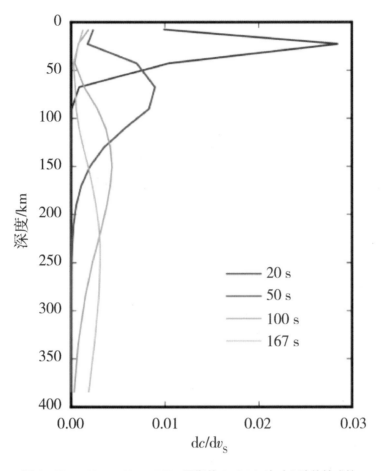

图4 20 s、50 s、100 s、167 s 周期的 Rayleigh 波对 S 波的敏感核

m 是当前模型，Δm 是先验模型和当前模型的偏差，Δd 是预测值和观测值的误差，G 是泛函导数的算子 g，C_{nn} 和 C_{mm} 分别是先验数据和先验模型的协方差矩阵。反演的第一步是确定一维 S 波速度，初始模型为 AK135（Kennett et al., 1995）。在 AK135 参考模型，地壳厚度作了修改使之适用于帕米尔地区，修改后的模型中地壳的平均厚度为 55 km，此外，还赋予了地壳厚度和 S 波速度 3 km/s 和 0.1 km/s 的先验误差。

每个格点的一维 S 波速度可用于构建三维 S 波速度模型，地壳厚度会对下地壳和上地幔顶部的 S 波速度有影响。这里的地壳厚度数据来自前人的远震接收函数研究（Li et al., 2014）和 crust 1.0 模型的整合与插值。研究区的地壳厚度特点是从南向北由约 80 km渐变到约 40 km，呈现逐渐减薄的规律。

3 结　果

3.1　一维瑞利面波相速度

在整个研究区中，18 个周期（20 s、22 s、25 s、28 s、30 s、33 s、40 s、45 s、50 s、59 s、67 s、77 s、91 s、100 s、111 s、125 s、143 s、167 s）的平均相速度逐渐增大，从 20 s 的 3.23 km/s 到 167 s 的 4.30 km/s（图5）。这些周期的平均相速度与青藏高原东构造结地区的相速度（Fu et al., 2010）相比整体偏高（图5）。研究区内部不同构造单元的相速度亦有所差别，本文选取了帕米尔高原、南天山山脉、塔里木盆地、费尔干纳盆地4 个次一级区域（图5）做了相速度比较。在小于70 s 的周期里，塔里木盆地和费尔干纳盆地的相速度整体比帕米尔高原的速度高（图5），而南天山山脉的相速度在小于40 s 的周期里比帕米尔高原的速度高。这反映了帕米尔高原的地壳比塔里木盆地、费尔干纳盆地及南天山山脉的地壳要厚。

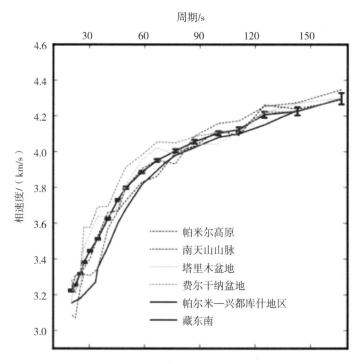

图5　帕米尔—兴都库什地区（深红色）、藏东南（深蓝色：Fu et al., 2010）的平均相速度，和4 个研究区次级区域的相速度

3.2　二维瑞利面波相速度结构

利用求得的一维平均相速度作为初始模型进行反演可获得20 ～ 167 s 的二维相速度，这些周期的相速度异常如图6（a）—（p）所示。图7 显示的是由模型协方差矩阵

估算而来的相速度标准误差在研究区的分布情况。不同周期的相速度标准误差具有相似的规律，在研究区域中心误差较小，越往边缘误差逐渐扩大。图 6 中的相速度图被 50 s 周期的 3% 误差曲线裁剪。从图 6 可知，二维相速度随周期增加而逐渐增大，帕米尔地区在 20 ～45 s 周期内普遍存在低速异常，反映了该地区地壳较厚且中下地壳具有较低的速度结构；从 45 s 开始至 100 s 南帕米尔地区东部出现相对高速异常；111 ～ 167 s 高速异常在南帕米尔南部更加明显。费尔干纳盆地和塔里木盆地在 20 s 时显示低速异常，而天山山脉则表现为高速异常，表明这两个盆地都具有较厚的沉积层。天山山脉在 20 ～ 25 s 显示高速异常，从 30 s 周期开始持续到 111 s 周期，南天山的东北段都呈现明显的低速异常。

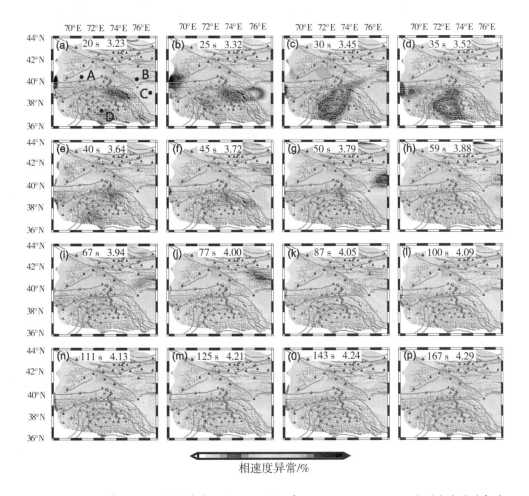

该图被图 7 中 3% 的误差线裁剪。（a）— （p）表示 20 ～ 167 s 之间 16 个周期内平均相速度的横向变化。（a）中的 A、B、C、D 分别是图 5 中次级区域费尔干纳盆地、天山、塔里木盆地、帕米尔高原相速度的取值点。

图 6　二维平均相速度

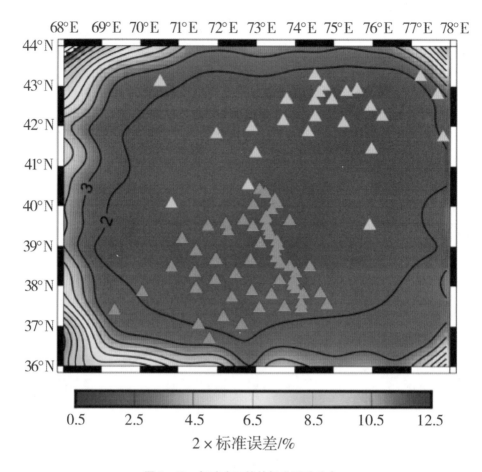

图7　50 s 相速度干扰的标准误差分布

3.3　一维剪切波（S波）速度结构

利用相速度通过广义线性反演可获得 S 波速度结构，S 波速度模型的分辨率可通过反演得到的分辨率矩阵进行估算。如图8所示，一维 S 波参考模型的分辨率矩阵行的峰值从 22.5 km 的 0.57 到 170 km 的 0.18，指示着随着深度增加 S 波速度的分辨率出现逐渐减小的特征。尽管峰值存在减小趋势，但在 250 km 的深度峰值依然清晰可见，这意味在此深度还存在着良好的分辨率。因此，本文也将讨论的焦点放在这些深度范围内的成像结果。

与全球模型 AK135 相比，研究区内的平均 S 波速度在一维模型中普遍偏低［图9（b）］，其中上地壳在 22.5 km 深度的速度为 3.4 km/s，上地幔在 210 km 深度的速度为 4.4 km/s。110 km 到 170 km 深度范围的平均 S 波速度比全球模型异常偏高，但总体上看，帕米尔地区的平均 S 波速度低于全球模型。这一结果与前人用同样方法在东构造结（Fu et al., 2010）获得的速度结构相似，两者 S 波一维速度模型整体都低于全球模型 AK135，青藏高原东南缘与帕米尔—兴都库什地区在构造作用、成因机制、演化历史上具有相似性，因此在速度模型上相似也具有合理性。

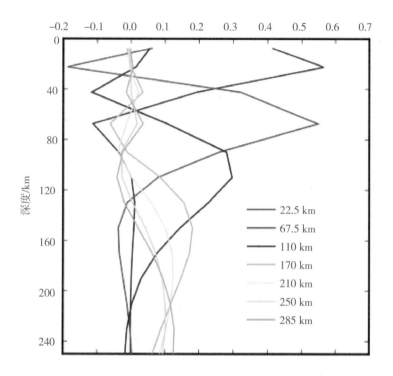

图 8　22.5 km、67.5 km、110 km、170 km、210 km、250 km 和 285 km 深度的切片的模型分辨率矩阵行（通过对参考模型反演计算得到的分辨率矩阵）

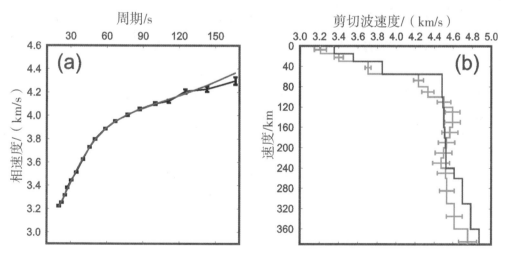

图 9　研究区（红色）和 AK135 模型（蓝色）的平均相速度（a），以及图 8（a）的相速度反演而来的一维剪切波速度（b）

3.4 三维剪切波（S波）速度结构

所有网格节点的一维S波速度反演后联合可以构建一个三维的S波速度模型，图10（a）—（1）展示地壳15 km到上地幔260 km共12层的绝对S波速度。从绝对S波速度结构图中（图10），本文总结了3个显著特征。

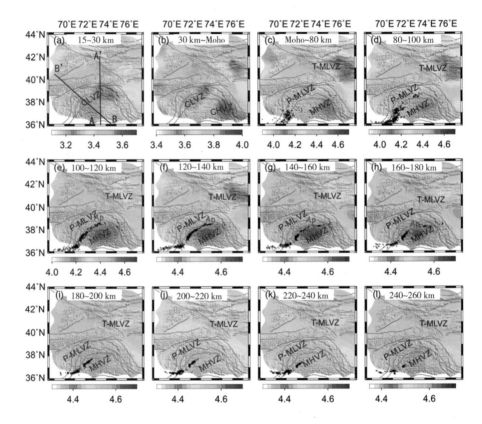

色标单位为 km/s。黑色线段AA′、BB′为图11、图12剖面所在位置。图10（c）—（1）中的黑色圆圈表示所在深度的地震活动。

CLVZ：地壳低速异常区；CHVZ：地壳高速异常区；T–MLVZ：天山地幔低速异常区；P–MLVZ：帕米尔地幔低速异常区；MHVZ：地幔高速异常区。

图10 15～260 km深度的绝对剪切波速度

（1）从15 km到Moho［图10（a）—（c）］，帕米尔地区整体呈现低速异常（CLVZ），且随着深度加大，速度异常越加明显，这与体波成像（Sippl et al., 2013b）和面波群速度成像（Li et al., 2018）的结果较为吻合，但他们显著的低速异常集中出现在中帕米尔和南帕米尔，而本研究结果则显示除了中帕米尔、南帕米尔外，北帕米尔也存在低速异常且异常更加明显。

（2）从Moho到240 km［图10（c）—（1）］，北、中帕米尔西北部呈现低速异常（P–MLVZ），低速异常区呈南西—北东向，正好与其东南边的中深源地震带平行分布。

这与 Li 等（2018）的观测较为吻合，但他们观测到的低速异常区范围向南延伸并覆盖了南帕米尔地区，并且低速异常区位置正好和中源地震带重合。此外，Li 等（2018）的成像范围只到达上地幔 170 km 的深度，本研究通过更长的周期观测到更深的低速成像结果。

（3）在 30 ～ 240 km 的深度［图 10（c）—（l）］，南帕米尔地区分布着广泛而显著的高速异常（MHVZ）。体波成像的结果也显示南帕米尔地区在 60 ～ 140 km 处存在着一个相似的高速异常体（Sippl et al.，2013b；Kufner et al.，2016）。

此外，南天山的东北段在 15 ～ 240 km 深度范围内、12 层速度结构中无一例外地观测到低速异常，在 AA′剖面（图 11）中也有清晰的低速异常区（T－MLVZ）。这一特征与 P_n 波走时成像（Zhou et al.，2015）、接收函数成像（Vinnik et al.，2006）和地震波层析成像（Lei，2011）呈现的结果相近。

❖ 4 讨 论

4.1 帕米尔地区的地壳低速异常与部分熔融

在本次研究建立的三维 S 波速度模型中，可以观测到帕米尔地区中下地壳（即 15 km 到 Moho 的深度）存在一个低速层（CLVZ），最低速度为 3.15 km/s，同样的区域在瑞利面波 20 ～ 45 s 周期的二维相速度中也存在一个明显的低速异常区。这个结果和用远震体波成像（Sippl et al.，2013b）以及面波群速度成像（Li et al.，2018）得到的结果较为吻合，但我们的结果显示低速异常区主要分布在北帕米尔与中帕米尔地区。中下地壳低速异常现象在青藏高原的拉萨、羌塘地体以及东部边缘也被观测到（Clark et al.，2005；Royden et al.，1997；Royden et al.，2008；Chen et al.，2010），研究者们把这些低速异常解释为中下地壳存在部分熔融，在某些区域可弱化中下地壳，使之与上地壳及上地幔发生解耦形成通道流（Yang et al.，2012）。那么，帕米尔—兴都库什地区出现的剪切波低速异常是否暗示着该地区中下地壳也存在部分熔融？

实验室测量的结果表明在 1 GPa（约 30 km）条件下不含水的变质岩的平均剪切波速度为 3.65 km/s（Christensen et al.，1996）。考虑到温度对剪切波速度的影响，温度每上升 100 ℃，速度平均会降低 20 m/s（Kern et al.，2001）。另外，据实验测量在 1 GPa 压力条件下，地壳发生部分熔融的温度约为 750 ～ 950 ℃（Gardien et al.，1995）。因此，在 30 km 深度，低于 3.45 km/s 的剪切波速度可以指示地壳岩石已经开始发生了部分熔融。如果岩石含水，发生部分熔融的温度会更加低，而可以指示部分熔融的剪切波速度也会更低。从图 10（a）与图 10（b）中可看出在北帕米尔与中帕米尔地区中下地壳 S 波的平均速度要小于 3.45 km/s，这暗示着该区域的中下地壳可能出现部分熔融。此外，帕米尔地区除了地震波成像显示的慢速特点外，大地电磁数据和地热勘探等资料显示该区还存在低电阻率（Sass et al.，2014）、高热流值（Duchkov et al.，2001）、高泊松比（Sippl et al.，2013）的地球物理特性。而数值模拟的结果也显示在俯冲带前缘地壳缩短增厚，增厚的上地壳底部温度显著升高，易发生部分熔融和流动变形（Liao et al.，2017）。

然而，需要指出的是，含水成分（Rosenberg et al.，2005）和地震波各向异性（Yang et al.，2012）都会对剪切波速度有所削弱作用。想对帕米尔低速异常区的成因有更清晰的认识，依然需要开展进一步的研究工作（如获取该区的径向各向异性）。

4.2　帕米尔北部的上地幔低速异常与下地壳俯冲

在帕米尔西北部往兴都库什山脉方向，我们成像的结果显示北帕米尔与中帕米尔地区的上地幔相较于南帕米尔与费尔干纳盆地速度呈现低速异常，本文将其标记为帕米尔上地幔低速区（P－MLVZ）。该低速异常区呈北北东向展布，从 Moho 到 220 km 均有显示［图 10（c）—（f）］。为了从纵向上刻画该低速异常区的深部形态，我们沿研究区的南北向和南东—北西向分别切了剖面 AA′和 BB′［图 10（a）］。剖面位置与接收函数研究（Schneider et al.，2013）所选的剖面位置一致。从剖面图中可看出，低速异常有向南和东南方向倾斜的迹象（图 11、图 12），剖面上低速区在 Moho 至 140 km 最为明显。体波成像（Roecker，1982；Sippl et al.，2013）和短周期面波层析成像（Li et al.，2018）也观测到类似的低速异常区，且该低速区一直延伸至南帕米尔南部，底界在 150 km 左右。前人把低速体解释为向南俯冲于帕米尔上地幔的亚洲板块下地壳物质，这表明亚洲板片岩石圈地幔向帕米尔南部俯冲的同时其下地壳也随之俯冲。数值模拟的结果显示，若上、下地壳间具有较弱的耦合性，下地壳随岩石圈地幔向下俯冲是有可能的（Liao et al.，2017）。下地壳在俯冲过程中引发的变质作用脱水脆化（Sippl et al.，2013）或热散逸（Liao et al.，2017）则可解释中深源地震活动的成因。但需要指出的是，我们成像的结果在南帕米尔地区观测到了高速体（在下一节讨论）。如果该低速体指示的是俯冲的亚洲下地壳物质，则表明亚洲板块的下地壳仅俯冲在北帕米尔与中帕米尔之下，并且俯冲的深度仅达 140 km，与接收函数（Schneider et al.，2013）观测的 150～180 km 异常倾斜界面深度存在差异。此外，我们将不同震源深度的地震投放到对应深度的三维 S 波速度［图 10（c）—（l）］中，发现帕米尔中源地震带呈现为清晰的弧形（Ap），由帕米尔南部向北东向弯曲。随着深度的增加，帕米尔中源地震弧（Ap）逐渐向东南方向偏移，并且该弧形地震带恰好位于上地幔低速异常区（P－MLVZ）与高速异常区（MHVZ）的边界处。这表明帕米尔高原中深源地震（震源深度 60～240 km）的产生除了下地壳俯冲可能还存在其他动力学成因。

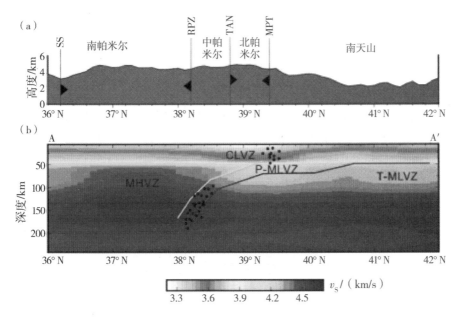

（a）剖面为地形变化图；（b）剖面为绝对剪切波速度。

红线（正极）和黄线（负极）：接收函数的转换边界（Schneider et al., 2013）；黑点：沿着剖面发生的地震。

图 11　剖面 AA′的地壳和上地幔的绝对剪切波速度

4.3　南帕米尔高速异常与印度板块向北俯冲

本研究在帕米尔东南侧 30 km 到 Moho 深度观测到下地壳高速异常（CHVZ）［图 10（b）］，而在南帕米尔 Moho 到 260 km 深度观测到一个上地幔高速异常（MHVZ）［图 10（c）—（1）］。体波成像（Kufner et al., 2016），远震走时成像（Mellors et al., 1995）研究中在南帕米尔西部靠近中源地震带处也显示高速异常，前者将其解释为印度岩石圈板片俯冲到上地幔，后者将其解释为大洋岩石圈板片俯冲。近年来的地震学研究（Li et al., 2018；Kufner et al., 2016；Schneider et al., 2013；Sippl et al., 2013a）暗示俯冲的大洋岩石圈早已消亡，因此发生双向俯冲的板片是大陆岩石圈。而本研究观测到的高速异常延伸到了南帕米尔中部和东部，可能表明印度岩石圈已经向北俯冲抵达南帕米尔北部。从剖面图（图 11、图 12）中可以看到高速异常大约在南帕米尔北部下方开始有向北倾斜的趋势。这一结果和体波成像（Sippl et al., 2013a）在大致相同的位置剖面上观测到的结果较为吻合。大量地震波成像结果显示，在帕米尔地区东部，印度岩石圈板片均以一定的角度向青藏地区下方俯冲，且随着板片的推进，俯冲角度愈加倾陡（Li et al., 2008；Monsalve et al., 2008；Liang et al., 2012）。最新的接收函数研究还认为在帕米尔东南部、青藏地区西北部地区，印度板片的下地壳与岩石圈地幔耦合前行，平推于青藏高原地壳之下，但二者随后在印度—雅鲁藏布江缝合带下方发生解耦，下地壳继续水平前行，印度岩石圈地幔则向下发生高角度俯冲（Xu et al., 2017）。鉴于帕米尔地区和青藏地区在板片碰撞上的连贯性，我们认为印度岩石圈以平缓的角度向帕米尔推进，在此过程中，平插的印度下地壳使得帕米尔南部发生地壳增厚（Schneider et al.，2013）。另外，由于东北边受到塔里木克拉通块体的阻挡，在两个刚性块体碰撞汇聚边缘，增厚的下地壳物质受来自南北向的强烈挤压影响，压力骤增，可能会发生榴辉岩化，造成了我们在该区域观察到的下地壳高速异常（CHVZ）。并且，致密的榴辉岩化下地壳会导致俯冲板片往更深部俯冲（Krystopowicz et al.，2012；Monsalve et al.，2008），这就形成了我们现今观测到的向北倾斜的南帕米尔上地幔高速异常。一方面，岩石学和接收函数研究（Schmidt et al.，2011；Schneider et al.，2013）都表明南帕米尔地区地壳厚度由新生代以前的40～50 km增加到现今的约75 km。而野外记录在帕尔米东部的碱性玄武岩出露有埋藏深度>50～80 km、形成于新近纪的地壳榴辉岩包裹体（Ducea et al.，2003；Hacker et al.，2005），这直接指向了帕米尔东部的下地壳底部榴辉岩化的存在及增厚的南帕米尔下地壳。岩石学和地球化学研究（柯珊 等，2006；徐晓尹 等，2017）也表示帕米尔东北部的塔什库尔干地区出露的碱性杂岩体来自加厚的榴辉岩化下地壳。另一方面，实验室测得榴辉岩的平均剪切波波速在4.0～4.8 km/s之间波动（Wang et al.，2005），与我们观测到的帕米尔上地幔顶部（Moho到100 km）高达4.5～4.6 km/s高速异常较为吻合。故此，我们将观测到的下地壳高速解释为榴辉岩化下地壳，上地幔顶部（Moho至100 km之间）高速为随印度岩石圈地幔向下俯冲的榴辉岩化下地壳，100～260 km深度的上地幔高速则是俯冲的印度岩石圈地幔。因此，南帕米尔下地壳高速（CHVZ）与Moho到260 km的上地幔高速（MHVZ）可能是由榴辉岩化的下地壳物质及俯冲的印度岩石圈壳幔物质共同作用的结果。

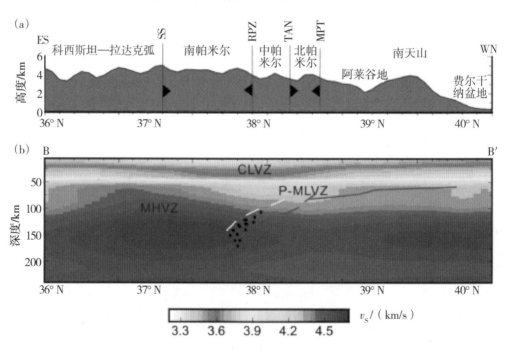

图12 剖面BB′的地壳和上地幔的绝对剪切波速度

5 结　论

本研究利用双平面波层析成像法计算得出 Rayleigh 波 18 个周期（20～167 s）的二维相速度分布图，通过最小二乘反演，构建了帕米尔—兴都库什地区的三维 S 波速度结构。结果显示：①在帕米尔西北部 15 km 到 Moho 观测到中下地壳低速异常（CLVZ），这可能暗示帕米尔北部的中下地壳广泛存在着岩石的部分熔融，弱化了帕米尔地区的中地壳。②在帕米尔北部的上地幔顶部还存在着一个低速异常区（P－MLVZ），在 140 km 以上最为显著，这可能反映了亚洲板块的下地壳物质随着岩石圈地幔向帕米尔东南部的上地幔俯冲，其俯冲的南边界达南帕米尔中部。在向下俯冲过程中，脱水脆化或者热散逸引发了中深源地震。③南帕米尔下地壳及上地幔存在高速异常 CHVZ 和 MHVZ。我们认为印度岩石圈先以平缓的角度向南帕米尔地壳之下推进，造成南帕米尔地壳增厚，增厚下地壳在南北挤压力的挟持下增温增压，发生榴辉岩化从而造成本研究观测到的下地壳低速异常。随后，致密的榴辉岩化下地壳使印度岩石圈板片往深部俯冲，进而形成我们观测到的向北倾斜的帕米尔上地幔高速异常。

致　谢

感谢德国 GFZ Potsdam 的天山—帕米尔地球动力学计划团队（Yuan et al., 2008）采集地震数据并提供给本研究使用，本研究所用的部分地震台站波形数据可从 IRIS 下载。此文章为 2020 年发表的英文文章 "Interaction of the Indian and Asian plates under the Pamir and Hindu－Kush regions：Insights from 3-D shear wave velocity and anisotropic structures."（Liang et al., 2020）中的一部分内容。

参考文献

Burtman V S, 2000. Cenozoic crustal shortening between the Pamir and Tien Shan and a reconstruction of the Pamir－Tien Shan transition zone for the Cretaceous and Palaeogene. Tectonophysics, 319（2）：69－92. https://doi.org/10.1016/S0040－1951(00)00022－6.

Burtman V S, Molnar P, 1993. Geological and geophysical evidence for deep subduction of continental crust beneath the Pamir. Geological Society of America Special Paper, 281.

Burtman V S, Skobelev S F, Molnar P, 1996. Late Cenozoic slip on the Talas－Ferghana fault, the Tien Shan, central Asia. Geological Society of America Bulletin, 108（8）：1004－1021 https://doi.org/10.1130/0016－7606(1996)108<1004:LCSOTT>2.3.CO;2.

Chen Y, Badal J, Hu J, 2010. Love and Rayleigh wave tomography of the Qinghai－Tibet Plateau and surrounding areas. Pure and Applied Geophysics, 167（10）：1171－1203. https://doi.org/10.1007/s00024－009－0040－1.

Christensen N I, 1996. Poisson's ratio and crustal seismology. Journal of Geophysical Research：Solid Earth,

101 （B2）：3139 –3156.

Clark M K, Bush J W M, Royden L H, 2005. Dynamic topography produced by lower crustal flow against rheological strength heterogeneities bordering the Tibetan Plateau. Geophysical Journal International, 162 （2）：575 –590. https：//doi. org/10. 1111/j. 1365 –246X. 2005. 02580. x.

Ducea M N, Lutkov V, Minaev V T, et al., 2003. Building the Pamirs：The view from the underside. Geology, 31 （10）：849 –852. https：//doi. org/10. 1130/g19707. 1.

Duchkov A D, Shvartsman Y G, Sokolova L S, 2001. Deep heat flow in the Tien Shan：advances and drawbacks. Geologiya i Geofizika, 42 （10）：1516 –1531.

Fan G, Ni J F, Wallace T C, 1994. Active tectonics of the Pamirs and Karakorum. Journal of Geophysical Research：Solid Earth, 99 （B4）：7131 –7160.

Forsyth D W, Li A, 2005. Array analysis of two-dimensional variations in surface wave phase velocity and azimuthal anisotropy in the presence of multipathing interference. Seismic Earth：Array Analysis of Broadband Seismograms, 157：81 –97.

Forsyth D W, Webb S C, Dorman L R M, et al., 1998. Phase velocities of Rayleigh waves in the MELT experiment on the East Pacific Rise. Science, 280 （5367）：1235 – 1238. https：//doi. org/10. 1126/ science. 280. 5367. 1235.

Fu Y V, Li A, Chen Y J, 2010. Crustal and upper mantle structure of southeast Tibet from Rayleigh wave tomography. Journal of Geophysical Research：Solid Earth, 115 （B12）. https：//doi. org/10. 1029/2009JB007160.

Gardien V, Thompson A B, Grujic D, et al., 1995. Experimental melting of biotite + plagioclase + quartz ± muscovite assemblages and implications for crustal melting. Journal of Geophysical Research：Solid Earth, 100 （B8）：15581 –15591. https：//doi. org/10. 1029/95jb00916.

Gordon S M, Luffi P, Hacker B, et al., 2012. The thermal structure of continental crust in active orogens：insight from Miocene eclogite and granulite xenoliths of the Pamir Mountains. Journal of Metamorphic Geology, 30 （4）：413 –434. https：//doi. org/10. 1111/j. 1525 –1314. 2012. 00973. x.

Hacker B, Luffi P, Lutkov V, et al., 2005. Near-ultrahigh pressure processing of continental crust：Miocene crustal xenoliths from the Pamir. Journal of Petrology, 46 （8）：1661 –1687. https：//doi. org/10. 1093/ petrology/egi030.

Ischuk A, Bendick R, Rybin A, et al., 2013. Kinematics of the Pamir and Hindu Kush regions from GPS geodesy. Journal of geophysical research：solid earth, 118 （5）：2408 – 2416. https：//doi. org/ 10. 1002/jgrb. 50185.

Kennett B L N, Engdahl E R, Buland R, 1995. Constraints on seismic velocities in the Earth from traveltimes. Geophysical Journal International, 122 （1）：108 –124. https：//doi. org/https：//doi. org/ 10. 1111/j. 1365 –246X. 1995. tb03540. x.

Kern H, Popp T, Gorbatsevich F, et al., 2001. Pressure and temperature dependence of v_P and v_S in rocks from the superdeep well and from surface analogues at Kola and the nature of velocity anisotropy. Tectonophysics, 338 （2）：113 –134.

Koulakov I, Sobolev S V, 2006. A tomographic image of Indian lithosphere break-off beneath the Pamir – Hindukush region. Geophysical Journal International, 164 （2）：425 –440. https：//doi. org/10. 1111/j. 1365 –246X. 2005. 02841. x.

Krystopowicz N J, Currie C A, 2013. Crustal eclogitization and lithosphere delamination in orogens. Earth and Planetary Science Letters, 361: 195 – 207. https://doi. org/10. 1016/j. epsl. 2012. 09. 056.

Kufner S K, Schurr B, Haberland C, et al., 2017. Zooming into the Hindu Kush slab break-off: A rare glimpse on the terminal stage of subduction. Earth and Planetary Science Letters, 461: 127 – 140. https://doi. org/10. 1016/j. epsl. 2016. 12. 043.

Kufner S K, Schurr B, Sippl C, et al., 2016. Deep India meets deep Asia: Lithospheric indentation, delamination and break-off under Pamir and Hindu Kush (Central Asia). Earth and Planetary Science Letters, 435: 171 – 184. https://doi. org/10. 1016/j. epsl. 2015. 11. 046.

Le Pichon X, Fournier M, Jolivet L, 1992. Kinematics, topography, shortening, and extrusion in the India – Eurasia collision. Tectonics, 11 (6): 1085 – 1098. file:////Users/vballu/References/Pdfs_Javier/ LePichon1992. pdf.

Lei J, 2011. Seismic tomographic imaging of the crust and upper mantle under the central and western Tien Shan orogenic belt. Journal of Geophysical Research: Solid Earth, 116 (B9). https://doi. org/ 10. 1029/2010JB008000.

Li A, Li L, 2015. Love wave tomography in southern Africa from a two-plane-wave inversion method. Geophysical Journal International, 202 (2): 1005 – 1020. https://doi:10. 1093/gji/ggv203.

Li C, van der Hilst R D, Meltzer A S, et al., 2008. Subduction of the Indian lithosphere beneath the Tibetan Plateau and Burma. Earth and Planetary Science Letters, 274 (1 – 2): 157 – 168. https://doi. org/ 10. 1016/j. epsl. 2012. 09. 056.

Li L, Li A, Murphy M A, et al., 2016. Radial anisotropy beneath northeast Tibet, implications for lithosphere deformation at a restraining bend in the Kunlun fault and its vicinity. Geochemistry, Geophysics, Geosystems, 17 (9): 3674 – 3690. https://doi. org/10. 1002/2014GC005684. Key.

Li L, Li A, Shen Y, et al., 2013. Shear wave structure in the northeastern Tibetan Plateau from Rayleigh wave tomography. Journal of Geophysical Research: Solid Earth, 118 (8): 4170 – 4183. https://doi. org/10. 1002/jgrb. 50292.

Li W, Chen Y, Yuan X, et al., 2018. Continental lithospheric subduction and intermediate-depth seismicity: Constraints from S-wave velocity structures in the Pamir and Hindu Kush. Earth and Planetary Science Letters, 482: 478 – 489. https://doi. org/10. 1016/j. epsl. 2017. 11. 031.

Li Y, Gao M, Wu Q, 2014. Crustal thickness map of the Chinese mainland from teleseismic receiver functions. Tectonophysics, 611: 51 – 60. https://doi. org/10. 1016/j. tecto. 2013. 11. 019.

Liang X, Sandvol E, Chen Y J, et al., 2012. A complex Tibetan upper mantle: A fragmented Indian slab and no south-verging subduction of Eurasian lithosphere. Earth and Planetary Science Letters, 333: 101 – 111. https://doi. org/10. 1016/j. epsl. 2012. 03. 036.

Liang Y, Li L, Liao J, et al. , 2020. Interaction of the Indian and Asian plates under the Pamir and Hindu – Kush regions: Insights from 3-D shear wave velocity and anisotropic structures. Geochemistry, Geophysics, Geosystems, 21 (8): e2020GC009041. https://doi. org/10. 1029/2020GC009041.

Liao J, Gerya T, Thielmann M, et al., 2017. 3D geodynamic models for the development of opposing continental subduction zones: The Hindu Kush – Pamir example. Earth and Planetary Science Letters, 480: 133 – 146. https://doi. org/10. 1016/j. epsl. 2017. 10. 005.

Mellors R J, Pavlis G L, Hamburger M W, et al., 1995. Evidence for a high-velocity slab associated with the Hindu Kush seismic zone. Journal of Geophysical Research: Solid Earth, 100 (B3): 4067 – 4078.

Monsalve G, Sheehan A, Rowe C, et al., 2008. Seismic structure of the crust and the upper mantle beneath the Himalayas: Evidence for eclogitization of lower crustal rocks in the Indian Plate. Journal of Geophysical Research: Solid Earth, 113 (B8). https://doi.org/10.1016/j.epsl.2012.09.056.

Negredo A M, Replumaz A, Villase or A, et al., 2007. Modeling the evolution of continental subduction processes in the Pamir – Hindu Kush region. Earth and Planetary Science Letters, 259 (1 – 2): 212 – 225. https://doi.org/10.1016/j.epsl.2007.04.043.

Pavlis G L, Das S, 2000. The Pamir – Hindu Kush seismic zone as a strain marker for flow in the upper mantle. Tectonics, 19 (1): 103 – 115. https://doi.org/10.1029/1999TC900062.

Pegler G, Das S, 1998. An enhanced image of the Pamir – Hindu Kush seismic zone from relocated earthquake hypocentres. Geophysical Journal International, 134 (2): 573 – 595.

Robinson A C, Ducea M, Lapen T J, 2012. Detrital zircon and isotopic constraints on the crustal architecture and tectonic evolution of the northeastern Pamir. Tectonics, 31 (2). https://doi.org/10.1029/2011TC003013.

Robinson A C, Yin A, Manning C E, et al., 2004. Tectonic evolution of the northeastern Pamir: Constraints from the northern portion of the Cenozoic Kongur Shan extensional system, western China. Geological Society of America Bulletin, 116 (7 – 8): 953 – 973. https://doi.org/10.1130/B25375.1.

Robinson A C, Yin A, Manning C E, et al., 2007. Cenozoic evolution of the eastern Pamir: Implications for strain-accommodation mechanisms at the western end of the Himalayan – Tibetan orogen. Geological Society of America Bulletin, 119 (7 – 8): 882 – 896. https://doi.org/10.1130/B25981.1.

Roecker S W, 1982. Velocity structure of the Pamir – Hindu Kush region: Possible evidence of subducted crust. Journal of Geophysical Research: Solid Earth, 87 (B2): 945 – 959.

Rosenberg C L, Handy M R, 2005. Experimental deformation of partially melted granite revisited: implications for the continental crust. Journal of metamorphic Geology, 23 (1): 19 – 28. https://doi.org/10.1111/j.1525 – 1314.2005.00555.x.

Royden L H, Burchfiel B C, King R W, et al., 1997. Surface deformation and lower crustal flow in eastern Tibet. Science, 276 (5313): 788 – 790. https://doi.org/10.1126/science.276.5313.788.

Royden L H, Burchfiel B C, van der Hilst R D, 2008. The geological evolution of the Tibetan Plateau. Science, 321 (5892): 1054 – 1058. https://doi.org/10.1002/2017GL074296.

Sass P, Ritter O, Ratschbacher L, et al., 2014. Resistivity structure underneath the Pamir and Southern Tian Shan. Geophysical Journal International, 198 (1): 564 – 579. https://doi.org/10.1093/gji/ggu146.

Schmidt J, Hacker B R, Ratschbacher L, et al., 2011. Cenozoic deep crust in the Pamir. Earth and Planetary Science Letters, 312 (3 – 4): 411 – 421. https://doi.org/10.1016/j.epsl.2011.10.034.

Schneider F M, Yuan X, Schurr B, et al., 2013. Seismic imaging of subducting continental lower crust beneath the Pamir. Earth and Planetary Science Letters, 375: 101 – 112. https://doi.org/10.1016/j.epsl.2013.05.015.

Sippl C, Schurr B, Tympel J, et al., 2013b. Deep burial of Asian continental crust beneath the Pamir imaged with local earthquake tomography. Earth and Planetary Science Letters, 384: 165 – 177. https://doi.org/10.1016/j.epsl.2013.10.013.

Sippl C, Schurr B, Yuan X, et al., 2013a. Geometry of the Pamir – Hindu Kush intermediate-depth earthquake zone from local seismic data. Journal of Geophysical Research: Solid Earth, 118 (4): 1438 – 1457. https://doi.org/10.1002/jgrb.50128.

USGS earthquake bulletins, 2015. On-line Bulletin. United States Geological Survey, USA. http://

earthquake. usgs. gov/.

Vinnik L P, Aleshin I M, Kaban M K, et al., 2006. Crust and mantle of the Tien Shan from data of the receiver function tomography. Izvestiya, Physics of the Solid Earth, 42 (8): 639 – 651. https://doi. org/10. 1134/s1069351306080027.

Wang Q, Ji S, Salisbury M H, et al., 2005. Shear wave properties and Poisson's ratios of ultrahigh-pressure metamorphic rocks from the Dabie-Sulu orogenic belt, China: Implications for crustal composition. Journal of Geophysical Research: Solid Earth, 110 (B8). https://doi. org/10. 1029/2004JB003435.

Xu Q, Zhao J, Yuan X, et al., 2017. Detailed configuration of the underthrusting Indian lithosphere beneath western Tibet revealed by receiver function images. Journal of Geophysical Research: Solid Earth, 122 (10): 8257 – 8269. https://doi. org/10. 1002/2015JB011940.

Yang Y, Ritzwoller M H, Zheng Y, et al., 2012. A synoptic view of the distribution and connectivity of the mid-crustal low velocity zone beneath Tibet. Journal of Geophysical Research: Solid Earth, 117 (B4). https://doi. org/10. 1029/2011JB008810.

Yin A, Harrison T M, 2000. Geologic evolution of the Himalayan – Tibetan orogen. Annual review of earth and planetary sciences, 28 (1): 211 – 280. https://doi. org/doi:10. 1146/annurev. earth. 29. 1. 109.

Yuan X, Mechie J, Schurr B, 2008. Tienshan Pamir Geodynamics Project (TIPAGE). Deutsches GeoForschungsZentrum GFZ.

Zhao W, Kumar P, Mechie J, et al., 2011. Tibetan plate overriding the Asian plate in central and northern Tibet. Nature geoscience, 4 (12): 870 – 873. https://doi. org/10. 1038/ngeo1309.

Zhou Z, Lei J, 2015. P_n anisotropic tomography under the entire Tienshan orogenic belt. Journal of Asian Earth Sciences, 111: 568 – 579. https://doi. org/10. 1016/j. jseaes. 2015. 06. 009.

黄忠贤, 李红谊, 胥颐, 2014. 中国西部及邻区岩石圈 S 波速度结构面波层析成像. 地球物理学报, 57 (12): 3994 – 4004. https://doi:10. 6038/cjg20141212.

柯珊, 莫宣学, 罗照华, 等, 2005. 塔什库尔干新生代碱性杂岩的地球化学特征及岩石成因. 岩石学报, 22 (4): 905 – 915.

雷建设, 周蕙兰, 赵大鹏, 2002. 帕米尔及邻区地壳上地幔 P 波三维速度结构的研究. 地球物理学报, 45 (6): 802 – 811.

楼小挺, 刁桂苓, 叶国扬, 等, 2007. 帕米尔—兴都库什地区中源地震的空间分布和震源机制解特征. 地球物理学报, 50 (5): 1448 – 1455.

马晓静, 高祥林, 2011. 横跨喜马拉雅造山带的构造运动转换与变形分配. 地球物理学报, 54 (6). https://doi:10. 3969/j. issn0001 – 5733. 2011. 06. 012.

徐晓尹, 蔡志慧, 许志琴, 等, 2017. 东北帕米尔塔什库尔干中新世高钾碱性岩的成因机制与大地构造意义. 地质论评, 63 (3): 616 – 629.

拉萨地体中部深反射地震剖面折射波数据全波形反演试验

张盼[1]，高锐[2]，韩立国[1]，卢占武[3]

◆ 0 引　言

地球的岩石圈是目前人类赖以生存的唯一区域，是人类经济社会发展所需的能源矿产的最主要来源地。对岩石圈精细结构及其形成、演化的研究不仅可以帮助人类摄取必要生存资源，还有助于人类对火山、地震等自然灾害的预知与预防。然而，仅仅依靠地表观测来推测地下深部的情况，难以得到全面、客观的推断（Fowler，1990；赵文津，2003；高锐 等，2009）。地震学方法具有分辨率高、探测深度大等优点，已经成为国际上进行地球深部探测采用的最主要的地球物理方法，其中，深反射地震方法被认为是研究岩石圈精细结构最有效的方法（Hauser et al.，1987；杨宝俊，1999；高锐 等，2000，2010；王海燕 等，2006，2010；卢占武 等，2014；张兴洲 等，2015）。

在地震学方法中，地震波的传播速度是探测地下结构最重要的参数，它贯穿于深部探测处理和反演介质结构等工作中，许多中间处理效果与速度参数关系密切，其精度直接影响后期成像效果（滕吉文，2004）。目前，在深反射地震数据处理中，速度参数的获取方法主要是速度分析和层析成像。这两种方法都只用到了地震波场的走时信息，造成速度成像的分辨率较低，这也影响了对一些地质构造的最终解释（Wang et al.，2016；Tao et al.，2018）。

20 世纪 80 年代，Laily（1983）和 Torantola（1984）提出了全波形反演方法，其能同时利用地震波场的运动学信息（走时）和动力学信息（频率、振幅和相位），被认为是目前速度建模精度最高的方法。全波形反演方法在提出之后便不断发展，并在石油勘

1 吉林大学地球探测科学与技术学院，长春，130026；2 中山大学地球科学与工程学院，广州，510275；3 中国地质科学院地质研究所，北京，100037。

基金项目：本研究得到国家自然科学基金项目（42004106、41430213、41590863、41674124）、国家重点研发计划项目（2016YFC0600301）、珠江人才计划项目（2017ZT07Z066）、中国博士后科学基金资助项目（2020M670852）和吉林省教育厅"十三五"科学技术项目（JJKH20201001KJ）联合资助。

探领域有了许多成功应用的实例（Baeten et al., 2013；Warner et al., 2013；Masmoudi & Alkhalifah, 2018）。但是，其仍然存在很多问题没有完全解决，如初始模型依赖性问题、跳周问题、计算量问题、抗噪性问题等（Virieux & Operto, 2009；杨勤勇 等，2014；张盼，2018）。近年来，全波形反演方法在岩石圈探测方面的应用也在不断展开。目前，利用远震数据对地壳和上地幔速度结构进行全波形反演已经有一些成功的实例（Fichtner et al., 2008, 2013；Simutè et al., 2016；Wang et al., 2016；Tao et al., 2018；Krischer et al., 2018；Beller et al., 2018；Diaz-Moreno et al., 2019；Zhu et al., 2020），这些研究表明全波形反演可以为深入研究壳幔相互关系、岩浆运移、汇聚型板块边界的运动学重建以及造山运动过程和机制等问题提供更加可靠和精细的结果。

在深反射地震数据全波形反演方面，目前的绝大多数研究成果均是针对海上采集的深反射地震数据。Dessa 等（2004）最早利用深反射地震数据进行地壳尺度的全波形反演，其利用海底主动源地震数据进行二维全波形反演，构建了高分辨率的纵波速度模型以研究东 Nankai 俯冲系统。之后，利用深反射地震数据全波形反演进行洋壳结构的研究不断展开，并取得了一系列成果实例（Operto et al., 2006；Bleibinhaus & Hilberg, 2012；Arnulf et al., 2012, 2014；Jian et al., 2017；Qin & Singh, 2017, 2018；Davy et al., 2018；Gray et al., 2019；Xu et al., 2020）。但是，目前还没有见到利用陆地深反射地震数据全波形反演得到大陆全地壳速度结构的实例。洋壳薄，厚度通常为几千米，一般是沉积岩及硅质岩，反射地震震相少，振幅变化少，容易识别，数据量小。而陆壳一般为 30 ～ 40 km 厚，除沉积岩加厚外，还有厚的花岗岩、玄武岩、变质岩分布，需要全波形反演的反射地震数据震相剧增，振幅变化多，数据量也剧增，计算量浩大，这些可能是陆地深反射地震数据全波形反演困难的主要原因。

本文针对陆地深反射地震数据的全波形反演展开研究，选取了深反射地震剖面中能量特征明显的浅部折射波进行全波形反演试验。首先对采用的全波形反演方法原理，包括目标函数选择、梯度求取以及震源子波估计等进行了介绍，然后给出数值算例验证本文提出的反演方法，最后对拉萨地体中部深反射地震数据进行了全波形反演应用，并对反演结果进行了分析与解释。

1　方法原理

常规全波形反演方法往往通过最小化模拟数据与观测数据的残差来驱动模型参数更新，其目标函数可以表示为

$$\sigma_1 = \frac{1}{2} \sum_{sr} \int_0^T [d_{syn}(t) - d_{obs}(t)]^2 dt \tag{1}$$

其中，d_{syn} 和 d_{obs} 分别表示模拟和观测地震数据，sr 表示所有震源和检波点，t 表示时间，T 表示记录时间长度。从公式（1）可知，常规全波形反演方法既考虑了地震数据走时的匹配，也考虑了地震数据振幅和相位的匹配。

对于全波形反演而言，陆地深反射地震数据的优势在于浅部信噪比相对较高、低频

和大偏移距波场信息丰富。但是，振幅变化规律与波场成分复杂、崎岖地形以及震源估计困难等因素均会影响深反射地震数据全波形反演的稳定性。本文选取深反射地震数据中丰富的浅部折射波场进行全波形反演研究。针对以上面临的问题，提出了联合全局互相关目标函数、多次折射波场匹配、梯度波数域滤波与逆时震源估计等技术的稳健折射波全波形反演方法。

1.1 全局互相关目标函数

在对实际地震数据进行处理时，走时和相位信息的匹配相对容易，振幅的匹配是十分困难的。一方面是由于野外采集条件不理想和数据处理过程难以保幅，导致地震数据振幅会失真；另一方面是因为密度等多参数会对振幅信息产生较为明显的影响，在常密度假设下进行声波速度反演时，难以对实际地震波的振幅传播特征进行准确模拟。因此，本文在进行深反射地震数据反演时，主要利用了地震波的走时和相位信息，并选取了对振幅误差不敏感的全局互相关目标函数（Choi & Alkhalifah，2012）。

考虑折射波全波形反演时，全局互相关目标函数可以表示为

$$\sigma_2 = \sum_{i}^{ns} \sum_{j}^{nr} \left[- \hat{d}_{syn}^{i,j} \cdot \hat{d}_{obs}^{i,j} \right] \tag{2}$$

其中，i 和 j 分别表示震源点和检波点索引；ns 和 nr 分别表示震源数量和检波点数量；$\cdot$ 表示点乘；$\hat{d}_{syn}^{i,j}$ 和 $\hat{d}_{obs}^{i,j}$ 分别表示振幅归一化的模拟和观测地震数据，即 $\hat{d}_{syn}^{i,j} = W(d_{syn}^{i,j}) / \| W(d_{syn}^{i,j}) \|$，$\hat{d}_{obs}^{i,j} = W(d_{obs}^{i,j}) / \| W(d_{obs}^{i,j}) \|$，$W()$ 表示用以提取折射波场的窗函数。由公式（2）可知，目标函数 σ_2 通过计算归一化模拟数据与观测数据的全局互相关来衡量二者的相似程度，负号表示 σ_2 值越小，两种数据越接近。

1.2 多次折射波场高精度正演模拟

由于深反射地震方法采用的震源能量较强，当地下存在速度反差较大的界面时，地表与强反差界面之间会发生明显的多次反射或折射。在这种情况下，如果在反演过程中只考虑一次折射波，极易导致波场匹配错误而影响反演结果的精度。在陆地地震数据处理中，在不损失有效信息的情况下完全去除多次波是十分困难的。因此，本文提出在反演中充分利用多次折射信息，使其作为有效信息约束波场匹配过程，并最终提高折射界面的反演精度。本文采用高阶有限差分实现波场高精度模拟，并在地表采用自由边界条件生成多次折射波场。一次折射波场与多次折射波场的模拟结果对比如图1所示。当地表为吸收边界时，记录中波场成分较为简单［图1（b）］，在远偏移距处可以清晰地识别每个界面的折射波。当地表为自由表面时，记录中初至以下的波场成分变得复杂，尤其是在远偏移距，大量多次折射波与一次波发生叠加［图1（c）］。可见，在波场正演模拟时，多次折射波会对远偏移距波场产生显著影响，在反演时应加以考虑。

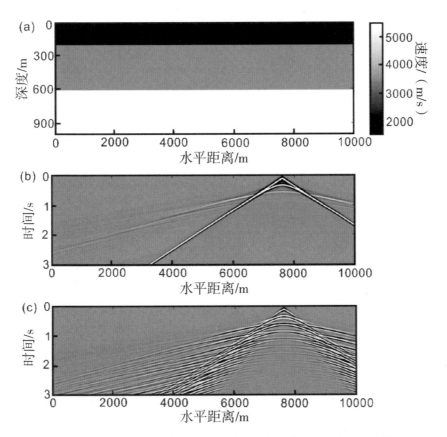

（a）速度模型；（b）一次折射波场正演模拟；（c）多次折射波场正演模拟。

图 1　多次折射波场高精度正演模拟

1.3　梯度求取及波数域滤波处理

公式（2）所示目标函数关于速度的偏导数可以表示为

$$\frac{\partial \sigma_2}{\partial v} = \sum_{i}^{ns} \sum_{j}^{nr} \left\{ \frac{\partial W(d_{\mathrm{syn}}^{i,j})}{\partial v} \cdot \frac{1}{\| W(d_{\mathrm{syn}}^{i,j}) \|} \left[\hat{d}_{\mathrm{syn}}^{i,j} (\hat{d}_{\mathrm{syn}}^{i,j} \cdot \hat{d}_{\mathrm{obs}}^{i,j}) - \hat{d}_{\mathrm{obs}}^{i,j} \right] \right\} \tag{3}$$

公式（3）可以采用伴随状态法计算。

在实际数据反演过程中，噪声干扰等往往会在反演结果中呈现出小尺度不规则异常。为压制噪声干扰，本文提出在反演过程中对每一步的梯度进行波数域滤波处理，以保留有效构造信息并压制噪声成像干扰。该梯度预处理方法的另外一个优势是，对梯度做滤波处理可以根据所要研究的构造尺度灵活选择滤波参数，这样比在数据域选择频带宽度更加直观和简便。采用的波数域滤波器可以表示为

$$F = \mathrm{e}^{\frac{-4M^2}{a^2 m^2}} \cdot \mathrm{e}^{\frac{-4N_j^2}{a^2 n^2}} \tag{4}$$

其中，M 在 $-\frac{m}{2} + 1$ 到 $\frac{m}{2}$ 之间依次取值，m 为模型的垂向网格点数；N_j 在 $-\frac{n}{2} + 1$ 到 $\frac{n}{2}$

之间依次取值，n 为模型横向网格点数；α 为滤波因子，其值越低保留的波数成分越低。

1.4 震源估计与优化更新

陆地深反射地震数据震源附近往往会存在较严重的面波干扰，使得震源子波的估计较为困难。逆时传播算法最初被用以进行被动震源定位（Gajewski & Tessmer，2005），Zhang 等（2016）利用该算法同时进行被动震源定位和震源子波估计。本文借鉴该研究思路，采用近道数据逆时传播来估计深反射地震数据的震源子波。首先需要获得初至波层析成像结果，保证浅部速度有一定的精度；然后选取面波干扰较弱的高质量近道数据，并截取初至波；最后，对选定的近道初至波逆时传播，在震源位置可提取该炮数据的震源子波估计结果。本文反演方法中采用的优化算法为共轭梯度法（Zhang et al.，2017）。

◆ 2 数值算例

首先采用数值算例对本文提出的算法进行测试，模型尺度和参数设置尽可能接近工区的实际勘探情况。采用如图 2（a）所示的 Marmousi 模型作为真实模型，其网格点数为 116×56，网格间距为 50 m，速度变化范围为 3500 ～ 6000 m/s。初始模型速度随深度线性递增，如图 2（b）所示，其中不含构造先验信息。将炮点布设在地表 20 ～ 40 km 范围内，见图中地表红色粗线所示范围，炮间距为 200 m。检波器均匀布设在地表，间隔为 50 m。地震记录接收时长为 5 s，采样间隔为 4 ms。震源子波采用雷克子波，主频为 4 Hz。对观测地震数据与模拟地震数据均加窗提取折射波和大偏移距反射波信息用于反演。观测记录中含有多次波信息。如果在反演过程中不考虑多次波信息，即模拟地震数据不含多次波，则反演结果如图 2（c）所示。结果中只有构造的大致轮廓，大量细节构造丢失，且速度值失真。在反演过程中考虑多次波信息，则最终反演结果如图 2（d）所示。可见，反演结果较图 2（c）得到很大提升，细节速度构造信息与速度绝对数值均十分接近真实模型。在该参数配置下，反演结果可以对 5 km 以浅的速度结构进行较好的刻画。从横向上看，虽然整条测线都铺设了检波器，但是有效的横向反演范围大致与炮点的布设范围一致。

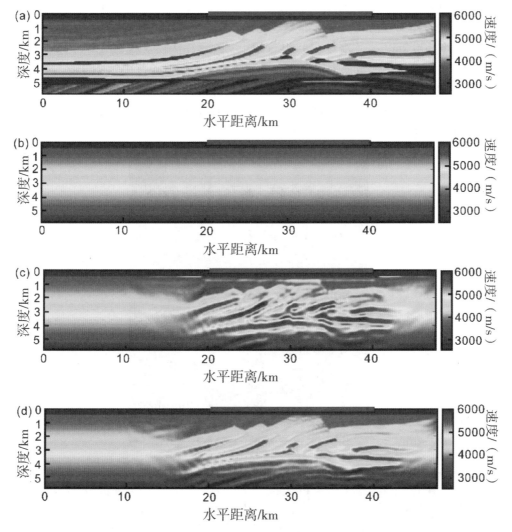

（a）真实速度模型；（b）初始速度模型；（c）不考虑多次波反演结果；（d）考虑多次
波反演结果。图中地表红色粗线所示为炮点布设范围。

图2 数值算例测试

◆ 3 实际数据反演应用

3.1 剖面位置与构造背景

青藏高原是全球最年轻的碰撞造山带，历经洋壳俯冲、陆－陆碰撞、陆内俯冲等过程（吴功建 等，1991），不同期次、不同区域拼合，导致高原抬升不均匀，不同地体间地壳厚度发生变化（李秋生 等，2004）。研究区处于拉萨地体内部，其南北分别以印度河—雅鲁藏布江缝合带和班公—怒江缝合带为界（尹安，2001），广泛存在早－中白垩世灰岩和海相沉积（Yin et al., 1988）。深反射地震剖面位于 29°N—31°N，88°E—89°E 经纬度范围内，走向近南北，沿青都乡（谢通门县）—巴扎乡（申扎县）—申扎县一线展布，长约 130 km，平均海拔在 4800 m 以上，地形起伏较剧烈 ［图3 （a）］。本文选取测线北段的 106 炮小炮数据进行全波形反演研究，数据覆盖范围约 21 km ［图3 （a）测线黄色虚线］。测试段地形起伏较为平缓，平均海拔约为 4800 m。数据覆盖范围的区域构造背景如图3 （b）所示，测线跨越六种不同地质年代的地层，包含了新生代、中生代和古生代的地层。

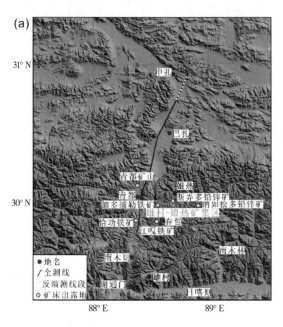

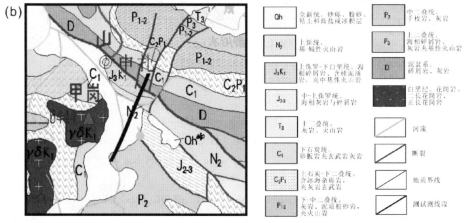

（a）深反射地震剖面位置（引自徐泰然 等，2019）；（b）测试区构造背景图（引自潘桂棠 等，2004）。

图3 深反射地震剖面位置与构造背景

3.2　数据采集参数

测试数据均为小炮数据，采用 30 m 深，50 kg 炸药单井激发，部分难成井地区采用组合井，中间放炮，炮间距为 250 m，最小偏移距 25 m，最大炮检距 17 975 m。采集仪器型号为 428 数字地震仪，记录格式为 SEG – D，前放增益 12 dB，高截频 0.8 f_N，高截滤波器相位为线性相位。检波器型号为 20DX – 10Hz，线性横向组合接收，每炮接收道数 720，道间距为 50 m，采样间隔 2 ms，记录长度 30 s。

3.3　原始数据分析

测试选取的 106 炮的数据文件号（FFID）为 2001 ～ 2106。对 FFID = 2003 的单炮记录截取浅部显示如图 4 所示。可见，数据浅部具有较高的信噪比，且直达波、折射波、面波等成分较为清晰，并可见明显的多次折射波。选择红框所示区域数据进行频谱分析，结果如图 5 所示，可知原始数据中该区域折射波和反射波主频为 20 Hz 左右，且能量主要集中在 5 ～ 40 Hz 范围内。对原始数据进行 10 Hz 低通滤波，结果如图 6 所示。在低频段，面波能量占主体，但是折射波、反射波和直达波仍然具有一定的有效能量。对与图 4 同样的局部进行频谱分析，结果如图 7 所示。可见，滤波后该区域折射波和反射波主频为 8 Hz。由于低频地震数据全波形反演的稳定性，本文反演将选取该频段数据，在反演前需要选取合适的窗函数以提取有效折射与反射波形并压制面波干扰。

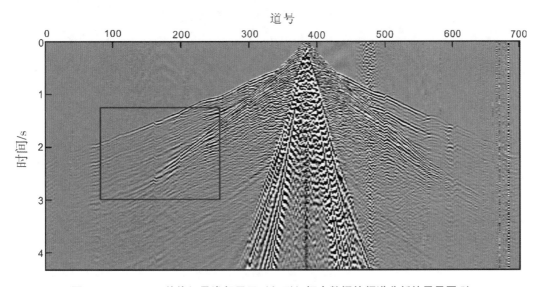

图 4　FFID = 2003 单炮记录浅部显示（矩形红框内数据的频谱分析结果见图 5）

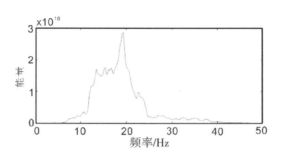

图5 对图4红框内区域数据的频谱分析结果

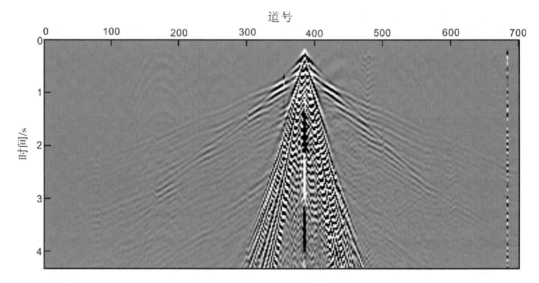

图6 对图4数据进行低通滤波结果

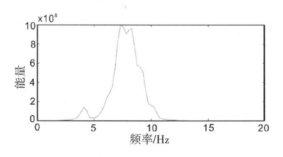

图7 对图6进行局部频谱分析结果

3.4 初至波层析成像

对选定的106炮的数据进行初至波层析成像。采用的软件为 ToModel 5.2，主要步骤包括：数据和道头加载，观测系统定义，线性校正，初至拾取及质控，坐标变换，初至时间分析，初始模型建立，初至波层析反演。根据数值实验结论，全波形反演有效范围大致与炮点覆盖范围一致，故层析结果只显示炮点覆盖范围的速度剖面，即以最左侧炮点（FFID=2004，x=665 377.1，y=3 403 704.0）位置为坐标原点建立坐标系，如图 8 所示。可见，层析结果中包含两个明显的折射界面和一个高速侵入形态的异常体。浅部速度变化较为剧烈，地表以下 1000 m 以内速度变化达到 2500 m/s 以上。为对成像结果进行评价，将观测数据初至走时与模拟初至走时全偏移距对比，结果显示如图 9。图 9 上图为初至走时匹配结果，红线为观测数据初至走时，蓝线为模拟初至走时，二者在近偏移距和远偏移距均能达到较高精度的匹配。

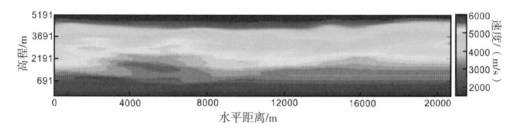

图 8　初至波层析成像结果

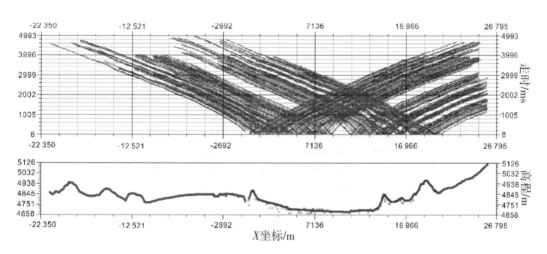

上图：初至走时匹配结果；下图：震源与检波点关系。
图 9　观测数据初至走时与模拟数据初至走时全偏移距匹配结果

3.5　数据预处理与震源子波估计

全波形反演对数据预处理的要求与常规预处理有不同之处，因为全波形反演对数据中的低频信息较为依赖，故预处理应以保护和增强低频信息为核心目标。本文进行的数据预处理包括切除初至以上噪声、去除面波干扰、带通滤波、压制强规则干扰道、数据重采样以及加窗截取等。预处理后的第 50 炮数据显示如图 10 所示。可见面波得到了有效切除，记录中主要包含折射波和部分反射波信息，且无明显异常干扰。震源子波估计采用前文所述的逆时传播算法，得到的部分震源子波如图 11 所示。不同炮数据的震源子波虽然形态有差异，但是在峰值处有相似的形态和规律。

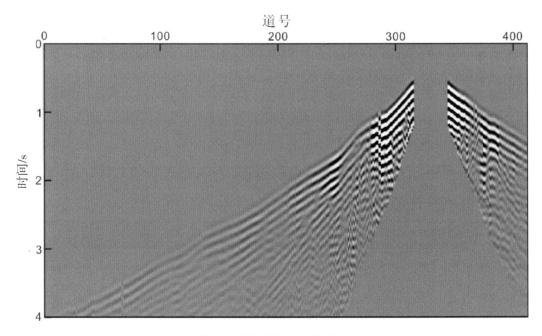

图 10   预处理后第 50 炮显示

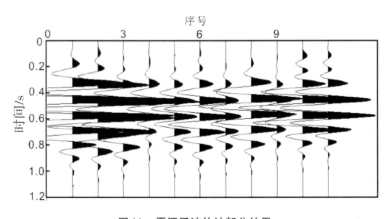

图 11   震源子波估计部分结果

3.6   折射波全波形反演

从层析成像结果［图 12（a）］可知，模型浅部速度变化较为剧烈，十分符合多次折射波的生成条件，这一点与原始数据中包含明显的多次折射波特征相符。故采用前文所述的多次折射波全波形反演方法对选定的 106 炮数据进行反演，初始模型采用层析成像结果［图 12（a）］。首先，令 $\alpha = 0.3$，对梯度进行波数域滤波，迭代 200 次的反演结果如图 12（b）所示。可见，全波形反演对层析成像结果中的两个主要折射界面均进行了更新，界面分辨率和形态发生了变化。在水平位置 8000 m、高程约 3800 m 位置出现一个速度不均匀的高速体形态的构造。高程 3691 m 下方规则的划弧状干扰严重，且包含大量小尺度异常干扰，分析是由原始数据中的较高频的噪声干扰导致的。因此，为压制反演结果中的小尺度异常干扰，考虑在反演时选择更大尺度的波数滤波参数。对梯度进行 $\alpha = 0.1$ 的波数域滤波，迭代 200 次的反演结果如图 12（c）所示。可见，反演结果中主要保留了较大尺度的构造信息，小尺度异常干扰得到明显压制，且结果较层析成像结果仍然具有更高的分辨率。抽取第 50 炮数据进行波形拟合分析，其中五道波形拟合结果如图 13 所示。可见，图中绿线和红线的初至时间拟合较好，说明初至层析结果对初至走时信息进行了较好的反演。但是，层析成像结果模拟的后续波形与观测记录不能进行有效拟合。而全波形反演结果对于能量较强的初至后波形以及部分能量较弱的后续波形均能进行较好的拟合。

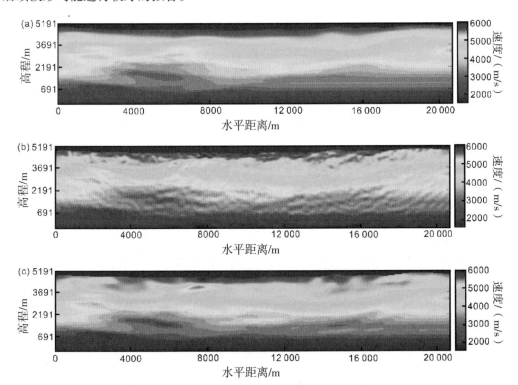

（a）初始模型（层析成像速度）；（b）波数域滤波参数 $\alpha = 0.3$ 反演结果；（c）波数域滤波参数 $\alpha = 0.1$ 反演结果。

图 12　不同梯度预处理参数反演结果对比

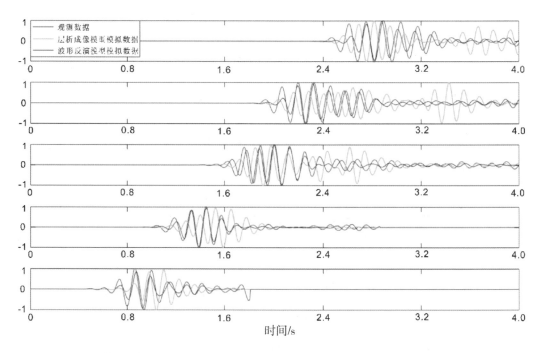

图 13　第 50 炮波形拟合结果（自上而下分别为第 170、218、247、285、307 道）

3.7　结果解释

测试数据覆盖范围的地质横剖面框架如图 14（a）所示，测线三次横跨河流，跨越 6 种不同年代地层，分别为中二叠统（P2）、全新统（Qh）、上新统（N2）、上侏罗—下白垩统（J3K1）、泥盆系（D）、下石炭统（C1），并横穿一个地质断层 A。这 6 种不同年代的地层包含了新生代、中生代和古生代的地层。一般来说，古生代地层速度较高，新生代地层速度较低，而中生代地层速度居于二者之间。在层析成像结果［图 14（b）］和全波形反演［图 14（c）］中分别标出地层年代与断层 A 位置。可见，整体来讲，全波形反演结果比层析成像结果具有更高的分辨率，在地质界线与断层 A 处，全波形反演结果均体现了较为明显的横向速度变化。在全波形反演结果中，最南侧古生代地层（P2）与新生代地层（Qh）的界线十分清晰，有明显的横向速度差异。新生代地层（Qh 与 N2）跨度较长，但无明显的速度横向变化。断层 A 为中生代地层（J3K1）与古生代地层（D）的界线，古生代地层速度偏高，且有明显的抬升。中生代地层（J3K1）的平均速度居于古生代地层与新生代地层的平均速度之间。因此，在全波形反演结果中，不同年代地层的横向分界可以被较清楚地刻画。

在深部，层析成像结果主要包含两个明显的折射界面，而全波形反演结果提供了对界面形态的修正和更多的细节构造信息。全波形反演结果显示，第一个折射界面平均深度要大于层析成像结果，第二个折射界面起伏较层析成像结果平缓。在水平位置 8000 m、高程约 3800 m 处有一形态清晰的高速体，呈横向延展，横向尺度约为 2000 m，对该高速体性质的进一步推断需要结合其他地球物理方法的结果。综上，全波形反演方法能够提供更为精细的地下速度结构,对于研究成矿区矿体空间展布具有较大的应用潜力。

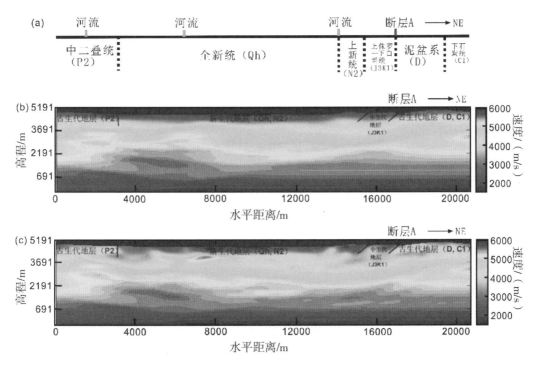

　(a)测试段地质横剖面框架(据潘桂棠 等,2004 编制);(b)层析成像结果;(c)折射波全波形反演结果。

图 14　全波形反演结果解释

◆ 4　讨论与结论

　　陆地深反射地震数据浅部信噪比相对较高、低频和大偏移距波场信息丰富,是进行全波形反演相对较为理想的数据源。但是,由于受崎岖地形、浅部风化带、震源机制和波场成分复杂等因素影响,陆上深反射地震数据的全波形反演还有诸多问题有待解决。本文以深反射地震记录中的折射波信息(一次折射与多次折射波场)为主,进行了相应的全波形反演方法和应用研究。针对陆上地震信号全波形反演面临的一系列问题,本文联合归一化互相关目标函数、多次折射波场高精度模拟、逆时传播震源估计和梯度波数域滤波等关键技术构成了稳健的深反射地震数据折射波全波形反演方法。在对拉萨地体中部深反射剖面折射波数据的反演结果中,本文提出的全波形反演结果较初至波层析成像结果具有更高的分辨率,且地表速度横向变化与典型地质特征能够较好吻合。全波形反演结果可以对不同年代地层的横向界线进行较好的刻画,其能修正层析成像结果中的折射界面形态,并能恢复地下介质中的较小尺度构造与高速异常体。因此,全波形反演方法对于矿集区矿体空间展布的精细描述具有较大的应用潜力。

　　由于深反射地震波场中的折射波穿透能力有限,故其有效探测深度较浅。利用折射波全波形反演提高浅部速度建模精度是必要的，因为浅部速度误差会影响深部波场特征匹配效果。但是，为了利用全波形反演方法提高深部速度建模精度，下一步需要充分利用深反射地震记录中的反射波场信息。

说　　明

本文英文版已于 2021 年发表于 *Tectonophysics*，具体信息如下：Zhang P, Gao R, Han L G, et al., 2021. Refraction waves full waveform inversion of deep reflection seismic profiles in the central part of Lhasa Terrane. Tectonophysics, 803：228761. https：//doi. org/10. 1016/j. tecto. 2021. 228761.

参 考 文 献

Arnulf A F, Harding A J, Singh S C, et al., 2012. Fine-scale velocity structure of upper oceanic crust from full waveform inversion of downward continued seismic reflection data at the Lucky Strike Volcano, Mid-Atlantic Ridge. Geophysical Research Letters, 39：L08303.

Arnulf A, Harding A, Singh S, et al., 2014. Nature of upper crust beneath the Lucky Strike volcano using elastic full waveform inversion of streamer data. Geophysical Journal International, 196 (3)：1471 – 1491.

Baeten G, Maag J W, Plessix R E, et al., 2013. The use of low frequencies in a full-waveform inversion and impedance inversion land seismic case study. Geophysical Prospecting, 61：701 – 711.

Beller S, Monteiller V, Operto S, 2018. Lithospheric architecture of the South-Western Alps revealed by multiparameter teleseismic full-waveform inversion. Geophysical Journal International, 212：1369 – 1388.

Bleibinhaus F, Hilberg S, 2012. Shape and structure of the Salzach Valley, Austria, from seismic traveltime tomography and full waveform inversion. Geophysical Journal International, 189：1701 – 1716.

Choi Y, Alkhalifah T, 2012. Application of multi-source waveform inversion to marine streamer data using the global correlation norm. Geophysical Prospecting, 60：748 – 758.

Davy R G, Morgan J V, Minshull T A, et al., 2018. Resolving the fine-scale velocity structure of continental hyperextension at the Deep Galicia Margin using full-waveform inversion. Geophysical Journal International, 212：244 – 263.

Dessa J X, Operto S, Kodaira S, et al., 2004. Multiscale seismic imaging of the eastern Nankai trough by full waveform inversion. Geophysical Research Letters, 31：L18606.

Diaz-Moreno A, Lezzi A M, Lamb O D, et al., 2019. Volume flow rate estimation for small explosions at Mt. Etna, Italy, from acoustic waveform inversion. Geophysical Research Letters, 46：11071 – 11079.

Fichtner A, Kennett B L N, Igel H, et al., 2008. Theoretical background for continental and global-scale full-waveform inversion in the time-frequency domain. Geophysical Journal International, 175：665 – 685.

Fichtner A, Trampert J, Cupillard P, et al., 2013. Multiscale full waveform inversion. Geophysical Journal International, 194：534 – 556.

Fowler C M R, 1990. The solid earth：an introduction to global geophysics, Cambridge University Press.

Gajewski D, Tessmer E, 2005. Reverse modelling for seismic event characterization. Geophysical Journal International, 163: 276 – 284.

Gao R, Lu Z, Liu J, et al., 2010. A result of interpreting from deep seismic reflection profile: Revealing fine structure of the crust and tracing deep process of the mineralization in Luzong deposit area. Acta Petrologica Sinica, 26 (9): 2543 – 2552.

Gray M, Bell R E, Morgan J V, et al., 2019. Imaging the shallow subsurface structure of the north Hikurangi subduction zone, New Zealand, using 2-D full-waveform inversion. Journal of Geophysical Research: Solid Earth, 124: 9049 – 9074.

Hauser E C, Oliver J E, 1987. A new era in understanding the continental basements: the impact of seismic reflection profiling. Composition, structure and dynamics of the lithosphere – asthenosphere system. Geodynamics Series, 16: 1 – 32.

Jian H, Singh S C, Chen Y J, et al., 2017. Evidence of an axial magma chamber beneath the ultraslow-spreading Southwest Indian Ridge. Geology, 45 (2): 143 – 146.

Krischer L, Fichtner A, Boehm C, et al., 2018. Automated large-scale full seismic waveform inversion for North America and the North Atlantic. Journal of Geophysical Research: Solid Earth, 123: 5902 – 5928.

Laily P, 1983. The seismic inverse problem as a sequence of before-stack migrations. Society for Industrial and Applied Mathematics. Conference on inverse scattering: Theory and application: 206 – 220.

Li Q, Peng S, Gao R, 2004. A review on the Moho discontinuity beneath the Tibetan Plateau. Geological Review, 50 (6): 598 – 612.

Lu Z, Gao R, Wang H, et al., 2014. Bright spots in deep seismic reflection profiles. Progress in Geophysics (in Chinese), 29 (6): 2518 – 2525.

Masmoudi N, Alkhalifah T, 2018. Full-waveform inversion in acoustic orthorhombic media and application to a North Sea data set. Geophysics, 83 (5): C179 – C193.

Operto S, Virieux J, Dessa J X, et al., 2006. Crustal seismic imaging from multifold ocean bottom seismometer data by frequency domain full waveform tomography: Application to the eastern Nankai trough. Journal of Geophysical Research, 111: B09306.

Qin Y, Singh S C, 2017. Detailed seismic velocity of the incoming subducting sediments in the 2004 great Sumatra earthquake rupture zone from full waveform inversion of long offset seismic data. Geophysical Research Letters, 44: 3090 – 3099.

Qin Y, Singh S C, 2018. Insight into frontal seismogenic zone in the Mentawai locked region from seismic full waveform inversion of ultralong offset streamer data. Geochemistry, Geophysics, Geosystems, 19: 4342 – 4365.

Simutè S, Steptoe H, Cobden L, et al., 2016. Full-waveform inversion of the Japanese Islands region. Journal of Geophysical Research: Solid Earth, 121: 3722 – 3741.

Tao K, Grand S P, Niu F, 2018. Seismic structure of the upper mantle beneath eastern Asia from full waveform seismic tomography. Geochemistry, Geophysics, Geosystems, 19: 2732 – 2763.

Tarantola A, 1984. Inversion of seismic reflection data in the acoustic approximation. Geophysics, 49 (8): 1259 – 1266.

Virieux J, Operto S, 2009. An overview of full-waveform inversion in exploration geophysics. Geophysics, 74 (6): WCC127 – WCC152.

Wang H, Gao R, Lu Z, et al., 2006. Precursor of detecting the interior earth: Development and applications of deep seismic reflection. Progress in Exploration Geophysics, 29 (1): 7 – 13.

Wang H, Gao R, Lu Z, et al., 2010. Fine structure of the continental lithosphere circle revealed by deep seismic reflection profile. Acta Geologica Sinica, 84 (6): 818 – 839.

Wang Y, Chevrot S, Monteiller V, et al., 2016. The deep roots of the western Pyrenees revealed by full waveform inversion of teleseismic P waves. Geology, 44 (6): 475 – 478.

Warner M, Ratcliffe A, Nangoo T, et al., 2013. Anisotropic 3D full-waveform inversion. Geophysics, 78 (2): R59 – R80.

Wu G, Gao R, Yu Q, et al., 1991. Integrated investigations of the Qinghai – Tibet Plateau along the Yadong – Golmud geoscience transect. Chinese Journal of Geophysics (in Chinese), 34 (5): 552 – 562.

Xu M, Zhao X, Canales J P, 2020. Structural variability within the Kane oceanic core complex from full waveform inversion and reverse time migration of streamer data. Geophysical Research Letters, 46. https://doi.org/10.1029/2020GL087405.

Yang Q, Hu G, Wang L, 2014. Research status and development trend of full waveform inversion. Geophysical Prospecting for Petroleum, 53 (1): 77 – 83.

Yin A, 2001. Geological evolution of the Orogenic Belt in the Tibetan Plateau: the growth of the Phanerozoic in the Asian continent. Acta Geoscientia Sinica, 22 (3): 193 – 230.

Yin J, Xu J, Liu C, et al., 1998. The Tibetan Plateau: Regional stratigraphic context and previous work. Philosophical Transactions of the Royal Society A: Mathematical, Physical and Engineering Sciences, 327 (1594): 5 – 52.

Zhang P, 2018. The study on full waveform inversion based on low-frequency seismic wavefield reconstruction. Changchun: Jilin University.

Zhang P, Han L G, Jin Z Y, 2016. Passive source illumination compensation based full waveform inversion. 78th EAGE Annual Meeting, Expanded Abstracts, Th SP1 05.

Zhang P, Han L G, Xu Z, et al., 2017. Sparse blind deconvolution based low-frequency seismic data reconstruction for multiscale full waveform inversion. Journal of Applied Geophysics, 139: 91 – 108.

Zhang X, Zeng Z, Gao R, et al., 2015. The evidence from the deep seismic reflection profile on the subduction and collision of the Jiamusi and Songnen Massifs in the northeastern China. Chinese Journal of Geophysics (in Chinese), 58 (12): 4415 – 4424.

Zhao W, 2003. Deep exploration for lithosphere with special reference to Qinghai – Tibet plateau. Engineering Science, 5 (2): 1 – 15.

Zhu H, Yang J, Li X, 2020. Azimuthal anisotropy of the North American upper mantle based on full waveform inversion. Journal of Geophysical Research: Solid Earth, 125. https://doi.org/10.1029/2019JB018432.

高锐, 黄东定, 卢德源, 等, 2000. 横过西昆仑造山带与塔里木盆地结合带的深地震反射剖面. 科学通报, 45 (17): 1874 – 1879.

高锐, 卢占武, 刘金凯, 等, 2010. 庐—枞金属矿集区深地震反射剖面解释结果: 揭露地壳精细结构, 追踪成矿深部过程. 岩石学报, 26 (9): 2543 – 2552.

高锐, 王椿镛, 2009. 固体地球物理学科的发展现状与展望: 地球物理学科发展报告. 北京: 中国科技出版社: 70 – 79.

李秋生, 彭苏萍, 高锐, 2004. 青藏高原莫霍面的研究进展. 地质论评, 50 (6): 598 – 612.

卢占武, 高锐, 王海燕, 等, 2014. 深地震反射剖面上的"亮点"构造. 地球物理学进展, 29 (6):

2518－2525.

潘桂棠，等，2004. 青藏高原及邻区地质图. 成都：成都地图出版社.

滕吉文，2004. 岩石圈物理学. 科学出版社.

王海燕，高锐，卢占武，等，2006. 地球深部探测的先锋：深地震反射方法的发展与应用. 勘探地球
物理进展，29（1）：7－13.

王海燕，高锐，卢占武，等，2010. 深地震反射剖面揭露大陆岩石圈精细结构. 地质学报，84（6）：
818－839.

吴功建，高锐，余钦范，等，1991. 青藏高原"亚东—格尔木地学断面"综合地球物理调查与研究.
地球物理学报，34（5）：552－562.

徐泰然，卢占武，张雪梅，等，2019. 拉萨地体南部多金属矿集区构造样式. 地质通报，38（10）：
1595－1602.

杨宝俊，1999. 在地学断面域内用地震学方法研究大陆地壳. 地质出版社.

杨勤勇，胡光辉，王立，2014. 全波形反演研究现状及发展趋势. 石油物探，53（1）：77－83.

尹安，2001. 喜马拉雅—青藏高原造山带地质演化：显生宙亚洲大陆生长. 地球学报，22（3）：
193－230.

张盼，2018. 基于低频地震波场重构的全波形反演研究. 长春：吉林大学.

张兴洲，曾振，高锐，等，2015. 佳木斯地块与松嫩地块俯冲碰撞的深反射地震剖面证据. 地球物理
学报，58（12）：4415－4424.

赵文津，2003. 岩石圈深部探测与青藏高原研究. 中国工程科学，5（2）：1－15.

青藏高原东北缘陇中盆地深部
电性结构及其构造意义

杨振[1]，梁宏达[1,3]，高锐[1,2]，黄兴富[1,2,3]

❌◆ 0 引　言

青藏高原形成于 60—50 Ma 前印度板块与欧亚板块陆 – 陆碰撞（Tapponnier et al., 1982）。碰撞形成了青藏高原平均约 4000 m 的高海拔地貌，同时也形成了青藏高原约 60～70 km 的地壳厚度（Gao et al., 2013）。随着印度板块持续性的俯冲，导致青藏高原不断地向外扩张生长（Zheng et al., 2017）。因此，青藏高原边缘的地壳结构记录了最新的变形和加厚过程。地质调查和 GPS 观测表明，青藏高原东北缘正遭受强烈的北东向地壳变形、缩短与左旋剪切作用（Meyer et al., 1998），所以青藏高原东北缘成为研究地壳变形响应以及大陆内部孕震环境的重要场所（Zhan et al., 2017；Huang et al., 2020）。

大地电磁是研究深部电性结构的一种主要的地球物理方法，在研究地壳和岩石圈结构（Yang et al., 2015）、地壳和上地幔高导层分布（Bai et al., 2010）、断层与地震震源区深部电性结构（Becken et al., 2011）等有关大陆动力学问题上发挥重要作用。在青藏高原东北缘陇中盆地近年来开展了大量的大地电磁研究工作。汤吉（2005）研究结果表明东北缘的陇中盆地电性结构复杂、成层性差；然而詹艳（2014）研究认为陇中盆地深部电性结构成层性完整，整体表现出低—高—低三层结构，夏时斌（2019）在陇中盆地的研究结果表明陇中壳幔电性结构表现为似层状结构，但是整体呈现为高—低—高三层的电性结构。詹艳（2017）研究认为陇中盆地在整体高阻背景下存在若干低阻条带，这些低阻条带汇聚到中下地壳低阻层中。其他学者也在陇中盆地发现了中下地壳普遍存在的低阻层（金胜 等，2012）；韩松（2016）通过横跨祁连山造山带东缘的大地电磁剖面探测结果表明陇中盆地中下地壳也存在低阻层。以上研究结果对于了解青

---

1 中山大学地球科学与工程学院，广州，510275；2 中国地质科学院地质研究所岩石圈中心，原国土资源部深部探测与地球动力学重点实验室，北京，100037；3 南方海洋科学与工程实验室（珠海），珠海，519000

藏高原东北缘盆地深部结构提供了宝贵的依据。然而，对于青藏高原东北缘的陇中盆地和临夏盆地地壳尺度的电性结构以及深部动力学特点仍缺少深入研究。因此，我们在青藏高原东北缘的陇中盆地内部布设了两个大地电磁剖面，结合前人地质以及地球物理资料进行综合解释，对青藏高原东北缘的盆地地壳尺度的电性结构、地壳变形响应以及强震震源区电性结构进行了分析和探讨。

◈ 1　地质构造背景

陇中盆地地处西秦岭地块、鄂尔多斯地块、阿拉善地块的交汇处，其周边发育了多条较大规模的断裂带，北部的海原断裂带、东部的六盘山断裂带、南部的西秦岭断裂带，盆地内部发育了左旋走滑的马衔山断裂带以及会宁—义岗断裂带，马衔山断裂带将盆地分为了以南的临夏盆地，以北的陇中盆地（图1）。盆地内部地表主要被第三系和第四系沉积物广泛覆盖（Guo et al., 2016），盆地内部地表也分布着少数的早古生代火山杂岩体，这些火山杂岩体主要分布在马衔山断裂带、兰州地区以及盆地东南角。尽管地表被沉积物广泛覆盖，盆地内部第四纪以来构造活动却很明显，古地震统计研究表明盆地内断裂带附近地震频繁，其中典型的马衔山断裂带附近1125年 M_S 7.0 地震（宋方敏 等，2007）、会宁—义岗断裂附近1352年 M_S 7.0 地震（Cheng et al., 2014）。因此揭示该区中强地震的深部构造以及孕震环境，对于防震减灾工作具有重要意义。

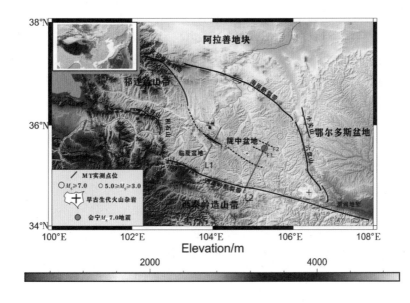

图1　青藏高原东北缘高程

两个大地电磁剖面位置如图黑色圆点所示，主要断裂引自邓起东等（2003）；陇中盆地内部火山杂岩体位置引自1：（2.5×10⁶）中国地质图；右上角附图指示了研究区的位置，陇中盆地内部地震震中平面分布引自袁道阳等（2003）、Cheng 等（2014）。

青藏高原东北缘作为青藏高原北东向扩展的前缘地带，从新生代开始就发生了一系列响应，祁连造山带自早古生代起就经历了复杂的地质作用（Xiao et al., 2009）。主要有中祁连的日本式岛弧和北祁连的马里亚纳式岛弧的碰撞、拼贴作用，并形成了增生楔以及蛇绿岩、高压变质岩的出露等（Xiao et al., 2009）。西秦岭断裂带在50—45 Ma前发生走滑运动（Clark et al., 2010），之后西秦岭断裂带快速隆升。由于北北东向的构造挤压作用，致使陇中盆地西部的拉脊山于22 Ma前开始隆升（Lease et al., 2011）。随后，构造挤压方向于距今15 Ma左右由北北东向转变为北东东方向（Lease et al., 2011），正是由于挤压方向的转变致使拉脊山东侧于13 Ma前形成了积石山（Lease et al., 2011），与此同时，左旋走滑的海原断裂带发生活化（Duvall et al., 2013）。北祁连山作为北祁连早古生代缝合带的一部分，在10 Ma前快速隆起成山（Zheng et al., 2010），北祁连普遍存在的北西西向逆冲断裂向东与左旋走滑的海原断裂带汇聚（Gaudemer et al., 1995）。然而，祁连山造山带东缘原始的造山带特征都已经消失，取而代之的是发育了陇中盆地和临夏盆地。东北缘内部的陇中盆地在距今66 Ma左右发生下沉和沉积作用（Horton et al., 2004），并且在古近纪晚期也经历了新的变形（Wang et al., 2013）。而位于陇中盆地南部的临夏盆地，其在第三纪早期发生了近20°的顺时针旋转（Dupont-Nivet et al., 2008）。位于临夏盆地东南缘的武山盆地于距今16 Ma左右发生下沉和沉积作用，其形成原因与西秦岭断裂带有关（Wang et al., 2012）。

因此可以看出，青藏高原东北缘晚新生代至今构造运动剧烈，发育了多条大型断裂带，左旋剪切与挤压逆冲作用同时发生（Meyer et al., 1998），同时，该地区也是强烈的侧向逃逸与南北向地壳缩短等构造变形运动最为集中的地方（Hao et al., 2014）。而且该地区地壳厚度约48～54 km（Guo et al., 2016），然而，被马衔山断裂带分隔的临夏盆地和陇中盆地却在此构造背景下形成，而盆地的形成往往与拉张环境有关，同时，由于东北缘地块内部存在马衔山断裂带这样一条大型的走滑断裂带，推测其两侧的盆地可能存在明显的物质成分差异（Molnar & Dayem, 2010）。因此，为了了解东北缘盆地内部复杂的结构和构造，我们对其进行了深部电性结构的研究和分析。

2　大地电磁数据采集、处理与分析

2.1　数据采集与处理

在青藏高原东北缘陇中盆地内布设了两个大地电磁剖面（L1、L2），大地电磁测点详细点位如图1所示，其中，L1剖面西南端位于甘肃省临夏回族自治州康乐县，向北东经过王家磨村和岳家山，止于甘肃省兰州市榆中县，测线全长约120 km，平均点距5 km，共布置20个宽频大地电磁测深点；L2剖面西南起始于甘肃省天水市武山县，经过张山村、水坪村、王川村，北东止于甘肃省平凉市静宁县，测线全长约130 km，平均点距5 km，共布置28个宽频大地电磁测深点。L1、L2剖面基本平行，布设方向均约为NE20°。野外观测采用加拿大凤凰地球物理公司生产的V5-2000大地电磁测深仪采集宽频带数据，每个测点记录了 3 个相互垂直的磁场分量（H_x，H_y，H_z）和二个水平相互垂直的电场分量（E_x，E_y），下标 x、y、z 分别表示南北方向、东西方向、垂直方向。为了得到高信噪比的数据，所有测点采集时间平均 20 h，数据采集系统通过 GPS 同步观测，研究区域电网密集，使得部分测点数据误差较大，但是大部分测点视电阻率和相位曲线较光滑、误差棒较小。资料处理时使用了加拿大凤凰公司的 SSMT2000 软件系统对原始时间序列进行快速傅里叶变换处理，得到电磁场的自、互功率谱，运用 Robust 估算方法（Egbert & Booker，1986），计算得到各个测点的阻抗张量，通过功率谱挑选，最后得到剖面所有测点视电阻率和阻抗相位数据。

2.2　典型测点测深曲线分析

视电阻率曲线、阻抗相位曲线既可以显示该测点地下深度的电性变化，也可以显示剖面上电性结构的横向差异性。盆地内的典型视电阻率和阻抗相位曲线如图 2 所示，曲线整体走势较为圆滑，误差棒较小。其中 480、420、400 号测点位于 L1 剖面，而 28、16、5 号测点位于 L2 剖面。480 号测点位于陇中盆地内部，视电阻率曲线整体表现为先增大后减小的趋势，高频段电阻率数值为几欧姆米到十几欧姆米，与盆地浅表第四纪沉积有关，在 10 s 左右电阻率出现极大值，之后电阻率降低到 100 Ω·m 左右。420 号测点位于马衔山断裂带附近，整体视电阻率较小，可能与断裂带含水有关。400 号测点位于临夏盆地内部，视电阻率曲线形态与 420 号测点相似，整体以低电阻为主。28 号测点位于西秦岭造山带内，自高频到低频表现为低—高—低变化特点，整体视电阻率较大，反应西秦岭造山带以高阻为主。16 号和 5 号测点位于陇中盆地内部，二者的视电阻率数值随着周期的增大整体表现为低—高—次高阻变化特征。表明陇中盆地整体以高阻为主。综上所述，临夏盆地与陇中盆地内各测点曲线趋势、幅值各有异同，表明了两个盆地之间深部结构的差异。

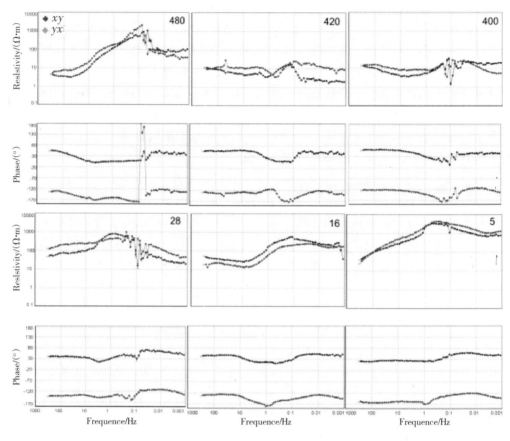

图 2　沿剖面典型测点视电阻率和阻抗相位曲线

2.3　维性分析

在反演之前需要分析沿剖面的维性。二维偏离度（Skewness）是反映地下电性结构维数的重要参数。本次采用 Swift（1967）二维偏离度对剖面进行维数分析。结果如图 3 所示，通常认为，测点的主要频段其值小于 0.3 可将地电断面视为二维，并可以进行二维反演。从图 3 可以看出大部分测点的高频段二维偏离度均 <0.3。在断裂带附近低频段的二维偏离度数值 >0.3，可能是断裂带附近构造复杂具有三维性。同时，部分低频测点阻抗偏离度较大，主要是因为深部电性结构可能呈现三维性，其中 10 s 左右二维偏离度较大是因为该频段数据误差导致的。总体而言，剖面基本呈现二维特性，地下电性结构可以进行二维反演解释。

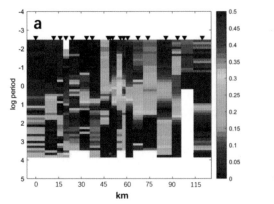
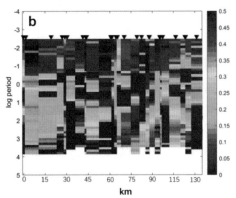

图3　Swift 二维偏离度拟断面（a：Line 1；b：Line2）

2.4　电性构造走向分析

大地电磁数据进行反演之前需要进行构造走向分析，以确定两个剖面的区域构造走向。本文运用 GB 分解（Groom & Bailey，1989）来分析构造走向。图4给出了两个剖面全部测点的4个频段（0.01～0.1 s、1～10 s、10～100 s、100～1000 s）的电性主轴方位角玫瑰花瓣图。由图可知，高频段（0.01～0.1 s、1～10 s）优势电性主轴方向不明显，低频段（10～100 s、100～1000 s）主轴方向越来越集中。由于电性主轴方向具有90°不确定性，电性主轴方向可能对应电性结构走向也可能对应倾向，并结合研究区域盆地的地质构造走向，认为剖面1深部构造走向大致为近东西向，剖面2深部构造走向大致为 N45°W。由于野外电磁场数据的采集为正南北和东西向布置的，所以将剖面1所有测点向西旋转90°，将剖面2所有测点向西旋转45°，识别出正南北方向的视电阻率和阻抗相位数据为垂直构造方向的 TM 模式数据，正东西方向的视电阻率和阻抗相位数据为平行构造方向的 TE 模式数据，因此，野外剖面的布设方向与电性结构走向近似垂直，有利于二维反演。

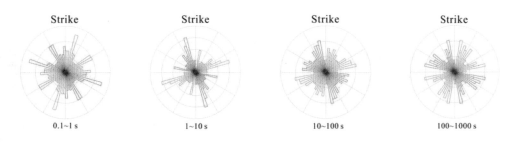

图4　全部测点分频段相位张量分解电性走向玫瑰花瓣图

◆3 二维反演

此次大地电磁数据二维反演是使用非线性共轭梯度算法（NLCG）（Rodi & Mackie，2001）的 WinGlink 软件。对两个剖面所有测点的 TE 和 TM 两种极化模式的视电阻率和阻抗相位进行了不带地形的二维反演。采用了不同的参数来进行二维反演。经过分析对比，最后选取了初始半空间为 $100\ \Omega \cdot m$，横纵光滑比 $a = 1$。采用 L 曲线法（Hansen，1992）对不同的正则化因子（τ）进行选择，图 5 表示两个剖面反演所得到的模型粗糙度（Roughness）和均方根误差（RMS）的 L 曲线图。从图中可以看出位于曲线的拐点处的 τ 为 7 的数值，不仅兼顾了模型的光滑程度，而且与原始数据有很好的拟合。图 6 选取了剖面 1 的两种极化模式实测与反演得到的模型响应的视电阻率和阻抗相位对比拟断面图，图中空白部分为不参加反演的"飞点"，可以看出二者一致性较高，进一步表明了二维反演结果可信度较高。从维性分析可知陇中盆地深部存在局部的三维性，由于在三维结构下，TE 模式下的视电阻率曲线会受到三维畸变的影响，因此，在反演中对 TM 模式的视电阻率和阻抗相位均使用 3.5% 的本底误差，对 TE 模式的视电阻率和阻抗相位分别使用 10% 和 3.5% 的本底误差，即减少 TE 模式的视电阻率在反演中的权重，主要使用 TM 视电阻率和阻抗相位以及 TE 相位进行二维反演。通过对比分析最终选取

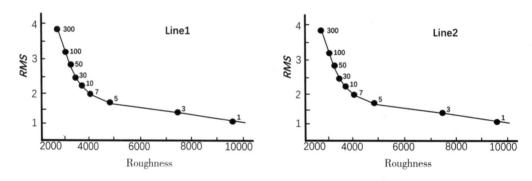

图 5 两个剖面不同的正则化因子反演得到的模型粗糙度、拟合误差曲线

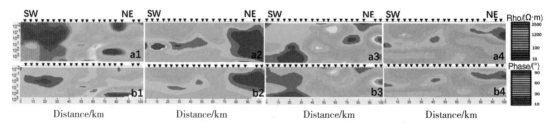

a1：实测 TM 视电阻率；a2：实测 TM 阻抗相位；a3：实测 TE 视电阻率；a4：实测 TE 阻抗相位；b1：模型响应 TM 视电阻率；b2：模型响应 TM 阻抗相位；b3：模型响应 TE 视电阻率；b4：模型响应 TE 阻抗相位。

图 6 实测数据与二维模型理论计算的 TE 和 TM 视电阻率和阻抗相位对比拟断面

TM + TE 模式进行二维联合反演。经过 200 次迭代运算，最终反演拟合误差（RMS）剖面 1 为 2.87，剖面 2 为 2.25，两个剖面的反演结果如图 7 所示，在图 7（a）、图 7（b）中也绘制了 Guo（2018）通过深地震反射剖面获得的青藏高原东北缘盆地内部的 Moho 深度，同时，也将 1352 年会宁 M_S 7.0 地震（Cheng et al.，2014）震源位置标记在电性结构图中。

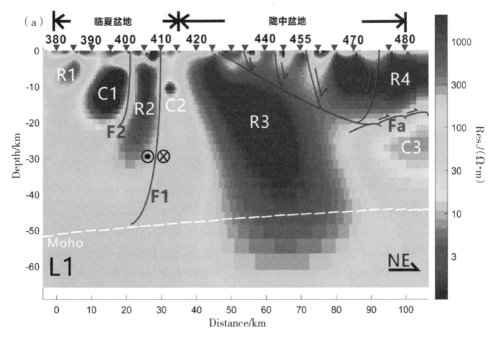

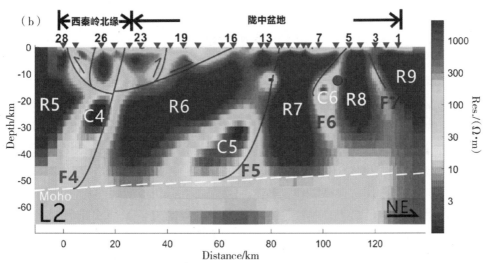

F1：马衔山断裂带；F2：兴隆山北缘断裂；Fa：韧性剪切带；F4：西秦岭北缘断裂带；F5：马衔山断裂带；F6：会宁—义岗断裂带；F7：翟家所断裂带。红色圆圈：1352 年会宁 7.0 级地震震中位置（Cheng et al.，2014）。

图 7　剖面 1（a）和剖面 2（b）的二维反演电阻率模型（Moho 面深度引自郭晓玉 等，2018）

3.1 断裂带电性特征

深部电性结构图像所得到的断裂体系与地表地质调查基本一致。断裂带在两个剖面上均表现为明显的电性梯度带或边界带。西秦岭北缘断裂带（F4）位于剖面 2 中 23 号测点附近，电性结构表现为地壳尺度的电性边界带，该断裂表现为明显的高角度 SW 倾向并且具有一定宽度的低阻带，深部延伸可达到 Moho（赵凌强 等，2019）。西秦岭北缘断裂带（F4）南北两侧分别为高阻块体 R5 和 R6，在 0 ～ 20 km 深度范围内，该断裂带由多个倾向不同的次级断层以及其间拉分盆地所组成，西秦岭北缘断裂带上地壳电性结构表现为逆冲叠瓦状构造，在深度 20 ～ 50 km 深度，该断裂带表现为陡立的低阻带，西秦岭北缘断裂带（F4）在电性结构中整体表现为"花状构造"。在剖面 1 中的陇中盆地上地壳（0 ～ 20 km）表现出一系列正断层所组成的地堑式的拉分盆地（郭晓玉 等，2018），电性结构显示为一系列倾向不同的高、低阻块体相间分布，一系列正断层向下收敛于韧性剪切带 Fa，并最终消失于低阻体 C3 之中。

马衔山断裂带深部电性结构特征在两个剖面上有所差异，在剖面 1 上表现为从地表延伸至莫霍面附近，产状近于直立（袁道阳 等，2003），马衔山断裂带（F1）两侧电性结构明显不同，其北侧的陇中盆地表现为巨大的高阻体，而南侧的临夏盆地整体表现为低阻体，而在剖面 2 上马衔山断裂带（F5）表现为隐伏断裂带，断裂带地表为第四系沉积物覆盖，断层在地表没有出露，从上地壳内的 10 km 深度范围延伸到 50 km 处，其两侧为高阻体，倾角平缓，倾向为 SW 向。断裂带 F2 位于 400 号测点之下，表现为明显的电性梯度带，F2 从地表延伸至深部 20 km 左右，F2 以南为低阻体 C1，以北为高阻体 R2，由于断裂带 F2 与马衔山断裂带（F1）产状相似均为近直立，所以推测 F2 为兴隆山北缘断裂，该断裂为马衔山断裂带的伴生断裂（袁道阳 等，2003）。

会宁—义岗断裂带（F6）是祁连山造山带东缘的一条活动断层，其形成于海西期构造运动，该断裂以逆冲为主兼水平滑动运动分量，走向近似 N35°W（吕太乙 等，1994）。会宁—义岗断裂带（F6）深部电性结构显示为具有一定宽度的低阻条带，从地表延伸至地下约 20 km 深度范围，倾向为 SW 向，断裂两侧为结构完整的高阻块体（R7、R8）。古地震记载 1352 年 4 月 26 日在会宁—义岗断裂附近 10 km 发生了 7.0 级地震（吕太乙 等，1994），将此次地震震源精定位的结果（Cheng et al.，2014）投影到电性剖面中，我们发现震源位于会宁—义岗断裂带低阻条带内部，介于高阻体（R8）与低阻体（C6）之间并且靠近高阻体。在 3 号测点之下存在一向北倾斜的低阻异常带，其南侧为高阻块体 R8，北侧为高阻块体 R9，产状近于直立，深部延伸至 15 km 左右，由于地表被沉积物覆盖，所以推测其为隐伏的翟家所断裂带（夏时斌 等，2019），推测翟家所断裂带可能与破碎带充水有关。

3.2 盆地深部电性特征

剖面 1 中以马衔山断裂带（F1）为界，以南为临夏盆地，以北为陇中盆地。临夏盆地位于 380 ～ 410 号测点之间，临夏盆地地壳电性结构整体以低阻为主，局部高阻。

在地壳浅表至地下约 3 km 深度范围内电阻率为十几欧姆米的低阻层状的特点，该低阻层为该区域地表第三纪沉积盖层的电性反映。在浅表低阻层之下 5 ～ 22 km 深度范围内，表现为由若干形状不规则、彼此不相连的"碎块状"高、低阻块体组成（R1、C1、R2）。在 22 ～ 50 km 深度范围内，电阻率为 100 ～ 200 Ω·m 的中低阻，可能为日本式岛弧的电性反映（郭晓玉 等，2018）。

陇中盆地位于 420 ～ 480 号测点之间，地壳整体电阻率表现为大规模的高阻体，该研究结果与赵凌强（2019）研究结果相类似，浅表至地下 1 km 左右为一系列断续分布的低阻块体，推测低阻体可能与近地表第四纪沉积层含水有关。在测点 420 ～ 470 号测点之下，1 ～ 50 km 深度范围内表现为完整的高阻体（R3），R3 倾向为 NE 向，在 470 ～ 480 号测点之下，0 ～ 20 km 深度范围内，表现为近 1000 Ω·m 的高阻层（R4），高阻层之下 20 ～ 40 km 深度范围内存在近水平层状低阻层（C3），该低阻层呈现出西南浅、北东深的特点，前人在青藏高原东北缘也揭示出了 20 ～ 30 km 深度范围存在地壳低速层（Ye et al.，2015）；也有学者在祁连山造山带东段以及邻区进行了大地电磁探测，结果表明祁连山造山带东段下地壳广泛存在低阻层（金胜 等，2012；詹艳 等，2017）；邓晋福（1995）从岩石学角度出发，认为青藏高原东北缘地壳低速层可能为糜棱岩；Zheng（2016）的研究结果表明在祁连山造山带东南部与西秦岭造山带接触区的中下地壳没有发现低速体的存在；金胜（2012）认为北祁连壳内高导层可能为板块俯冲或仰冲的构造运动痕迹或者为含盐水流体的原因；Unsworth（2005）认为低阻、低速层可能由于岩石脱水和地壳的高温导致。综上所述，通过电磁方法得到的低阻层（C3）分布范围有限，仅仅局限于 470 ～ 480 号测点之间，所以我们认为陇中盆地内部并没有中下地壳普遍存在的高导层。再往深部电阻率随深度的增大而增大到 100 Ω·m 左右。正是由于该低阻层（C3）易发生变形并且可以吸收上地壳的变形，所以整体上，陇中盆地上地壳表现为一系列正断层（Guo et al.，2018）向下收敛到韧性剪切带（Fa），该韧性剪切带位于低阻层（C3）的顶部，深地震反射方法在该区也发现了韧性剪切带的存在（Gao et al.，2013；郭晓玉 等，2018），韧性剪切带（Fa）可能构成了一个滑动层，致使上下地壳变形解耦（Unsworth et al.，2005；黄兴富 等，2018）.

马衔山断裂带以北所表示的北祁连地块和以南所表示的中祁连地块具有明显不同的电性特征，北祁连地块内的陇中盆地地壳尺度表现为高阻特征，而中祁连地块内的临夏盆地却普遍表现为低阻特征。Zhang（2013）通过宽角地震研究结果表明马衔山断裂带两侧深部结构存在差异。Ye（2015）通过接收函数研究结果同样证实了马衔山断裂带两侧结构迥异。郭晓玉（2018）通过深地震反射剖面研究结果表明马衔山断裂带两侧存在日本式岛弧与马里亚纳式岛弧的碰撞；韩松（2016）通过横跨祁连山造山带东缘的大地电磁剖面探测结果认为祁连山造山带东缘可能残存沟弧盆体系的构造格架；Yang（2015）通过岩石学研究以及 Xiao（2009）通过地球化学研究结果均表明祁连山造山带东侧存在日本式岛弧与马里亚纳式岛弧的碰撞作用。因此，我们认为马衔山断裂带两侧电性结构的差异是由于北侧的马里亚纳式岛弧与南侧的日本式岛弧相互碰撞所引起，马衔山断裂带（F1）就代表了碰撞的电性边界带。

由于陇中盆地和临夏盆地的碰撞拼合作用，导致高阻体 R2 与 R3 倾向相反，R2 倾向为西南，而 R3 倾向为北东，高阻体 R2 可能为中祁连和北祁连碰撞拼合残留的北祁连块体，而 R3 可能为马里亚纳式岛弧的电性反映。由于高阻体 R2 的向南俯冲楔入作用，导致兴隆山北缘断裂（F2）附近的岩石在高温高压条件下产生熔融并且熔融物质沿着兴隆山北缘断裂（F2）折返到地表，结合地表沿着马衔山断裂带区域性分布的早古生代火山杂岩体，我们推测该火山杂岩体可能是由于早古生代陇中盆地与临夏盆地的碰撞拼合作用，沿着马衔山断裂带的伴生断裂兴隆山北缘断裂（F2）折返到地表，并沿着马衔山断裂带呈北西—南东向分布。

在剖面 2 中，1 ~ 23 号测点之间代表了陇中盆地，陇中盆地地壳尺度整体表现为破碎状的高阻特征（韩松 等，2016），高阻体内部分布着若干近垂直的低阻条带。西秦岭断裂带（F4）以南为北秦岭地块，28 号测点之下的北秦岭地壳整体表现为高阻体，这与詹艳（2014）研究结果相似。西秦岭断裂带（F4）电性结构表现为由一系列逆冲推覆断层构成的花状构造，并且西秦岭断裂带（F4）是该逆冲推覆构造带的主滑脱带。推测该逆冲推覆带可能由于西秦岭北缘地块的北东向运动以及稳定的陇中盆地阻挡作用，从而导致西秦岭北缘上地壳逆冲推覆到陇中盆地之上。剖面 2 中的陇中盆地浅表低阻层埋藏浅约几百米，分布范围小，说明其浅表结晶程度高，含水分很少。浅表层以下至 50 km 左右，表现为被多条近垂直的低阻条带分割成若干高阻体（R6、R7、R8、R9），电阻率均在 1000 Ω·m 以上，这些高阻体可能代表着马里亚纳式岛弧。高阻体之下至上地幔顶部整体呈现层状的中低阻特征。陇中盆地在剖面 2 中内部变形严重，表现为被多条近垂直的低阻条带分割成若干高阻体，然而在剖面 1 中陇中盆地内部变形不严重，表现为整块的高阻体（R3）。

3.3 地震区深部孕震环境

青藏高原东北缘晚新生代地震活动频繁，自公元 876 年至今，共发生过 50 多次中、强地震（国家地震局地质研究所，1990），近年来开展了大量活动地震区大地电磁探测研究。赵凌强（2019）揭示出青海门源 M_S 6.4 地震震源区下存在较宽的低阻体，并且介于高低阻体之间，同时，低阻带会形成力学强度软弱区域，这样的软弱区域会诱导地震蠕动、滑移和发生；日本学者通过大地电磁方法得到的结果认为低阻异常带与活动断层结构有关（Electromagnetic Research Group for the active fault et al.，1982）。其他学者们在圣安德列斯断裂带地震区断层的西侧也发现了低阻层的存在（Becken et al.，2011）；李松林（2001）研究结果表明 1920 年海原地震震源位于断裂附近并且位于壳内低阻带的边缘；胥颐（2000）认为地震发生破裂的开始和结束一般位于低阻、低速区域，而地震能量的释放通常发生在高阻、高速区域。由于低阻体抗剪能力低，所以低阻体能很难发生应力的积累，但是低阻体可以通过形变的方式将应力传递给相邻的高阻体，因此导致脆性岩体失稳破裂产生地震。Bürgmann（2018）认为地下介质电阻率的构造特征可能制约着地震的发生。普遍认为地震的发生是由于在区域构造作用下，应力在变形非连续的区域逐渐积累并达到岩石破裂极限，从而导致突发失稳破裂的结果（张培震 等，

2003），然而岩石的失稳滑动通常需要一个解耦层来为岩石的滑动提供条件（Zhao et al., 2019），因此地壳内的低阻、低速流体正好可以作为解耦层（Ma et al., 1996）。同时，由于流体的存在和运移会降低岩石破裂所需要的剪应力，导致断层的蠕动、滑移以及地震的发生（Unsworth et al., 2003）。

本次大地电磁剖面 2 经过 1352 年会宁 7.0 级地震震中。Cheng（2014）通过震源精定位的结果表明此次地震震中为兰州，震源深度为 10 km，将此次地震震源精定位的结果投影到电性剖面中，发现震源位于 6 号测点之下，介于高阻块体 R8 与近垂直的低阻带 C6 之间，并且靠近高阻块体 R8。这一电性结果与前期勘探结果相近（詹艳 等，2008）。大地电磁结果显示会宁—义岗断裂带（F6）为高角度的 SW 倾向的低阻条带（C6），两侧为完整的极高阻块体（R7、R8），低阻条带（C6）可能是岩石在高温高压条件下产生相变脱水或熔融，彼此不相连的高阻体与低阻条带构成了应变非连续区域。低阻条带会形成力学强度上的软弱区，这种软弱区会将能量传递给相邻的高阻体，当应力超过岩石的应力临界值时，该区会宁—义岗断裂带表现出了不稳定性而发生变形，从而导致临近的高阻块体 R8 发生破裂或层间滑动进而发生了会宁 7.0 级地震，另一方面，由于断裂带内游离水的存在和运移也会降低岩石破裂所需要的剪应力，从而提升了地震发生的概率，因此会宁—义岗地震震源区特殊的电性介质组合是本次地震发生的内部因素。随着印度板块持续北东向运动，青藏高原不断向北东向扩展，以及阿拉善地块向南俯冲碰撞楔入（Cai et al., 2007；Ye et al., 2015），这种外部动力学环境可能是 1352 年会宁 7.0 级地震发生的外部因素。同时由于青藏高原东北缘陇中盆地处于南北地震带北段上的特殊构造位置，也为该区地震发生提供了动力来源。

✕◆ 4 结 论

对青藏高原东北缘盆地内部的两个大地电磁剖面（L1 与 L2）进行了详细的处理和二维反演，获得了盆地深部电性结构图像，同时揭示了沿剖面主要断裂带的深部延展情况，并结合青藏高原东北缘地表地质、地球化学、地球物理资料，探讨了研究区域深部构造特征、地震孕震环境以及地震动力学背景等相关特征，主要结论如下：

（1）由于早古生代祁连山造山带东缘的马里亚纳式岛弧与日本式岛弧相互碰撞，导致陇中盆地和临夏盆地电性结构的差异。马衔山断裂带（F1）就表示了二者碰撞的边界。沿着马衔山断裂带走向区域性分布的早古生代火山杂岩体，可能是由于北侧的马里亚纳式岛弧与南侧的日本式岛弧碰撞拼合作用，导致兴隆山北缘断裂（F2）附近的岩石在高温高压条件下产生熔融并沿着兴隆山北缘断裂（F2）折返到地表，因此在马衔山断裂带附近区域性的分布着早古生代火山杂岩体。

（2）在研究区域盆地的内部并没有发现普遍存在的中下地壳高导层，然而，仅在陇中盆地中下地壳区域性地出现了高导层（C3），低阻层（C3）的存在吸收了上地壳的变形，导致陇中盆地上地壳表现为一系列正断层向下收敛到低阻层顶部的韧性剪切带（Fa）上，韧性剪切带（Fa）可能构成了一个滑移层，致使上下地壳变形解耦。由于剖面长度有限，该低阻层 NE 向的延展情况还需要进一步研究。

（3）1352 年会宁 7.0 级地震震源位于高阻体与低阻条带之间，并且靠近高阻体，低阻条带形成了力学强度上的软弱区，这种软弱区将能量传递给相邻的高阻体，当应力超过岩石的应力临界值时，从而导致临近的高阻块体 R8 发生破裂或层间滑动进而发生了会宁 7.0 级地震，地震震源区特殊的电性结构是本次地震发生的内部因素，而印度板块向北推挤、青藏高原向外扩张、阿拉善地块的向南俯冲作用是本次地震发生的外部动力学因素。

✖ 参 考 文 献

Bai D, Unsworth M, Meju M, et al., 2010. Crustal deformation of the eastern Tibetan plateau revealed by magnetotelluric imaging. Nature Geosci., 3, 358 – 362. https：//doi. org/10. 1038/ngeo830.

Becken M, Ritter O, Bedrosian P A, et al., 2011. Correlation between deep fluids, tremor and creep along the central San Andreas fault. Nature, 480 (7375)：87 – 90.

Bürgmann R, 2018. The geophysics, geology and mechanics of slow fault slip. Earth & planetary science letters, 495：112 – 134.

Cai X L, Zhu J S, Cao J M, et al., 2007. 3D structure and dynamic types of the lithospheric crust in continental China and its adjacent regions. Chinese geology, 34 (4)：543 – 557.

Caldwell T G, Bibby H M, Brown C, 2004. The magnetotelluric phase tensor. Geophysical journal international, (2)：2.

Cheng B, Cheng S, Zhang G, et al., 2014. Seismic structure of the Helan – Liupan – Ordos western margin tectonic belt in North – Central China and its geodynamic implications. Journal of Asian earth sciences, 87 (jun. 15)：141 – 156.

Clark M K, Farley K A, Zheng D, et al., 2010. Early Cenozoic faulting of the northern Tibetan Plateau margin from apatite (U – Th) /He ages. Earth & planetary science letters, 296 (1 – 2)：0 – 88.

Dupont-Nivet G, Hoorn C, Konert M, 2008. Tibetan uplift prior to the Eocene – Oligocene climate transition：Evidence from pollen analysis of the Xining Basin. Geology, 36 (12)：987.

Duvall A R, Clark M K, Kirby E, et al., 2013. Low-temperature thermochronometry along the Kunlun and Haiyuan Faults, NE Tibetan Plateau：Evidence for kinematic change during late-stage orogenesis. Tectonics, 32 (5)：1190 – 1211.

Duvall A R, Clark M K, Pluijm B A V D, et al., 2011. Direct dating of Eocene reverse faulting in northeastern Tibet using Ar-dating of fault clays and low-temperature thermochronometry. Earth & planetary science letters, 304 (3 – 4)：0 – 526.

Egbert G D, Booker J R, 1986. Robust estimation of geomagnetic transfer functions. Geophysical journal of the royal astronomical society, 87 (1)：173 – 194.

Electromagnetic Research Group For The Active Fault, Noritomi K, Yokoyama I, et al., 1982. Low Electrical Resistivity along an Active Fault, the Yamasaki Fault. Journal of geomagnetism and geoelectricity, 34：103 – 127.

Gan W J, Zhang P Z, Shen Z K, et al., 2007. Present-day crustal motion within the Tibetan Plateau inferred from GPS measurements. Journal of geophysical research：solid earth, 112 (B8)：B08416.

Gao R, Chen C, Lu Z W, et al., 2013. New constraints on crustal structure and Moho topography in Central

Tibet revealed by SinoProbe deep seismic reflection profiling. Tectonophysics, 606: 160 – 170.

Gao X, Guo B, Chen J H, et al., 2018. Rebuilding of the lithosphere beneath the western margin of Ordos: Evidence from multiscale seismic tomography. Chinese journal of geophysics (in Chinese), 61 (7): 2736 – 2749.

Gaudemer Y, Tapponnier P, Meyer B, et al., 1995. Partitioning of crustal slip between linked, active faults in the eastern Qilian Shan, and evidence for a major seismic gap, the "Tianzhu gap", on the western Haiyuan Fault, Gansu (China). Geophysical journal international, 120 (3): 599 – 645.

Groom R W, Bailey R C, 1989. Decomposition of magnetotelluric impedance tensors in the presence of local three-dimensional galvanic. Journal of geophysical research, 94 (B2): 1913 – 1925.

Guo X Y, Gao R, Li S, et al., 2016. Lithospheric architecture and deformation of NE Tibet: New insights on the interplay of regional tectonic processes. Earth & planetary science letters, 449: 89 – 95.

Guo X Y, Gao R, Wang H, et al., 2015. Crustal architecture beneath the Tibet – Ordos transition zone, NE Tibet, and the implications for plateau expansion. Geophysical research letters, 42 (24): 10631 – 10639.

Hansen P C, 1992. Analysis of Discrete ill-Posed Problems by Means of the L-Curve. Siam review, 34 (4): 561 – 580.

Hao M, Wang Q, Shen Z, et al., 2014. Present day crustal vertical movement inferred from precise leveling data in eastern margin of Tibetan Plateau. Tectonophysics, 632: 281 – 292.

Horton B K, 2004. Mesozoic – Cenozoic evolution of the Xining – Minhe and Dangchang basins, northeastern Tibetan Plateau: Magnetostratigraphic and biostratigraphic results. Journal of geophysical research, 109 (B4): B04402.

Huang X F, Xu X, GaoR, et al., 2020. Shortening of lower crust beneath the NE Tibetan Plateau. Journal of Asian earth sciences, 198 (15): 104313.

Lease R O, Burbank D W, Clark M K, et al., 2011. Middle Miocene reorganization of deformation along the northeastern Tibetan Plateau. Geology, 39 (4): 359 – 362.

Li S L, Zhang X K, Zhang C K, et al., 2001. Study on the exploration of crustal structure in Haiyuan M_s 8.5 earthquake. Chinese J. China Earthquake (In Chinese), 17 (1): 16 – 23.

Ma J, Ma S L, Liu L Q, et al., 1996. Geometrical textures of faults, evolution of physical field and instability characteristics. Acta Seismologica Sinica, 9: 261 – 269.

Meyer B, Tapponnier P, Bourjot L, et al., 1998. Crustal thickening in Gansu – Qinghai, lithospheric mantle subduction, and oblique, strike-slip controlled growth of the Tibet plateau. Geophysical journal international, 135 (1): 1 – 47.

Molnar P, Dayem K E, 2010. Major intracontinental strike-slip faults and contrasts in lithospheric strength. Geosphere, 6 (4): 444 – 467.

Rodi W, Mackie R L, 2001. Nonlinear Conjugate Gradients Algorithm For 2-D Magnetotelluric Inversion. Geophysics, 66 (1): 174 – 187.

State Seismological Bureau of China. Institute of geology, 1990. Haiyuan active fault belt. Beijing: Earthquake Press.

Swift Jr C M, 1967. A magnetotelluric investigation an electrical conductivity anomaly in the southwestern united states. Massachusetts Institute of Technology.

Tang J, Zhan Y, Zhao G Z, et al., 2005. Electrical conductivity structure of the crust and upper mantle in the northeastern margin of the Qinghai – Tibet plateau along the profile Maqên – Lanzhou – Jingbian. Chinese

J. Geophys. (in Chinese), 48 (5): 1205 – 1216.

Tapponnier P, Peltzer G, Le Dain A Y, et al., 1982. Propagating extrusion tectonics in Asia: New insights from simple experiments with plasticine. Geology, 10 (12): 611.

Unsworth M J, Jones A G, Wei W, et al., 2005. Crustal rheology of the Himalaya and Southern Tibet inferred from magnetotelluric data. Nature, 438 (7064): 78 – 81.

Wang W T, Kirby E, Zhang P Z, et al., 2013. Tertiary basin evolution along the northeastern margin of the Tibetan Plateau: evidence for basin formation during Oligocene transtension. Geol. Soc. Am. Bull., 125: 377 – 400.

Wang Z, Zhang P, Garzione C N, et al., 2012. Magnetostratigraphy and depositional history of the Miocene Wushan basin on the NE Tibetan plateau, China: Implications for middle Miocene tectonics of the West Qinling fault zone. Journal of Asian earth sciences, 44: 189 – 202.

Xiao W, Windley B F, Yong Y, et al., 2009. Early Paleozoic to Devonian multiple-accretionary model for the Qilian Shan, NW China. Journal of Asian earth sciences, 35 (3 – 4): 323 – 333.

Xu Y, Liu F T, Liu J H, et al., 2000. Crustal structure and tectonic environment of strong earthquakes in the tianshan earthquake belt. Chinese journal of geophysics (in Chinese), 43 (2): 184 – 193.

Yang B, Egbert G D, Kelbert A, Meqbel N M, et al., 2015. Three-dimensional electrical resistivity of the north-central USA from Earth Scope long period magnetotelluric data. Earth & planetary science letters, 422 (15): 87 – 93.

Yang H, Zhang H F, Luo B J, et al., 2015. Early Paleozoic intrusive rocks from the eastern Qilian orogen, NE Tibetan Plateau: Petrogenesis and tectonic significance. Lithos, 224 – 225: 13 – 31.

Ye Z, Gao R, Li Q, et al., 2015. Seismic evidence for the North China plate under thrusting beneath northeastern Tibet and its implications for plateau growth. Earth & planetary science letters, 426 (15): 109 – 117.

Yuan D Y, Wang L M, He W G, et al., 2008. New progress of seismic active fault prospecting in Lanzhou City (in Chinese with English abstract). Seismol. Geol., 30: 236 – 249.

Zhang Y Q, Mercier J L, Vergély P, 1998. Extension in the graben systems around the Ordos (China), and its contribution to the extrusion tectonics of south China with respect to Gobi – Mongolia. Tectonophysics, 285 (1 – 2): 41 – 75.

Zhao L Q, Zhan Y, Sun X Y, et al., 2019. The hidden seismogenic structure and dynamic environment of the 21 January Menyuan, Qinghai, M_S 6.4 earthquake derived from magnetotelluric imaging. Chinese J. Geophys. (in Chinese), 62 (6): 2088 – 2100.

Zheng D, Clark M K, Zhang P, et al., 2010. Erosion, fault initiation and topographic growth of the North Qilian Shan (northern Tibetan Plateau). Geosphere, 6 (6): 937 – 941.

Zheng D, Li H Y, Shen Y, et al., 2016. Crustal and upper mantle structure beneath the northeastern Tibetan Plateau from joint analysis of receiver functions and Rayleigh wave dispersions. Geophysical journal international, 204 (1): 583 – 590.

Zheng D, Wang W, Wan J, et al., 2017. Progressive northward growth of the northern Qilian Shan – Hexi Corridor (northeastern Tibet) during the Cenozoic. Lithosphere, 9 (3): L587. 1.

Zheng D, Zhang P Z, Wan J, et al., 2006. Rapid exhumation at ~ 8 Ma on the Liupan Shan thrust fault from apatite fission-track thermochronology: Implications for growth of the northeastern Tibetan Plateau margin. Earth & planetary science letters, 248 (1 – 2): 198 – 208.

邓晋福, 吴宗絜, 杨建军, 等, 1995. 格尔木—额济纳旗地学断面走廊域地壳—上地幔岩石学结构与深部过程. 地球物理学报, 38 (S2): 130 – 144.

郭晓玉, 高锐, 高建荣, 等, 2018. 青藏高原东北缘马衔山断裂带构造属性的综合研究. 地球物理学报, 61 (2): 560 – 569.

国家地震局地质研究所, 宁夏回族自治区地震局, 1990. 海原活动断裂带. 北京: 地震出版社.

韩松, 韩江涛, 刘国兴, 等, 2016. 青藏高原东北缘至鄂尔多斯地块壳幔电性结构及构造变形研究. 地球物理学报, 59 (11): 4126 – 4138.

黄兴富, 高锐, 郭晓玉, 等, 2018. 青藏高原东北缘祁连山与酒西盆地结合部深部地壳结构及其构造意义. 地球物理学报, 61 (9): 3640 – 3650.

金胜, 张乐天, 金永吉, 等, 2012. 青藏高原东北缘合作—大井剖面地壳电性结构研究. 地球物理学报, 55 (12): 3979 – 3990.

李松林, 张先康, 张成科, 等, 2001. 海原8.5级大震区地壳结构探测研究. 中国地震, 17 (1): 16 – 23.

吕太乙, 万夫领, 廖元模, 等, 1994. 会宁—义岗活动断裂带与1352年会宁7.0级地震//中国地震学会地震地质专业委员会. 中国活动断层研究. 北京: 地震出版社: 42 – 47.

宋方敏, 袁道阳, 陈桂华, 等, 2007. 1125年兰州7级地震地表破裂类型及其分布特征. 地震地质 (4): 834 – 844.

王椿镛, 李永华, 楼海, 2016. 与青藏高原东北部地球动力学相关的深部构造问题. 科学通报, 61 (20): 2239 – 2263.

夏时斌, 王绪本, 闵刚, 等, 2019. 青藏高原东北缘祁连山造山带至阿拉善地块壳幔电性结构研究. 地球物理学报, 62 (3): 950 – 966.

胥颐, 刘福田, 刘建华, 等, 2000. 天山地震带的地壳结构与强震构造环境. 地球物理学报, 43 (2): 184 – 191.

袁道阳, 2003. 青藏高原东北缘晚新生代以来的构造变形特征与时空演化. 中国地震局地质研究所.

袁道阳, 张培震, 刘百篪, 等, 2004. 青藏高原东北缘晚第四纪活动构造的几何图像与构造转换. 地质学报 (2): 270 – 278.

詹艳, 2008. 青藏高原东北地区深部电性结构及构造涵义. 中国地震局地质研究所.

詹艳, 杨皓, 赵国泽, 等, 2017. 青藏高原东北缘海原构造带马东山阶区深部电性结构特征及其构造意义. 地球物理学报, 60 (6): 2371 – 2384.

詹艳, 赵国泽, 王继军, 等, 2005. 青藏高原东北缘海原弧形构造区地壳电性结构探测研究. 地震学报 (4): 431 – 440, 466.

詹艳, 赵国泽, 王立凤, 等, 2014. 西秦岭与南北地震构造带交汇区深部电性结构特征. 地球物理学报, 57 (8): 2594 – 2607.

张培震, 邓起东, 张国民, 等, 2003. 中国大陆的强震活动与活动地块. 中国科学 (D辑: 地球科学) (S1): 12 – 20.

张培震, 邓起东, 张竹琪, 等, 2013. 中国大陆的活动断裂、地震灾害及其动力过程. 中国科学: 地球科学, 43 (10): 1607 – 1620.

赵国泽, 汤吉, 詹艳, 等, 2004. 青藏高原东北缘地壳电性结构和地块变形关系的研究. 中国科学 (D辑: 地球科学) (10): 908 – 918. 赵凌强, 詹艳, 孙翔宇, 等, 2019. 利用大地电磁技术揭示2016年1月21日青海门源M_S6.4地震隐伏地震构造和孕震环境. 地球物理学报, 62 (6): 2088 – 2100.

赵凌强, 詹艳, 王庆良, 等, 2020. 祁连山东端冷龙岭隆起及邻区深部电性结构与孕震构造背景. 地球物理学报, 63 (3): 1014 – 1025.

第二编

DIER BIAN
QITA DIQU DE YANJIU

其他地区的研究

中亚造山带东段浅表构造速度结构
——深地震反射剖面初至波层析成像的揭露

谢樊[2]，王海燕[2]，侯贺晟[3]，高锐[1,2,3]

◆ 0 引　言

中亚造山带东段位于华北板块与西伯利亚板块之间，该区先后经历了中－新生代古亚洲洋构造演化、蒙古—鄂霍茨克洋与古太平洋等相关构造体系的叠加与改造，造就了研究区独具特色的复合造山与成矿系统（徐备 等，2014）。同时，研究区特征性的构造格局与演化动力学背景吸引了众多地质－地球物理学家就区域大地构造（徐备 等，1997；徐备 等，2014；李锦轶 等，1999；Xiao et al.，2003；Xiao et al.，2015；肖文交等，2009；Zhou et al.，2009；Xu et al.，2013；Song et al.，2015；周建波 等，2016；Han et al.，2017；Liu et al.，2017）、岩石学与地球化学（吴福元 等，1997；朱永峰 等，2004；Wu et al.，2011；许文良 等，2013；许文良 等，2019；Kröner et al.，2014；王涛等，2014；Jian et al.，2016）、生物古地理学（Rong et al.，2010；Shi，2006）以及深部结构（Li et al.，2013；Hou et al.，2015；Liang et al.，2015；韩江涛 等，2019）等多方面展开了激烈的讨论，并为推动中亚造山带的相关基础地质研究提供了丰富的基础地质资料。

近年来，随着深部探测技术和手段的提高，特别是深反射地震探测技术的发展，极大推动了造山带研究从表层向中深层的发展，并解决了造山带一系列重大地质问题（Hou et al.，2015；Brown et al.，1986；Clowes et al.，1992；Gao et al.，2016；Chen et al.，2019）。然而，针对中亚造山带深部结构的解剖及其与浅表响应等的研究仍处于探索状态，加之成矿系统 0 ～ 3000 m 浅部结构精细刻画的不足，致使一系列深层次的重大科学问题如巨型造山带的岩石圈结构与成矿动力学背景等未能得到系统阐释。地震层析成

1 中山大学地球科学与工程学院，广州，510275；2 中国地质科学院地质研究所，北京，100037；3 中国地质科学院，北京，100039。

基金项目：国家自然科学基金项目（41430213、41590863）、国家重点研发项目（2017YFC0601301）、中国地质调查局项目（DD20160207、DD20190010）。

像方法，一个类似医学 CT（computed tomography）的方法，被用于获取地球内部结构（如速度结构等）的空间成像。其中，通过主动源方法，利用深井爆破激发、小道距、长排列接收的深地震反射剖面初至波走时数据进行层析成像，是获取近地表速度结构，进而研究地壳浅表结构的一个有效方法（侯贺晟 等，2010b），其精度高于利用被动源地震台站拾取天然地震资料的反演结果。因此，本研究将利用横过中亚造山带东段（奈曼旗—东乌珠穆沁旗）满覆盖长度达 400 km 的深地震反射剖面初至波走时数据进行层析成像，以获得浅层精细速度结构，为揭示造山带浅表结构，追踪地壳演化与深部过程提供浅部精准约束。

◆ 1 研究区概况

研究区位于内蒙古自治区东部（图 1），深地震反射剖面沿内蒙古自治区奈曼旗—东乌珠穆沁旗展布。按徐备等（2014）、周建波等（2016）、Liu 等（2017）的构造单元划分，本次实施的深地震反射剖面测线自南向北经过华北地台、华北北缘造山带、西拉木伦河缝合带、松辽—锡林浩特地体、贺根山缝合带以及其北部的兴安地块等主要地质单元。据任继舜等（1999）的划分，本区由北往南又可划分为南蒙古—兴安造山带、内蒙古—吉林造山带与温都尔庙造山带等。

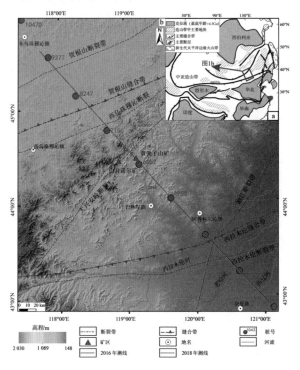

（a）研究区位置（据周建波 等，2016）；（b）深反射剖面，其中缝合带位置参见任继舜等（1999）主编的 1：（5×10⁶）中国及邻区大地构造图。

图 1 深地震反射剖面位置与地质背景

贺根山缝合带与西拉木伦缝合带被认为是代表古亚洲洋大洋板块消亡的两个缝合带。贺根山缝合带形成时代早于西拉木伦缝合带，为晚古生代的石炭世（330—300 Ma前），而西拉木伦缝合带时代可能为晚古生代末期—早中三叠世（周建波 等，2016；Zhou et al.，2015）。根据对地表残留的蛇绿岩套和配套的岩浆岩岛弧构造环境的研究，宋述光等（Song et al.，2015）和肖文交等（Xiao et al.，2015）提出古亚洲洋可能沿贺根山缝合带与西拉木伦缝合带发生向北和向南的双向俯冲。然而，夹持于两个缝合带之间的锡林浩特地体则存在着微陆块（Han et al.，2017；周建波 等，2016），构造岩浆杂岩带（吴福元 等，1997；许文良 等，2013；许文良 等，2019）或增生杂岩带（Song et al.，2015；Xiao et al.，2015）等不同的认识。

研究区地表主要出露中生代与晚古生代的火山-沉积岩系，并广泛发育花岗质侵入体，地震地质条件复杂，具地形起伏大、表层岩性横向变化大、地下构造复杂的特点。图1可见深地震反射剖面的南北两端跨越了中亚造山带东段南北沉积覆盖区，而这两个覆盖区附近正为贺根山缝合带和西拉木伦缝合带经过的位置。因而，深地震反射剖面可以揭露出隐伏于覆盖区之下的缝合带深部结构特征。

◆ 2 深地震反射剖面数据采集试验

目前，深地震反射技术已被国内外公认为是探测岩石圈精细结构的前沿技术和探测手段（王海燕 等，2006）。其原理与石油地震反射方法类似。相比之下，深地震反射剖面探测技术可以揭露全地壳的精细结构，在勘探深度方面远优于石油地震反射方法。这主要取决于深地震反射剖面的近垂直反射技术，以及在数据采集过程中相应的深井爆破激发（或大吨位可控震源的组合激发）、大药量、小道距、长排列接收等采集技术与特殊的数据处理技术的组合运用（王海燕 等，2010）。

为探究中亚造山带所经历的几大构造域叠加改造的演化过程，中国地质科学院项目组于2016年与2018年横过中亚造山带东段（奈曼旗—东乌珠穆沁旗）部署了两个深地震反射剖面探测，以获取该区地壳及上地幔的精细结构，从岩石圈尺度来系统研究构造变形形式与地球动力学过程。这两个剖面首尾拼接起来就形成一条横过中亚造山带东段的完整测线，其满覆盖长度达400 km，震源由大、中、小炮三种药量分别激发，共2186炮（其中2016年915炮，2018年1271炮）。

基于本次勘探的目的任务，结合以往勘探经验以及研究区地质资料等的分析，选取了精细的观测系统进行数据采集。采用了"小炮19 975 - 25 - 50 - 25 - 19 975"观测系统，即由小炮激发所接收的最大偏移距为19 975 m，最小偏移距为25 m，道间距为50 m，两侧对称接收。同时利用"大、中、小炮独立激发、互不重复"的原则，优化了炮点位置，将覆盖次数提高到了100次。接收则利用矩形面积组合方式通过20 - DX检波器进行，并用428XL采集系统完成监控与采集过程。采集时采样间隔为2 ms，记录长度为50 s。其余主要参数具体见表1。

表1 主要采集参数

类型	小炮	中炮	大炮
炮点距	200 m	1 km	25 km
药量	24 kg	96 kg	480 kg
井深	≥25 m	30 m×3 口	30 m×12 口
接收道数	800	≥800	单边≥1000

3 初至波走时层析成像

地震波走时层析成像方法是利用从接收的地震波走时数据，求出地下的速度结构，并用图像的形式直观地表示出来。由于已知走时矩阵难以直接求得速度分布，故通常首先将地下介质离散化为一定大小的速度网格，并对各网格赋予特定的速度值，即建立初始速度模型，然后正演计算出该模型中的射线路径与理论走时矩阵，并通过理论与观测走时之差来修正速度模型，拟合走时曲线。通过多次正反演迭代过程，不断修正模型至满足拟合精度为止（基本流程如图2）。

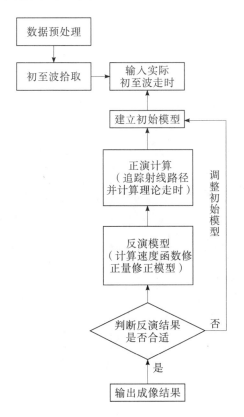

图2 地震级走时层析成像基本流程

考虑到地震初至波的易识别、可追踪性与可靠性（王立会 等，2015），本次研究选用深地震反射剖面中的初至波进行成像。本次成像的处理软件使用"复杂探区近地表建模和校正系统 ToModel"，它以获取准确近地表速度模型为核心，基于波动方程的快速行进波前追踪技术（fast marching method，FMM）来实现小网格矩形建模，并应用小波变换通过非线性迭代反演算法进行反演，使得其在反演精度、运算效率以及深度方向的分辨率等方面更具优势，能够适用于复杂探区的情况。利用该软件与类似的深反射地震数据，已有学者（侯贺晟 等，2009，2010a，2010b）在其他多个复杂地区进行了近地表成像试验且取得了较好的成效。

本研究中处理的主要过程包括：数据预处理，初至波拾取，正演模型建立与层析反演。

3.1 数据预处理

首先通过数据解编将地震仪器野外记录的格式（如 SEG－D）变成地震数据处理的格式。紧接着在完成观测系统的加载后，交互确定合适的线性校正参数，对各个单炮记录进行线性校正。

3.2 初至波拾取

为保证后续层析成像结果的精确性，准确地拾取初至波是重要的一环。本次研究采用"自动拾取＋手动修改"的方法——先通过相邻道互相关的方法来自动拾取初至波，后根据人工辨认调整拾取结果。拾取结果中（图 3），常表现为初至起伏不平，这是由地表地形起伏、地下速度结构与界面起伏所导致的。

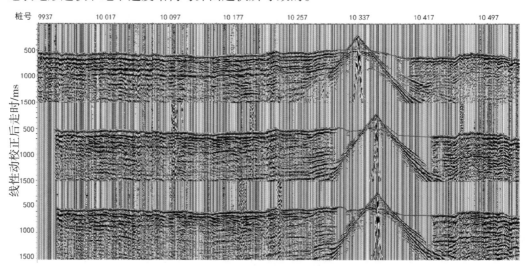

图 3　初至波拾取举例

横坐标为桩号，纵坐标为经线性动校正后的走时，此处将三炮记录结果显示在同一桩号坐标下，图中红线为所拾取初至波的到时信息。

由于二维层析反演的前提假设为所有炮点、检波点均在一条直线上，而实际施工测线并非总是如此，故需进行坐标的变换，使得所有炮点、检波点投影变换到一条直线上。根据所有炮点、检波点位置，基于最小二乘的意义拟合出一条直线，并将所有炮点与检波点投影至该线。

3.3 建立初始模型并层析反演

选择炮间距在 20 km 以内初至波数据，按照炮检距—时间的方式显示，据时距曲线拐点位置大致分为若干层，通过延迟时的方法来建立初始模型。综合考虑采集参数与反演时间等因素，最终选择 40 m × 20 m 长方形网格进行建模。

输入走时数据与所建立的初始模型，迭代反演 10 次（迭代收敛曲线如图 4），均方差（走时残差）降低在 50 ms 以内，其中 2016 年测线由初始均方差的 286 ms 降至 26 ms，2018 年测线则由 402 ms 降至 39 ms，改善率均达 90% 以上。输出理论反演的初至波时间、射线密度分布与反演速度模型。

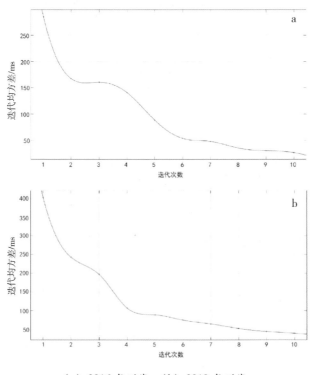

（a）2016 年测线；（b）2018 年测线。

图 4 层析反演的迭代收敛曲线

据 Snyder 等（2007）和侯贺晟等（2010b）研究试验后发现，利用深反射地震剖面初至波走时进行层析成像的模型深度随地区而异，其经验关系常表现为反演深度为排列长度的 1/10 ~ 1/5。综合射线密度分布图分析，最终能获得自地表至地下 2 ~ 4 km 厚度的速度结构。

◆ 4　速度结构模型结果

4.1　射线密度分布

从最终反演结果的射线分布图（图5）来看，射线并未"打"到界面底界即折回，也未出射到地表之上，这反映模型深度设置足够大，初始模型分层速度与深度设置得较为合适。模型中并非所有网格都有射线穿过，且射线密度分布也非均匀的。据射线的分布密度可判断该网格速度的反演可靠性，一般来说射线分布密度越大其准确性相对越高，而未曾有射线经过的网格，其速度是由其他网格速度外推得到的，可靠性较低。

该区反演的射线密度特征主要表现为"测线北部与南部沉积覆盖区射线最大穿透深度较中部山区更大"特征。这主要与观测系统、地下岩性以及构造等有关。

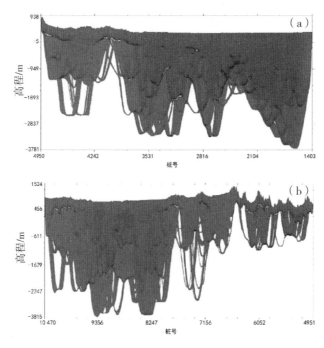

（a）2018年测线；（b）2016年测线。

图5　射线分布

4.2　全剖面速度结构模型

据李英康等（2014）研究，本文深反射地震剖面所经过区域的浅表界面P波速度主要在4.7～5.4 km/s范围，为了简化解释本研究将浅表界面速度近似为5 km/s。由于层析反演的射线密度优势分布在海拔深度 −2 km以上范围（图5），基于上述对速度层析反演结果普遍意义与简便性的综合考虑，最终速度模型深度取至海拔深度 −2 km（即自地表向下约3000 m厚度）范围，并将大于5 km/s的速度统一显示为与5 km/s速度一致的色阶（即图6中红色），以直观表现基岩浅表速度结构的基本背景。

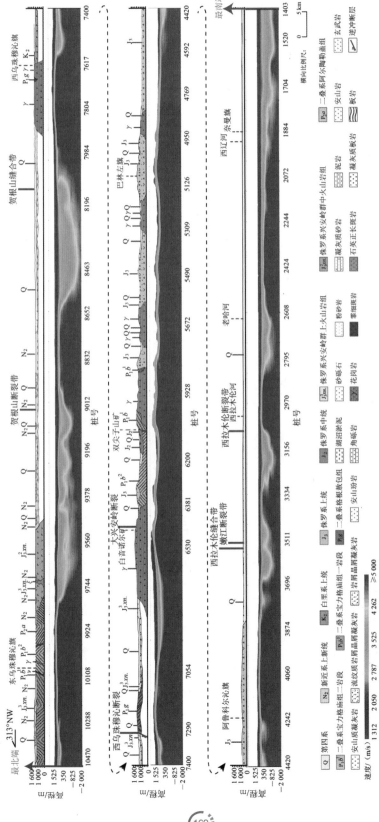

图6 中亚造山带东段（奈曼旗—东乌珠穆沁旗）浅表速度结构结果

全剖面，即连接2016年和2018年两年测线，全长约453 km。

将 2018 年与 2016 年测线反演的浅表速度结构模型连接起来获得全剖面结果，并以 1：2 横纵比显示（图6）。参考 1：（2×10^5）与 1：10^6 万地质图编绘了深反射地震剖面经过的地质构造横剖面，放在全剖面速度结构模型上方，以便于进行地质解释。

✕◆ 5 速度结构模型结果

全剖面层析反演结果整体表现为纵向上速度随深度的增加而增大的趋势，横向上存在局部速度变化异常的特征。该速度模型可主要从以下几方面进行分析。

5.1 浅表基岩起伏特征

据地质资料分析，该区浅表基岩主要由火成岩组成，地震波速度呈较高速特征（≥5000 m/s），埋深主要在 0.3 ～ 3 km 深度内变化，其中在山地起伏区的浅表埋深一般较浅，仅数百米，局部有出露。浅表基岩界面的起伏，一方面印证了该地区多期的岩浆岩活动与构造运动，另一方面也反映出沉积盆地与缝合带的浅表构造特征。

5.2 沉积盆地特征

研究发现，在深反射地震剖面南北两端对应的地下速度结构呈低速异常（≤3525 m/s），浅表基岩埋深相对较大。由此可推测在剖面南侧与北侧皆有若干沉积盆地存在，且可据低速层起伏与厚度变化推测沉积盆地的形态与厚度。最深的沉积盆地位于贺根山缝合带南侧附近（8100 ～ 8652 桩号处），深度约 3 km，盆地形态为南侧相对北侧的沉积坡度较缓的不对称型。

5.3 地表岩性对应的速度结构特征

在剖面中部，后碰撞火山岩为主要出露岩性的地区，对应的较高速度的连续分布，相对平稳。由于风化作用，浅表存在一个薄层的低速带，埋深相对较浅，常为数百米深。这说明，虽然地表火山岩断续出露（许文良 等，2013），但深部隐伏的范围更大，可能是连为一体的，即后造山花岗岩的隐伏连续特征。这一特征也曾在深地震反射剖面揭露，Zhang 等（2014）在与本次研究区相邻的一个华北北缘剖面中，显示了弱反射特征的岩浆岩（以花岗岩为主），飘在地壳的上部 10 km 左右的深度范围。

在剖面南部和北部，以新生代沉积为覆盖岩性的地区，对应的速度分布局部表现为低速层厚度较大，浅表基岩埋深加大，可达 1 ～ 3 km。低速层凹陷区指示了沉积盆地的存在。然而，纵观整个剖面，可在新生代沉积覆盖区下发现较高速度异常特征，上覆低速层较薄，之下存在隆起的高速层，如北部的 8652 ～ 9012 桩号之间，南部的 3482 ～ 3300 与 3120 ～ 2760 桩号之间。推测是隐伏的火山岩/花岗岩组成的基岩隆起，其上覆盖薄薄的新生代沉积，仅有几十米厚。

5.4 浅深构造联系的综合解释

研究区浅表速度结构剖面、地表地质剖面与本次获得的深地震反射剖面大炮数据结构剖面如图 7 所示，三个剖面长度与上下位置基本对应，可以直观显示浅表构造与深部构造的对应关系。下地壳和 Moho 结构框架剖面来自本次深地震反射剖面实施的 22 个大炮（每炮药量 480 kg）与 3 个中炮的反射数据，经过常规处理和一次叠加得到（Tan et al., 2019）。同时，近垂直反射的深反射大炮数据得到的 Moho 与下地壳底部图像，因为受地壳速度横向变化影响小，因此得到的深部信息可信度高，并广泛被国际同行接受（Li et al., 2017, 2018）。

综合分析浅表速度结构剖面与大炮一次叠加剖面给出的下地壳和 Moho 结构框架的上下对应关系（图 7）。研究区的最突出的结构特征是，剖面北部西乌旗—贺根山地区，下地壳结构以向北倾斜反射组成；剖面南部的西拉木伦—奈曼旗地区则以向南倾斜反射组成；在剖面中部白音诺尔—巴林一带，多处重合出现向上略微突出弧形反射。研究区这种特征明显的下地壳结构特征首次揭露，将为研究区的构造格架划分提供重要的制约条件。

横过东太平洋俯冲带（Oncken et al., 2003）和印度板块与亚洲板块缝合带的深地震反射剖面的精细图像（Gao et al., 2016; Guo et al., 2018），都说明下地壳反射倾斜结构与方向通常记录了地壳俯冲的极性。因而，本文深地震反射剖面揭露的下地壳结构记录了古亚洲洋双向（向南向北）俯冲消亡的极性。深反射剖面中间出现的弧形反射可能记录下古亚洲洋中一些残存的微陆块，在大洋板块消亡后碰撞拼接一起。

据板块构造理论，大洋板块俯冲消亡后发生陆–陆碰撞，通常会在缝合带附近残留弧前沉积盆地。后期经过长期演化仍可能保留一定的痕迹，如雅鲁藏布江缝合带南侧的特提斯喜马拉雅构造带中的日喀则弧前盆地。一般而言，沉积盆地表现出低速特征。本次研究区内地表地质出露的两个缝合带位置，对应了低速区，且面积较大、具一定深度。两个缝合带之间夹持的是增生造山带，发育后造山的岩浆活动，间断不连续地出露地表，呈现浅表薄的低速、深部厚的高速的特征。综上所述，基底顶面起伏与相间的低速特征反映了古大洋板块俯冲碰撞对大陆边缘浅表构造的影响，虽然已经经过了几亿年的演变，仍存有痕迹。其中缝合带附近留有较厚的低速带，可能与汇聚板块边界附近残留盆地和混杂堆积有关。

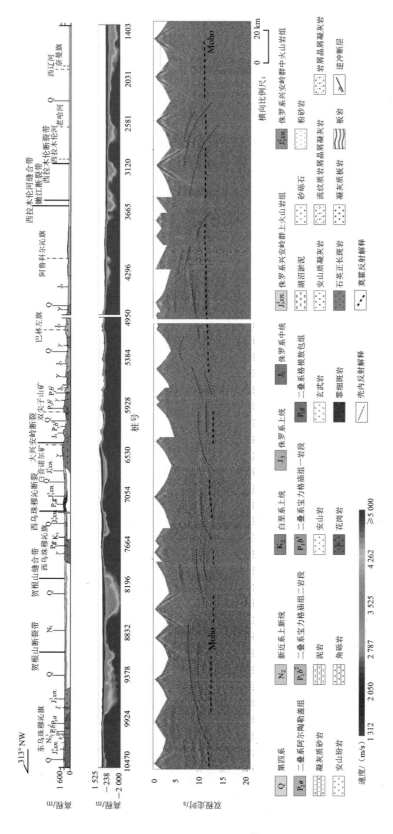

图7 显示地表地质剖面（上）与浅表速度结构剖面（中）以及深部对应的下地壳与Moho结构框架（下）

深部下地壳和Moho框架来自本次深深地震反射剖面实施的22个大炮与3个中炮近垂直反射数据揭示。每炮药量480 kg，经过基础处理和一次性叠加得到。

6　结　　论

本次研究应用初至波走时层析成像技术揭露了中亚造山带东段的浅表构造结构的横向变化，从北侧贺根山缝合带到南侧西拉木伦缝合带南北跨度 400 km，获得了约 3 km 厚的浅层速度结构的精细模型。该模型细致地刻画了速度的横纵向变化规律，可用来揭示该区的沉积盖层厚度变化、浅表构造和起伏状态等特征。结合这些速度结构特征与深地震反射剖面的强振幅反射信息，获得以下几点主要认识：

（1）浅表基岩的起伏特征印证了研究区存在多期岩浆活动与构造运动。

（2）低速异常与浅表埋深相对较大的特征揭示了沿剖面的几个弧前沉积盆地的规模分布与形状特征。

（3）剖面中部林西地区呈高速的结构特征，指示了隐伏且连续分布的造山花岗岩成片存在，与下地壳和 Moho 结构框架剖面揭露的残存微陆块区域相对应。

（4）基底顶面的起伏与相间的低速特征，对应下地壳与 Moho 结构框架剖面揭露的古亚洲洋俯冲位置，反映了古大洋板块俯冲碰撞对大陆边缘浅表构造仍留有影响，提出了古亚洲洋向南北两侧双向俯冲并与中部的残存微陆块发生拼合的构造模型。

尽管本次研究获得的速度模型在精细结构刻画方面达到了较好的效果，然而深度有限，仅在近地表 3 km 深度范围内。浅深结合的深部精细结构信息，可切开造山带地壳断面，推动深部构造的研究，为追踪造山带地质演化的深部过程挖掘更多的精细结构信息。后期可利用已获得的浅层速度结构来为更深范围的研究提供浅部速度上网精准约束。

致　　谢

特别感谢国家重点研发项目（2107YFC0601301）和中国地质调查项目（DD20160207、DD20190010）所提供的数据支持。感谢周建波教授的指导以及他对本文的审阅。

参 考 文 献

Gao R，Lu Z，Klemperer S L，et al.，2016. Crustal-scale duplexing beneath the Yarlung Zangbo suture in the western Himalaya. Nature Geoscience，9：555 – 560.

Guo X，Gao R，Zhao J，et al.，2018. Deep-seated lithospheric geometry in revealing collapse of the Tibetan Plateau. Earth – Science Reviews，185：751 – 762.

Han J，Zhou J B，Wilde S A，et al.，2017. Provenance analysis of the Late Paleozoic sedimentary rocks in the Xilinhot Terrane，NE China，and their tectonic implications. Journal of Asian Earth Sciences，144：S1367912016304047.

Hou H，Wang H，Gao R，et al.，2015. Fine crustal structure and deformation beneath the Great Xing'an

Ranges, CAOB: Revealed by deep seismic reflection profile. Journal of Asian Earth Sciences, 113: 491 – 500.

Jian P, Krner A, Shi Y, et al., 2016. Age and provenance constraints on seismically-determined crustal layers beneath the Paleozoic southern Central Asian Orogen, Inner Mongolia, China. Journal of Asian Earth Sciences, 123: 119 – 141.

Kröner A, Kovach V, Belousova E, et al., 2014. Reassessment of continental growth during the accretionary history of the Central Asian Orogenic Belt. Gondwana Research, 25 (1): 103 – 125.

Li H, Gao R, Li W, et al., 2018. The Moho structure beneath the Yarlung Zangbo Suture and its implications: Evidence from large dynamite shots. Tectonophysics, 747 – 748: 390 – 401.

Li H, Gao R, Xiong X, et al., 2017. Moho fabrics of North Qinling Belt, Weihe Graben and Ordos Block in China constrained from large dynamite shots. Geophysical Journal International, 209 (2): 643 – 653.

Li W, Keller G R, Gao R, et al., 2013. Crustal structure of the northern margin of the North China Craton and adjacent region from SinoProbe – 02 North China seismic WAR/R experiment. Tectonophysics, 606: 116 – 126.

Liang H D, Gao R, Hou H S, et al., 2015. Lithospheric electrical structure of the Great Xing'an Range. Journal of Asian Earth Sciences, 113: 501 – 507.

Liu Y J, Li W M, Feng Z Q, et al., 2017. A review of the Paleozoic tectonics in the eastern part of Central Asian Orogenic Belt. Gondwana Research, 43: S1342937X16300600.

Oncken O, Asch G, Haberland C, et al., 2003. Seismic imaging of a convergent continental margin and plateau in the central Andes [Andean Continental Research Project 1996 (ANCORP'96)]. Journal of Geophysical Research: Solid Earth, 108 (B7): 2328.

Rong J Y, Boucot A J, Su Y Z, et al., 2010. Biogeographical analysis of Late Silurian brachiopod faunas, chiefly from Asia and Australia. Lethaia, 28 (1): 39 – 60.

Shi G R. 2006. The marine Permian of East and Northeast Asia: an overview of biostratigraphy, palaeobiogeography andpalaeogeographical implications. Journal of Asian Earth Sciences, 26: 175 – 206.

Snyder D B, Roberts B J, 2007. Seismic tomographic cross-sections of the Bowser Basin in northwest British Columbia, Canada. Bulletin of Canadian Petroleum Geology, 55: 275 – 284.

Song S, Wang M M, Xu X, et al., 2015. Ophiolites in the Xing'an – Inner Mongolia accretionary belt of the CAOB: Implications for two cycles of seafloor spreading and accretionary orogenic events. Tectonics, 34: 2221 – 2248.

Tan X M, Wang H Y, Gao R, et al., 2019. Double side deep crust scale subduction toward the south and north: Indicating the polarity of the subduction of the ancient Asian ocean, Evidence from large dynamite shots of the deep seismic reflection profile // American Geophysical Union fall meeting, San Francisco.

Wu F Y, Sun D Y, Ge W C, et al., 2011. Geochronology of the Phanerozoicgranitoids in northeastern China. Journal of Asian Earth Sciences, 41 (1): 1 – 30.

Xiao W J, Windley B F, Hao J, et al., 2003. Accretion leading to collision and the Permian Solonker suture, Inner Mongolia, China: Termination of the central Asian orogenic belt. Tectonics, 22 (6): 1069.

Xiao W J, Windley B F, Sun S, et al., 2015. A Tale of Amalgamation of Three Permo-Triassic Collage Systems in Central Asia: Oroclines, Sutures, and Terminal Accretion. The Annual Review of Earth and Planetary Sciences, 43: 477 – 507.

Xu B, Charvet J, Chen Y, et al., 2013. Middle Paleozoic convergent orogenic belts in western Inner Mongolia

（China）：framework，kinematics，geochronology and implications for tectonic evolution of the Central Asian Orogenic Belt. Gondwana Research，23（4）：1342－1364.

Zhang S H，Gao R，Li H Y，et al.，2014. Crustal structures revealed from a deep seismic reflection profile across the Solonker suture zone of the Central Asian Orogenic Belt，northern China：An integrated interpretation. Tectonophysics，612－613：26－39.

Zhou J B，Wilde S A，Zhang X Z，et al.，2009. The onset of Pacific margin accretion in NE China：Evidence from the Heilongjiang high-pressure metamorphic belt. Tectonophysics，478（3）：230－246.

韩江涛，康建强，刘财，等，2019. 中亚造山带东段软流圈分布特征：基于长周期大地电磁探测的结果. 地球物理学报，62（3）：1148－1158.

侯贺晟，高锐，贺日政，等，2010a. 盆山结合部近地表速度结构与静校正方法研究：以西南天山与塔里木盆地结合部为例. 石油物探，49（1）：7－11，15.

侯贺晟，高锐，卢占武，等，2009. 青藏高原羌塘盆地中央隆起近地表速度结构的初至波层析成像试验. 地质通报，28（6）：738－745.

侯贺晟，高锐，卢占武，等，2010b. 庐枞铁多金属矿集区龙桥铁矿反射地震初至波层析成像与隐伏矿床预测. 岩石学报，26（9）：2623－2629.

李锦轶，肖序常，1999. 对新疆地壳结构与构造演化几个问题的简要评述. 地质科学（4）：405－419.

李英康，高锐，姚聿涛，等，2014. 华北克拉通北缘—西伯利亚板块南缘的地壳速度结构特征. 地球物理学报，57（2）：484－497.

刘子龙，卢占武，贾君莲，等，2019. 利用深地震反射剖面开展矿集区深部结构的探测：现状与实例. 地球科学，44（6）：2084－2105.

任继舜，王作勋，陈炳蔚，等，1999. 从全球看中国大地构造：中国及邻区大地构造图简要说明. 北京：地质出版社.

王海燕，高锐，卢占武，等，2006. 地球深部探测的先锋：深地震反射方法的发展与应用. 勘探地球物理进展，（1）：7－13，19.

王海燕，高锐，卢占武，等，2010. 深地震反射剖面揭露大陆岩石圈精细结构. 地质学报，84（6）：818－839.

王立会，梁久亮，彭刘亚，2015. 初至波层析成像技术在隐伏断裂探测中的应用. CT理论与应用研究，24（1）：29－36.

王涛，童英，张磊，等，2014. 中亚造山系花岗岩时空演化框架及大地构造意义. 2014年中国地球科学联合学术年会：专题45：中亚—兴蒙造山带.

吴福元，林强，江博明，1997. 中国北方造山带造山后花岗岩的同位素特点与地壳生长意义. 科学通报，（20）：2188－2192.

肖文交，舒良树，高俊，等，2009. 中亚造山带大陆动力学过程与成矿作用. 中国基础科学，11（3）：14－19.

徐备，陈斌，1997. 内蒙古北部华北板块与西伯利亚板块之间中古生代造山带的结构及演化. 中国科学：地球科学，27（3）：227.

徐备，赵盼，鲍庆中，等，2014. 兴蒙造山带前中生代构造单元划分初探. 岩石学报，30（7）：1841－1857.

许文良，孙晨阳，唐杰，等，2019. 兴蒙造山带的基底属性与构造演化过程. 地球科学，44（5）：1620－1646.

许文良，王枫，裴福萍，等，2013. 中国东北中生代构造体制与区域成矿背景：来自中生代火山岩组合时空变化的制约. 岩石学报, 29 (2)：339-353.

周建波, 石爱国, 景妍, 2016. 东北地块群：构造演化与古大陆重建. 吉林大学学报（地球科学版），46 (4)：1042-1055.

朱永峰, 孙世华, 毛骞, 等, 2004. 内蒙古锡林格勒杂岩的地球化学研究：从 Rodinia 聚合到古亚洲洋闭合后碰撞造山的历史记录. 高校地质学报, (3)：343-355.

中亚造山带东段（奈曼旗—东乌珠穆沁旗）深地震反射剖面大炮揭露下地壳与Moho结构：数据处理与初步解释

谭晓淼[1]，高锐[1,2,3]，王海燕[2]，侯贺晟[3]，李洪强[3]，匡朝阳[4]

◆ 0　引　言

深地震反射剖面是精细探测大陆地壳结构的有效技术（王海燕 等，2010），被全球学者用来揭露大陆地壳构造变形样式和地球动力学过程（Brown et al.，1986；Clowes et al.，1999；Bois et al.，1990；DEKORP，1990）。中国学者使用深地震反射剖面探测造山带和盆地的地壳结构，获得了重要科学发现（Gao et al.，1999，2000，2016），并在探测技术上有所发展，特别是运用大炮技术揭示了青藏高原巨厚地壳 Moho 结构（Gao et al.，2013，2016）以及中国其他造山带下地壳结构与 Moho 横向变化（李洪强 等，2013，2014；Li et al.，2018）。

相对于传统的石油地震反射剖面，深地震反射剖面大炮技术采集信息属于近垂直反射范围（Clowes et al.，1968）。其技术特点是利用大药量震源（药量 100～500 kg，最高可达 2000 kg），通过深井激发和长排列接收获取贯穿整个地壳、Moho 乃至岩石圈地幔反射结构（李洪强，2013）。通过大炮技术得到的深部反射波组的连续性更好，信噪比更高，并且单个大炮近垂直反射数据受地壳横向变化影响小，因而不需要经过复杂的数据处理，就可以快速地获得较为准确的信息（李洪强 等，2014；Stern et al.，2015）。如果沿探测剖面部署覆盖全剖面的多个大炮进行数据采集，我们就可以得到真实地反映下地壳和 Moho 结构的反射地震图像，构建深部结构框架，并可为后续的中小炮数据处理提供重要约束。

1 中山大学地球科学与工程学院，广州，510275；2 中国地质科学院地质研究所，北京，100037；3 中国地质科学院，北京，100037；4 中石化地球物理公司华东分公司，南京，210007。

基金项目：国家重点研发项目（2017YFC0601301）、中国地质调查项目（DD20160207、DD20190010）、国家自然科学基金重点项目（41430213、41590863）和珠江人才计划项目（2017ZT07Z066）联合资助。

中亚造山带东段作为全球显生宙陆壳增生与改造最显著的地区之一，自显生宙以来总体上经历了古亚洲洋、蒙古—鄂霍茨克洋和古太平洋板块等三大构造域的地质演化事件（Li，2006；Zhou et al.，2013）。其特殊的构造背景与形成演化过程吸引着国内外众多的地质学家们开展相关研究，并针对地块的起源（周建波 等，2014；Wu et al.，2005）、地块缝合的位置（张兴洲 等，2012；Li，2006；Xu et al.，2015；Liu et al.，2016）、地块缝合时间（周建波 等，2013；Wu et al.，2007；Xu et al.，2015，2018）以及古亚洲洋俯冲极性（Song et al.，2015；Xiao et al.，2015）等提出众多研究成果。其中，关于古亚洲洋消亡的方式历来争议颇多。一种观点认为，古亚洲洋沿着黑河—贺根山缝合带消亡（唐克东，1989；Sengör et al.，1993，1996；Xiao et al.，2003）；另一种观点认为，华北板块和西伯利亚板块沿着西拉木伦河缝合带拼合，使其成为古亚洲洋消亡的最终缝合带（Li，2006；张兴洲 等，2006；Wu et al.，2007；刘永江 等，2010；Xu et al.，2015；Liu et al.，2016）。显然，不同观点提出了不同的大地构造格局，影响着东北亚地区的地质演化研究。

本文选用横过中亚造山带东段（奈曼旗—东乌珠穆沁旗）的深地震反射剖面中 24 个大炮资料和 2 个中炮资料，经过预处理、静校正、噪声压制、振幅补偿、动校正等数据处理，得到全测线大炮单次剖面，精细揭示了下地壳结构、Moho 深度与横向变化，研究成果有助于识别古大洋板块俯冲的方式，为重建古亚洲洋消亡极性与增生造山深部过程，特别是上述争议问题的解决提供重要的证据。

◈ 1 剖面位置与深地震反射剖面数据采集

为了更好地揭示中亚造山带东段的古亚洲洋的演化，2016 年与 2018 年中国地质科学院地质所跨越中亚造山带东段贺根山缝合带和西拉木伦缝合带，完成了两个深地震反射剖面，两个剖面首尾衔接。测线南北端经纬度分别为：42.9°N、121.0°E，45.6°N、117.7°E，剖面满覆盖长度达 400 km（图 1）。

野外观测采用法国 SERCEL 公司生产的 428XL 仪器，800 ~ 1000 道接收，道间距 50 m，覆盖次数为 100 次。采用爆破炸药震源，深井激发。为了获取全地壳及岩石圈地幔的有效信息，采取多尺度药量的小、中、大炮组合激发，浅、中、深层兼顾原则进行数据采集。采集参数表（表 1）显示，大炮比中小炮具有更大的药量和更长的接收排列，有利于获取下地壳及更深部信息。

表 1 采集参数

类　型	小炮	中炮	大炮
炮点距	200 m	1000 m	25 000 m（小炮中炮中间激发）
药　量	24 kg	96 kg	200 ~ 2000 kg
道　距	50 m	50 m	50 m
接收道数	800 道	800 ~ 1000 道	单边接收不少于 1000 道

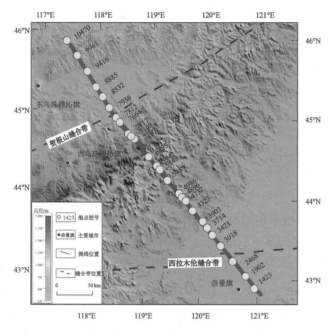

图 1　测线及大炮位置（构造背景据周建波 等，2016）

◆ 2　深地震反射剖面大炮数据处理

为了使沿测线深部单次覆盖完整，本研究选取剖面上 24 个深地震反射大炮（200 kg、480 kg、2000 kg）和两个中炮（96 kg）一并进行有针对性的数据处理，以期获取研究区高信噪比的下地壳、Moho 反射信息。由于野外放炮条件的限制，采集时个别单炮的位置会进行适应性调整，炮点沿测线的位置见图 1。

深地震反射剖面大炮数据处理的原则是在保持数据资料的真实性的前提下，提高深部资料的信噪比。在原始资料分析的基础上，对单炮数据进行必要的、无过多修饰性的处理，快速获取大炮单次剖面，得到沿线深部结构框架，为深部构造的研究提供真实可靠的信息，也为中浅层的处理提供约束。本研究处理流程及具体参数详见表 2。

表 2　大炮数据处理参数

处理流程	2016 年测线（炮点桩号 1423 ～ 4896）	2018 年测线（炮点桩号 4986 ～ 10 470）
预处理	读取前 20 s 数据、建立并加载观测系统	
层析静校正	基准面 1400 m；替换速度 4000 m/s	
振幅补偿	纵向增益因子 1.5；横向 AGC 时窗 2 s	
中值滤波	3 – 18 – 46 – 60 Hz	
衰减面波干扰	100 ms—5；2000 ms—4；4000 ms—3；6000 ms—2	100 ms—12

续表

处理流程	2016 年测线（炮点桩号 1423 ～ 4896）	2018 年测线（炮点桩号 4986 ～ 10 470）
衰减随机干扰	单频波衰减 50 Hz；200 ms—28；5000 ms—20；10 000 ms—10；20 000 ms—4	
压制线性干扰	炮点桩号 1423，1794 m/s； 炮点桩号 1902，1960 m/s	炮点桩号 8885，1858 m/s
动校正	单炮动校正	

2.1 静校正

分别用高程静校正法和层析静校正法进行测试。以炮点桩号为 4323 的大炮为例，图 2 中（a）为大炮原始单炮记录，初至波明显存在抖动现象，反射波组也存在不光滑现象，静校正问题较为明显。（b）（c）分别为高程静校正和层析静校正的结果。通过对比发现，层析静校正单炮上初至光滑，反射同相轴连续性更好。因此，全测线统一选用层析静校正。

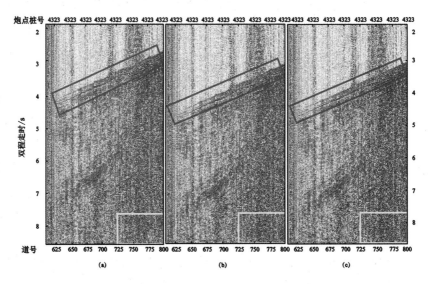

（a）为原始单炮记录；（b）为高程静校正结果；（c）为层析静校正结果。

红框圈定初至波，黄框圈定反射波。

图 2　静校正前后对比（炮点桩号为 4323）

2.2 压制噪声

从整个研究区的单炮记录来看，干扰波主要存在面波、线性干扰波、工业电干扰以及各种异常振幅噪声等［图 3（a）］，影响有效信息拾取。面波能量强、分布于近偏移距的范围内，采用乱序随机噪声压制的方法衰减面波干扰。线性干扰频率高，范围宽，与有效波频率相近。但线性干扰具有恒定的速度，可以根据有效波和线性干扰的能量与速度差异使用减去法对其进行压制。工业电干扰具有恒定的频率（50 Hz），可以考虑用单频波衰减的方法对其进行压制。压制其他随机噪声的主体思路是利用异常振幅衰减方法分频、分时窗地在共炮点域不同门槛值范围内对其能量进行压制，至有效波振幅水平，以便于后续处理［图3（c）］。

2.3 振幅补偿

压制噪声之前先进行纵向上的振幅补偿，在此采用时间指数函数增益的方法。由于大炮探测深度大，根据本剖面特点，通过实验，确定增益因子为1.5。纵向振幅补偿后，浅、中、深层能量达到了均衡，深部无论有效波还是干扰波都得以追踪［图3（b）］。

针对大炮资料的横向振幅补偿，采用自动增益控制的方法（AGC），为地震道增加一个滑动窗自动增益控制，将每一个滑动窗内的振幅增益或减小到平均水平，达到空间能量均衡的目的，保证了一次剖面上炮与炮之间能量的一致性与同相轴连续可追性［图3（c）］。

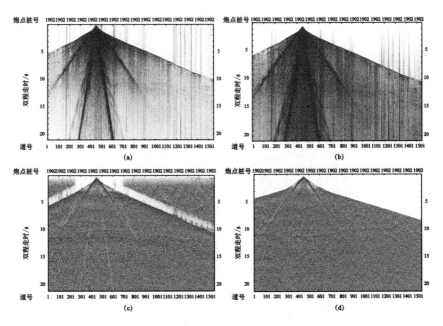

（a）原始单炮；（b）静校正及纵向振幅补偿后的单炮；（c）压制噪声及横向振幅补偿后的单炮；（d）动校正后的单炮。

图3 典型大炮单炮（炮点桩号为1902）处理过程

2.4 动校正

动校正的目的是校正由于炮检距不同而造成的走时差，直观上就是将反射双曲线校正为直线。本剖面处理时针对大炮资料近垂直反射的特点，专门进行了长偏移距剖面的动校正，在大炮单炮上通过曲线拟合法提取深部速度，并参考小炮处理的速度选取浅层速度，使每炮动校正处理速度选取更合适。炮检距较大时，动校正会产生拉伸作用，引起远炮检距浅部波形发生畸变，使同相轴趋于低频，应选择合理参数对其切除［图3（d）］。经过动校正处理后获得大炮单炮剖面数据集，把每炮剖面数据按空间位置进行横向排列，重复的道集数据进行取舍，得到全测线的大炮单次剖面（图4）。

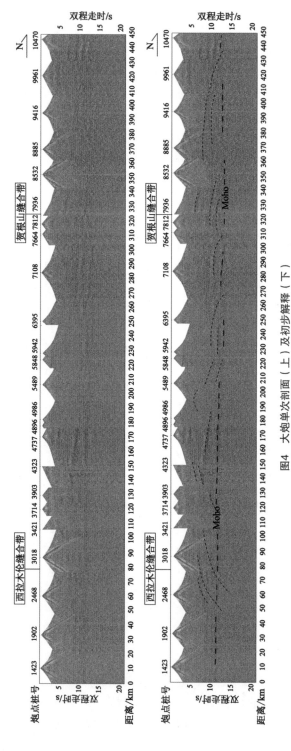

图4 大炮单次剖面（上）及初步解释（下）

✕◆ 3　下地壳及 Moho 反射特征及初步解释

大炮单次剖面（图 4）的纵向坐标为双程走时，单位为 s，纵向深度表示到 20 s（约 60 km，按地壳平均速度 6.00 km/s 估算）。横向坐标为炮点桩号及距离，横向长度约 450 km。剖面纵横比近似为 1：1。

从剖面上可以看出，地震波组特征明显，下地壳结构清晰。Moho 深度位于双程走时 12 s 左右，约 36 km 深处，近于平坦展布，两侧盆地略浅，剖面中部局部略深，横向可以连续追踪。

下地壳结构呈现出南北对称的双向倾斜结构，即剖面南边（炮点桩号 2468 ~ 4423 区间）的下地壳（6 s 以下）呈现出总体向南部倾斜的连续反射，剖面北边（炮点桩号 5489 ~ 10470 区间）的下地壳总体向北部倾斜，有些下地壳反射穿过 Moho 到达上地幔顶部，如西拉木伦缝合带和贺根山缝合带下方。在剖面中段的下地壳多处出现块状弧状反射体（如炮点桩号 2468 ~ 4896、4986 ~ 5489 以及 5942 ~ 7936 下方），反射体底部较平，顶部上拱。

深地震反射剖面大炮单次剖面切开了地壳和岩石圈地幔顶部，呈现出下地壳和岩石圈地幔顶部精细的几何结构。如何认识大炮单次剖面呈现出的地壳结构几何特征，尤其是下地壳连续倾斜的反射特征？全球两个实例为我们提供了解释依据。加拿大岩石圈探测计划（LITHOPROBE）发表的，以深地震反射剖面方法为基础编制的横过北美大陆岩石圈地学断面（Clowes et al., 2011），揭示了一个重要的事实，即下地壳倾斜反射记录了早期板块俯冲的极性。横过雅鲁藏布江缝合带的深地震反射剖面（Gao et al., 2016；Guo et al., 2017）揭示，伴随印度板块向北俯冲，印度下地壳也向北倾斜俯冲，穿越 Moho 进入了地幔。

根据前人对北美地区揭露古老板块的反射结构以及较新的印度板块与亚洲板块碰撞俯冲行为的反射结构，结合中亚造山带中段地区已有的地质构造观测结果（Xiao et al., 2003；Zhou et al., 2013），我们有理由认为，在西拉木伦缝合带和贺根山缝合带下地壳倾斜的连续反射，应为古亚洲洋板块消亡的遗迹。因而，下地壳南倾和北倾的连续反射记录了古亚洲洋板块向南和向北消亡的痕迹，两者共同构成了双向俯冲。上述下地壳连续的倾斜反射特征表明，古亚洲洋板块消亡的方式是南北双向的俯冲，贺根山缝合带与西拉木伦缝合带是古亚洲洋板块消亡的双缝合带，但是可能不是同时发生，向北俯冲的规模要大一些。

反射剖面中段两条缝合带之间的几个块状弧状反射体可能是洋内残余微陆块拼接形成的，在板块汇聚过程中遭受了挤压，基底的顶部发生上拱形变和构造叠置。

Moho 位于双程走时 12 s 附近，近于水平展布，相对平缓的 Moho 为后期伸展作用均衡的结果，这应与中亚造山带东段中生代以来的造山后伸展作用密切相关（周建波 等，2012；张兴洲 等，2012；Xu et al., 2015）。

4 结　论

本研究通过对横过中亚造山带东段（奈曼旗—东乌珠穆沁旗）的深地震反射剖面大炮资料的数据处理，得到反映中亚造山带东段下地壳及 Moho 精细结构的大炮单次剖面，初步认识如下：

（1）大炮资料信噪比高，抗干扰能力强，未经过多修饰性处理的大炮单次剖面就可以真实地反映下地壳及 Moho 的构造格架。同时可以对中、浅层的处理进行约束。

（2）大炮资料处理应尽可能保持数据真实性。通过多次对比试验，根据本剖面的实际特点，选择合理的处理方法与处理参数。本文选取适合研究区的静校正方法，从能量、频率、速度等多角度去噪，测试多种振幅补偿的方法，进行了动校正处理。按每炮空间位置进行横向排列与数据取舍得到全测线大炮单次剖面，相比于叠加剖面保留了有效的单炮地震信息，结果更加真实。

（3）大炮数据单次剖面，揭露出中亚造山带东段下地壳及 Moho 的精细结构，刻画了古亚洲洋消亡与中亚造山带增生造山的深部过程：古亚洲洋板块消亡的方式是南北双向的俯冲，西拉木伦缝合带与贺根山缝合带是古亚洲洋消亡的双向缝合带，西拉木伦缝合带下方古亚洲洋板块以向南消亡为主，而贺根山缝合带下方古亚洲洋板块以向北消亡为主。在两个缝合带之间下地壳呈现出几个大规模的块状弧状反射体，推测是大洋中的残余微地块后期拼合体。Moho 位于双程走时 12 s 附近，近于水平展布。相对平缓的 Moho 记录了地壳的后期伸展，这可能与中亚造山带东段出现的造山后伸展作用有关。

致　谢

谨此祝贺高锐老师从事地球物理科研工作 50 周年，感谢恩师的悉心指导与谆谆教诲！感谢中石化地球物理公司华东分公司的野外数据采集工作。特别感谢国家重点研发项目（2017YFC0601301）和中国地质调查项目（DD20160207、DD20190010）所提供的数据支持。本文得到国家自然科学基金重点项目（41430213、41590863）和珠江人才计划项目（2017ZT07Z066）资助。

说　明

文章发表信息：谭晓淼，高锐，王海燕，等，2021. 中亚造山带东段深地震反射剖面大炮揭露下地壳与 Moho 结构：数据处理与初步解释. 吉林大学学报（地球科学版），51（3）：898－908. DOI:10. 13278/j. cnki. jjuese. 20200040.

✕◆ 参 考 文 献

Bois C, ECORS Scientific Party, 1990. Major geodynamic processes studies from the ECORS deep seismic profiles in France and adjacent areas. Tectonophysics, 173: 397 – 410.

Brown L, Barazangi M, Kaufman S, et al., 1986. The first decade of COCORP: 1974 – 1984// Barazangi M, Brown L (eds.). Reflection Seismology: A Global Perspecfive: Geodynamics Series, volume 13. American Geophysical Union, Washington DC: 107 – 120.

Clowes R, Baird D, Dehler S, 2011. Crustal structure of the Cascadia subduction zone, southwestern British Columbia, from potential field and seismic studies. Canadian Journal of Earth Sciences, 34 (3): 317 – 335.

Clowes R, Cook F, Hajnal Z, et al., 1999. Canada's LITHOPROBE Project (Collaborative, multidisciplinary geoscience research leads to new understanding of continental evolution). Episodes, 22 (1): 3 – 20.

Clowes R, Kanasewich E, Cumming G, 1968. Deep crustal seismic reflections at near-vertical incidence. Geophysics, 33 (3): 441 – 451. https://doi. org/10. 1190/1. 1439942.

DEKORP Research Group, 1990. Results of deep-seismic reflection investigations in the Rhenish Massif. Tectonophysics, 173: 507 – 515.

Gao R, Cheng X Z, Wu G J, 1999. Lithospheric structure and geodynamic model of the Golmud – Ejin transect in northern Tibet. Geological Society of America Special Paper, 328: 9 – 17.

Gao R, Hou H X, Cai X Y, et al., 2013. Fine crustal structure beneath the junction of the southwest Tian Shan and Tarim Basin, NW China. Lithosphere, 5: 382 – 392.

Gao R, Huang D D, Lu D Y, et al., 2000. Deep seismic reflection profile across the juncture zone between the Tarim basin and the West Kunlun mountains. Chinese Sci. Bull, 45 (24): 2281 – 2286.

Gao R, Lu Z W, Klemperer S L, et al., 2016. Crustal-scale duplexing beneath the Yarlung Zangbo suture in the western Himalaya. Nat. Geosci., 9: 555 – 560. https://doi. org/10. 1038/ngeo2730.

Guo X Y, Li W H, Gao R, et al., 2017. Nonuniform subduction of the Indian crust beneath the Himalayas. Scientific Reports, 7 (1): 12497.

Li H Q, Gao R, Li W H, et al., 2018. The Moho structure beneath the Yarlung Zangbo Suture and its implications: Evidence from large dynamite shots. Tectonophysics, 747 – 748: 390 – 701. https://doi. org/10. 1016/j. tecto. 2018. 10. 003.

Li J Y, 2006. Permian geodynamic setting of Northeast China and adjacent regions: Closure of the Paleo-Asian Ocean and subduction of the Paleo-Pacific Plate. Journal of Asian Earth Sciences, 26: 207 – 224.

Liu Y J, Li W M, Feng Z Q, et al., 2016. A review of the Paleozoic tectonics in the eastern part of Central Asian Orogenic Belt. Gondwana Research, 43: 123 – 148.

Sengör A M C, Natal 'in B A, Burtman V S, 1993. Evolution of the Altaid tectonic collage and Paleozoic crustal growth in Eurasia. Nature, 364: 209 – 307.

Sengör A M C, Natal'in B A, 1996. Paleotectonics of Asia: fragments of a synthesis//Yin A, Harrison M (eds.). The Tectonic Evolution of Asia. Cambridge: Cambridge University Press: 486 – 641.

Song S G, Wang M M, Xu X, et al., 2015. Ophiolites in the Xing'an – Inner Mongolia accretionary belt of the CAOB: Implications for two cycles of seafloor spreading and accretionary orogenic events. Tectonics, 34:

2221 – 2248.

Stern T, Henrys S, Okaya D, et al., 2015. A seismic reflection image for the base of a tectonic plate. Nature, 518：85 – 88.

Wu F Y, Yang J H, Lo C H, et al., 2007. The Heilongjiang Group：a Jurassic accretionary complex in the Jiamusi Massif at the western Pacific margin of northeastern China. Island Arc, 16：156 – 172.

Wu F Y, Zhao G, Wilde S A, et al., 2005. Nd isotopic constraints on crustal formation in the North China Craton. Journal of Asian Earth Sciences, 24 (5)：523 – 545.

Xiao W J, Windley B F, Hao J, et al., 2003. Accretion leading to collision and the Permian Solonker suture, Inner Mongolia, China：Termination of the centeral Asian orogenic belt. Tectonics, 22：1069 – 1089.

Xiao W J, Windley B F, Sun S, et al., 2015. A Tale of Amalgamation of Three Permo-Triassic Collage Systems in Central Asia：Oroclines, Sutures, and Terminal Accretion. Annual Review of Earth and Planetary Sciences, 43 (1)：477 – 507.

Xu B, Wang Z W, Zhang L Y, et al., 2018. The Xing – Meng Intracontinent Orogenic Belt. Acta Petrologica Sinica, 34 (10)：2819 – 2844.

Xu B, Zhao P, Wang Y, et al., 2015. The pre-Devonian tectonic framework of Xing'an – Mongolia orogenic belt (XMOB) in north China. Journal of Asian Earth Sciences, 97：183 – 196.

Zhou J B, Wilde S A, 2013. The crustal accretion history and tectonic evolution of the NE China segment of the Central Asian Orogenic Belt. Gondwana Research, 23：1365 – 1377.

李洪强, 高锐, 王海燕, 等, 2013. 用近垂直方法提取莫霍面：以六盘山深地震反射剖面为例. 地球物理学报, 56 (11)：3811 – 3818.

李洪强, 高锐, 王海燕, 等, 2014. 用深反射大炮对大巴山—秦岭结合部位的地壳下部和上地幔成像. 地球物理学进展, 29 (1)：102 – 109.

刘永江, 张兴洲, 金巍, 等, 2010. 东北地区晚古生代区域构造演化. 中国地质, 37 (4)：943 – 951.

唐克东, 1989. 中朝陆台北侧褶皱带构造发展的几个问题. 现代地质, 2：195 – 204.

王海燕, 高锐, 卢占武, 等, 2010. 深地震反射剖面揭露大陆岩石圈精细结构. 地质学报, 84 (6)：818 – 839.

张兴洲, 马玉霞, 迟效国, 等, 2012. 东北及内蒙古东部地区显生宙构造演化的有关问题. 吉林大学学报：地球科学版, 42 (5)：1269 – 1285.

张兴洲, 杨宝俊, 吴福元, 等, 2006. 中国兴蒙—吉黑地区岩石圈结构基本特征. 中国地质, 33 (4)：816 – 823.

周建波, 曾维顺, 曹嘉麟, 等, 2012. 中国东北地区的构造格局与演化：从 500 Ma 到 180 Ma. 吉林大学学报：地球科学版, 42 (5)：1298 – 1316, 1329.

周建波, 韩杰, Wilde S A, 等, 2013. 吉林—黑龙江高压变质带的初步厘定：证据和意义. 岩石学报, 29 (2)：386 – 398.

周建波, 石爱国, 景妍. 2016. 东北地块群：构造演化与古大陆重建. 吉林大学学报（地球科学版）, 46 (4)：1042 – 1055.

周建波, 王斌, 曾维顺, 等, 2014. 大兴安岭地区扎兰屯变质杂岩的碎屑锆石 U – Pb 年龄及其大地构造意义. 岩石学报, 30 (7)：1879 – 1888.

深地震反射剖面所揭示的大陆造山带碰撞后期的构造演化

——以大别山造山带研究为例

闫诚[1]，高锐[1,2]，郭晓玉[1]

◆ 0 引 言

板块构造理论是基于大洋岩石圈的研究而提出的（郑永飞 等，2015），目前广泛用于解释地球最外部圈层——岩石圈的构造演化相关问题。陆－陆碰撞过程被看作是认识大陆岩石圈以及发展现今板块构造理论的关键所在（郑永飞 等，2015）。通过对青藏高原的研究，我们已经取得了很多关于陆－陆碰撞进行中的相关成果（Gao et al.，1999；Leech et al.，2005；Willett，1994；Capitanio et al.，2010；Gao et al.，2016；Guo et al.，2017），使我们对正在进行的陆－陆碰撞深部过程有了一定的认识。但是对于陆－陆碰撞后期过程我们仍然缺少关键的研究成果，即缺少对碰撞后期造山带全地壳尺度的地壳几何结构认识，这在一定程度上影响了我们对于陆－陆碰撞后期大陆地壳的构造演化过程的了解，从而有碍于我们全面了解板块构造理论。

大别山造山带位于中国中部地区秦岭造山带的最东缘（图1）。前人的研究表明大别山造山带经历了完整的陆－陆碰撞过程，因此被认为是研究陆－陆碰撞后期过程的天然实验室。前人对大别山造山带的研究基本都集中在大别山地区超高压变质岩的地球化学/岩石学、年代学研究，以及其折返机制上面（李曙光 等，2004，2005；王清晨 等，2013；Yuan et al.，2003；Ratschbacher et al.，2000；Platt et al.，1993），由于缺乏全地壳尺度的地壳精细几何结构信息，目前并没有一个完善的运动模型来诠释该地区陆－陆碰撞后期的运动过程。在本次研究中，我们将主要对该地区存在的首尾相接横跨大别山南北364 km长的两个深地震反射剖面进行综合分析，获得该地区清晰的全地壳尺度的地壳几何结构。结合前人在该地区研究所获得岩石学、地球化学、年代学以及地表地质研究成果，本文将着重探究和构建大别山陆－陆碰撞后期运动学过程，其结果有助于更好

---

1 中山大学地球科学与工程学院，广州，510275；2 中国地质科学院地质研究所岩石圈中心，原国土资源部深部探测与地球动力学重点实验室，北京，100037。

地了解大别山造山带陆－陆碰撞后期的构造演化。

◆ 1 地质背景

大别山造山带位于秦岭造山带最东侧（图1）。该造山带是在三叠纪时期（Gilder et al., 1997）经由华北板块与扬子板块陆－陆碰撞所形成的（董树文 等，2002）。碰撞及碰撞后期的一系列构造活动造就了大别山造山带复杂的构造演化过程。在中三叠世，华北板块和扬子板块在共同向北运动的过程中发生了碰撞（董树文，2000）。古地磁的证据（Zhao & Coe, 1987）表明华北板块和扬子板块最先的碰撞点即为大别山地区，此后以大别山地区为绞合点，扬子板块顺时针、华北板块逆时针旋转拼接，两个地块开始了"剪刀式"的闭合过程（Zhao & Coe, 1987），直到中侏罗世才结束了这种"剪刀式"的闭合过程（Zhao & Coe, 1987）。

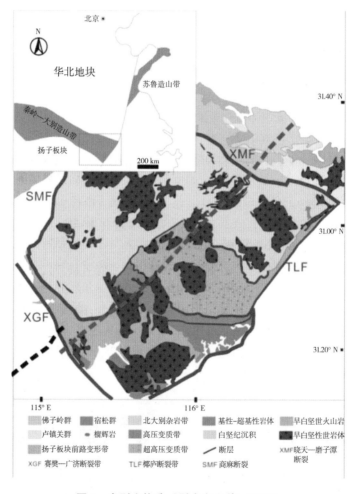

图1 大别山构造（引自向必伟，2005）

黑色虚线代表2004年深地震反射剖面位置（董树文 等，2005）；蓝色虚线代表2003年深地震反射剖面（Yuan et al., 2003）。

1.1 岩石单元划分

由于大别山造山带复杂的构造历史，学者们对于大别山地区的岩石单元划分有着不同的意见，目前比较被公认的划分方案是根据岩石的变质程度进行划分，将大别山划分为4个岩石单元，由北到南分别是：①北淮阳构造带；②北大别杂岩带；③南大别超高压变质带；④宿松浅变质带（王清晨 等，1998）（图1）。北淮阳构造带位于晓天—磨子潭断裂以北，其变质程度主要为绿片岩相，部分地区出现角闪岩相。北大别杂岩带位于晓天—磨子潭断裂以南，水吼—五河断裂以北，主要包括片麻岩以及麻粒岩相的变质岩。南大别超高压变质带位于水吼—五河断裂以南，太湖—马庙断裂以北，该带的岩石主要为榴辉岩以及片麻岩，为整个大别山变质程度最高的区域。宿松浅变质带位于太湖—马庙断裂以南，襄樊—广济断裂以北，变质作用主要为较低级的角山岩相。总体大别山地区的南北缘的变质程度较低，以绿片岩相为主，中部的变质程度高，以麻粒岩相和榴辉岩相为主（王清晨 等，1998；徐树桐 等，2010）。

1.2 大别山地区主要断裂

大别山造山带发育了不同时期、不同方向以及不同规模的断裂系统，构成了现今十分复杂的断裂构造格局（图1），其中，近平行于造山带的断裂有信阳—舒城断裂、晓天—磨子潭断裂、五河—水吼断裂、太湖—马庙断裂、襄樊—广济断裂，和造山带基本垂直的断裂主要为郯庐断裂、商麻断裂（图1）。其中最重要的是两条边界断裂：大别山造山带北侧的晓天—磨子潭断裂带和南侧边界襄樊—广济断裂带（图1）。

1.2.1 晓天—磨子潭断裂

晓天—磨子潭断裂位于大别山造山带最北的一条大断裂，分割开了北大别杂岩带和北淮阳构造带（图1）。关于晓天—磨子潭断裂，不同的学者有着不同的认识。一些学者主张晓天—磨子潭断裂是扬子板块与华北板块的缝合线（索书田 等，2000），但是该观点受到了北淮阳构造带内发现的具有扬子板块的同位素信息的挑战（吴元保 等，2004；江来利 等，2005）。还有其他一些学者基于对北大别穹隆构造的研究，认为晓天—磨子潭断裂是北大别穹隆的拆离剪切带（Ratschbacher et al.，2000；Faure et al.，2003；林伟 等，2005；李曙光，2004，2005）。以上观点从不同的角度突出了晓天—磨子潭断裂在大别山构造演化过程中的重要性。

晓天—磨子潭断裂总体走向 WNW—ESE，倾向 NNE（图1），其断裂主体为是一大的韧性剪切带，但是在韧性剪切带的北侧叠加了脆性正断层活动，且后者切割前者。根据前人的研究，该韧性剪切带的形成时代晚于片麻岩化变质作用，早于早白垩世热穹隆形成的时间，大概为（190±10）Ma 前（向必伟 等，2007）。王勇生等（2009）在晓天—磨子潭断裂的脆性断层带中获得了142 Ma 前的年代学数据，被认为有可能是其脆性正断层活动的时间。因此，晓天—磨子潭断裂带的构造活动伴随了大别山造山带超高压穹隆出露构造活动以及后期造山带板内自我调整的构造活动过程。

1.2.2 襄樊—广济断裂

襄樊—广济断裂是大别山地区与扬子板块的分界线，全长 1000 km，在大别山南缘被郯庐断裂带拦截，总体走向为 NWW（图 1）。关于襄樊—广济断裂的构造活动属性研究，不同的学者也有着不同的看法。Faure 等（2003）和林伟等（2003，2005）认为襄樊—广济断裂带经历了两期变形，即晚三叠—早侏罗发生主体向南东的逆冲走滑，随后中晚侏罗世由于伸展作用被改造为南倾的伸展剪切带。李三忠等（2010）同样也认为襄樊—广济断裂带北倾，并且认为其是超高压折返的南缘逆冲边界。

根据前人的研究发现，襄樊—广济韧性剪切带在距今 160—140 Ma 之间发生过顺时针旋转。以商麻断裂带与襄樊—广济断裂带的交点为转折点，该转折点的东部在早 - 中侏罗世发生了大规模的逆掩推覆，并且伴随有顺时针的旋转，其推覆距离由西到东不断增大，靠近郯庐断裂的区域其推覆距离达到了 60 km（杨坤光 等，2011；程万强 等，2012）。

◆ 2 深反射剖面所揭示的大别山地区深部构造特征

前人在大别山地区进行过很多的地震学勘测。早在 1994 年，王椿镛等（1997）就在大别山测制了宽角反射—折射地震剖面，其北起安徽庄墓，南到江西张公渡，发现了晓天—磨子潭断裂下方的 Moho 断口，首次为我们揭示了大别山地区的深部结构特征。1997 年，中德科学家合作测得了一个 20 km 长的深地震反射剖面，由横中村到潜山县，他们根据剖面认为超高压变质岩石叠覆在扬子克拉通的地壳之上（Schmid et al.，2001）。在前人的众多成果当中，有两个深地震反射剖面特别清晰地揭示了大别山地区的深部结构：一个是袁学诚等发表于 2003 年的剖面（Yuan et al.，2003），其北起安徽六安，南至湖北黄石，穿越了北淮阳构造带、北大别杂岩带、南大别超高压变质带以及宿松浅变质带，全长 224 km；另一个由董树文、高锐等测制并发表于 2004 年（高锐 等，2004），2005 年（董树文 等，2005），其北起湖北株林，南至平江幕阜山，横切宿松浅变质带和前陆褶皱 - 冲断带，全长 140 km。两个剖面在宿松浅变质带以及前陆褶皱 - 冲断带有少量重叠，以襄樊—广济断裂带为标志，我们可以很好地将两个剖面连接，组成一个由南向北横穿大别山造山带完整的深地震反射剖面（图 2）。

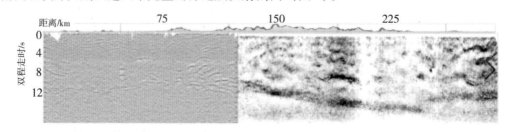

图 2　深反射地震剖面

左侧剖面来自 SinoProbe - 02 项目李文辉提供的处理数据线条图；右侧剖面来自袁学诚等（2003）。

根据剖面所揭示的研究区深部几何结构，我们在双程走时 9 ~ 12 s 的深度发现了具有一系列明显错断的强反射同向轴［图 3（a）］，本文将该强反射同向轴的底部解释为该研究区域的 Moho。其总体特征为中部浅，向南北两侧变深，以 6 km/s 的地壳平均速度进行时 – 深转换，获得 Moho 的埋深在 27 ~ 36 km。将深地震反射剖面中 Moho 之上，双程走时 8 s 之下的部分定义为中下地壳，双程走时 8 s 之上的部分定义为上地壳。

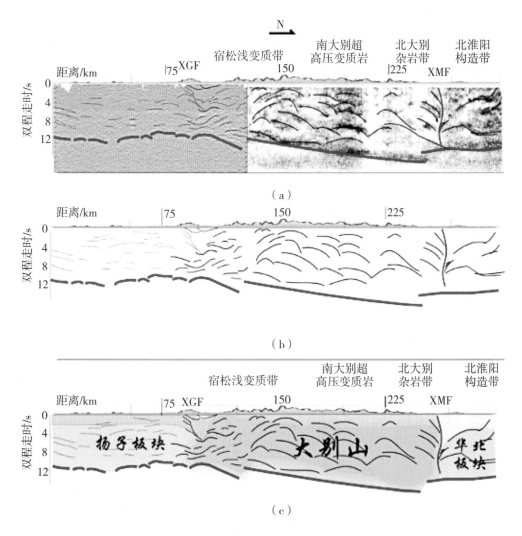

图 3　深地震反射剖面解释

　　左侧剖面来自 SinoProbe – 02 项目李文辉提供的处理数据线条图；右侧剖面来自袁学诚等（2003）。

2.1　扬子板块深地震剖面反射特征

　　扬子板块为图中襄樊—广济断裂以南的区域［图 3（a）］，Moho 在其中间位置出现下凸，相应的地壳厚度出现变化。同时我们也观察到，Moho 横向并非一个连续的反射，中间发育有多处明显错断，被错断的 Moho 大部分为拱形，在深地震剖面上我们可以清晰地看到 Moho 的不连续间断结构［图 3（a）］。在襄樊—广济断裂带的之下，Moho 的厚度减至最薄，其厚度由 12 s 减至 10 s，其上部地壳内部出现了明显的叠瓦状构造［图 3（a）（b）］。该构造指示了当时向北的俯冲极性。扬子板块的中下地壳以及上地壳均没有发生明显的变形。在前陆褶皱 - 冲断带内部，根据深地震反射剖面中上地壳（双程走时 8 s 以上部分）的反射特征，可以以双程走时 3 s 为界，将上地壳进一步划分为上地壳顶部和底部两个部分［图 3（c）］。上地壳顶部以清晰的，可以连续追踪的强反射同向轴为特点，一般认为是地壳浅部被改造的沉积层反射特征。双程走时 3 ～ 8s 的上地壳底部的反射同向轴与上地壳顶部相比明显减弱，其原因有可能是因为上地壳的底部为前寒武纪结晶基底。

2.2 大别山地区深地震剖面反射特征

大别山地区为图 3（a）中晓天—磨子潭断裂与襄樊—广济断裂之间的区域，Moho 的倾向为北倾，深度不断加深，且在晓天—磨子潭断裂之下的 Moho 存在一个明显的错断。前人解释为扬子陆块地壳物质深俯冲和超高压变质岩折返的通道（Yuan et al.，2003）。在襄樊—广济断裂带附近以北的中下地壳区域，可以观察到大量"◠"状强反射层［图 3（c）］，总体倾向为南倾。在该地区的中部发育有几组较为水平的强反射层，而在该地区的北段，靠近晓天—磨子潭断裂的区域，则发育明显的北倾强反射层［图 3（a）和图 2（b）］。

2.3 华北板块深地震剖面反射特征

华北板块为图中晓天—磨子潭断裂以北的区域，该地区发育了一条南倾的强反射同向轴［图 3（a）］，前人解释为合肥盆地下面的北淮阳推覆体（Yuan et al.，2003）。

◆3 深反射剖面的构造解释

3.1 大陆碰撞后期 Moho 变形

在大陆碰撞的前期，Moho 由于强烈的挤压作用会产生错断并堆叠在一起，形成叠瓦状构造（黄兴富 等，2018），而扬子板块的 Moho 在深地震反射剖面上呈明显的不连续间断结构，我们认为是被大陆碰撞后期过程改造的结果。大别山地区在大陆碰撞后期，由于旋转轴的改变，整体构造环境由汇聚挤压转变为拉伸（Guo et al.，2012）。扬子板块不断向南拉伸的过程中，扬子俯冲板块缝合带位置形成的叠瓦状构造，伴随着持续向南拉张伸展作用过程，最终形成了现在的 Moho 的不连续间断结构构造［图 3（a）］。尽管 Moho 存在不连续间断反射特征，但 Moho 整体还是表现出了构造挤压过程中向造山带逐步埋深过程这一结构形态［图 3（c）］。

3.2 大陆碰撞后期中上地壳变形

我们认为，在大别山深地震反射剖面中，大别山地区南部中上地壳的大量"︶"状强反射层就是被大陆碰撞后期过程所强烈改造的双重逆冲构造［图 3（a）和图 2（c）］。大别山地区双重逆冲构造在大陆碰撞前期的形成过程，与青藏高原下方的双重逆冲构造成因类似（Gao et al., 2016）。扬子板块在块俯冲的过程中，其上地壳与下地壳可以发生解耦，下地壳的物质继续向下俯冲，而上地壳部分低密度物质在浮力和挤压力的共同作用下，向相反方向逆冲，形成双重逆冲构造（Gao et al., 2016）。

分析西藏普兰的深地震反射剖面，我们发现在大陆碰撞初期形成的双重逆冲构造，其总体还是倾向于俯冲方向。在大别山地区的最南端发育的大量"︶"状强反射，其倾向变化剧烈，由北倾剧烈变化为南倾，我们认为倾向的剧烈变化是由大陆碰撞后期的构造活动所引起。

在大别山地区的南北两端，强反射同向轴的倾向完全相反［图 3（a）］。在靠近襄樊—广济断裂的南端，强反射同向轴都为南倾，在靠近晓天—磨子潭断裂的北段，强反射同向轴都为北倾。结合前人研究成果，我们认为这两组强反射同向轴分别代表了大别山底辟穹隆南北边界，中部较为水平的强反射层为穹隆的核部。大别山造山带主体壳内出现不连续但广泛分布的"反雨滴"状反射特征［图 3（a）］，近似"底辟"结构。我们认为这种类似"底辟"构造的结构特征代表了俯冲扬子板块垂向折返的运动学过程，同时也表明了扬子板块深俯冲前缘在构造折返过程中的热状态。

◈ 4 结论与讨论

4.1 大别山地区大陆碰撞后期构造运动过程

中三叠世扬子板块和华北板块首先在大别山地区碰撞，开始了以大别山为绞合点的陆－陆碰撞过程，该过程一直持续到中侏罗世。在 170 Ma 左右，俯冲洋壳的断离，勉略洋发生了剪刀式闭合（Zhao & Coe, 1984），这是扬子板块同期发生了顺时针旋转，旋转轴由大别山转移到黄陵地块。随着旋转轴西侧扬子板块西部发生俯冲，旋转轴东侧的大别山地区由于南向的牵引的作用，其构造环境由挤压转变为拉伸（Guo et al., 2012），同时大别山之下俯冲的扬子板块陆壳由于浮力的作用折返到中地壳（李曙光，2004，2005）。之后，大别山地区开启了陆－陆碰撞后期构造运动的序幕。大别山地区大陆碰撞的后期构造演化由外力作用和内力作用共同主导。

（1）外力作用：在扬子板块不断向南的拉伸作用下，碰撞前期形成的叠瓦状 Moho 向南拉伸改造，形成了一系列的不连续间断结构。同时构造拉伸作用也带动了大别山造山带主体，使其也发生了南北向—北东—南西向的构造伸展。该构造伸展过程为俯冲扬子板块的出露提供了快速上升的空间。深地震反射剖面中所发现的扬子板块前陆盆地之下 Moho 出现的不连续间断结构［图 3（a）］可以为扬子板块在该区域存在构造拉伸作用提供强有力的证据。

（2）内力作用：构造拉伸作用提供上升通道作用的同时，扬子板块的深俯冲使其前缘物质出现低黏滞状态，该状态可以与深地震反射剖面中所见的"底辟"结构相对应。低黏滞物质范围分别以南部的襄樊—广济断裂带和北部的晓天—磨子潭拆离剪切带（王勇生 等，2009）为南北边界。在无密度差异的情况下，扬子板块俯冲前缘低黏滞物质通过拉张通道的"底辟"上升过程是决定俯冲板块快速上升的一个关键因素。同时，扬子板块俯冲前缘内部物质的"底辟"构造回返至地表的过程也可以很好地诠释深地震反射剖面中我们所观察到的保存完整的扬子板块前缘 Moho 俯冲特征以及被改造的双重逆冲结构。因此，外力作用的施加（扬子板块顺时针旋转在大别山造山带地区所形成的构造拉伸）以及扬子板块内部物质的"底辟"上升构造共同主导了扬子俯冲板块前缘物质的快速回返过程。大别山超高压变质岩内发现的柯石英也是佐证扬子俯冲板块的快速回返过程（李曙光 等，2004，2005）。

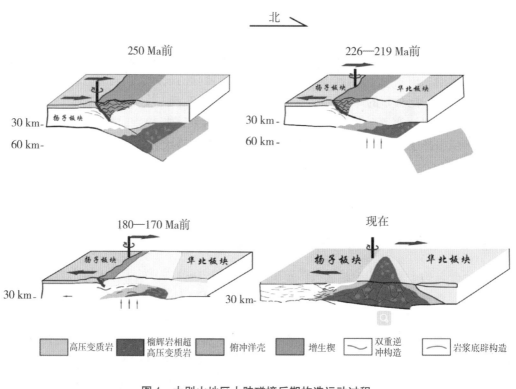

图4 大别山地区大陆碰撞后期构造运动过程

时间序列来自董树文等（2002）、李曙光等（2004，2005）。

4.2 与喜马拉雅造山带相似性的探讨

大别山造山带作为经历了完整陆－陆碰撞过程的典型地区，对于研究其他地区的陆－陆碰撞后期过程有一定的借鉴意义。喜马拉雅造山带作为印度板块与欧亚板块碰撞的产物，与大别山在构造演化过程上有诸多的相似之处。印度板块与欧亚板块在距今55 Ma 左右（Ding et al.，2016；Bossart et al.，1989），首先在喜马拉雅造山带的西部碰撞，之后由西向东的单向穿时性碰撞（Yin et al.，2006）。在印度—欧亚板块完全接触之后，雅江缝合带东部开始累积地壳缩短，而且其缩短的速率要大于西部（Yin et al.，2006）。距今 55—45 Ma 之间，西部和中部喜马拉雅地区的俯冲的大洋岩石圈断离并形成大量的岩浆岩（Hou et al.，2004），但是同时印度板块的东北角还在持续地向北挤入（张泽明 等，2018；朱弟成 等，2017）。根据目前所掌握的资料，我们对比了大别山和喜马拉雅地区的构造演化过程：①根据前人研究，大别山自白垩纪以来的剥蚀高度至少达到了 5 km（丁汝鑫 等，2012），我们可以推断在碰撞期大别山造山带的高度也可能达到了 6 km 以上，与喜马拉雅造山带的高度基本相当。②华南华北从大别山开始碰撞，之后顺时针绞合，印度–欧亚板块从印度板块的西北角开始碰撞，之后逆时针绞合。③大别山之下的俯冲板片断离之后，整个秦岭—大别造山带的西部，如汉南穹窿，还在不断地向北挤入（Guo et al.，2012）。喜马拉雅中部的俯冲板片断离之后，印度板块的东北角同样在不断地向北挤入。根据目前所掌握的资料，我们认为喜马拉雅造山带陆–陆碰撞后期的构造演化，可以参考大别山的构造演化过程，并作出了以下推测：由于喜马拉雅中西部地区的俯冲板片已经断离，同时印度板块东北角不断地向北挤入，带动着整个块体逆时针旋转。在旋转作用的带动下，碰撞带西部的地壳开始大范围地拉伸减薄，同时由于重力均衡作用，Moho 逐渐变浅，深部软流圈物质上涌形成底辟穹窿，这一过程又促使了深部物质的折返。最终演化为类似于大别山目前的地质构造。

致　谢

感谢中国深部探测项目（SinoProbe - 02）所提供的数据处理支持。感谢李文辉对处理数据做的线条图成像处理。本文得到国家自然科学基金重点项目（41430213、41590863）和珠江人才计划项目（2017ZT07Z066）的资助。谨此祝贺高锐老师从事地球物理工作 50 周年，并在此对恩师的培养表示衷心的感谢和深深的敬意。

说　明

文章的发表信息：闫诚，高锐，郭晓玉，2020. 深地震反射剖面所揭示的大陆碰撞后期的构造演化：以大别山造山带研究为例. 地球物理学进展，35（5）：1702 - 1709.DOI：10. 6038 /pg2020DD0362.

参 考 文 献

Bossart P，Ottiger R，1989. Rocks of the Murree Formation in northern Pakistan：Indicators of a descending foreland basin of late Paleocene to middle Eocene age. Eclogae Geol. Helv.，82：133 - 165.

Capitanio F A，Morra G，Goes S，et al.，2010. India - Asia convergence driven by the subduction of the Greater Indian continent. Nature Geoscience，3（2）：136 - 139.

Cheng W Q，2012. A Dissertation Submitted to China University of Geosciences for the Doctor Degree of

Philosophy in Geology. Wuhan: China University of Geosciences.

Ding L, Qasim M, Jadoon I A K, et al., 2016. The India – Asia collision in north Pakistan: Insight from the U – Pb detrital zircon provenance of Cenozoic foreland basin. Earth & Planetary Science Letters, 455: 49 – 61.

Ding R X, Chen G N, Zhou Z Y, et al., 2012. The Paleoelevation Reconstruction of Late Cretaceous Dabie Orogen by Low-Temperature Thermochronological Modelling Data. Journal of Jilin University (Earth Science Edition), 42 (S1): 247 – 253.

Dong S W, Gao R, Li Q S, et al., 2005. A Deep Seismic Reflection Profile across a Foreland of the Dabie Orogen. Acta Geologica Sinica, 79 (5): 595 – 601.

Dong S W, Wu H L, Li X C, et al., 2002. On Continent – Continent Point-Collision and Ultrahigh-Pressure Metamorphism. 76 (1): 69 – 80.

Faure M, Lin W, Scharer U, et al., 2003. Continental subduction and exhumation of UHP rocks. Structural and geochronological insights from the Dabieshan (East China). Lithos, 70 (3 – 4), 213 – 241.

Gao R, 1999. Lithospheric structure and geodynamic model of the Golmud – Ejin transect in northern Tibet// Himalaya and Tibet: Mountain Roots to Mountain Tops. Special Paper of the Geological Society of America, volume 328: 9 – 17.

Gao R, Lu Z, Klemperer S L, et al., 2016. Crustal-scale duplexing beneath the Yarlung Zangbo suture in the western Himalaya. Nature Geoscience, 9 (7): 555 – 560.

Gilder S, Courtillot V, 1997. Timing of the North – South China collision from new middle to late Mesozoic paleomagnetic data from the North China Block. Journal of Geophysical Research Solid Earth, 102 (B8): 17713 – 17727.

Guo X Y, Encarnacion J, Xu X, et al., 2012. Collision and rotation of the South China block and their role in the formation and exhumation of ultrahigh pressure rocks in the Dabie Shan orogen. Terra Nova, 24 (5): 339 – 350.

Guo X Y, Li W, Gao R, et al., 2017. Nonuniform subduction of the Indian crust beneath the Himalayas. Scientific Reports, 7 (1): 12497.

Hou Z Q, Gao Y F, Qu X M, et al., 2004. Origin of adakitic intrusives generated during mid-Miocene east – west extension in southern Tibet. Earth & Planetary Science Letters, 220 (1): 139 – 155.

Huang X F, Gao R, Guo X Y, et al., 2018. Deep crustal structure beneath the junction of the Qilian Shan and Jiuxi Basin in the northeastern margin of the Tibetan Plateau and its tectonic implications. Chinese Journal of Geophysics, 61 (9): 132 – 142.

Jiang L L, Siebel W, Chen F K, et al., 2005. Zircon U – Pb data of the Luzhenguan complex in northern Dabie. Science in China, 35 (5): 411 – 419.

Leech M L, Singh S, Jain A K, et al., 2005. The onset of India – Asia continental collision: Early, steep subduction required by the timing of UHP metamorphism in the western Himalaya. Earth and Planetary Science Letters, 234 (1 – 2): 83 – 97.

Li S G, 2004. Exhumation mechanism of the ultrahigh-pressure metamorphicrocks in the Dabie mountains and continental collision process between the North and South China blocks. Earth Science Frontiers. 11 (3): 63 – 70.

Li S G, Li Q L, Hou Z H, et al., 2005. Cooling history and exhumation mechanism of the ultrahigh-pressure metamorphic rocks in the Dabie mountains, central China. Acta Petrologica Sinica, 21 (4):

1117 – 1124.

Lin W, Wang Q, Faure M, et al., 2003. Different deformation stages of the Dabieshan Mountains and UHP rocks exhumation mechanism. Acta Geologica Sinica, 21 (4): 1195 – 1214.

Lin W, Wang Q, Shi Y, 2005. Architecture, kinematics and deformation analysis in Dabie – Sulu collision zone. Acta Petrologica Sinica, 21 (4): 1195 – 1214.

Platt J P, 1993. Exhumation of high-pressure rocks: a review of concepts and processes. Terra Nova, 5 (2): 119 – 133.

Ratschbacher L, Hacker B R, Webb L E, et al., 2000. Exhumation of the ultrahigh-pressure continental crust in east central China: Cretaceous and Cenozoic unroofing and the Tan – Lu fault. Journal of Geophysical Research Solid Earth, 105 (B6): 13303 – 13338.

Rui G, Wen D S, Zheng H R, et al., 2004. Subduction process of the yangtze continentalblockfrom moho reflection image, south china. Earth Science Frontiers, 11 (3): 43 – 49

Sanzhong L I, Guowei Z, Shuwen D, et al., 2010. Relation between exhumation of HP – UHP metamorphic rocks and deformation in the northern margin of the Yangtze Block. Acta Geologica Sinica, 26 (12): 3549 – 3562.

Schmid R, 2001. Crustal structure of the eastern Dabie Shan interpreted from deep reflection and shallow tomographic data. Tectonophysics, 333 (3): 347 – 359.

Suo S T, Zhong Z Q, You Z D, et al., 1999. Location of Triassic Tectonic suture Between Collided Sino-Korean and Yangtze Cratons in Dabie – Sulu Region, China. Journal of Earth Science, 10 (4): 281 – 286.

Wang C Y, Zhang X, Chen B, et al., 1997. Crustal structure of Dabieshan orogenic belt. Science in China Series D: Earth Sciences, 40 (5): 456 – 462.

Wang Q C, 2013. Exhumation of high-pressure and ultrahigh-pressure metamorphic rocks from the Dabie Orogenic Belt. Acta Petrologica Sinica, 29 (5): 1607 – 1620.

Wang Q C, Cong B L, 1998. Tectonic Framework of the Ultrahigh-Pressure Metamorphic Zone from the Dabie Mountains. Acta Petrologica Sinica, 14 (4): 481 – 492.

Wang Y S, Xiang B W, Zhu G, et al., 2009. ^{40}Ar – ^{39}Ar geochronology records for post-orogenic extension of the Xiaotian – Mozitan fault. Geochimica, 2009, 38 (5): 458 – 471.

Willett S D, Beaumont C, 1994. Subduction of Asian lithospheric mantle beneath Tibet inferred from models of continental collision. Nature, 369 (6482): 642 – 645.

Wu Y B, Zheng Y F, Gong B, et al., 2004. Zircon U – Pb ages and oxygen isotope compositions of the Luzhenguan magmatic complex in the Beihuaiyang zone. Acta Petrologica Sinica, 20 (5): 1007 – 1024.

Xiang B W, Wang Y S, Zhu G, et al., 2007. The implication for the exhumation process of the UHP – HP rock units based on the structural evolution of the Xiaotian – Mozitan shear zone. Progress in Natural Science Materials International, 17 (12): 1639 – 1650.

Xu S T, Wu W P, Lu Y Q, et al., 2010. Tectonic background of low grade metamorphic rocks of the Dabie Mountain. Geological Bulletin of China, 29 (6): 795 – 810.

Yang K G, Cheng W Q, Zhu Q B, et al., 2011. A discussion on two times southward thrusting of Xiangfan – Guangji Fault in South Dabie Orogen, Central China. Geological Review, 57 (4): 480 – 494.

Yin A, 2006. Cenozoic tectonic evolution of the Himalayan orogen as constrained by along-strike variation of structural geometry, exhumation history, and foreland sedimentation. Earth science frontiers, 76 (1 –

2）：1 – 131.

Yuan X C, Klemperer S L, Teng W B, et al., 2003. Crustal structure and exhumation of the Dabie Shan ultrahigh-pressure orogen, eastern China, from seismic reflection profiling. Geology, 31 (5)：435 – 438.

Zeming Z, Huixia D, Xin D, et al., 2018. The Gangdese arc magmatism：from Neo-Tethyan subduction to Indo – Asian collision. Earth Science Frontiers, 25 (6)：78 – 91.

Zhao X, Coe R S, 1987. Palaeomagnetic constraints on the collision and rotation of North and South China. Nature, 327 (6118)：141 – 144.

Zheng Y F, Chen Y X, Dai L Q, et al., 2015. Developing plate tectonics theory from oceanic subduction zones to collisional orogens. Science China Earth Sciences, 58 (7)：1045 – 1069.

Zhu D C, Wang Q, Zhao Z D, 2017. Methods and examples for quantitative determination of land – land collision time and process by magmatic rocks. Science China Earth Sciences (6)：31 – 47.

程万强, 2012. 桐柏—大别造山带南缘边界断裂中生代变形特征及其对碰撞造山过程的启示. 武汉：中国地质大学.

丁汝鑫, 陈国能, 周祖翼, 等, 2012. 利用低温热史恢复大别造山带晚白垩世以来的古高度. 吉林大学学报（地球科学版）(1)：247 – 253.

董树文, 高锐, 李秋生, 等, 2005. 大别山造山带前陆深地震反射剖面. 地质学报, 79 (5)：595 – 601.

董树文, 武红岭, 刘晓春, 等, 2002. 陆 – 陆点碰撞与超高压变质作用. 地质学报, 76 (2)：163 – 172.

高锐, 董树文, 贺日政, 等, 2004. 莫霍面地震反射图像揭露出扬子陆块深俯冲过程. 地学前缘, 11 (3)：43 – 49.

黄兴富, 高锐, 郭晓玉, 等, 2018. 青藏高原东北缘祁连山与酒西盆地结合部深部地壳结构及其构造意义. 地球物理学报, 61 (9)：132 – 142.

江来利, Siebel W, 陈福坤, 等, 2005. 大别造山带北部卢镇关杂岩的 U – Pb 锆石年龄. 中国科学：地球科学, 35 (5)：411.

李三忠, 张国伟, 董树文, 等, 2010. 大别山高压 – 超高压岩石折返与扬子北缘构造变形的关系. 岩石学报, 26 (12)：3549 – 3562.

李曙光, 2004. 大别山超高压变质岩折返机制与华北—华南陆块碰撞过程. 地学前缘, 11 (3)：63 – 70.

李曙光, 李秋立, 侯振辉, 等, 2005. 大别山超高压变质岩的冷却史及折返机制. 岩石学报, 21 (4)：1117 – 1124.

林伟, 王清晨, Faure M, 等, 2003. 大别山的构造变形期次和超高压岩石折返的动力学. 地质学报, 77 (1) 44 – 54, 147.

林伟, 王清晨, 石永红, 2005. 大别山—苏鲁碰撞造山带构造几何学、运动学和岩石变形分析. 岩石学报, 21 (4)：1195 – 1214.

索书田, 钟增球, 游振东, 2000. 大别—苏鲁构造带三叠纪碰撞缝合线的位置. 地球科学, 25 (2)：111 – 116.

王清晨, 2013. 大别山造山带高压—超高压变质岩的折返过程. 岩石学报, 29 (5)：1607 – 1620.

王清晨, 从柏林, 1998. 大别山超高压变质带的大地构造框架. 岩石学报, 14 (4)：481 – 492.

王勇生, 向必伟, 朱光, 等, 2009. 晓天—磨子潭断裂后造山伸展活动的 $^{40}Ar – ^{39}Ar$ 年代学记录. 地球化学, 38 (5)：458 – 471.

吴元保, 郑永飞, 龚冰, 等, 2004. 北淮阳庐镇关岩浆岩锆石 U–Pb 年龄和氧同位素组成. 岩石学报, 20 (5): 1007–1024.

向必伟, 王勇生, 朱光, 等, 2007. 晓天—磨子潭断裂的构造演化对大别高压–超高压岩石折返过程的指示. 自然科学进展, 17 (12): 1639–1650.

徐树桐, 吴维平, 陆益群, 等, 2010. 大别山低级变质岩的构造背景. 地质通报, 29 (6): 795–810.

杨坤光, 程万强, 朱清波, 等, 2011. 论大别山南缘襄樊—广济断裂的两次向南逆冲推覆. 地质论评, 57 (4): 480–494.

张泽明, 丁慧霞, 董昕, 等, 2018. 冈底斯弧的岩浆作用: 从新特提斯俯冲到印度—亚洲碰撞. 地学前缘, 25 (6): 78–91.

郑永飞, 陈伊翔, 戴立群, 等, 2015. 发展板块构造理论: 从洋壳俯冲带到碰撞造山带. 中国科学: 地球科学, 45 (6): 711.

朱弟成, 王青, 赵志丹, 2017. 岩浆岩定量限定陆–陆碰撞时间和过程的方法和实例. 中国科学: 地球科学, 47 (6): 657–673.

四川盆地—大巴山结合带地壳构造特征：
深反射地震约束的重磁解释

潘商[1]，徐啸[1]，郭良辉[2]，高锐[1,3]

0 引 言

0.1 区域地质概况

大巴山地区地处四川盆地北部、秦岭南缘，地貌上呈现出向西南突出的弧形山脉。大巴山长期受到扬子克拉通（以四川盆地为主体）与华北克拉通相互挤压作用而发育巨型逆冲推覆构造带。成因主要是中新生代以来陆内造山过程中的复合作用，同时受勉略带构造演化的影响（董云鹏 等，2008）。也有学者将大巴山弧形构造带归为秦岭造山带的组成部分，称其为远离板块边缘的陆内造山带（董树文 等，2006），形成时间为三叠纪—侏罗纪。

前人对秦岭—大巴山造山带的构造演化提出以下认识：19.5—18 Ga 前的吕梁运动，华北克拉通基底统一，其后进入构造演化阶段，印支期表现为构造活化状态（翟明国 等，2010）；850—800 Ma 前的晋宁运动，扬子克拉通基底形成，震旦纪后进入盖层演化阶段（张国伟 等，2003）；前寒武纪到中新生代，秦岭造山带经历了基底演化、造山期构造演化、陆内构造演化等三个阶段。在晚古生代，扬子板块分别沿商丹缝合带及勉略缝合带向华北板块俯冲碰撞（张国伟 等，1997）。

以洋县—镇巴—城口—房县断裂为界，可将大巴山逆冲推覆构造带分为南大巴山和北大巴山两个构造单元（张国伟 等，2004）。大巴山北部以商丹缝合带为界，分隔南秦岭与北秦岭地块（陆松年 等，2006）。

0.2 造山带岩性特征

前人根据岩性特征，将南秦岭—大巴山构造带分为三个部分：南秦岭构造带，岩性

---

1 中山大学地球科学与工程学院，广州，510275；2 中国地质大学，北京，100081；3 中国地质科学院地质研究所，北京，100037。

以变质酸性火山—沉积岩系、基性火山—碎屑岩为主；北大巴山构造带，岩性以碎屑岩、断层角砾岩为主；南大巴山弧形变形带，岩性以变质火山—沉积岩系、砂岩—页岩—碳酸盐岩建造为主（董云鹏 等，2008）。

张国伟等（1997）给出了秦岭造山带岩石组成，详见表1。

表1　秦岭造山带岩石组成

主要构造单元	岩石组成
商丹缝合带	晚元古代和古生代的蛇绿岩和火山岩、线形碰撞型花岗岩
勉略缝合带	蛇绿岩带岩石组合复杂，主要包括超镁铁质岩、辉长岩类（堆晶辉长岩）、海相火山岩、硅质岩、灰岩及基底变质岩块等，多以构造岩块（片）形式产出，构成显著蛇绿构造混杂带
华北板块南部	火山-沉积岩群和超基性岩、岛弧型蛇绿岩和岛弧火山岩，弧后型蛇绿岩与火山岩以及裂陷碱性火山岩

0.3　地球物理研究基础

深地震反射剖面被认为是揭示地壳精细结构的关键技术，被应用于四川盆地和大巴山的构造研究中（Gao et al., 2016；王海燕 等，2017；Dong et al., 2013）。李洪强 等（2014）利用近垂直深反射大炮技术获得秦岭和大巴山结合地区的下地壳和 Moho 结构，推断出扬子板块向北俯冲在秦岭之下；王海燕 等（2017）利用深地震反射剖面揭示了四川盆地的莫霍面深度为 40～45 km，四川盆地接收函数的研究也得出了类似的结论（He et al., 2014），且沉积层下存在倾斜反射的古俯冲残片；Li 等（2014）结合深地震反射剖面技术和地表地质等资料，恢复了大巴山逆冲推覆带的构造平衡剖面，并计算出其上地壳的缩短量超过 130 km，揭示了扬子板块下地壳发生榴辉岩化的证据。

重力异常、磁力异常作为地球物理学研究地壳结构的两种重要研究手段，在区域深部构造的领域取得了一定成果。李占奎等（2007）通过重磁资料分析，计算出大巴山逆冲推覆带的推覆距离；张燕等（2009）对大巴山弧形断裂磁力数据进行向上延拓等多种方法处理，发现其不同区段具有不同的磁性特征；胡国泽等（2014）通过磁异常反演的方法，发现大巴山构造带的磁异常曲线区段显示剧烈的起伏振动，万源—达州之间磁异常变化幅度大，推测其与扬子克拉通向北俯冲有关。

由于地壳深部构造难以在野外观察，前人对于扬子板块的俯冲消减认识尚十分有限，且四川盆地下地壳结构的向北俯冲行为和榴辉岩化的程度有待进一步探讨。鉴于此，本文基于重力异常、磁异常数据，以深地震反射剖面和宽角反射与折射地震剖面为约束，结合地质与钻孔资料，反演四川盆地—大巴山造山带地壳的精细结构，讨论四川盆地—大巴山造山带的深部构造特征。

X◆ 1 区域地球物理特征

1.1 岩石的磁性特征

根据前文提到的岩性（董云鹏 等，2008），分析可知：大巴山物质成分主要以沉积岩和前寒武纪的变质岩为主。而根据物性特征，沉积岩和变质岩一般都是顺磁性—抗磁性，磁化率不强，不足以形成高的磁异常。大巴山地区还存在火成岩和前寒武纪的结晶基底，但是火成岩规模相对较小，只能形成局部磁异常，而古老的结晶基底磁性强，比较可能形成高的磁异常。秦岭造山带存在超铁镁质的蛇绿岩带、火成岩（张国伟 等，1997），可能形成局部的强磁异常。华北板块南部地区岩性以碱性岩为主，表现出负磁异常。

1.2 区域航磁异常的分布特征

本文使用的航磁数据来源于中国国土资源航空物探遥感中心，研究区的航空磁测范围为30°N—36°N，104°E—112°E，数据比例尺为1∶10^6，原始数据坐标为经纬度，经转换处理后为高斯球极坐标。

基于大巴山及其邻区航磁化极（reduced to the pole）异常图，我们可以看出，大巴山向南突出部分呈现较强的正磁异常，东北、西北部被强度不同的负磁异常环绕，大巴山弧形断裂带以北的南秦岭为负磁异常区，而相邻的南坪—康县以南圈闭负磁异常区，推测为扬子板块北缘晚三叠世的沉积中心。四川盆地表现为高值正异常，以南充—通江高磁异常为特征，呈带状分布，其延伸方向主要为北东向。在其西南部，显示两个较高的块状正异常带，强度达到160 nT。大巴山逆冲推覆带和四川盆地表现为连通的高正磁异常。Frey（1982）认为高的正磁异常可能与俯冲带、结晶基底对应，推测大巴山造山带和四川盆地北部具有统一的扬子克拉通基底（李秋生 等，2011）。

1.3 研究区航磁异常的处理、解释

传统的磁异常数据处理的假设是固定的地磁场，在处理过程中忽略了剩余磁异常的影响（Guo et al.，2018）。考虑到研究区面积大，磁倾角和偏角是变化的，如果采用恒定倾角和偏角化极，结果会产生较大的误差，而变倾角化极算法则基于变化的磁倾角和磁偏角。为了准确地反映深部磁异常体的位置和特征，减小剩余磁异常的影响，本文采用变倾角化磁极算法（Guo et al.，2013）对大巴山航磁数据进行处理，并在此基础上做向上延拓处理。

基于大巴山及其邻区化极航磁异常图，本文分别对航磁数据做了不同高度的向上延拓处理。为了压制随机干扰，以及突出四川盆地结晶基底的异常，本文选取了向上延拓距离为5 km、10 km的结果成图。结果表明随着向上延拓距离的增加，四川盆地和大巴山仍表现为统一的正磁异常。大巴山逆冲推覆构造西部的汉南地块表现为高正磁异常；

四川盆地中部存在两个正异常块体，与上扬子克拉通存在东、西两个陆核的推断一致（熊小松 等，2015）。我们还发现，大巴山和四川盆地的航磁异常主要由深部异常体引起。

1.4 岩石的密度特征

前人在大巴山做了大量的工作，对大巴山各个地质年代的岩石的密度进行了较为系统的总结。表 2（四川省地质矿产局物探综合研究队，1991）列出了大巴山地区从中生代早期到前寒武纪的岩石密度，从表中我们可以看出，岩石的密度与其地质年代近似成正相关。震旦纪与上覆岩层之间的密度差变化较大。地壳与上地幔之间的密度差为 $0.36 \times 10^3 \ \mathrm{kg/m^3}$。可以发现以上地壳界面密度差异显著。尤其是志留纪、寒武纪以及震旦纪密度存在不均匀现象，与上覆地层的密度差呈起伏变化。同时，根据钻孔资料，大巴山地区岩体规模一般较小，因此反映出局部重力异常。

表 2 大巴山地区的岩石密度

地质年代	岩石密度/（$\times 10^3 \ \mathrm{kg/m^3}$）
T_3	2.62
T_{1-2}	2.68
P	2.69
S	2.65，2.68
O	2.71
$\in$	2.60，2.67，2.78
Z_2	2.72，2.73
上地壳	2.82
下地壳	2.94
上地幔	3.30

1.4.1 区域重力异常特征

研究区的重力异常数据范围与航空磁测大致相符，数据来源于 ICGEM（International Center for Global Earth Models）（Pavlis et al.，2013），数据比例尺为 1∶250 万，原始数据坐标为经纬度，经转换处理后为高斯球极坐标。

从研究结果可以看出，青藏高原东部的布格重力异常总体较低，向邻区逐渐升高（杨文采 等，2015），大巴山地区位于其东部。整个区域内，由西向东，布格重力异常逐渐升高，从 – 285 mGal 增大到 – 64 mGal，大巴山地区重力异常值显著升高，达到 – 105 mGal。

1.4.2 研究区重力异常的处理、解释

本文对大巴山地区重力异常的处理方法主要是基于布格重力异常图，为了压制随机干扰，以及突出四川盆地结晶基底的异常，选取了向上延拓 10 km、100 km 的结果。

研究结果发现，向上延拓距离增加，大巴山造山带东部和四川盆地的深部物质表现为相似的重力异常特征；此外，我们还发现，大巴山逆冲推覆构造前陆的通江—万源盆地表现为低重力异常，符合中新生代大巴山前陆盆地表现为砂页岩、泥岩稳定沉积的特点（屈红军 等，2009）；汉南地块的重力异常不明显，推测两个地块在晚中生代形成的沉积盆地较浅。

2　大巴山及其邻区重磁剖面建模

根据 Dong 等（2013）发表的文章，选取大巴山及其邻区的深反射地震剖面，对研究区岩石圈的主要界面进行约束。

如图 1 所示，研究区横向分为 4 个区域。区域 1 和 2 主要包括四川盆地北部及大巴山前陆褶皱带，其浅部为三叠纪—二叠纪的沉积层，而靠近大巴山主断裂的地区发育滑脱构造，且下部存在透明反射特征的区域不整合面——结晶基底的顶面。上地壳的界面深度在 12 km 左右，下地壳表现为强烈的反射特征。区域 3 和 4 包括大巴山主断裂，延伸到 27 km 左右，以倾斜反射为特征，靠近秦岭造山带的地区发育褶曲层，深部 45 km 左右存在 Moho 叠置现象。自四川盆地北部到大巴山逆冲推覆带，Moho 深度在 42 ～ 45 km范围内变化（Dong et al.，2013）；高锐等横过四川盆地的深地震反射剖面揭示了相同的 Moho 深度（Gao et al.，2016）。

滕吉文等（2014）完成一个榆林到涪陵区永森林场的高精度宽角反射与折射的地震剖面。该剖面穿越华北克拉通南部、秦岭—大巴造山带（穿越大巴山的西缘）和扬子克拉通北缘等构造单元，得到了秦岭—大巴山—四川盆地北部的上地壳、下地壳和上地幔顶部的 P 波速度分布特征，如图 2 所示。

研究区上地壳速度介于 $5.0 \sim 6.3$ km/s，中下地壳的速度在 $6.3 \sim 7.0$ km/s 的范围变化，岩石圈地幔的速度约为 8.1 km/s。根据 Gardner 法则（Gardner et al.，1974），本文计算出上地壳的密度为 $2.60 \sim 2.78$ g/cm^3；根据 Christensen 和 Mooney 法则（Christensen & Mooney，1995），计算出中下地壳的密度在 $2.78 \sim 3.06$ g/cm^3 的范围，岩石圈地幔的密度为 3.33 g/cm^3。

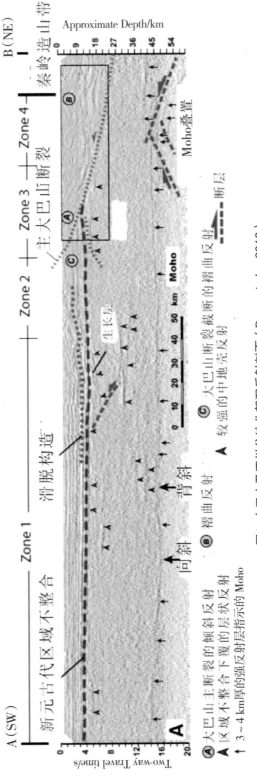

图1 大巴山及四川盆地北部深反射剖面（Dong et al., 2013）

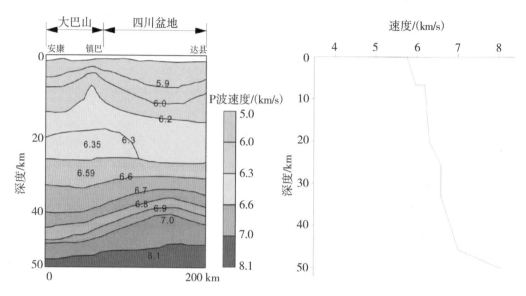

图2　大巴山—四川盆地地壳速度结构、速度－深度曲线（滕吉文 等，2014）

　　基于上述深反射地震剖面、地震数据及结果，本文利用 Oasis Montaj 软件建立大巴山及其邻区的二维重、磁模型，得到了研究区的地壳结构及密度、磁性特征（图3）。模型主要包括3个部分：上地壳、下地壳、上地幔。四川盆地上地壳主要出露晚三叠纪—侏罗纪的砂岩、泥岩等（Li et al.，2014），下覆弱磁性的岩体，对应于沉积岩变质结晶基底（胡国泽 等，2014），内部存在白垩纪和侏罗纪的低速沉积层，延伸至2 km（滕吉文 等，2014）；四川盆地下部8～23 km为强磁性的古老结晶基底，表现为高重力异常和高磁异常特征，往北延伸至紫阳断裂一带（Zhang et al.，2013），且其厚度自南向北减薄。下地壳表现部分隆起的特征，且局部密度较大。大巴山前陆褶皱带发育滑脱构造，出露晚三叠纪—侏罗纪砂岩、二叠纪—三叠纪的碳酸盐岩等。大巴山逆冲推覆带区域内，镇巴到城口一带出露新元古代白云岩、千枚岩，中间出露二叠纪—三叠纪的碳酸盐岩，紫阳到安康一带出露早古生代的石灰岩、硅质岩、页岩，夹带古生代弱磁性的侵入岩，大巴山主断裂的滑脱面延伸至27 km 左右。研究区的 Moho 在40～45 km深度变化，自达县到铁溪一带整体较为平缓，略有起伏，再往北至大巴山造山带上倾至40 km，越过安康后加深至45 km 左右。

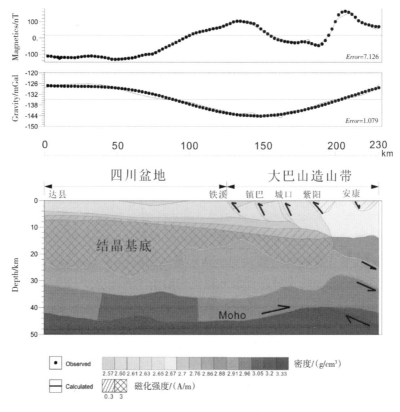

图3 大巴山及其邻区地壳模型

◥◆ 3 结论与讨论

本文基于重力、磁力异常的方法，在深地震反射剖面约束下，参考宽角反射与折射地震剖面的速度分布，同时结合地质和钻探资料，建立大巴山及其邻区的二维重、磁模型，得到了研究区的地壳结构及密度、磁性特征。结果显示：大巴山及其邻区的地壳尺度结构可分为上地壳、下地壳、上地幔。四川盆地北部浅表主要为低密度的白垩纪和侏罗纪盖层，大巴山造山带上地壳 4 ~ 8 km 深度存在一个滑脱面（Meng et al., 2005；Richardson et al., 2008；Xu et al., 2010）。四川盆地存在双层基底结构（杨逢清 等，1994），6 ~ 8 km 深度存在弱磁性的沉积岩变质基底（胡国泽 等，2014），其 8 ~ 24 km 深度存在高密度与强磁性的结晶基底，岩性以太古代—元古代基性岩、超基性岩为主，向北逐渐减薄，延伸至紫阳断裂一带，结晶基底下覆深变质岩，存在局部密度高的现象。四川盆地上地壳和下地壳发生解耦作用，上地壳表现为稳定沉积的特点，未发生变形；而下地壳明显俯冲到大巴山—秦岭造山带，且存在强烈变形的区域，界面表现为向上隆起的特征，向北已越过安康一带。

大巴山逆冲推覆带上地壳则具有较强的变形特征，原因是南秦岭造山带的盖层沿滑脱面发生强烈逆冲推覆，消纳了下地壳的缩短（李秋生 等，2011）。大巴山逆冲推覆带深部的 Moho 起伏较大，先上倾至 40 km，而后加深至 45 km，这一现象可以解释为 Moho 错断之后发生叠置，导致地壳增厚，推测其与侏罗纪的扬子板块下地壳发生局部榴辉岩化后向北俯冲有关（Dong et al., 2013），而 Spear 等（1995）指出上地壳需要发生足够的缩短量才能保证扬子板块下地壳俯冲到 40 km 的深度，对应于 Li 等（2014）计算出四川盆地—大巴山造山带的缩短量超过 130 km。而 Krystopowicz 等（2012）认为稳定板块的下地壳在俯冲后发生局部榴辉岩化，而后拆沉，这一现象对应于安康断裂的深部 40～45 km 范围内高密度的壳幔混合物质。

✕◆ 致　谢

在本文完成撰稿及发表过程中，感谢高锐先生提出的修改建议以及对本人关于区域构造解释方向的指导，在此祝贺高锐先生从事地球物理科研工作 50 周年。感谢高锐院士团队各位老师和同学在论文数据处理及讨论中给予本人的启发，感谢中山大学地球科学与工程学院提供的平台，感谢中国国土资源航空物探遥感中心提供航磁数据。

✕◆ 说　明

文章发表信息：潘商，徐啸，郭良辉，等，2020. 四川盆地—大巴山结合带地壳构造特征：深反射地震约束的重磁解释. 地球物理学进展，35（4）：1292-1298. DOI：10.6038/pg2020DD0246.

✕◆ 参 考 文 献

Christensen N I, Mooney W D, 1995. Seismic velocity structure and composition of the continental crust: a global view. Geophys. Res., 100: 9761-9788.

Dong S W, Gao R, Yin A, et al., 2013. What drove continued continent - continent convergence after ocean closure? Insights from high-resolution seismic-reflection profiling across the Daba Shan in central China. Geology, 41（6）: 671-674.

Dong S W, Hu J M, Shi W, et al., 2006. Jurassic Superposed Folding and Jurassic Foreland in the Daba Mountain, Central China. Acta Geoscientica Sinica, 27（5）: 403-410.

Dong Y P, Shen Z Y, Xiao A C, et al., 2011. Construction and structural analysis of regional geological sections of the southern Daba Shan thrust-fold belts. Acta Petrologica Sinica, 27（3）: 689-698.

Dong Y P, Zha X F, Fu M Q, et al., 2008. Characteristics of the Dabashan fold-thrust nappe structure at the southern margin of the Qinling, China. Geological Bulletin of China, 23（4）: 269-280.

Frey H, 1982. MAGSAT scalar anomaly distribution: The global perspective. Geophysical Research Letters, 9（4）: 277-280.

Fu M Q, Dong Y P, Zhang Y, et al., 2011. Tectonic geomorphological characteristics and evolution of the Daba mountains: constraint from DEM analyses. Geology of Shaanxi, 29（1）: 50-56.

Gao R, Chen C, Wang H Y, et al., 2016. SINOPROBE deep reflection profile reveals a Neo-Proterozoic subduction zone beneath Sichuan Basin. Earth and Planetary Science Letters, 454: 86 – 91.

Gardner G H F, Gardner L W, Gregory A R, 1974. Formation velocity and density: The diagnostic basics for stratigraphic traps. Geophysics, 39 (6): 770 – 780.

Guo L H, Gao R, 2018. Potential-field Evidence for the central and western Jiangnan belt in South China. Precambrian Research, 309: 45 – 55.

Guo L H, Shi L, Meng X H, 2013. The antisymmetric factor method for magnetic reduction to the pole at low latitudes. Journal of Applied Geophysics, 92: 103 – 109.

He R Z, Shang X F, Yu C Q, et al., 2014. A unified map of Moho depth and v_P/v_S ratio of continental China by receiver function analysis. Geophysical Journal International, 199 (3): 1910 – 1918.

Hu G Z, Teng J W, Ruan X M, Wang Q S, et al., 2014. Magnetic anomaly characteristics and crystalline basement variation of the Qinling orogenic belt and its adjacent areas. Chinese Journal Geophysics, 57 (2): 556 – 571.

Hu J M, Shi W, Qu H J, et al., 2009. Mesozoic deformation of Dabashan curvilinear structural belt of Qinling orogen. Earth Science Frontiers, 16 (3): 49 – 68.

Krystopowicz N J, Currie C A, 2013. Crustal eclogitization and lithosphere delamination in orogens. Earth and Planetary Science Letters, 361: 195 – 207.

Li H Q, Gao R, Wang H Y, et al., 2014. Imaging the lower crust and upper mantle beneath between Qinling and Daba shan by big shots from deep seismic reflection in China. Progress in Geophysics, 29 (1): 102 – 109.

Li J H, Dong S W, Yin A, et al., 2015. Mesozoic tectonic evolution of the Daba Shan Thrust Belt in the southern Qinling orogen, central China: Constraints from surface geology and reflection seismology. Tectonics, 34 (8): 1545 – 1575.

Li Q S, Gao R, Wang H Y, Zhang J S, et al., 2011. Lithospsheric structure of northeastern Sichuan – Dabashan basin-range system and top-deep deformation coupling. Acta Petrologica Sinica, 27 (3): 612 – 620.

Li Z K, Dong Y Y, 2007. A tentative discussion on characteristics of the daba mountain nappe structure. Geophysical and Geochemical Exploration, 31 (6): 495 – 498.

Lu S N, Yu H F, Li H K, et al., 2006. Early Paleozoic suture zones and tectonic divisions in the "Central China Orogen". Geological Bulletin of China, 25 (12): 1368 – 1380.

Meng Q R, Wang E, Hu J M, 2005. Mesozoic sedimentary evolution of the northwest Sichuan basin: Implication for continued clockwise rotation of the South China block. Geological Society of America Bulletin, 117 (3): 396 – 410.

Pavlis N K, Holmes S A, Kenyon S C, et al., 2013. Correction to "The Development and Evaluation of the Earth Gravitational Model 2008 (EGM2008)". Journal of Geophysical Research Solid Earth, 118 (5): 2633.

Qu H J, Ma Q, Dong Y P, et al., 2009. Migration of the Late Triassic – Jurassic depocenter and paleocurrent direction in the Dabashan foreland basin. Oil & Gas Geology, 30 (5): 584 – 588, 634.

Richardson N J, Densmore A L, Seward D, et al., 2008. Extraordinary denudation in the Sichuan Basin: Insights from low-temperature thermochronology adjacent to the eastern margin of the Tibetan Plateau. Journal of Geophysical Research, 113 (4): B04409.

Spear F S, 1993. Metamorphic Phase Equilibria and Pressure – Temperature – Time Paths. Weshington, DC：Mineralogical Society of America.

Teng J W, Li S L, Zhang Y Q, et al., 2014. Fine velocity structures and deep processes in crust and mantle of the Qinling orogenic belt and the adjacent North China craton and Yangtze craton. Chinese Journal of Geophysics, 57（10）：3154 – 3175.

Wang H Y, Gao R, Lu Z W, et al., 2017. Deep crustal structure in Sichuan basin：Deep seismic reflection profiling. Chinese Journal of Geophysics, 60（8）：2913 – 2923.

Xiong X S, Gao R, Zhang J S, et al., 2015. Differences of Structure in Mid-Lower Crust between the Eastern and Western Blocks of the Sichuan basin. Chinese Journal of Geophysics, 58（4）：363 – 374.

Xu C H, Zhou Z Y, Chang Y, et al., 2010. Genesis of Daba arcuate structural belt related to adjacent basement upheavals：Constraints from fission-track and（U – Th）/He thermochronology. Science China Earth Sciences, 53（11）：1634 – 1646.

Yang F Q, Yin H F, Yang H S, et al., 1994. The SongPan – Garze massif：its relationship with the Qinling fold belt and Yangtze platform and development . Acta Geologica Sinica, 68（3）：208 – 218.

Yang W C, Hou Z Z, Yu C Q, 2015. Three-dimensional density structure of the Tibetan plateau and crustal mass movement. Chinese Journal of Geophysics, 58（11）：4223 – 4234.

Yue G Y, 1998. Tectonic Characteristics and Tectonic Evolution of Dabashan Orogenic Belt and its Foreland Basin. Mineralogy and Petrology, 18：8 – 15.

Zhang G W, Cheng S Y, Guo A L, et al., 2004. Mianlue paleo-suture on the southern margin of the Central Orogenic Sytem in Qinling – Dabie—with a discussion of the assembly of the main part of the continent of China. Geological Bulletin of China, 23：9 – 10.

Zhang G W, Dong Y P, Yao A P, 1997. The crustal compositions, structures and tectonic evolution of the Qinling orogenic belt. Geology of shaanxi, 15（2）：1 – 14.

Zhang J S, Gao R, Li Q S, et al., 2013. Characteristic of Gravity and Magnetic Anomalies in the Daba Shan and the Sichuan basin, China：Implication for Architecture of the Daba Shan. Acta Geologica Sinica（English Edition）, 87（4）：1154 – 1161.

Zhang Y, Dong Y P, Li T G, et al., 2009. Magnetic anomaly analysis of the Daba shan arc fault and its tectonic implications. Progress in Geophysics, 24（4）：1267 – 1274.

董树文, 胡健民, 施炜, 等, 2006. 大巴山侏罗纪叠加褶皱与侏罗纪前陆. 地球学报, 27（5）：403 – 410.

董有浦, 沈中延, 肖安成, 等, 2011. 南大巴山冲断褶皱带区域构造大剖面的构建和结构分析. 岩石学报, 27（3）：689 – 698.

董云鹏, 查显峰, 付明庆, 等, 2008. 秦岭南缘大巴山褶皱 – 冲断推覆构造的特征. 地质通报, 23（4）：269 – 280.

付明庆, 董云鹏, 张燕, 等, 2011. 大巴山地区构造地貌特征及演化：基于 DEM 数据处理与应用. 陕西地质, 29（1）：50 – 56.

胡国泽, 滕吉文, 阮小敏, 等, 2014. 秦岭造山带和邻域磁异常特征及结晶基底变异分析. 地球物理学报, 57（2）：556 – 571.

胡健民, 施炜, 渠洪杰, 等, 2009. 秦岭造山带大巴山弧形构造带中生代构造变形. 地学前缘, 16（3）：49 – 68.

乐光禹, 1998. 大巴山造山带及其前陆盆地的构造特征和构造演化. 矿物岩石, 18：8 – 15.

李洪强，高锐，王海燕，等，2014. 用深反射大炮对大巴山—秦岭结合部位的地壳下部和上地幔成像. 地球物理学进展，29（1）：102-109.

李秋生，高锐，王海燕，等，2011. 川东北—大巴山盆山体系岩石圈结构及浅深变形耦合. 岩石学报，27（3）：612-620.

李占奎，丁燕云，2007. 大巴山推覆构造特征的探讨. 物探与化探，31（6）：495-498.

陆松年，于海峰，李怀坤，等，2006. "中央造山带"早古生代缝合带及构造分区概述. 地质通报，25（12）：1368-1380.

屈红军，马强，董云鹏，等，2009. 大巴山前陆盆地晚三叠世—侏罗纪沉积中心的迁移及古流向. 石油与天然气地质，30（5）：584-588，634.

滕吉文，李松岭，张永谦，等，2014. 秦岭造山带与邻域华北克拉通和扬子克拉通的壳、幔精细速度结构与深层过程. 地球物理学报，57（10）：3154-3175.

王海燕，高锐，卢占武，等，2017. 四川盆地深部地壳结构：深地震反射剖面探测. 地球物理学报，60（8）：2913-2923.

熊小松，高锐，张季生，等，2015. 四川盆地东西陆块中下地壳结构存在差异. 地球物理学报，58（7）：2413-2423.

杨逢清，殷鸿福，杨恒书，1994. 松潘甘孜地块与秦岭褶皱带，扬子地台的关系及其发展史. 地质学报，68（3）：208-218.

杨文采，侯遵泽，于常青，2015. 青藏高原地壳的三维密度结构和物质运动. 地球物理学报，58（11）：4223-4234.

张国伟，程顺有，郭安林，等，2004. 秦岭—大别中央造山系南缘勉略古缝合带的再认识：兼论中国大陆主体的拼合. 地质通报，23：9-10.

张国伟，董云鹏，赖绍聪，等，2003. 秦岭—大别造山带南缘勉略构造带与勉略缝合带. 中国科学（D辑：地球科学），33（12）：1121-1135.

张国伟，董云鹏，姚安平，1997. 秦岭造山带基本组成与结构及其构造演化. 陕西地质，15（2）：1-14.

张燕，董云鹏，李同国，等，2009. 大巴山弧形断裂（镇巴—高川段）的磁性特征及构造意义. 地球物理学进展，24（4）：1267-1274.

西伯利亚板块与华北克拉通碰撞带地电结构及对深部缝合边界的讨论

韩江涛[1,2,3]，袁天梦[1]，刘文玉[1]，刘立家[1,2]，刘国兴[1]，侯贺晟[4]，

王天琪[1]，郭振宇[1]，康建强[1]，张金会[5]

❖ 0 引　言

　　缝合带作为不同板块之间的构造边界，一般由含有残余洋壳的蛇绿岩混杂堆积和共生的深海相放射虫硅质岩、沉积岩等组成，叠加了蓝片岩相高度变质作用和强烈的构造变形（刘利双 等，2015；许志琴，2007；杨文采 等，2004；Li et al.，2010）。缝合带两侧板块具有不同的性质和演化历史，通常是不同的生物地理区（周志广 等，2010），并具有不同的古地磁要素（李朋武 等，2006，2007）。确定缝合带确切位置对恢复不同地史时期的板块构造格局以及研究板块聚散机制有着重要的科学意义。

　　古亚洲洋是一个东西向古大洋，产生于罗迪尼亚超大陆裂解时期，它长期存在于东欧—西伯利亚克拉通与塔里木—华北克拉通之间，洋内众多微陆块可能构成几条岛链（李三忠 等，2016）。西伯利亚板块南缘近东西向展布的大型高压变质带中蓝片岩指示古亚洲洋洋盆于650—520 Ma前开始俯冲（徐公愉，1993），至二叠纪末期与华北克拉通碰撞形成世界上最宽阔、发展历史最长、构造岩浆活动最复杂的巨型增生造山带，即中亚造山带（Buchan et al.，2001；Xiao et al.，2002，2003，2004；Xu et al.，2003b；朱永峰、徐新，2006；Windley et al.，2007；徐新 等，2007；刘希军 等，2009；Xiao et al.，2003，2004，2009）。由于中亚造山带记录了显生宙期间古亚洲洋俯冲闭合、陆 - 陆汇聚及碰撞后伸展等地质过程，所以吸引了广大学者对其进行研究，并识别出多条蛇绿岩带、蓝片岩带、金刚石及逆冲推覆构造等（李瑞彪 等，2014；Jian et al.，2008；Chen et al.，2009；Xu et al.，2013），为确定古亚洲洋南缘闭合位置提供了线索。然而，受后期地质作用影响，至今对古亚洲洋南缘最终闭合位置仍存在争议：一种观点认为缝合线位于索伦山—贺根山一带（徐备、陈斌，1997；田昌烈 等，1989）；另一种观点认为沿西

---

　　1 吉林大学地球探测科学与技术学院，长春，130026；2 原国土资源部应用地球物理重点实验室，长春，130026；3 油页岩地下原位转化与钻采技术国家地方联合工程实验室，长春，130026；4 中国地质科学院地质研究所，北京，100037；5 安徽省勘查设计院，合肥，230031。

拉木伦河断裂带一线（Wu et al., 2002）；还有学者认为位于贺根山以南、林西以北的宽阔带（陈斌 等，2001；Xiao et al., 2003）。在过去的研究中，主要以岩石学、地层学、生物古地理、地球化学和年代学研究手段，采用的深部样品的分布具有局限性和不均匀性，严重制约了从整体上对问题的认识，少数以地球物理方法仅对地壳结构进行了初步约束（董泽义 等，2016；梁宏达 等，2015；徐新学 等，2011），未能揭示此碰撞－拼合区整个岩石圈内部结构，致使古亚洲洋最终闭合位置仍然认识不清，在一定程度上制约了 Pangea 超大陆东亚陆块重建。因此，本文基于大地电磁测深及人工反射地震所揭示的深部结构，结合前人研究成果（Li et al., 2016；Liu et al., 2016；Zhang Y & Zhang J，2017），对西伯利亚板块与华北克拉通碰撞带缝合带位置这一关键地质问题进行了探索与研究。

1 缝 合 带

蛇绿岩被认为是保存在陆（或弧）上的大洋岩石圈残片（马冲，2011；白文吉 等，1995；Dilek & Furnes，2011；Khain et al., 2003），是判别洋－陆俯冲到陆－陆碰撞后所留缝合带存在的重要标志。华北克拉通与西伯利亚克拉通南部碰撞－拼合带是由南蒙活动大陆边缘、二连浩特—贺根山增生杂岩带、宝力岛弧、二道井子增生杂岩带、温都尔庙增生杂岩带和白乃庙岛弧组成的复杂碰撞－拼合体系（图1），内部发育索伦—西拉木伦河蛇绿岩带和二连浩特—贺根山蛇绿岩带两条主要的蛇绿岩带。二连浩特—贺根山蛇绿岩带从二连浩特东侧的萨达格勒庙、阿尔登格勒庙向东北经贺根山至窝棚特一带，断续延伸约 400 km，从西向东断续出露多个蛇绿岩块：二连浩特蛇绿岩、朝克山蛇绿岩、贺根山蛇绿岩、松根乌拉山蛇绿岩、乌斯尼黑蛇绿岩，主要岩性为方辉橄榄岩、二辉橄榄岩、层状和块状辉长岩、辉绿岩墙（脉）、基性熔岩、枕状玄武岩、辉斑玄武岩及硅质岩等（王树庆 等，2008）。二连浩特辉绿岩墙和侵入到蛇绿岩中的花岗闪长岩岩墙的锆石 U－Pb 年龄，分别为（295 ±9）Ma 和（244 ±4）Ma（Miao et al., 2008）。贺根山蛇绿岩中辉长闪长岩 [（341 ±3）Ma] 和玄武岩 [（359 ±5）Ma] 结晶年龄为早石炭世早期，同时玄武岩继承锆石峰值年龄为晚泥盆世早期 [（375 ±2）Ma]（黄波 等，2016）。硅质岩中的晚泥盆世古生物化石（郑萍 等，2008；刘家义，1985），指示了该区域晚古生代早期为大洋环境。最近在二连浩特艾力格庙地区和苏尼特左旗以南地区的混杂岩带内发现了以岩块形式出现的蓝片岩，等时线年龄为（383 ±13）Ma（李瑞彪 等，2014；徐备 等，2001），又在贺根山蛇绿岩的铬铁矿中发现金刚石等深部地幔矿物（黄竺 等，2015），证明了该蛇绿岩带为大洋沉积物俯冲到上地幔折返的产物（蔡志慧 等，2009）。梅劳特乌拉块状辉长岩的 U－Pb 锆石年龄为（308.5 ±22）Ma，据此确定梅劳特乌拉蛇绿岩形成于晚石炭世（李英杰 等，2015）。上述锆石年龄资料，将贺根山蛇绿岩带的形成时间限定在晚泥盆世—晚石炭世早期，即二连浩特—贺根山蛇绿岩带为西伯利亚板块与华北克拉通碰撞带内晚泥盆世—晚石炭世早期形成的缝合带。穿过贺根山地区的倾向南、北的一个逆冲体系（图1；Xu et al., 2013）。

索伦—西拉木伦河蛇绿岩带自西向东主要由索伦山蛇绿岩、温都尔庙蛇绿岩和柯单山蛇绿岩等组成，主要岩性为蛇纹石化橄榄岩、蛇纹石化辉石橄榄岩、辉长辉绿岩、枕状熔岩、玄武岩、硅质岩等（胡骁 等，1987；梅盛旺 等，2016）。满都拉西部出露的蛇绿混杂岩中橄榄辉长岩的单颗粒锆石 U－Pb 年龄为（385.6±1.7）Ma，显示该蛇绿岩形成于早泥盆世晚期（白立兵 等，2004）。柯单山蛇绿岩中辉长岩岩脉的锆石定年结果也为中二叠世［(281.0±6.4) Ma］。九井子蛇绿岩中辉长岩的形成时代为（274.7±1.7）Ma，属于早二叠世晚期（刘建峰 等，2016），这些锆石年龄表明索伦—西拉木伦河地区在中二叠世依然处于海洋环境，蛇绿岩带内硅质岩中存在的化石和古地磁研究结果进一步证明了这一观点（王惠 等，2005；胡晓 等，1987；Wang et al.，2005；Shi & Chen，2006；Deng et al.，2009；李朋武 等，2006）。同时古地理研究显示直到晚二叠世才出现陆相沉积地层（和政军 等，1997；Zhang S B et al.，2014；Zhang S H et al.，2014），指示索伦—西拉木伦蛇绿构造混杂岩带自西向东逐步缝合，最终混杂堆积的时间为晚二叠世—早三叠世。

综上所述，在西伯利亚板块与华北克拉通碰撞带存在两条不同时期形成的缝合带，预示着该区域岩石圈存在两大汇聚体系的构造形迹。

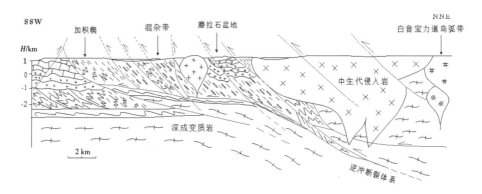

图1　二连浩特—贺根山缝合带构造剖面（据 Xu et al.，2013 修改）

2　研究方法

2.1　大地电磁测深数据采集

大地电磁测深剖面位于西伯利亚板块与华北克拉通南缘碰撞带，隶属于中亚造山带东南部。整个剖面近南北向展布，西起中蒙边界，途径查干敖包、二连浩特、苏尼特右旗、温都尔庙，向南至化德县，自北向南穿过了南蒙活动大陆边缘、二连浩特—贺根山增生杂岩带、宝力岛弧、二道井子增生杂岩带、温都尔庙增生杂岩带和白乃庙岛弧次级构造单元。大地电磁测深剖面全长约410 km，宽频大地电磁测深数据基本点距5 km，共完成79个物理点，长周期大地电磁数据基本点距约为20 km，共完成15个物理点，测点位置与对应宽频大地电磁测深点位重合。野外资料采集都使用加拿大MTU－5A 和乌克兰 Lemi-417 型大地电磁测深仪，数据采集过程中采用张量测量方式布极，每个测点测量 3 个磁场分量和 2 个相互正交的水平电场分量。大地电磁测深点采集过程中使用 GPS 同步观测，宽频采集时间约为 20 h，长周期采集时间在 120～170 h 之间。

2.2 数据处理与分析

在数据处理过程中，首先对原始时间序列数据进行快速傅里叶变换，将时间域信号转变为频率域数据，并通过远参考技术、"Robust"估计（Egbert，1997）、功率谱挑选和静位移矫正等处理技术，获得较高质量的阻抗张量信息。经过一系列处理后，最终得到剖面所有测点的视电阻率与相位曲线，宽频获得 0.0005～320 Hz 有效数据，长周期获得 20～20 000 s 有效数据。对获得的两种数据在同一坐标系下进行绘图，其中 0.0005～320 Hz 频段用宽频数据进行绘图，小于 0.0005 Hz 频段用长周期数据，拼接频段的曲线形态与趋势基本一致（图 2）。视电阻率和阻抗相位曲线可以反映地下介质的电性分布特征，如构造分区、电性分层等。对于研究区的典型视电阻率和阻抗相位曲线，其中 344 号测点位于南蒙活动大陆边缘；324 号测点位于二连浩特—贺根山增生杂岩带；292 号和 284 号测点位于宝力岛弧；252 号测点位于二道井子增生杂岩带；232 号测点位于白乃庙岛弧。从各个构造单元内部典型原始曲线可以看出，不同地质单元的电性结构具有明显的差异。

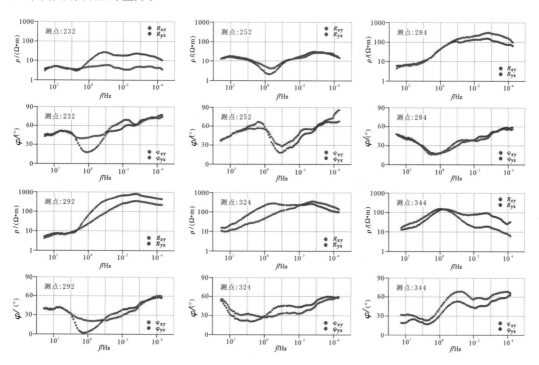

图 2　部分测点视电阻率和相位曲线

维性与构造走向分析是大地电磁测深数据反演的前提（陈小斌、郭春玲，2017；蔡军涛 等，2010a）。研究区主干断裂主要为 NEE 向构造展布，整体上具备二维特征。本文运用基于 GB 张量阻抗分解技术（Groom & Bailey，1989；Mcneice & Jones，2001）对研究区维性特征与区域构造走向进行分析。图 3 给出了剖面全部测点 GB 分解获得的二维偏离度随频率变化图，可见剖面二维偏离度普遍小于 0.2，在局部位置低频段二维偏离度大于 0.3，说明了剖面主体部分具有明确的二维特征，该特征为本文的二维反演工作奠定了基础。相位张量分解确定的电性主轴玫瑰图可参见 Smith 和 Booker（1991）与魏文博等（2018）的文章，其中玫瑰图中的长轴指示电性主轴方向。

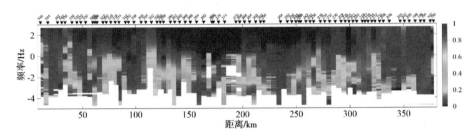

图 3　二维偏离度拟断面

2.3　数据反演

数据反演基于非线性共轭梯度（nonlinear conjugate gradient，NLCG；Rodi & Mackie，2000）二维反演算法，对 TE + TM 模式进行联合反演。从维性分析可知研究区深部存在一定三维结构，数值模拟结果显示 TE 模式的视电阻率数据容易受到三维畸变效应影响（蔡军涛、陈小斌，2010b），因此本文对剖面反演时，增大 TE 模式视电阻率的本底误差，以减小 TE 模式数据对整体反演结果的影响（许林斌 等，2017）。另外，选用不同的正则化因子 τ 值进行反演，以各个模型的粗糙度（roughness）为横轴，均方根误差（RMS）为纵轴做 L 曲线图（图 4），处于曲线拐点处对应的 τ 值，既兼顾了模型的光滑程度，又与原始数据有很好的拟合关系（Farquharson & Oldenburg，2004；Hu et al.，2015），因此选择拐点处对应值 10 作为模型的 τ 值。

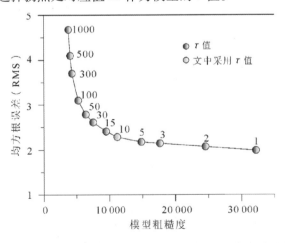

图 4　剖面不同正则化因子反演得到的模型粗糙度与拟合差曲线

反演初始模型为 100 $\Omega \cdot m$ 均匀半空间，网格剖分大小为 200×100，选择对 TM 模式视电阻率和阻抗相位分别使用 20% 和 10% 的本底误差，而 TE 模式的视电阻率和阻抗相位分别使用 50% 和 50% 的本底误差，正则化因子 $\tau = 10$，横纵光滑比为 1。经过 300次迭代计算，RMS 反演拟合差为 2.29。实测数据与拟合数据基本一致（图 5、图 6），指示反演获得的电性结构是可以接受的。

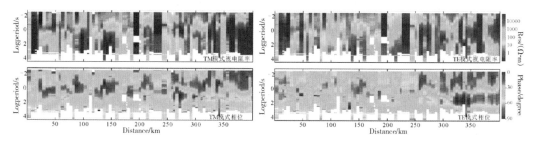

图 5　剖面实测数据频率与视电阻、相位拟断面

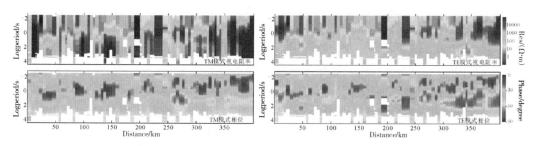

图 6　剖面响应数据频率与视电阻、相位拟断面

3　电性模型分析

3.1　地壳

中亚造山带地壳厚度在 40 km 左右，靠近华北克拉通北缘有小幅增厚趋势。根据电性结构及人工地震反射剖面，西伯利亚板块与华北克拉通南缘碰撞带大致可分为 3 个电性区域。

查干—敖包断裂带以北的南蒙活动大陆边缘为第一电性区，浅层局部表现为中、低电阻率，对应南倾地震反射界面，为中生代控盆构造及其内部沉积物，而浅部高阻异常与地震剖面的漫散射特征相对应，推测为地表出露的古生代花岗岩。中下地壳呈现"两高夹一低"的电性特征，对应一系列北倾及弧形反射界面，推测为地体碰撞的过程中韧性下地壳滑动所留构造痕迹和底侵的玄武质岩深部玄武岩床的反映。

查干—敖包断裂带与索伦—西拉木伦河断裂带之间为第二电性区，包括二连浩特—贺根山增生杂岩带、宝力岛弧、二道井子增生杂岩带和温都尔庙增生杂岩带。地表主要出露古生界、中生界及增生杂岩等，电性上表现为中、低阻异常，下伏高阻块体为花岗质岩隐伏岩体，并在二连浩特北地区出露。在二连浩特和苏尼特右旗深部 15 km 左右出现弧形反射体，对应区域下地壳出现一系列对冲弧形反射界面（AR1 和 AR2），AR1 弧形反射体表现为高阻异常，表征了洋壳物质俯冲到地幔之后折返的痕迹，可能为东北部地表出露蛇绿岩体深部的隐伏部分。弧形反射体两侧为电性梯度带，推测可能存在断裂构造。AR2 弧形反射体则呈现低阻异常，弧形反射体北侧为电性梯度带，南侧则与大型倾斜反射体相连，推测为碰撞前缘所形成的堆积楔。第二电性区中下地壳由 C2、C3、C4 和 C5 低阻异常体组成，电阻率值基本小于 40 Ω·m，C2 和 C3 低阻异常对应层状反射体，推测为具有一定流变性的玄武岩。C4 低阻异常体厚度最大，对应"鳄鱼嘴"状反射体，推测是与碰撞有关的增生杂岩体。C5 低阻异常体北倾狭长状，该异常起于温都尔庙南部，止于苏尼特右旗中下地壳，自南向北埋藏深度逐渐变深，地震剖面上表现为大型倾斜反射面，推测为西拉木伦河逆冲断裂带。

西拉木伦河断裂带以南的白乃庙岛弧为第三电性区，浅地表呈现高低相间的电性特征，地表对应出露古生界和花岗岩。中下地壳主体表现出高阻特征，电阻率值在 1000 Ω·m 以上，人工反射剖面同样显示一系列北倾反射界面（OR），推测高阻、层状反射异常可能是片麻岩的反映（图 7）。

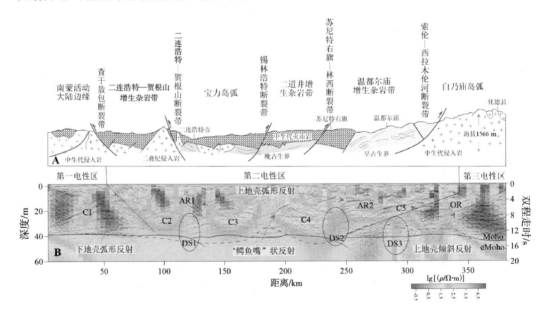

C1、C2、C3、C4 和 C5 代表低阻异常体；AR1 和 AR2 代表上地壳弧形反射；DS1、DS2 和 DS3 表示电性梯度带。

图 7　地质剖面（A）与大地电磁测深二维电性结构与人工反射地震剖面叠合图（B）（据 Zhang et al，2014）

Moho 被认为是由玄武岩或辉长岩到榴辉岩的相变带，或是把长石含量高的地壳岩石同下面的纯橄榄岩或橄榄岩分隔开的岩性界面。人工地震反射揭示，Moho 在双程走时约 13～14 s 深度处，呈现下地壳强反射区和相对应的透明地幔之间的界限，且连续性好。若按照地壳平均 P 波速率约 6.4 km/s（Zheng et al.，2007）计算，Moho 埋深在 41～45 km 之间。但在构造复杂的造山带，不同地质单元之间用地壳平均速度所计算出的 Moho 深度会存在较大误差，故结合电性分界面所勾勒的 Moho 形态更能反映客观事实。在深部电性结构上，电性 Moho 表现明显的电性分界线（eMoho），埋深变化相对较大。在温都尔庙以北地区表现为高阻异常，上部由 C1—C5 构成的中、低阻异常层，下部为高阻的岩石圈地幔；而在温都尔庙至化德县之间，地壳表现出高阻特征，岩石圈地幔则表现低阻异常。总体而言，电性 Moho 与人工反射地震所确定的 Moho 基本一致，北部平缓，南部变化相对剧烈。

3.2 岩石圈地幔

兴蒙造山带岩石圈地幔电性结构呈现"三高一低"的格局（图 8），反映了岩石圈地幔厚度变化大，整体呈现两边厚、中间薄的特征。南蒙大陆边缘活动带、二连浩特—贺根山增生杂岩带岩石圈地幔电阻率呈现高阻块体（R1），电阻率在 1000 Ω·m，厚度从北侧 110 km 迅速减薄至 40 km。宝力道岛弧、二道井子增生杂岩带岩石圈同样呈现高阻块体（R2），电阻率值在 800 ~ 1000 Ω·m 之间，厚度从 40 km 又递增到 50 km 左右。温都尔庙增生杂岩带岩石圈电阻率最高（R3），电阻率值大于 1000 Ω·m，厚度也迅速增加到 90 km，指示了刚性碰撞前缘的特征。白乃庙岛弧岩石圈地幔则呈现低阻块体（C6），电阻率值小于 100 Ω·m，厚度也稳定在 90 km。另外，岩石圈地幔内部存在三条电性梯度带（DS1、DS2 和 DS3），其中 DS1 电性梯度带表现较弱，位于二连浩特—贺根山缝合带附近，DS2 电性梯度带表现相对较强，位于索伦—林西断裂带附近，人工地震反射剖面上，上述两区域地壳呈现明显的汇聚特征（AR1 和 AR2），深部这一电性特征进一步指示了两处为深部缝合位置。DS3 位于索伦—西拉木伦河断裂带附近，但在人工反射剖面上，地壳未呈现汇聚特征，而是呈现一系列北倾反射界面（OR），表明此处不是深部缝合带。

3.3 软流圈

层析成像研究结果显示，本区软流圈顶界面在 80 ~ 150 km 之间变化，底界面基本稳定在 300 km 深度处（袁学诚，2007）。而在电性结构上软流圈呈现低阻特征，电阻率基本小于 100 Ω·m（图 8），一般认为是橄榄岩经部分熔融所致。软流圈顶界面（LAB）整体呈现不对称的优弧型，即北部南蒙活动大陆边缘和南部白乃庙岛弧软流圈顶界面埋深分别在 150 km、125 km 左右，而二连浩特—贺根山增生杂岩带与宝力岛弧一带为软流圈上涌区，顶界面埋深约为 80 km，其下方存在约 400 Ω·m 的中阻异常，为软流圈内部最显著的特征。中亚造山带主体表现为"多增生楔 – 多期次 – 多方向 – 多方式"的增生造山（Xiao et al.，2015），经历了多期次洋壳俯冲、消减及碰撞 – 拼贴过程，因此软流圈内部高阻异常可能为俯冲消失的洋壳或碰撞造山后拆离的岩石圈残片。另外，二连浩特盆地群是发育在两大汇聚体系之上的中生代断陷盆地，又处于软流圈上涌区域，指示了该 NE 向盆地群的形成与碰撞 – 拼合后的伸展作用有关。

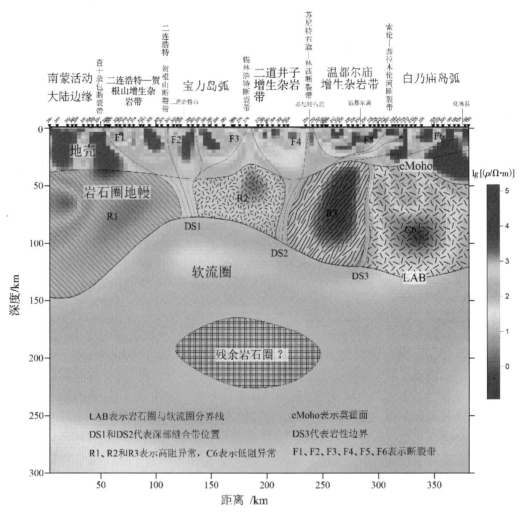

图8　二维电性结构剖面及其解释

◆4　结　　论

　　通过对西伯利亚板块与华北克拉通碰撞带地电结构及人工反射地震结构研究主要获得以下认识：西伯利亚板块与华北克拉通碰撞带地壳存在多组"U"形低阻异常，多对应弧型、倾斜或"鳄鱼嘴"状反射界面，岩石圈地幔除白乃庙岛弧呈低阻块体外，均为高阻块体，这些物性结构特征反映了西伯利亚板块与华北克拉通南北汇聚所形成的构造形迹。碰撞带可分为二连浩特—贺根山和索伦—西拉木伦河两个不同时期的汇聚体系，晚泥盆世—晚石炭世早期形成的二连浩特—贺根山汇聚体系由二连浩特—贺根山增生杂岩带、宝力岛弧地体及断裂带组成，深部缝合边界位于二连浩特。而晚二叠—早三叠的索伦—西拉木伦河汇聚体系由二道井子增生杂岩带和温都尔庙增生杂岩带地体及断裂带组成，深部缝合边界位于苏尼特右旗。在锡林浩特地区软流圈内部存在高阻异常，可能为俯冲消失的洋壳或碰撞造山后拆离的岩石圈残片。

✕◆说　　明

修改自：韩江涛，袁天梦，刘文玉，等，2019. 西伯利亚板块与华北克拉通碰撞带地电结构及对深部缝合边界的讨论. 地球物理学报，62（3）：349 – 361.

✕◆参 考 文 献

Bai L B, Li Y X, Liu J J, 2004. Characteristics and tectonic settings of the Devonian basic volcanic rocks in Mandula Inner Mongolia. Geology and Mineral Resources of South China（3）：50 – 54.

Bai W J, Yang J S, Zhou M F, et al., 1995. Tectonic Evolution of Different Dating Ophiolites in the Western Junggar, Xinjiang. Acta Petrologica Sinica（s1）：62 – 72.

Buchan A C, 2001. Tectonic evolution of the Bayankhongor ophiolite, Central Mongolia：implications for the Palaeozoic crustal growth of Central Asia. University of Leicester.

Cai J T, Chen X B, 2010. Refined techniques for data processing and two-dimensional inversion in magnetotelluric Ⅱ：Which data polarization mode should be used in 2D inversion. Chinese J. Geophys.（in Chinese）（11）：2703 – 2714.

Cai J T, Chen X B, Zhao G Z, 2010. Refined techniques for data processing and two-dimensional inversion in magnetotelluric Ⅰ：Tensor decomposition and dimensionality analysis. Chinese J. Geophys.（in Chinese）（10）：2516 – 2526.

Cai Z H, Xu Z Q, Tang Z M, et al., 2009. Exhumation kinetics of northern Sulu ultrahigh-pressure metamorphic belt, Rongcheng Area. Acta Petrologica Sinica（7）：1627 – 1638.

Chen B, Jahn B M, Tian W, 2009. Evolution of the Solonker suture zone：Constraints from zircon U – Pb ages, Hf isotopic ratios and whole-rock Nd – Sr isotope compositions of subduction- and collision-related magmas and forearc sediments. Journal of Asian Earth Sciences（3）：245 – 257.

Chen B, Zhao G C, Wilde S, 2001. Subduction- and Collision-related Granitoids from Southern Sonidzuoqi, Inner Mongolia：Isotopic Ages and Tectonic Implications. Geological Review（4）：361 – 367.

Chen X B, Guo C L, 2017. Refined techniques for data processing and two-dimensional inversion in magnetotelluric（V）：Detecting the linear structures of the Earth by impedance tensor imaging. Chinese J. Geophys.（in Chinese）（2）：766 – 777.

Deng S H, Wan C B, Yang J G, 2009. Discovery of a Late Permian Angara – Cathaysia mixed flora from Acheng of Heilongjiang, China, with discussions on the closure of the Paleoasian Ocean. China Science：Geoscience（11）：1746 – 1755.

Dilek Y, Furnes H, 2011. Ophiolite genesis and global tectonics：Geochemical and tectonic fingerprinting of ancient oceanic lithosphere. Geological Society of America Bulletin（3 – 4）：387 – 411.

Dong Z Y, Tang J, Chen X B, et al., 2016. Deep electric structure beneath northeastern boundary areas of the North China craton. Seismology and Geology（1）：107 – 120.

Egbert G D, 1997. Robust multiple-station magnetotelluric data processing. Geophysical Journal International（2）：475 – 496.

Farquharson C G, Oldenburg D W, 2004. A comparison of automatic techniques for estimating the regularization parameter in non-linear inverse problems. Geophysical Journal International（3）：411 –425.

Groom R W, Bailey R C, 1989. Decomposition of magnetotelluric impedance tensors in the presence of local three-dimensional galvanic distortion. Journal of Geophysical Research Solid Earth（B2）：1913 –1925.

He Z J, Liu S W, Ren J S, et al., 1997. Late Permian-early triassic sedimentary evolution and tectonic setting of the Linxi region. Regional Geology of China（4）：403 –409.

Hu X, Niu S Y, Zhang Y T, 1987. The Middle – Late Silurian flysch in the bainaimiao area, Nei Monggol. Regional Geology of China. Regional Geology of China（4）：47 –54.

Hu Y C, Li T L, Fan C S, et al., 2015. Three-dimensional tensor controlled-source electromagnetic modeling based on the vector finite-element method. Applied Geophysics（in Chinese）（1）：35 –46.

Huang B, Fu D, Li S C, et al., 2016. The age and tectonic implications of the Hegenshan ophiolite in Inner Mongolia. Acta Petrologica Sinica（1）：158 –176.

Huang Z, Yang J S, Zhu Y W, et al., 2015. The discovery of diamonds and deep mantle minerals in chromitites of Hegenshan ophiolite, Inner Mongolia. Geology in China（5）：1493 –1514.

Jian P, Liu D, Kröner A, et al., 2008. Time scale of an early to mid-Paleozoic orogenic cycle of the long-lived Central Asian Orogenic Belt, Inner Mongolia of China：Implications for continental growth. Lithos（3 – 4）：233 –259.

Khain E V, Bibikova E V, Salnikova E B, et al., 2003. The Palaeo-Asian ocean in the Neoproterozoic and early Palaeozoic：new geochronologic data and palaeotectonic reconstructions. Precambrian Research（1 –4）：329 –358.

Li L, Sun F Y, Li B L, et al., 2016. Early Mesozoic Southward Subduction of the Eastern Mongol – Okhotsk Oceanic Plate：Evidence from Zircon U – Pb – Hf Isotopes and Whole-rock Geochemistry of Triassic Granitic Rocks in the Mohe Area, NE China. Resource Geology（4）：386 –403.

Li P W, Gao R, Guan Y, et al., 2006. Palaeomagnetic Constraints on the Final Closure Time of Solonker Linxi Suture. Journal of Jilin University（Earth Science Edition）（5）：44 –758.

Li P W, Gao R, Guan Y, et al., 2007. Paleomagnetic Constraints on the Collision of Siberian and North China Blocks, with a Discussion on the Tectonic Origin of the Ultrahigh-Pressure Metamorphism in the Sulu – Dabie Region. Acta Geoscientica Sinica（3）：234 –252.

Li R B, Xu B, Zhao P, et al., 2014. The discovery of blueschist-facies rock in Airgin Sum area, Erenhot, Inner Mongolia and its tectonic significance. Chin Science Bulletin（in Chinese）（1）：66 –71.

Li S Z, Zhao S J, Yu S, et al., 2016. Proto-Tethys Ocean in East Asia（Ⅱ）：Affinity and assmbly of Early Paleozoic micro-continental blocks. Acta Petrologica Sinica（9）：2628 –2644.

Li X P, Zhang L F, Wilde S A, et al., 2010. Zircons from rodingite in the Western Tianshan serpentinite complex：Mineral chemistry and U – Pb ages define nature and timing of rodingitization. Lithos（1 –2）：17 –34.

Li Y J, Wang J F, Li H Y, et al., 2015. Recognition of Meilaotewula ophiolite in Xi Ujimqin Banner, Inner Mongolia. Acta Petrologica Sinica（5）：1461 –1470.

Liang H D, Gao R, Hou H S, et al., 2015. Post-collisional extend record at crustal scale：Revealed by the deep electrical structure from the southern margin of the central Asian orogenic belt to the northern margin of the North China Craton. Chinese J. Geophys.（2）：643 –652.

Liu J F, Li J Y, Sun L X, et al., 2016. Zircon U – Pb dating of the Jiujingzi ophiolite in Bairin Left Banner,

Inner Mongolia: Constraints on the formation and evolution of the Xar Moron River suture zone. Geology in China (6): 1947 – 1962.

Liu J Y, Li C Y, Xiao X C, 1985. Study on ophiolite suite and its tectonic significance in the inner Mongolian hegen mountain area//Proceedings of the Chinese academy of geological sciences.

Liu L S, Liu F L, Liu P H, et al., 2015. Geochemical characteristics and metamorphic evolution of metamafic rocks from Haiyangsuo area, Sulu ultrahigh-pressure metamorphic belt. Acta Petrologica Sinica (10): 2863 – 2888.

Liu R C, Jiang Y J, Li B, 2016. Effects of intersection and dead-end of fractures on nonlinear flow and particle transport in rock fracture networks. Geosciences Journal (3): 415 – 426.

Liu R, Jiang Y, Li B, 2016. Effects of intersection and dead-end of fractures on nonlinear flow and particle transport in rock fracture networks. Geosciences Journal, 20 (3): 415 – 426.

Liu X J, Xu J F, Wang S Q, et al., 2009. Geochemistry and dating of E-MORB type mafic rocks from Dalabute ophiolite in West Junggar, Xinjiang and geological implications. Acta Petrologica Sinica (6): 1373 – 1389.

Ma C, Zhao G P, Xiao W J, et al., 2011. Emplacement of ophiolites: Mechanisms and timing. Chinese J. Geophys. (3): 865 – 874.

Mcneice G W, Jones A G, 2012. Multisite, multifrequency tensor decomposition of magnetotelluric data. Geophysics (1): 158 – 173.

Mei S W, Wang Y M, Du X F, et al., 2016. Geochemical Characteristics of the Serpentinized Peridotite in the Wenduermiao Area, Inner Mongolia, China and Their Geological Significance. Bulletin of Mineralogy, Petrology and Geochemistry (2): 212 – 221.

Miao L C, Fan W M, Liu D Y, et al., 2008. Geochronology and geochemistry of the Hegenshan ophiolitic complex: Implications for late – stage tectonic evolution of the Inner Mongolia – Daxinganling Orogenic Belt, China. Journal of Asian Earth Sciences (5 – 6): 348 – 370.

Rodi W, Mackie R L, 2000. Nonlinear conjugate gradients algorithm for 2-D magnetotelluric inversion. Geophysics (1): 174 – 187.

Shi G R, Chen Z Q, 2006. Lower Permian oncolites from South China: Implications for equatorial sea-level responses to Late Palaeozoic Gondwanan glaciation. Journal of Asian Earth Sciences (3): 424 – 436.

Smith J T, Booker J R, 2012. Rapid inversion of two-and three-dimensional magnetotelluric data. Journal of Geophysical Research Solid Earth (B3): 3905 – 3922.

Tian C L, Cao C Z, Yang F L, 1989. Geochemical features of ophiolite in the fold belt on the north side of the sino-korean platform. Bulletin of the Chinese Academy of Geological Science (11): 107 – 129.

Wang H, Wang Y J, Chen Z Y, 2005. Discovery of the Permian radiolarians from the Bayanaobao area, Inner Mongolia. Journal of Stratigraphy (4): 368 – 371.

Wang S Q, Xu J F, Liu X J, et al., 2008. Geochemistry of the Chaokeshan ophiolite: Product of intra-oceanic back-arc basin?. Acta Petrologica Sinica (12): 2869 – 2879.

Windley B F, Alexeiev D, Xiao W J, et al., 2007. Tectonic models for accretion of the Central Asian Orogenic Belt. Journal of the Geological society (164): 31 – 47.

Wu F Y, Sun D Y, Li H, et al., 2002. A-type granites in northeastern China: age and geochemical constraints on their petrogenesis. Chemical Geology (1 – 2): 143 – 173.

Xiao W J, 2004. Paleozoic accretionary and collisional tectonics of the eastern Tianshan (China):

Implications for the continental growth of central Asia. Social Compass (1): 85 –98.

Xiao W J, Brian F, Windley, et al., 2002. Arc-ophiolite obduction in the Western Kunlun Range (China): implications for the Palaeozoic evolution of Central Asia. Journal of the Geological Society (5): 517 –528.

Xiao W J, Windley B F, Hao J, et al., 2003. Accretion leading to collision and the Permian Solonker suture, Inner Mongolia, China: Termination of the central Asian orogenic belt. Tectonics (6): 8-1 –8-20.

Xiao W J, Windley B F, Huang B C, et al., 2009. End-Permian to mid-Triassic termination of the accretionary processes of the southern Altaids: implications for the geodynamic evolution, Phanerozoic continental growth, and metallogeny of Central Asia. International Journal of Earth Sciences(6): 1189 – 1217.

Xiao W J, Windley B F, Sun S, et al., 2015. A Tale of Amalgamation of Three Permo-Triassic Collage Systems in Central Asia: Oroclines, Sutures, and Terminal Accretion. Annual Review of Earth & Planetary Sciences, 43: 477 –507.

Xu B, Charvet J, Chen Y, et al., 2013. Middle Paleozoic convergent orogenic belts in western Inner Mongolia (China): framework, kinematics, geochronology and implications for tectonic evolution of the Central Asian Orogenic Belt. Gondeana Research, 23 (4): 1342 –1364.

Xu B, Charvet J, Zhang F Q, 2001. Primary study on the petrology and geochrononology of blueschists in Sunitezuoqi, Northern Inner Mongolia. Chinese J. Geophys. (4): 424 –434.

Xu B, Chen B, 1997. The structure and evolution of the middle Paleozoic orogenic belt between north China plate and Siberian plate in northern Inner Mongolia. China Science: Geoscience (3): 227.

Xu G Y, 1993. The tectonic evolution of Paleo – Asian Ocean in Northeast Asia. Jilin Geology (1): 21 –25.

Xu L B, Wei W B, JIN S, et al., 2017. Study of deep electrical structure along a profile from northern Ordos block to Yinshan orogenic belt. Chinese J. Geophys. (in Chinese) (2): 575 –584.

Xu X X, Li J J, Liu J C, et al., 2011. The crust-upper mantle electrical structure along Xilinhot – Dongwuqi section. Chinese J. Geophys. (in Chinese) (5): 1031 –1039.

Xu X, Zhu Y F, Chen B, 2007. Petrology of the Kamste ophiolite melange from Junggar, Xinjiang, NW China. Acta Petrologica Sinica (7): 1603 –1610.

Xu Z Q, 2007. Continental deep subduction and exhumation dynamics: Evidence from the main hole of the Chinese Continental Scientific Drilling and the Sulu HP – UHP metamorphic terrane. Acta Petrologica Sinica (12): 3041 –3053.

Yang W C, Yang W Y, Jin Z M, et al., 2004. The seismic fabric of sulu ultrahigh pressure metamorphic belt lithosphere. Chinese science (D: earth science) (4): 307 –319.

Yuan X C, 2007. Mushroom structure of the lithospheric mantle and its genesis at depth: revisited. Geology in China (5): 737 –758.

Zhang S B, Tang J, Zheng Y F, 2014. Contrasting Lu – Hf isotopes in zircon from Precambrian metamorphic rocks in the Jiaodong Peninsula: Constraints on the tectonic suture between North China and South China. Precambrian Research (5): 29 –50.

Zhang S H, Gao R, Li H Y, et al., 2014. Crustal structures revealed from a deep seismic reflection profile across the Solonker suture zone of the Central Asian Orogenic Belt, northern China: An integrated interpretation. Tectonophysics (3): 26 –39.

Zhang Y S, Zhang J C, 2017. Lithology-dependent minimum horizontal stress and in-situ stress estimate. Tectonophysics（703 – 704）：1 – 8.

Zheng P, Zhang Y Z, Li Z X, et al., 2008. Geochemical characteristics and forming environment of the carboniferous gabbro in Yaduwula mountain area, middle daxinganling. Geology and Resources（4）：250 – 253.

Zheng Y F, Gao T S, Wu Y B, et al., 2007. Fluid flow during exhumation of deeply subducted continental crust：zircon U – Pb age and O-isotope studies of a quartz vein within ultrahigh-pressure eclogite. Journal of Metamorphic Geology（2）：267 – 283.

Zhou Z G, Gu Y C, Liu C F, et al., 2010. Discovery of Early – Middle Permian cathaysian flora in Manduhubaolage area, Dong Ujimqin Qi, Inner Mongolia, China, and its geological significance. Geological Bulletin of China（1）：21 – 25.

Zhu Y F, Xu X, 2006. The discovery of Early Ordovician ophiolite melange in Taerbahatai Mts., Xinjiang, NW China. Acta Petrologica Sinica（12）：2833 – 2842.

白立兵，李玉玺，刘俊杰，2004. 内蒙古满都拉泥盆纪基性火山岩特征及其形成环境. 华南地质与矿产（3）：50 – 54.

白文吉，杨经绥，周美付，等，1995. 西准噶尔不同时代蛇绿岩及其构造演化. 岩石学报（s1）：62 – 72.

蔡军涛，陈小斌，2010. 大地电磁资料精细处理和二维反演解释技术研究（二）：反演数据极化模式选择. 地球物理学报（11）：2703 – 2714.

蔡军涛，陈小斌，赵国泽，2010. 大地电磁资料精细处理和二维反演解释技术研究（一）：阻抗张量分解与构造维性分析. 地球物理学报（10）：2516 – 2526.

蔡志慧，许志琴，唐哲民，等，2009. 北苏鲁荣成地区超高压变质带的形成与折返动力学. 岩石学报（7）：1627 – 1638.

陈斌，赵国春，Wilde S，2001. 内蒙古苏尼特左旗南两类花岗岩同位素年代学及其构造意义. 地质论评（4）：361 – 367.

陈小斌，郭春玲，2017. 大地电磁资料精细处理和二维反演解释技术研究（五）：利用阻抗张量成像识别大地线性构造. 地球物理学报（2）：766 – 777.

董泽义，汤吉，陈小斌，等，2016. 华北克拉通东北边界带深部电性结构特征. 地震地质（1）：107 – 120.

和政军，刘淑文，任纪舜，等，1997. 内蒙古林西地区晚二叠世—早三叠世沉积演化及构造背景. 地质通报（4）：403 – 409.

胡骁，牛树银，张英涛，1987. 内蒙古白乃庙地区中晚志留世复理石. 地质通报（4）：47 – 54.

黄波，付冬，李树才，等，2016. 内蒙古贺根山蛇绿岩形成时代及构造启示. 岩石学报（1）：158 – 176.

黄竺，杨经绥，朱永旺，等，2015. 内蒙古贺根山蛇绿岩的铬铁矿中发现金刚石等深部地幔矿物. 中国地质（5）：1493 – 1514.

李朋武，高锐，管烨，等，2006. 内蒙古中部索伦林西缝合带封闭时代的古地磁分析. 吉林大学学报（地球科学版）（5）：744 – 758.

李朋武，高锐，管烨，等，2007. 华北与西伯利亚地块碰撞时代的古地磁分析：兼论苏鲁—大别超高压变质作用的构造起因. 地球学报（3）：234 – 252.

李瑞彪，徐备，赵盼，等，2014. 二连浩特艾力格庙地区蓝片岩相岩石的发现及其构造意义. 科学通报（1）：66 – 71.

李三忠，赵淑娟，余珊，等，2016. 东亚原特提斯洋（Ⅱ）：早古生代微陆块亲缘性与聚合. 岩石学报
（9）：2628 – 2644.

李英杰，王金芳，李红阳，等，2015. 内蒙古西乌旗梅劳特乌拉蛇绿岩的识别. 岩石学报（5）：
1461 – 1470.

梁宏达，高锐，侯贺晟，等，2015. 碰撞后的地壳尺度伸展记录：中亚造山带南缘—华北克拉通北缘
深部电性结构的揭露. 地质科学（2）：643 – 652.

刘家义，李春昱，肖序常，1985. 内蒙贺根山地区蛇绿岩套研究及构造意义//中国地质科学院文集
（1982 中英文合订本）：176 – 177.

刘建峰，李锦轶，孙立新，等，2016. 内蒙古巴林左旗九井子蛇绿岩锆石 U – Pb 定年：对西拉木伦河
缝合带形成演化的约束. 中国地质（6）：1947 – 1962.

刘利双，刘福来，刘平华，等，2015. 苏鲁超高压变质带中海阳所地区变基性岩的地球化学性质及变
质演化特征. 岩石学报（10）：2863 – 2888.

刘希军，许继峰，王树庆，等，2009. 新疆西准噶尔达拉布特蛇绿岩 E-MORB 型镁铁质岩的地球化学、
年代学及其地质意义. 岩石学报（6）：1373 – 1389.

马冲，赵桂萍，肖文交，等，2011. 蛇绿岩就位机制及时限. 地质科学（3）：865 – 874.

梅盛旺，汪玉梅，杜显锋，等，2016. 内蒙古温都尔庙地区蛇纹石化橄榄岩地球化学特征及其地质意
义. 矿物岩石地球化学通报（2）：212 – 221.

田昌烈，曹从周，杨芳林，1989. 中朝陆台北侧褶皱带（中段）蛇绿岩的地球化学特征. 地球学报
（11）：107 – 129.

王惠，王玉净，陈志勇，等，2005. 内蒙古巴彦敖包二叠纪放射虫化石的发现. 地层学杂志（4）：
368 – 371.

王树庆，许继峰，刘希军，等，2008. 内蒙朝克山蛇绿岩地球化学：洋内弧后盆地的产物. 岩石学报
（12）：2869 – 2879.

魏文博，叶高峰，金胜，等，2008. 华北地区东部岩石圈导电性结构研究 – 减薄的华北岩石圈特点.
地学前缘（4）：204 – 216.

徐备，Charvet J，张福勤，2001. 内蒙古北部苏尼特左旗蓝片岩岩石学和年代学研究. 地质科学（4）：
424 – 434.

徐备，陈斌，1997. 内蒙古北部华北板块与西伯利亚板块之间中古生代造山带的结构及演化. 中国科
学：地球科学（3）：227.

徐公愉，1993. 东北亚地区古亚洲洋的构造演化特点. 吉林地质（3）：1 – 8.

徐新，朱永峰，陈博，2007. 卡姆斯特蛇绿混杂岩的岩石学研究及其地质意义. 岩石学报（7）：
1603 – 1610.

徐新学，李俊健，刘俊昌，等，2011. 内蒙古锡林浩特—东乌旗剖面壳幔电性结构研究. 地球物理学
报（5）：1301 – 1309.

许林斌，魏文博，金胜，等，2017. 鄂尔多斯地块北部至阴山造山带深部电性结构特征研究. 地球物
理学报（2）：575 – 584.

许志琴，2007. 深俯冲和折返动力学：来自中国大陆科学钻探主孔及苏鲁超高压变质带的制约. 岩石学
报（12）：3041 – 3053.

杨文采，杨午阳，金振民，等，2004. 苏鲁超高压变质带岩石圈的地震组构. 中国科学（D 辑：地球
科学）（4）：307 – 319.

袁学诚，2007. 再论岩石圈地幔蘑菇云构造及其深部成因. 中国地质（5）：737 – 758.

郑萍，张永正，李振祥，等，2008. 大兴安岭中段牙都乌拉山地区石炭纪辉长岩特征及形成环境. 地质与资源（4）：250 – 253.

周志广，谷永昌，柳长峰，等，2010. 内蒙古东乌珠穆沁旗满都胡宝拉格地区早 – 中二叠世华夏植物群的发现及地质意义. 地质通报（1）：21 – 25.

朱永峰，徐新，2006. 新疆塔尔巴哈台山发现早奥陶世蛇绿混杂岩. 岩石学报（12）：2833 – 2842.

南海扩张中心新生代海底火山岩的岩石成因：来自地球化学和橄榄石－尖晶石地质温度计的证据

陈双双[1,2]，高锐[1*,2]，廖杰[1,2]，闫诚[1]

❖ 0 引　言

　　南海属于西太平洋新生代边缘海，被欧亚板块、印度洋板块、菲律宾—太平洋板块的运动所包围和影响。南海通常可分为东部盆地和西南盆地，以中南断裂带为边界（图1）。在33—32 Ma前，南海东部盆地发生南海大陆边缘裂解和海底扩张（Li et al., 2014a, 2014b），随后在大约23.6 Ma前，这个海底扩张中心往西南方向迁移至南海西南盆地，且这个海底扩张的过程一直持续至16 Ma前（Li et al., 2014a, 2014b; Taylor & Hayes, 1983）。随后南海东部盆地沿着马尼拉海沟不断向东俯冲（Lallemand et al., 2001）。北部吕宋岛弧与华南大陆之间的碰撞发生在大约6.5 Ma（Huang et al., 1997）。因此总结来讲，南海记录了一系列空间和时间上复杂的构造过程，包括大陆裂解、海底扩张、南海俯冲和板块碰撞，这可以被称为一个完整的威尔逊循环（Li et al., 2014a）。

　　然而，南海海底扩张的构造动力机制仍存在着争议。前人提出了几个解释南海海底扩张的动力机制假设，比如上升地幔柱作用（Yan et al., 2018; Zhou et al., 2009）、俯冲的古太平洋板块的折返（Shi & Li, 2012; Taylor & Hayes, 1983）、与印度—欧亚碰撞有关的构造挤压（Briais et al., 1993; Ru & Pigott, 1986）、古南海的俯冲过程引起的海底扩张（Hall, 2002; Holloway, 1982; Taylor & Hayes, 1983）。

　　最近，大量全面的研究已经证实了海南地幔柱的存在，比如类似地幔柱的低速结构的地震层析成像（Lebedev & Nolet, 2003; Lei et al., 2009; Wei & Chen, 2016; Zhao, 2007）、火山岩的岩石学和地球化学特征（Wang et al., 2012, 2013）、海南岛下部较高的地幔潜在温度（1440～1550 ℃; Hoang & Flower, 1998; Wang et al., 2012）。晚新生代OIB型海南玄武岩（Hoang & Flower, 1998; Huang et al., 2013; Wang et al., 2012, 2013; Zou & Fan, 2010）、华南大陆边缘广泛的晚新世OIB型板内火山活动（图1;

---

　　1 地球科学与工程学院，中山大学，广州，510275；2 南方海洋科学与工程广东省实验室（珠海），珠海，519000。

Chung et al., 1997；Han et al., 2009；Huang et al., 2013；Liu et al., 2017；Wang et al., 2012，2013；Yan et al., 2006，2018；Zhou et al., 2009)、古新世和始新世 IAB 型火山活动（Chung et al., 1997；Han et al., 2009；Huang et al., 2013）都已经被证实与海南地幔柱作用紧密相关。因此，南海中晚新生代 OIB 型火山作用也相应地被认为与海南地幔柱作用紧密相关（图 1；Wang et al., 2012，2013；Yan et al., 2018）。因此，南海扩张中心可能记录了地幔柱和海底扩张中心相互作用的构造系统（Yan et al., 2018；Yu et al., 2018；Zhang et al., 2018），或者换句话说，海南地幔柱可能引发导致了南海的扩张（Yan et al., 2018）。此外，海南地幔柱相关的岩浆活动最初发生在 22 Ma 前并一直持续至今（Wang et al., 2012，2013），南海扩张过程最初发生在 33 Ma 前并一直持续至 15 Ma 前（Li et al., 2014b），进一步说明了海南地幔柱与南海扩张之间相互作用的可行性，但驳斥了南海扩张是由海南地幔柱触发的假设。

为了全面深入地了解地幔柱对南海扩张和地幔演化的作用，本文主要选取了南海扩张中心附近的东部盆地 Site U1431 和西南部盆地 Site U1433、Site U1434 钻孔新生代玄武质火山岩作为研究对象。本文通过对这些火山岩的全岩、火山玻璃、斑晶矿物进行地球化学分析，并将其与海南及周围地区火山岩的地球化学特征进行对比研究，计算南海火山岩的结晶压力和温度，讨论结晶分异和岩浆混合过程，估算地幔源区岩性，最后阐明海南地幔柱对南海扩张的影响。

1 地质背景

南海是欧亚大陆、印度—澳大利亚和菲律宾—太平洋板块交界处的西太平洋边缘海（图 1），其北部被华南褶皱带包围，东部为俯冲带，南部为婆罗洲海槽，西部为越南东部断层。华南褶皱带主要由珠江口盆地、琼东南盆地等早新生代伸展盆地组成（Zhou et al., 2009），东部边界的俯冲带是由新生代南海海底扩张中心向东俯冲至菲律宾板块下方形成的，婆罗洲海槽是由婆罗洲下面的古南海地壳俯冲形成的压缩碰撞带（Hall, 2002），越南东部断裂是一个走滑拉张地区，是形成一系列油气矿床的主要控制结构（Roques et al., 1997）。

本研究我们主要以国际大洋钻探计划 IODP349 航次的东部盆地的 Site U1431 和西南部盆地的 Site U1433、Site U1434 钻孔新生代玄武质火山岩作为研究对象（图 1）。南海东部盆地扩展中心附近的 IODP Site U1431 主要由 13 个火成岩岩性单元和两个岩石地层单元（Unit IX 和 Unit XI）组成，深度共计 118.01 m（889.88 ~ 1007.89 mbsf）（图 1）。这两个单元主要是由块状玄武质熔岩流组成，被 3.7 m 厚的黏土层（Unit X）分隔，且被褐色黏土层（Unit VIII）覆盖（图 1）。IODP Site U1433 位于磁异常 C5d 附近（Briais et al., 1993），位于西南部盆地的残余扩张中心附近，主要是由 45 个火山岩层组成，总深度为 60.81 m（796.67 ~ 857.48 mbsf）（图 1）。基底火山岩由 37.5 m 厚的枕状玄武质熔岩流和 23.3 m 厚的块状玄武质熔岩流组成，被黄褐色黏土岩（Unit III）覆盖（图 1）。IODP Site U1434 靠近西南部盆地的残余扩张中心，距离 Site U1433 钻孔位置大约 40 km，主要由 7 个火成岩岩性单元组成（278.27 ～ 308.65 mbsf），深度共计 30.38 m（图 1）。

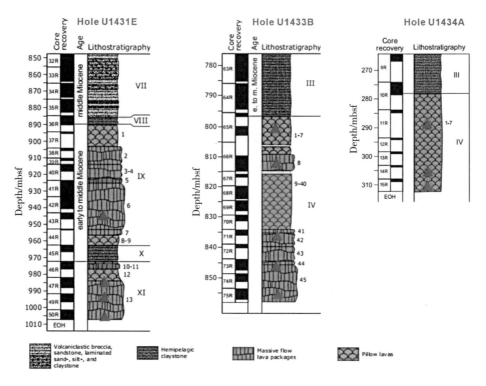

图 1　南海扩张中心 Hole U1431E、Hole U1433B 和 Hole U1434A 钻孔岩性柱状图（改自 Li et al., 2015）

2　矿物学与岩石学特征

大多数南海火山岩相对新鲜，具有块状构造和斑状结构，主要是由斜长石、辉石和橄榄石斑晶组成（图 2）。Site U1431E－43R－2 火山岩主要属于橄榄岩，主要由大量的自形的橄榄石（55 vol.%）、单斜辉石（30 vol.%）和少量的板片斜长石（15 vol.%）组成（图 2A）。单斜辉石呈自形或半自形（0.1 ～ 0.3 mm），橄榄石呈自形的六边形晶体（0.3 ～ 0.6 mm），包含有大量尖晶石包裹体（图 2B—C）。Site U1431E－49R 火山岩显示斑状结构，主要是由大颗粒的单斜辉石（60 vol.%，1.0 ～ 1.5 mm）和长板状斜长石（40 vol.%，0.5 ～ 0.8 mm）组成（图 2D—F）。单斜辉石呈长板状（1.0 ～ 1.5 mm），内部成分从中心到边缘呈规律性变化（图 2D—F），副矿物斜长石呈 0.5 ～ 0.8 mm 的长板状。Site U1433 火山岩（Site U1433B－66R 和 Site U1433B－71R）相对较新鲜，斑状结构，主要由针状的斜长石（75 vol.%，0.5 ～ 1.0 mm）和细粒单斜辉石（25 vol.%，0.1 ～ 0.2 mm）组成（图 2G—H）。在大颗粒的斜长石斑晶中包含有自形的六边形的橄榄石（图 2I），富钙自形的斜长石（0.8 mm）显示了明显的带状结构（图 2J）。Site U1434 火山岩（Site U1434A－3R）呈隐晶质结构，主要是由不规则形态的火山玻璃（50 vol.%，0.3 ～ 0.6 mm）、隐晶质的基质（50 vol.%）组成（图 2K—L）。

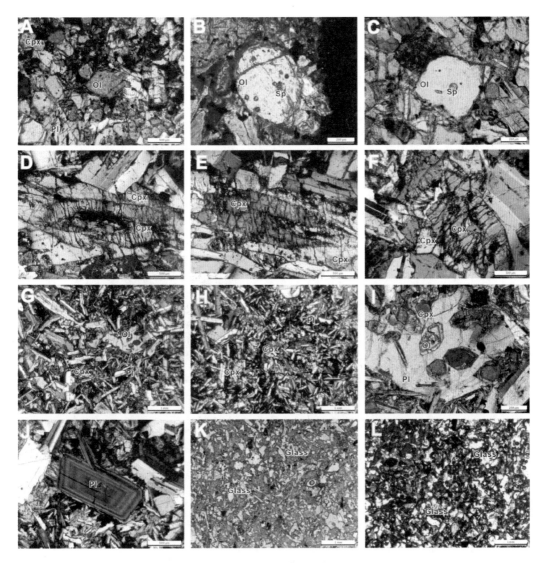

A：Site U1431E-43R 橄榄岩；B、C：Site U1431E-43R 橄榄岩中的橄榄石斑晶以及尖晶石熔体包裹体；D、E、F：Site U1431E-49R 火山岩样品的单斜辉石内部的成分变化；G、H：Site U1433 斑状结构的拉斑玄武岩；I：自形的六边形的橄榄石包体；J：自形斜长石的带状结构；K、L：Site U1434 玄武岩的火山玻璃。

Ol：橄榄石；Cpx：单斜辉石；Pl：斜长石；Sp：尖晶石。

图 2　南海新生代火山岩的光学显微镜图像

长石、辉石和橄榄石是南海火山岩样品中的主要斑晶，它们的主量和微量元素成分可以作为参数的函数来计算温度、压力、矿物结晶化学成分和结晶平衡熔体的成分。根据 Smith 和 Brown（1988）以及 Morimoto（1988）提出的长石和辉石的分类方法，

U1433B-71R 火山岩中的长石矿物主要由富钙斜长石（培长石）组成，不含碱长石，成分为 $Ab_{16.5-24.7}An_{75.1-83.4}Or_{0-0.2}$。U1431E-49R 火山岩中的辉石主要属于普通辉石，其组成为 $Wo_{28.2-36.5}En_{37.5-55.9}Fs_{12.4-27.6}$（普通辉石）和 $Wo_{9.3-11.2}En_{71.2-73.3}Fs_{16.8-17.9}$（钙亏损的普通辉石）。

U1433B-71R 火山岩中的斜长石显示出明显的韵律带状结构，从核心到边缘显示了规律的成分特征（图3）。分析结果显示从核心到边缘，An 和 CaO 含量从高到低、Ab 和 K_2O 含量从低到高反复变化多次（图3）。U1431E-49R 火山岩中的辉石斑晶显示了明显带状结构，从边缘到核部显示了逐渐降低的 Wo 含量和增长的 En 和 Mg#含量。辉石斑晶的边缘区域具有最高的 Wo 含量（28.2%～36.5%）和最低的 En 含量（37.5%～50.7%）、Mg#含量（43.8%～48.8%），而辉石斑晶的核心区域具有最低的 Wo 含量（9.3%～11.2%）和最高的 En 含量（71.2%～73.3%）、Mg#含量（69.3%～71.5%）（图4）。早期结晶的橄榄石有明显的反应边，显示明显带状结构，从边缘到核心区域，其 Fo、Mg#和 Ni 含量逐渐增加，而 Ca 和 Mn 含量逐渐降低（附件1）。

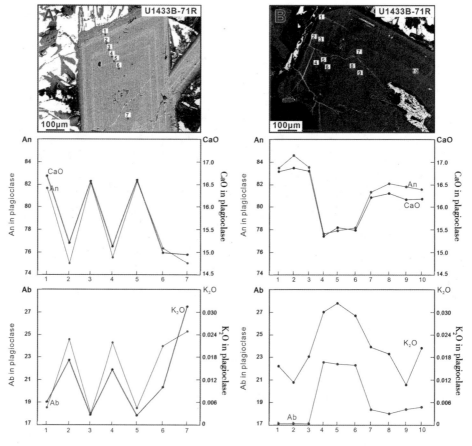

图3 斜长石的背向散射电子图像和核心—边缘的成分变化

从核心到边缘，斜长石显示韵律性的带状结构，反复多次从较高 An 和 CaO 值变化到较低的 An 和 CaO 值，反复多次从较低 Ab 和 K_2O 值变化到较高 Ab 和 K_2O 值。

在核心区域具有相对较高的 Fo 含量（87 wt.%～89 wt.%）、Mg#含量（80 wt.%～82 wt.%）和 Ni 含量（1776～1988 ppm），相对较低的 Ca 含量（1393～1495 ppm）和 Mn 含量（604～1054 ppm），而边缘区域的 Fo、Mg#、Ni、Ca、Mn 的含量则恰好相反。核心区域具有较为均一的化学成分，而边缘区域则显示降低的 Fo 和 Ni 含量和增长的 Mn 和 Ca 含量，可能表明这些火山岩并不是原始岩浆，而是经历了明显的岩浆演化过程，比如分离结晶或者岩浆混合过程。

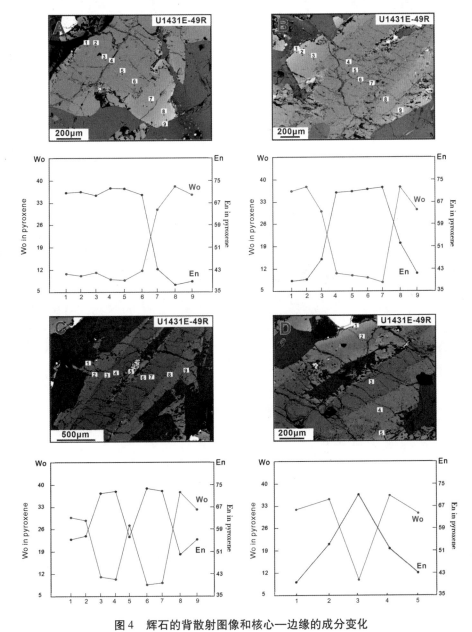

图4 辉石的背散射图像和核心—边缘的成分变化

从边缘到核心，辉石的 Wo 含量逐渐由高变低，辉石的 En 和 Mg#含量逐渐由低变高。

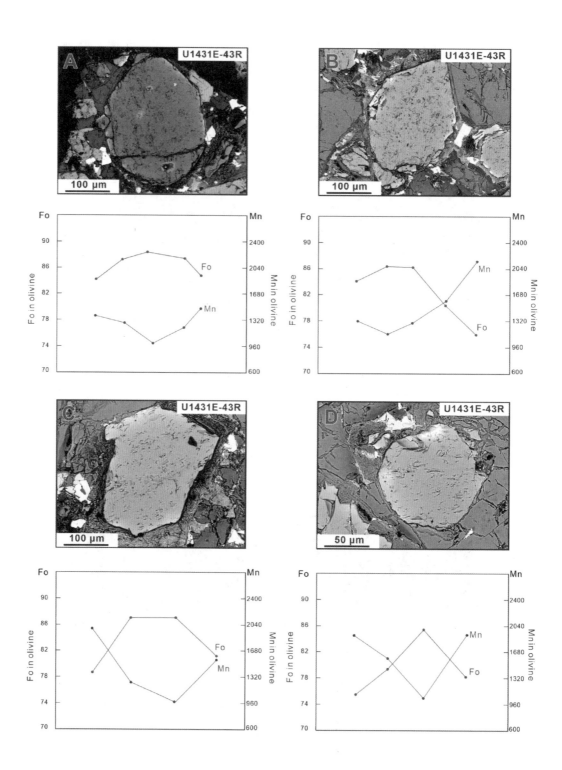

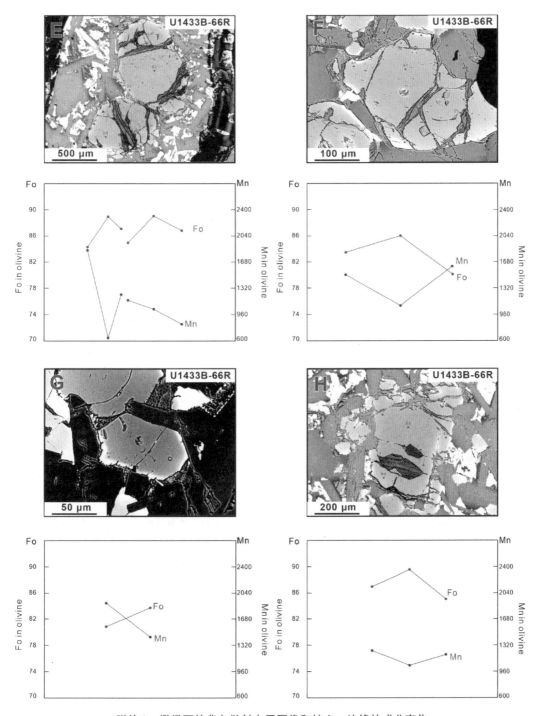

附件1 橄榄石的背向散射电子图像和核心—边缘的成分变化

从边缘到核心，橄榄石的 Fo、Mg#、Ni 含量逐渐由低变高，橄榄石的 Ca 和 Mn 含量逐渐由高变低。

✕ ◆ 3 全岩主量、微量元素地球化学特征

迄今为止，南海扩张中心的基底玄武岩的地球化学数据很少（Zhang et al., 2018）。在本文中，我们报道了南海扩张中心 Site U1431、Site U1433 和 Site U1434 火山岩的主量、微量元素数据。南海火山岩具有相对较低的全碱含量（$Na_2O + K_2O = 2.16$ wt. % ~ 3.74 wt. %；图 5A）和较低的 K_2O 含量（0.09 wt. % ~ 0.48 wt. %；图 5B），在硅碱图中主要落在玄武岩的区域范围（图 5A）。然而值得注意的是，U1431E - 43R - 2 火山岩具有极高的 MgO 含量（17.2 wt. %），属于橄榄岩，含有大量的橄榄石和辉石斑晶（85 vol. %；图 2A）。这些火山岩具有相对较高的 Mg#值（48.2 wt. % ~ 68.2 wt. %）、相对较高的 MgO 值（4.63 wt. % ~ 17.2 wt. %）和较大变化范围的 SiO_2 值（44.4 wt. % ~ 51.9 wt. %）。这些火山岩含有相对较低的 TiO_2 含量（0.93 wt. % ~ 1.65 wt. %）、较大变化的 CaO 值（6.67 wt. % ~ 11.2 wt. %）和 FeO_T 值（8.83 wt. % ~ 13.1 wt. %），Cr 和 Ni 含量分别为 210 ~ 665 ppm 和 65 ~ 537 ppm，表明相对较为演化的岩浆。

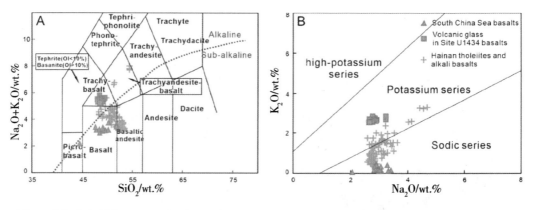

图5 南海火山岩的 $Na_2O + K_2O$（wt. %）– SiO_2（wt. %）（A）、K_2O（wt. %）– Na_2O（wt. %）

（B）分类图解（Le Bas et al., 1986）

海南拉斑玄武岩和碱性玄武岩的数据引自 Han 等（2009），Liu 等（2015），Wang 等（2012），Zou 和 Fan（2010）。

大多南海火山岩的 MgO 和主量元素之间存在很好的相关关系（图 6），比如 MgO 和 SiO_2、TiO_2、CaO、P_2O_5 之间存在明显的负相关关系（图 6A—D），MgO 和 FeO_T 之间存在明显的正相关关系（图 6E）。在 MgO 和微量元素的图解中（图 6G—J），南海火山岩的 MgO 和 La、Sm、Th、Nb 之间存在着明显的负相关关系（图 6G—J）。相比较于海南拉斑玄武岩和碱性玄武岩，南海火山岩具有相对较高的 CaO 和 Al_2O_3 含量、相对较低的 SiO_2、TiO_2、FeO_T 和 P_2O_5 含量（图 6A—F）。

在球粒陨石标准化稀土配分图解中，南海火山岩具有相对较为亏损的轻稀土元素 $[(La/Sm)_N = 0.63 \sim 1.13]$ 和未分异的重稀土元素 $[(Gd/Yb)_N = 0.72 \sim 1.14]$，且几乎没有 Eu 异常 $[\delta_{Eu} = 2Eu/(Sm + Gd) = 0.97 \sim 1.14]$（图 7A），与富集洋中脊玄武

岩（E-MORB）的稀土配分模式较为相似（Sun & McDonough，1989），具有相对较低的 $(La/Yb)_N$ 值（0.66 ~ 1.83）和较低的稀土元素总量（$\sum REE = 34 ~ 67$ ppm）。在原始地幔标准化不相容元素图解中，南海火山岩显示较为亏损的大离子亲石元素，与 E-MORB 的配分模式相似（图7B）。这些火山岩显示出明显的 Pb 和 P 负异常以及 Nb、Ta、Ti、Zr、Hf 的正异常（图7B）。南海火山岩的 Th 含量大致为 0.505 ppm，与 E-MORB（0.6 ppm）和 N-MORB（0.12 ppm）的平均值较为接近（Sun & McDonough，1989）。

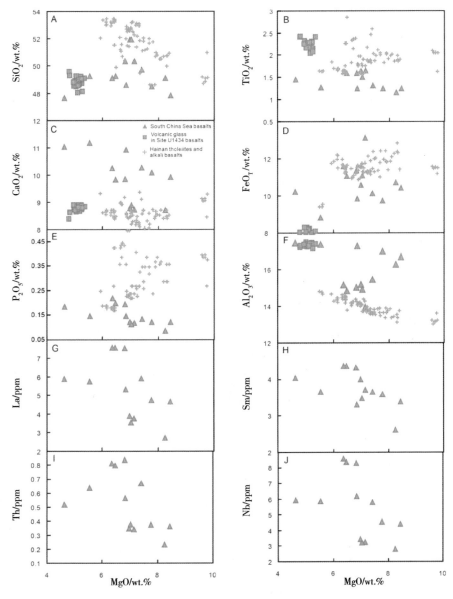

图 6　南海火山岩的 MgO 含量和主量、微量元素图解

引用的数据与图5的数据相同。

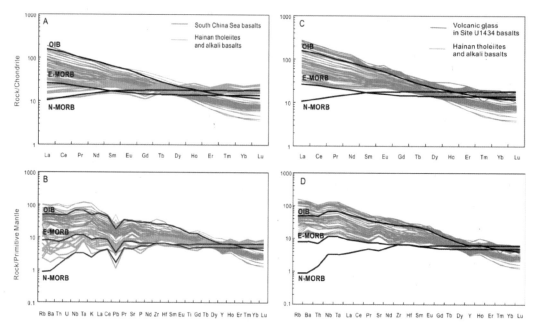

图7　南海火山岩和火山玻璃的球粒陨石标准化稀土配分图解（A、C）和
原始地幔标准化不相容元素图解（B、D）

引用的数据与图5的数据相同；球粒陨石、原始地幔、E-MORB、N-MORB和OIB的数据引
自Sun和McDonough（1989）。

4　火山玻璃地球化学

Site U1434A-3R-1和Site U1434A-3R-2火山岩中有大量的火山玻璃，这些火山玻璃的地球化学成分与全岩样品的成分有很大的差别。火山玻璃具有相对较高的全碱含量（$Na_2O + K_2O = 5.20$ wt.%～6.07 wt.%；图5A）和相对较高的K_2O含量（2.56 wt.%～2.85 wt.%；图5B），主要属于粗面玄武岩。这些火山玻璃具有较低的Mg#值（37 wt.%～40 wt.%）和MgO含量（4.79 wt.%～5.35 wt.%），且具有较低的SiO_2含量（48.05 wt.%～49.59 wt.%）。相比较南海全岩火山岩样品，火山玻璃具有相对较低的SiO_2、CaO、FeO_T含量和相对较高的Al_2O_3和TiO_2含量（图6）。

在球粒陨石标准化稀土配分模式中，火山玻璃具有较富集的轻稀土元素[（La/Yb）$_N$=11.8～19.7]、较高的稀土元素总量（$\sum REE$=211～303 ppm）且没有明显的Eu异常（δ_{Eu}=0.86～1.30）（图7C）。它们的稀土元素配分模式与典型的洋岛玄武岩OIB较为相似（Sun & McDonough，1989），但是它们的稀土元素含量要明显高于OIB的含量（图7C）。在原始地幔标准化微量元素图解中，火山玻璃具有较为富集的大离子亲石元素，与OIB配分模式较为相似，但比OIB的不相容元素含量相对更高（图7D）。火山玻璃具有明显的Nb、Ta、Zr、Hf正异常（图7D）和相对较高的（Nb/La）$_{pm}$和（Nb/Th）$_{pm}$值[（Nb/La）$_{pm}$=1.24～1.51，（Nb/Th）$_{pm}$=1.17～1.38]，表明了与地幔柱相关的 OIB 型地球化学特征（Sun & McDonough，1989）。火山玻璃的平均 Th 含量大致为 7.14 ppm，与平均 OIB 的 Th 含量（4 ppm）和平均钙碱性玄武岩的 Th 含量（8.4 ppm；Sun & McDonough，1989）较接近。

◆ 5 橄榄石斑晶和尖晶石熔体包裹体的成分

U1433B – 66R、U1433B – 71R 和 U1431E – 43R 火山岩样品中的橄榄石斑晶显示自形 – 半自形的形状，具有较大变化范围的 Fo 含量（75.5 wt.% ～ 89.2 wt.%），较大变化范围的 MnO（0 ～ 0.308 wt.%）、NiO（0 ～ 0.306 wt.%）和 CaO（0.250 wt.% ～ 0.323 wt.%）含量。相比较于地幔包体的橄榄石的 CaO 含量（< 0.1 wt.%），本文研究的橄榄石具有相对较高的 CaO 含量（0.25 wt.% ～ 0.32 wt.%）（Ren et al.，2004；Thompson & Gibson，2000），说明它们并不是幔源的包体，而是从岩浆系统结晶而来的。然而，U1434A – 15 火山岩样品中有很少量的橄榄石具有相对较低的 CaO（0.07 wt.% ～ 0.14 wt.%）和 Fo（76.8 wt.% ～ 82.0 wt.%）含量，这些少量的橄榄石也有可能是源自幔源包体。

U1431E – 43R 火山岩样品中含有自形的橄榄石斑晶和大量尖晶石熔体包裹体（图 2B—C），这些橄榄石中的 NiO 含量与夏威夷橄榄石和深海橄榄岩的 NiO 含量相当（Sobolev et al.，2005），这些橄榄石斑晶的 Ni 和 Fo 含量之间呈明显的正相关关系，Mn 和 Fo 含量、Ca 和 Fo 含量之间呈明显的负相关关系（图 8）。尖晶石熔体包裹体显示较大变化范围的 Cr#（0.34 wt.% ～ 0.40 wt.%）、Al_2O_3（37.8 wt.% ～ 41.8 wt.%）、MgO（14.7 wt.% ～ 16.8 wt.%）和 TiO_2（0.50 wt.% ～ 0.60 wt.%）。

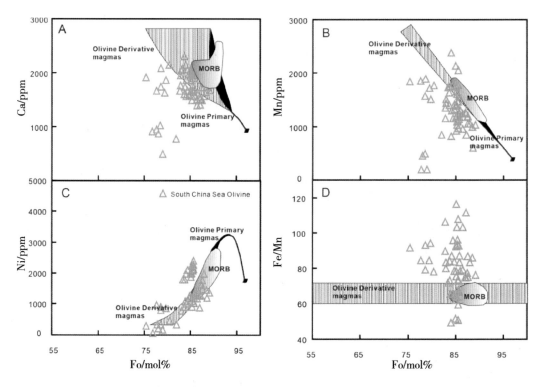

图8　南海玄武岩的橄榄石斑晶的 Ca（ppm）－Fo（mol%）（A）、Mn（ppm）－Fo（mol%）（B）、Ni（ppm）－Fo（mol%）（C）、Fe/Mn－Fo（mol%）（D）图解

橄榄石原生岩浆（olivine primary magmas）和橄榄石衍生岩浆（olivine derivative magmas）的区域范围引自 Herzberg（2010）；MORB 的橄榄石成分引自 Sobolev 等（2007）。

✕◆ 6　讨　论

6.1　岩浆源区的性质

南海火山岩中的矿物斑晶，如橄榄石、辉石和斜长石，都显示出明显的带状结构且有规则的成分变化（图3、图4、附件1），从斑晶的核部到边缘，这些斑晶的地球化学成分都显示出规律性变化（图3、图4、附件1）。详细来说，从核心到边缘，橄榄石的 Fo、Mg#和 Ni 含量以及辉石的 Mg#和 En 含量显示出明显的由高到低的变化，橄榄石的 Ca 和 Mn 含量以及辉石的 Wo 含量显示出明显的由低到高的变化（图3、图4、附件1）。因此我们猜想橄榄石和辉石斑晶的核心区域主要是相对原始的岩浆结晶形成的，而这些矿物的边缘区域则可能是由结晶分异作用导致的，或者是由较演化的岩浆的混合作用导致的（Jankovics et al., 2015）。斑晶的带状结构和成分的变化可能是由熔体成分、温度、压力和氧逸度的变化所导致的（Humphreys et al., 2006）。Annen 等（2006）已经提出地壳深部长时间的冷却和结晶分异过程很有可能会形成常见的斑晶带状结构。Turner 等

（2003）与 Dungan 和 Davidson（2004）指出，储存在浅部岩浆房的岩浆会持续发生结晶分异作用，或者与新上升岩浆不断混合，这些过程都会导致斑晶带状结构的形成。因此总结来说，复杂的岩浆演化过程，尤其是结晶分异和岩浆混合过程（Jankovics et al.，2015）很可能会形成如此明显的带状结构。

6.1.1 结晶分异

南海火山岩的 Cr 和 Ni 含量有相对较大的变化（Cr = 210 ～ 665 ppm，Ni = 65 ～ 537 ppm），且这些火山岩的 MgO 和主量元素成分之间呈现很好的相关关系都证明了明显的结晶分异过程（图6）。MgO 和 FeO_T 之间的正相关关系、MgO 和 CaO 之间的负相关关系（图6C—D）可能表明单斜辉石和橄榄石的结晶分异过程；MgO 和 TiO_2 之间的负相关关系（图6B）可能表明钛磁铁矿和含钛副矿物的结晶分异过程；MgO 和 Al_2O_3 之间并没有明显相关关系（图6F）、稀土配分图解中也没有明显 Eu 异常（图7A）都表明了不明显的斜长石结晶分异过程。

然而，由于火山玻璃一般是在熔融液态岩浆的快速冷却下形成的，因此火山玻璃的组分通常代表火山玻璃结晶时岩浆的信息。因此 Site U1434 玄武岩中的火山玻璃并不会受到结晶分异过程的影响，快速的火山喷发最终导致 Site U1434 玄武岩几乎是玻璃质的，而没有大量的斑晶存在（图2K、L）。

6.1.2 全岩成分和火山玻璃成分

正如我们前面所讨论的，火山玻璃通常记录火山玻璃结晶时岩浆的信息，而全岩样品的成分则记录了岩浆演化的完整过程。因此我们研究的全岩样品和火山玻璃表现出完全不同的地球化学特征。

全岩火山岩样品属于拉斑玄武岩，具有相对较低的全碱含量和 K_2O 含量，它们显示了 E－MORB 的微量元素分布模式，而火山玻璃却含有较高的全碱含量和 K_2O 含量，主要属于粗面玄武岩，这些火山玻璃的稀土配分和不相容元素蛛网图都与 OIB 分布模式相似（图5、图7）。不相容元素的比值（例如 Sm/Th 和 Th/Y）通常被用来限制地幔源区的性质，因为它们不容易受到结晶分异和部分熔融过程的影响（图9A）。南海全岩拉斑玄武岩的 Sm/Th 值（5.16 ～ 11.48）和 Th/Y 值（0.01 ～ 0.03）与亏损的 MORB 的比值较为相似（图9A），而南海火山玻璃却具有较为富集的不相容元素比值（Sm/Th = 1.20 ～ 1.63，Th/Y = 0.19 ～ 0.27），与富集的 OIB 的不相容元素比值较为相似（图9A）。

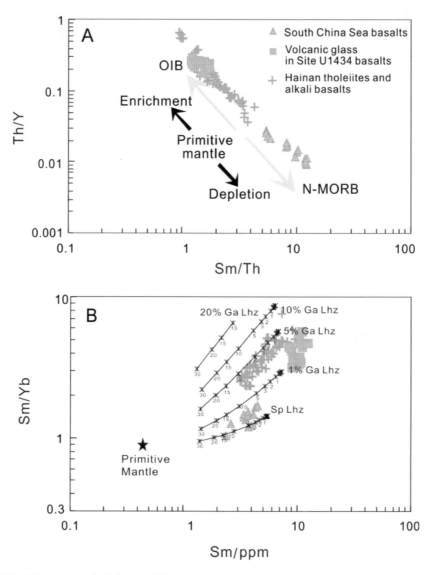

图9 南海扩张中心火山岩和火山玻璃的 Th/Y – Sm/Th（A）、Sm/Yb – Sm（ppm）（B）图解

引用的数据与图 5 的数据相同，原始地幔（primitive mantle）、OIB、MORB 数据引自 Sun 和 McDonough（1989）。

尖晶石二辉橄榄岩和 1%、5%、10%、20% 石榴石二辉橄榄岩的成分分别是 $Ol_{0.59}$ + $Opx_{0.05}$ + $Cpx_{0.16}$ + $Sp_{0.20}$、$Ol_{0.69}$ + $Opx_{0.20}$ + $Cpx_{0.10}$ + $Gt_{0.01}$、$Ol_{0.65}$ + $Opx_{0.20}$ + $Cpx_{0.10}$ + $Gt_{0.05}$、$Ol_{0.60}$ + $Opx_{0.20}$ + $Cpx_{0.10}$ + $Gt_{0.10}$、$Ol_{0.50}$ + $Opx_{0.20}$ + $Cpx_{0.10}$ + $Gt_{0.20}$；熔化曲线的数字表示部分熔化的程度。

在部分熔融作用过程中，稀土元素比值可用于准确地估计部分熔融的程度和地幔源区的深度（Aldanmaz et al., 2000）。基于分配系数、部分熔融公式 $C_L/C_o = 1/$（$F + D -$ FP）、地幔源区的假定成分，我们提出了基于地球化学的 Sm/Yb – Sm 部分熔融模拟图（图 9B；Aldanmaz et al., 2000）。Site U1434 火山岩样品中的火山玻璃具有相对较高的

Sm/Yb 值（2.95 ～ 5.59）和 Sm 含量（8.5 ～ 12.4 ppm），表明这些火山玻璃可能源自尖晶石 - 石榴石二辉橄榄石的地幔源区且经历了 1% ～ 5% 较低的部分熔融程度（图 9B）。然而相比较而言，南海火山岩全岩样品源自相对较浅的岩浆源区且经历了相对较高的 10% 部分熔融程度（图 9B）。此外，Niu 和 Batiza（1991）提出了熔体 Ca_8/Al_8 与 Na_8 参数之间的相关关系与部分熔融的程度和岩浆源区的深度紧密相关。Ca_8/Al_8 和 Na_8 是指当 MgO 含量为 8 wt. % 的情况下，CaO/Al_2O_3 和 Na_2O 氧化物的含量以最小化分馏校正误差。我们研究的全岩样品的 Ca_8/Al_8 和 Na_8 值分别为 0.54 和 3.01，表明较低的岩浆分异过程和 10% ～ 15% 的部分熔融程度（Niu & Batiza，1991），与上述讨论一致。

6.1.3　岩浆混合过程

橄榄石和辉石显示明显的环带结构，它们的 Fo 和 En 含量随着 Ca 和 Ni 含量的变化而变化（图 4、附件 1），这些含量对氧逸度不敏感，可能表明在开放系统岩浆过程中有多种不同成分的熔体的混合作用（Jankovics et al.，2015）。这些岩浆混合过程通常记录在全岩成分的变化中，但是并没有记录在火山玻璃的成分变化中，因为火山玻璃只记录火山玻璃结晶时的岩浆信息。

正如前面所讨论的，火山玻璃和全岩样品显示出不同的地球化学特征。南海扩张中心的火山玻璃的 OIB 地球化学成分与海南及其周边与海南地幔柱有紧密联系的晚新生代火山岩的地球化学特征极其相似，例如，它们都具有相对较高的全碱含量（图 5）、都具有 OIB 型稀土配分模式图和蛛网图（图 7D）、都具有 OIB 型的微量元素比值（图 9A）。此外，Yu 等（2018）报道了中新世南海洋中脊玄武岩显示了较为富集的地球化学成分，并记录了海南地幔柱的地球化学成分（Wang et al.，2012，2013；Yan et al.，2018）。上述的讨论可能表明，南海扩张中心火山玻璃结晶时的岩浆成分与海南地幔柱的成分密切相关。

然而，南海全岩样品显示出明显的 E - MORB 地球化学特征，可能是由于受到了整个完整的岩浆演化过程的影响。全岩样品和火山玻璃之间如此巨大差异的地球化学特征不可能单单是由于结晶分异过程导致的，因此我们推测岩浆混合过程起到了不容忽视的作用。由于南海的扩张作用和浅部较为亏损岩浆的高程度部分熔融过程（图 9B），导致了后期大规模的浅部扩张中心 MORB 型岩浆的混合，最终导致了南海扩张中心全岩样品的 MORB 型地球化学特征。

6.2　南海新生代火山岩的结晶压力和温度

根据全岩成分、火山玻璃成分，以及单斜辉石、橄榄石、斜长石的成分，我们可利用如下多种不同的方法来限制岩浆结晶的压力和温度。

Villiger 等（2007）提出了 CaO 和 Mg# 参数的气压计方程 P（kbar）=［CaO（wt. %）- 3.98（± 0.17）- 14.96（± 0.34）× Mg#（molar）］/［- 0.260（± 0.008）］，以用于估算拉斑质岩浆的结晶压力（Mg # < 0.6 wt. % 和 LOI <1 wt. %）。利用全岩火山岩样品的成分计算得出 2.6 ～ 14.5 kbar 结晶压力范围，利用 U1434A - 3R 火山岩样品中的火山玻璃的成分计算得出 2.6 ～ 4.9 kbar 结晶压力范围。

通过改变压力和初始 H_2O 含量，将南海火山玻璃的 CaO/Al_2O_3 值（0.49～0.51）与计算的液相线进行比较（Husen et al., 2013）。我们研究的火山玻璃成分和模拟的液体下降线之间的比较结果表明，具有 0.3 wt.%～0.6 wt.% H_2O 的 200～650 MPa（2.0～6.5 kbar）的结晶压力范围可以很好符合我们研究的火山玻璃的成分。

Bai（2000）提出的平衡常数 Kd_{cpx} $[Kd_{cpx} = (FeO/MgO)_{cpx}/(FeO/MgO)_{basalt}]$ 可被用于确定单斜辉石与熔体之间的化学平衡。本研究计算出的平衡常数 Kd_{cpx} 值主要在 0.2～0.4 之间，表明南海火山岩熔体和单斜辉石矿物相已达到平衡，少数 Kd_{cpx} 值大于 0.4 可能是由于早期结晶作用的缘故。

基于不同形成条件，很多研究提出了多种单斜辉石地质温压计（Nimis & Taylor 2000；Putirka et al., 1996, 2003；Putirka, 2008；Neave & Putirka, 2017），本研究将利用 Nimis 和 Taylor（2000）、Putirka 等（1996, 2003）以及 Putirka（2008）提出的单斜辉石地质温压计，以用于计算结晶温度和压力。计算结果给出了南海火山岩的单斜辉石结晶温度和压力：$T = 1193～1234$ ℃，$P = 2.2～5.2$ kbar（Putirka et al., 1996）；$T = 1196～1314$ ℃，$P = 3.2～5.6$ kbar（Putirka et al., 2003）；$T = 1133～1207$ ℃，$P = 3.4～5.6$ kbar（Putirka, 2008）。相似地，通过利用 Nimis 和 Taylor（2000）的计算方法，南海火山岩单斜辉石结晶温度大致为 1080～1302 ℃。为了提高在 1 atm 至 20 kbar 压力范围下的单斜辉石地质压力计的精度，Neave 和 Putirka（2017）提出了一个新的地质压力计，给出了单斜辉石结晶温度（$T = 1153～1237$ ℃）和压力（$P = 3.5～5.9$ kbar）结果（Neave & Putirka, 2017）。考虑到辉石斑晶具有明显的带状结构，辉石的边缘可能与基质的成分更加平衡，因此我们认为利用辉石边缘成分计算得出的结晶温度更接近于地幔潜在温度。更加准确的单斜辉石结晶温度和压力结果是 $T = 1193～1234$ ℃，$P = 2.2～4.4$ kbar（Putirka et al., 1996）；$T = 1198～1314$ ℃，$P = 3.2～5.0$ kbar（Putirka et al., 2003）；$T = 1160～1207$ ℃，$P = 3.9～5.6$ kbar（Putirka, 2008）；$T = 1179～1302$ ℃（Nimis & Taylor, 2000）；$T = 1168～1231$ ℃，$P = 3.5～5.1$ kbar（Neave & Putirka, 2017）。

Putirka 等（2007）和 Putirka（2005）对 Roeder 和 Emslie（1970）提出的橄榄石饱和表面进行了重新校准。在橄榄石和流体平衡的前提下，确定了与温度和组分相关的橄榄石饱和表面模型。橄榄石饱和表面公式为

$$[X_{Mg-liq}] [exp(-2.106193(\pm 0.07) + 3063.2(\pm 87.4)/T(℃) + 0.019(\pm 0.001)[SiO_2]^{liq} + 0.080(\pm 0.002)[Na_2O + K_2O]^{liq} - 0.028(\pm 0.003)[H_2O]^{liq})] + [X_{Fe-liq}] [exp(-3.25(\pm 0.09) + 2556.4(\pm 114.6)/T(℃) + 0.028(\pm 0.002)[SiO_2]^{liq} + 0.052(\pm 0.003)[Na_2O + K_2O]^{liq} - 0.028(\pm 0.005)[H_2O]^{liq})] = 0.667$$

在这个公式中，X_{Mg-liq} 和 X_{Fe-liq} 分别代表了宿主岩石中相关氧化物的镁和铁阳离子分数，$[Na_2O + K_2O]^{liq}$、$[SiO_2]^{liq}$ 和 $[H_2O]^{liq}$ 代表平衡流体的重量百分比。公式的推导详见 Putirka（2005）。根据原始岩浆的 MgO 和 FeO 含量以及橄榄石矿物的 Fo 值，可以确定

橄榄石结晶温度。因此我们近似地估计了橄榄石的结晶温度为 1250～1346 ℃。

Kudo 和 Weill（1970）提出了斜长石地质温度计，其地质温度计的公式是

$$\ln\lambda/\sigma + 1.29 \times 10^{-4}\varphi/T = 12.18 \times 10^{-3}T - 16.63\ (P_{H_2O}=5\ kbar)$$

我们将利用这个地质温度计的公式来估算斜长石的结晶温度。在这个方程公式中，T 表示热力学温度（单位为 K），$\lambda = (X_{Na}X_{si}/X_{Ca}X_{Al})_{whole-rock}$，$\sigma = X_{Ab}/X_{An}$，$\varphi = X_{Ca} + X_{Al} - X_{Si} - X_{Na}$。计算的结晶温度结果是 1451～1533 K（1178～1260 ℃），这个结晶温度结果明显高于东海（1100 ℃）、日本海（1128～1228 ℃）和冲绳海槽（1251 ℃）的斜长石结晶温度。

6.3　估算橄榄石－尖晶石结晶温度

橄榄石斑晶中较高的 CaO 含量（0.25 wt.%～0.32 wt.%）和尖晶石中较高的 TiO_2 含量（0.50 wt.%～0.60 wt.%），表明这些橄榄石斑晶和尖晶石包裹体并不是深部地幔的包裹体（Thompson & Gibson，2000）。基于 Coogan 等（2014）和 Wan 等（2008）提出的限制参数范围，具有 $Fe^{3+}/Fe^{total} = 0～0.35$ 和 Cr#［Cr/（Cr + Al）］$= 0～0.69$ 的尖晶石将被选用以计算橄榄石－尖晶石的结晶温度。Coogan 等（2014）提出的橄榄石－尖晶石地质温度计公式为 T（K）$= 10000/$［$0.575 + 0.884$ Cr# $- 0.897$ ln（$Al_2O_{3olivine}/Al_2O_{3spinel}$）］。计算结果显示南海橄榄石结晶温度大致为 1195～1319 ℃。南海平均的结晶温度为 1251 ℃，这个温度明显高于平均 MORB 潜在温度值（1193 ℃，图 10）。图 10 展示了计算得到的橄榄石结晶温度与橄榄石 NiO 和 Al_2O_3 含量、尖晶石 Cr# 含量的相关关系。具有低 Fo 和 NiO 含量的橄榄石和低 Cr# 含量的尖晶石显示了相对较高的结晶温度，表明橄榄石和尖晶石的成分通过岩浆混合作用再次平衡（Spandler & O'Neill，2010）。相比较于 Siqueiros MORB（图 10），我们研究的南海橄榄石具有明显较高的结晶温度；更甚之，相比较于 Icelandic OIB（图 10；Herzberg & Asimow，2015），南海橄榄石也显示了相对较高的结晶温度。

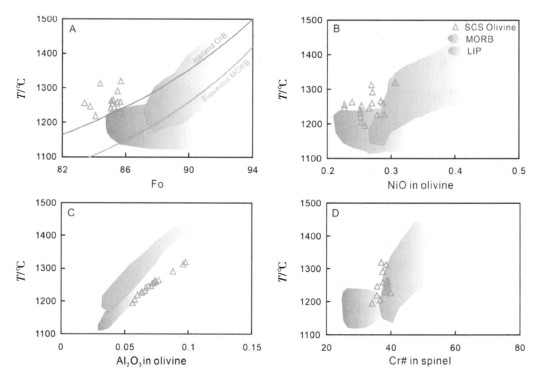

图 10　南海火山岩样品的橄榄石 Fo - 温度（A）、橄榄石 NiO - 温度（B）、
橄榄石 Al_2O_3 - 温度（C）、尖晶石 Cr# - 温度（D）图解

MORB 和 LIP 的数据引自 Coogan 等（2014）；冰岛 OIB 橄榄石液相曲线引自 Herzberg 和 Asimow（2015）、Matthews 等（2016）和 Spice 等（2016）；Siqueiros MORB 橄榄石液相曲线引自 Coogan 等（2014）。

上述计算结果为橄榄石结晶温度，我们采用两步法（Putirka et al.，2007），利用公式 $T_p = T_{ol-liq} + \Delta T_{fus} - P\left[\partial T/\partial P\right]$，将橄榄石 - 液体平衡温度（$T_{ol-liq}$）转换为地幔源区潜在温度（$T_p$）。在这个公式中，$P\left[\partial T/\partial P\right]$ 表示地幔绝热梯度，$\partial T/\partial P = T\alpha V/C_p$（$V = 4.57$ J/bar 表示摩尔体积；$\alpha = 3 \times 10^{-5}$；$P = 5$ kbar，表示计算的结晶压力；Putirka，2005），是一个值为 13.3 K/GPa 的常量。$\Delta T_{fus} = F\left[\Delta H_{fus}/\left(C_p\right)\right]$ 表示部分熔融过程中引起的温度下降（Putirka et al.，2007），在这个公式中，ΔH_{fus} 为地幔源区的熔解潜热，这个常量为 128.3 kJ/mol，热容量 C_p 值为 192.4 J/（mol·K）（Putirka，2005），F 代表部分熔融程度，大约为 20%。因此，计算得出的额地幔潜在温度（T_p）值为 1595 ~ 1719 K（1322 ~ 1446 ℃），该地幔潜在温度要比 MORB 的地幔潜在温度（1330 ℃；Zhang et al.，2018）高出 116 ℃。

与 MORB 平均结晶温度（1193 ℃；Coogan et al.，2014）和 MORB 平均地幔潜在温度（1330 ℃；Zhang et al.，2018）相比较，南海火山岩具有较高的橄榄石结晶温度（1195 ~ 1319 ℃）和很高的地幔潜在温度（1322 ~ 1446 ℃）。这些温度计算结果有力地证明，南海扩张中心玄武岩很有可能起源于温度较高的地幔源区，这个地幔源区的温度远高于大洋中脊的地幔潜在温度，却与地幔柱的地幔潜在温度相当。

除了计算橄榄石结晶温度的方法外，我们还采用橄榄石-液体、单斜辉石-液体、斜长石-液体平衡方法来计算这些矿物的结晶温度，并进一步近似估计地幔潜在温度。然而，Coogan等（2014）与Xu和Liu（2016）已经证明橄榄石-尖晶石地质温度计可以提供一个更准确的地幔潜在温度，因为这个地质温度计与岩石学特征和地幔源区的性质无关（Xu & Liu，2016）。因此，上述所有计算温度结果表明，南海火山活动的地幔潜在温度要明显高于大洋中脊的地幔潜在温度，我们的计算结果支持了地幔柱的理论模型或者是与地幔柱相关的热源模型。

6.4 南海岩浆源区的岩性

上地幔存在着大量的橄榄岩，这也就造成了地球表面玄武质熔岩的形成（Rhodes et al.，2012）。然而，近期全面的实验岩石学的研究已经证明了辉石岩、含CO_2橄榄岩、榴辉岩、角闪石岩的源区也有可能是板内玄武质地幔源区的组成部分（Ren et al.，2004；Sobolev et al.，2005，2007）。与辉石岩地幔源区相比，来源于橄榄岩的玄武质熔体显示了完全不同的主量和微量元素地球化学特征（Yang et al.，2016）。本文介绍了几种橄榄岩与辉石岩衍生熔体的指标。

Herzberg和Asimow（2008）已经证明，相比较于橄榄岩岩浆源区，辉石岩的地幔源区具有相对较低的CaO/MgO值（图11A）。橄榄岩来源的玄武质熔体的FeO/MnO值（50～60）明显低于辉石岩熔体源区的FeO/MnO值（高于60）（Herzberg，2006，2010；图11B）。本文研究的南海全岩火山岩和火山玻璃都显示了相对较低的CaO含量（4.79 wt.%～5.35 wt.%）和MgO含量（8.39 wt.%～8.90 wt.%），相对较高的FeO/MnO值（58～120），说明了南海火山岩主要来源于辉石岩熔体岩浆源区并混有一些橄榄岩熔体（图11）。将南海玄武质熔体与各种实验部分熔融熔体类型相比较，我们研究的南海玄武质熔体具有相对较高的TiO_2和FeO_T含量、相对较低的Na_2O/TiO_2和CaO/Al_2O_3值，表明其地球化学特征与榴辉岩和橄榄岩熔体的特征相一致（图11C—F）。

Yang和Zhou（2013）提出的FC3MS（$FeO/CaO-3MgO/SiO_2$）参数可被用于判别橄榄岩和辉石岩岩浆源区的最佳指标（Howarth & Harris，2017；Yang et al.，2016）。熔融实验结果指示橄榄岩源区的玄武质样品的FC3MS比值小于0.65，而来自辉石岩源区熔体的FC3MS比值大于0.65（Yang & Zhou，2013；图12）。我们研究的南海火山岩和火山玻璃的FC3MS比值大致为0.45～1.08，表明这些南海火山岩可能源自辉石岩熔体源区，且含有一定的橄榄岩熔体的混入。

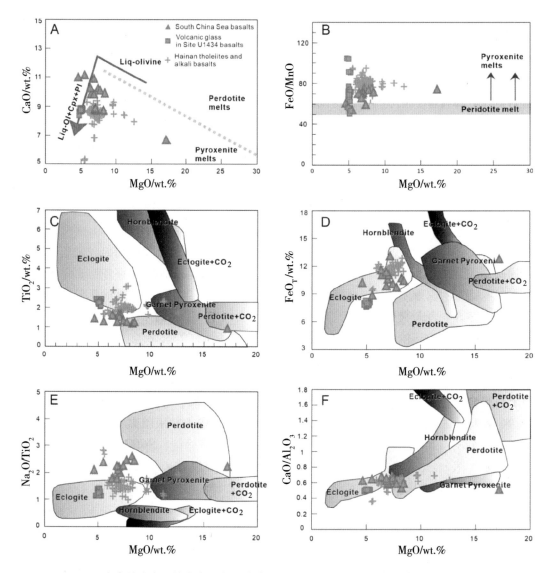

图 11　南海扩张中心的全岩和火山玻璃地球化学数据指示橄榄岩和辉石岩岩浆源区

引用的数据与图 5 的数据相同。南海火山岩和火山玻璃的 MgO – CaO（A）、MgO – FeO/MnO（B）图解指示辉石岩和橄榄岩熔体的分界曲线（Herzberg & Asimow，2008；Herzberg，2010）；南海火山岩和火山玻璃的 MgO – TiO$_2$（C）、MgO – FeO$_T$（D）、MgO – Na$_2$O/TiO$_2$（E）、MgO – CaO/Al$_2$O$_3$（F）图解指示橄榄岩、含 CO$_2$ 橄榄岩、榴辉岩、含 CO$_2$ 榴辉岩、石榴石辉石岩区域范围（Liu et al.，2015）。

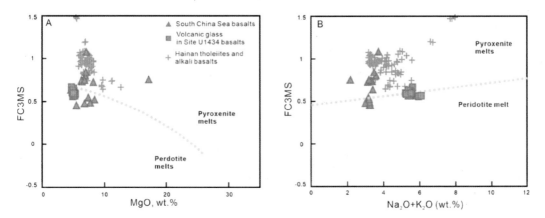

图12　南海扩张中心的火山岩和火山玻璃的 FC3MS 参数 – MgO（A）、

FC3MS 参数 – $Na_2O + K_2O$（B）图解

橄榄岩熔体和辉石岩熔体之间的判别线引自 Howarth 和 Harris（2017）；引用的数据与图 5 的数据相同。

Humayun 等（2004）提出，相比较于橄榄石和斜方辉石，Zn/Fe、Zn/Mn 和 Fe/Mn 值更容易在石榴石和单斜辉石中发生分异作用。本文研究的南海火山岩具有相对较高的 $10\,000 \times$（Zn/Fe）值（$9.01 \sim 16.96$）、Zn/Mn 值（$0.06 \sim 0.12$）和 Fe/Mn 值（$51.77 \sim 72.13$），这些比值远高于橄榄岩熔体的微量元素比值（图 13A、B、D），南海火山岩的 $10\,000 \times$ Co/Fe 值（<7）远低于橄榄岩熔体的 Co/Fe 值（图 13C；Davis et al.，2013）。这些都表明了南海火山岩主要源自辉石岩熔体（Le Roux et al.，2010）并含有少量的橄榄岩熔体混入（Davis et al.，2013；图 13）。此外，南海火山岩中的橄榄石斑晶也表现出相对较高的 Fe/Mn 值（图 8D），进一步证明辉石岩熔体对南海火山岩明显的影响。此外，我们研究的南海火山岩样品中的橄榄石斑晶具有相对较低的 Ca（约 2307 ppm）和 Mn（约 2386 ppm）含量、相对较高的 Ni 含量（约 2404 ppm），这些都表明它们可能结晶于辉石岩岩浆源区（图 8A—C）。辉石岩岩浆源区含有少量的橄榄石和大量的辉石，这就导致了 Ni 较低的分配系数、Mn 和 Ca 较高的分配系数（Foley et al.，2013），最终导致了南海火山岩熔体具有较高的 Ni 含量和较低的 Mn 和 Ca 含量（Søager et al.，2015）。

总结上述讨论，地幔橄榄岩不能成为南海扩张中心火山岩的唯一岩浆源区岩性特征，因为地幔橄榄岩不能与本研究的南海全岩火山岩、火山玻璃、橄榄石的主量和微量元素特征相匹配（图 8、图 11—图 13）。因此我们研究的南海火山岩主要源自榴辉岩和辉石岩岩浆源区熔体，并含有少量橄榄岩熔体的混入。

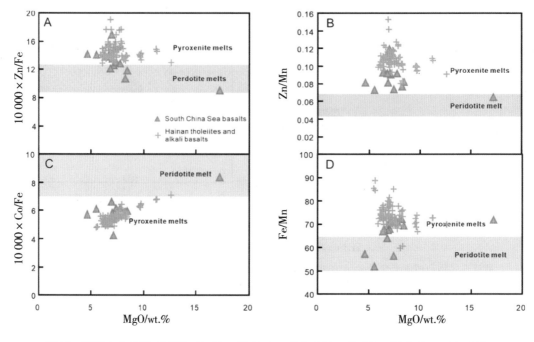

图 13　南海火山岩的 10 000 × Zn/Fe – MgO（wt. %）（A）、Zn/Mn – MgO（wt. %）（B）、
10 000 × Co/Fe – MgO（wt. %）（C）、Fe/Mn – MgO（wt. %）（D）图解

引用的数据与图 5 数据相同。橄榄岩熔体的 10 000 × Zn/Fe、Zn/Mn、Fe/Mn 和 10 000 × Co/Fe
值分别是 8.5 ± 0.9、0.05 ± 0.006、61 ± 5（Le Roux et al., 2010）和 >7（Davis et al., 2013）。
橄榄岩的数据引自 Le Roux 等（2010）和 Herzberg（2010）。

6.5　岩浆源区榴辉岩或辉石岩熔体的起源

大多数南海火山玻璃具有相对较高的 Yb 含量（1.9 ～ 3.3 ppm）和 Dy/Yb 值
（2.0 ～3.5），主要处于榴辉岩熔体的部分熔融曲线上（Hoang et al., 2018；图 14）。然
而少量的南海火山玻璃的 Yb 含量要明显低于榴辉岩熔体的成分，主要处于尖晶石/石榴
石二辉橄榄岩熔体的部分熔融曲线上，说明火山玻璃结晶时的岩浆可能起源于不均一的
榴辉岩熔体或者尖晶石/石榴石二辉橄榄岩熔体。相比较而言，南海全岩火山岩具有相
对较低的 Dy/Yb 值（1.3 ～ 1.7），表明其源自尖晶石二辉橄榄岩熔体（图 14），这可
能表明了后期扩张 MORB 型岩浆的混合过程。

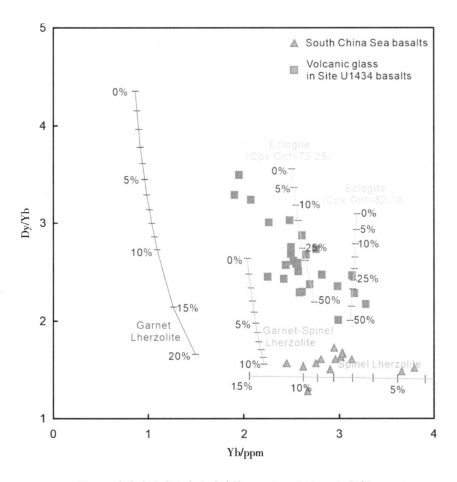

图 14 南海火山岩和火山玻璃的 Dy/Yb – Yb（ppm）图解

尖晶石二辉橄榄岩、尖晶石 – 石榴石二辉橄榄岩、石榴石二辉橄榄岩的成分分别是 $Ol_{55} + Opx_{25} +$ $Cpx_{18} + Sp_2$、$Ol_{50} + Opx_{25} + Cpx_{19} + Gnt_3 + Sp_3$、$Ol_{55} + Opx_{25} + Cpx_{10} + Gnt_{10}$，榴辉岩的成分是 $Cpx_{75} +$ Gnt_{25}、$Cpx_{82} + Gnt_{18}$。部分熔融曲线的详细计算过程引自 Hoang 等（2018）。

南海全岩样品和火山玻璃具有较大变化范围的 Ce/Yb、Th/Nb 和 Ba/La 值，可能表明来自俯冲洋壳的流体和块状沉积物/硅酸盐熔体的明显混入的影响（图15）。相比较于高场强元素（如 HREE、Zr、Hf），大离子亲石元素（如 K、Pb、Ba）更易溶解且更易受流体的影响，块状沉积物具有相对较大变化的 Ce 和 Th 含量。此外，本文研究的全岩火山岩和火山玻璃具有较为富集的 Nb、Ta、Ti 含量（图7），可能是滞留俯冲带的标志性特征（图15）。由于 Nb、Ta 和 Ti 具有较高的分配系数，可以优先保存在金红石矿物中（Niu & Batiza，1997），通常被认为是俯冲过程中的残余相。在洋壳俯冲过程中，Nb、Ta 和 Ti 优先以难熔致密的榴辉岩的残余相存在于俯冲板片上。因此岛弧玄武岩通常富集大离子亲石元素、Pb 和轻稀土元素，但亏损 Nb、Ta 和 Ti，主要以富集的橄榄岩的岩性为主（图15）。这些富集 Nb、Ta 和 Ti 的难熔致密的榴辉岩持续积累被滞留在地幔深处，产生了大量的 Nb、Ta 和 Ti 的储存层。因此本研究的南海火山岩主要显示致密榴辉岩的特征，可能归因于俯冲循环洋壳的混入作用（Yang et al., 2019；图15）。

在所有地球化学图解中（图7、图9、图11—图13），南海火山玻璃的地球化学特征与海南及其周边地区与地幔柱紧密相关的火山岩的地球化学特征极其相似（Dannberg & Sobolev, 2015; Wang et al., 2012, 2013），例如OIB型不相容元素分配模式（图7）、相对较高的Th/Y、Sm/Yb、Sm/Th值（图9），直接证明了海南地幔柱与南海火山活动之间的密切联系（图15）。橄榄石和辉石的带状结构（图15）、全岩样品和火山玻璃之间的明显差别更直接地证明了晚期大规模的浅部扩张MORB岩浆和海南地幔柱之间的岩浆混合过程。此外，利用各种不同的地质温度计计算得出的南海火山岩最大的地幔潜在温度（约1446℃）与地幔柱相关的冰岛OIB的地幔潜在温度相当（图10；Herzberg & Asimow, 2015），但是明显高于正常MORB的平均温度（1193℃）和最高温度（1270℃）。这些结果揭示了南海扩张中心的地幔潜在温度相对较高，南海扩张洋中脊与海南地幔柱之间的相关关系（图15）。

前人研究已经提出很多相似的地幔柱—洋中脊相互反应的模型，比如冰岛地幔柱、亚速尔群岛地幔柱、加拉帕戈斯群岛地幔柱（Yang et al., 2019）位于或接近洋中脊，并发生着地幔柱—洋中脊相互反应过程（Mittal & Richards, 2017; Yang et al., 2019）。南海洋中脊距离海南地幔柱1000 km以上（Yang et al., 2019），南海较薄的岩石圈地幔允许对流地幔不断上升。Wang等（2013）已经提出海南地幔柱的形成年龄应早于22 Ma前，因此，扩张洋中脊的南海火山岩（16 Ma）很有可能记录了南海扩张中心和海南地幔柱之间的相互作用（图15）。然而，现在仍然没有证据表明海南地幔柱发生在南海扩张作用（33 Ma; Li et al., 2014a, 2014b）之前，因此我们仍然无法确定地幔柱是否导致了南海的扩张拉开。

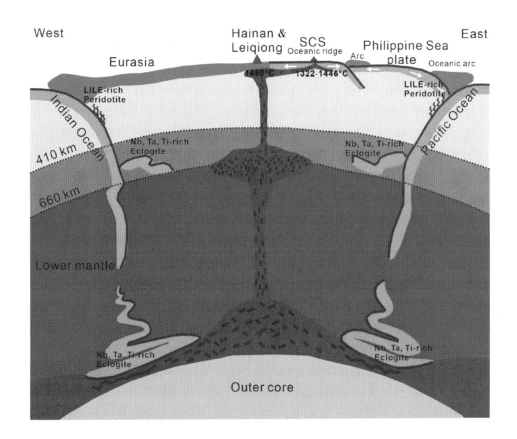

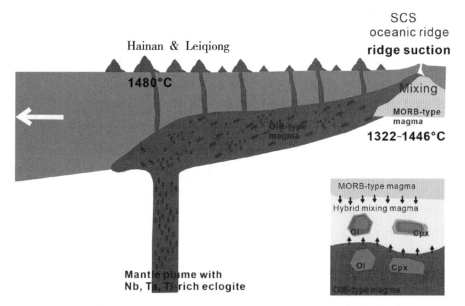

图 15　解释南海扩张洋中脊的岩浆源区岩性、辉石和橄榄石斑晶的带状结构、南海地幔
潜在温度、南海扩张中心和海南地幔柱之间相关关系的模型（改自 Wang et al.,
2013；Yang et al., 2019）

◈ 7 总　结

本文详细介绍了南海扩张中心大洋钻探 Site U1431、Site U1433 和 Site U1434 新生代火山岩的全岩主微量成分、火山玻璃的主微量成分、橄榄石中尖晶石熔体包裹体和斑晶矿物（例如，橄榄石、辉石、斜长石）的化学成分。南海新生代全岩样品属于拉斑玄武岩，显示了较为亏损的 MORB 型不相容元素分配模式。然而，南海火山玻璃主要属于粗面玄武岩，具有较高的碱含量，显示了 OIB 型不相容元素分配模式。钙富集的斜长石、钙亏损的辉石、橄榄石斑晶都显示了复杂且明显的带状结构，指示了结晶分异和岩浆混合的过程，而这些过程恰好也造成南海全岩成分的变化。

根据不同的地质温压计可以计算得出南海新生代火山岩的结晶压力和温度，分别是 2.6～4.9 kbar（全岩成分）、2.0～6.5 kbar（火山玻璃成分）、3.2～5.6 kbar（单斜辉石）和 1196～1312 ℃（单斜辉石）、1250～1346 ℃（橄榄石）、1178～1260 ℃（斜长石）。橄榄石-尖晶石地质温度计的应用给出了南海地幔潜在温度的范围（1322～1446 ℃），这个地幔潜在温度明显高于原始 MORB 的地幔潜在温度，但是与冰岛 OIB 的地幔潜在温度相当。

南海全岩火山岩和火山玻璃具有相对较低的 CaO 含量和相对较低的 Na_2O/TiO_2、CaO/Al_2O_3、Co/Fe 值，相对较高的 TiO_2 和 FeO_T 含量和相对较高的 Zn/Fe、Zn/Mn、Fe/Mn 值。南海橄榄石矿物是富集 Ni 和 Ca，但亏损 Mn，具有相对较高的 Fe/Mn 值，这些地球化学特征都说明地幔橄榄岩并不是南海岩浆源区的唯一岩性，榴辉岩可能也是南海岩浆源区的主要成分。南海火山玻璃具有相对较大变化的 Ce/Yb 和 Th/Nb 值，Nb、Ta、Ti 明显的正异常，这都表明大量循环的洋壳成分以致密的榴辉岩的形式存在于南海火山岩的岩浆源区。因此地幔橄榄岩和循环洋壳的相互反应最终形成了南海岩浆源区的岩性特征，这与海南及其周围与地幔柱紧密相关的晚新生代火山岩的地球化学特征相一致。我们的研究结论支持了南海扩张中心的地幔柱—洋中脊相互作用的模型。

◈ 参 考 文 献

Aldanmaz E, Pearce J A, Thirlwall M F, et al., 2000. Petrogenetic evolution of late Cenozoic, post-collision volcanism in western Anatolia, Turkey. Journal of volcanology and geothermal research, 102（1－2）: 67－95.

Annen C, Blundy J D, Sparks R S J, 2006. The genesis of intermediate and silicic magmas in deep crustal hot zones. Journal of Petrology, 47（3）: 505－539.

Briais A, Patriat P, Tapponnier P, 1993. Updated interpretation of magnetic anomalies and seafloor spreading stages in the South China Sea: Implications for the Tertiary tectonics of Southeast Asia. Journal of Geophysical Research: Solid Earth, 98（B4）: 6299－6328.

Chung S L, Cheng H, Jahn B M, et al., 1997. Major and trace element, and Sr－Nd isotope constraints on the origin of Paleogene volcanism in South China prior to the South China Sea opening. Lithos, 40（2－4）:

203 – 220.

Coogan L A, Saunders A D, Wilson R N, 2014. Aluminum-in-olivine thermometry of primitive basalts: evidence of an anomalously hot mantle source for large igneous provinces. Chemical Geology, 368: 1 – 10.

Dannberg J, Sobolev S V, 2015. Low-buoyancy thermochemical plumes resolve controversy of classical mantle plume concept. Nature communications, 6: 6960.

Davis F A, Humayun M, Hirschmann M M, et al., 2013. Experimentally determined mineral/melt partitioning of first-row transition elements (FRTE) during partial melting of peridotite at 3 GPa. Geochimica et Cosmochimica Acta, 104: 232 – 260.

Dungan M A, Davidson J, 2004. Partial assimilative recycling of the mafic plutonic roots of arc volcanoes: an example from the Chilean Andes. Geology, 32: 773 – 776.

Foley S F, Prelevic D, Rehfeldt T, et al., 2013. Minor and trace elements in olivines as probes into early igneous and mantle melting processes. Earth and Planetary Science Letters, 363: 181 – 191.

Hall R, 2002. Cenozoic geological and plate tectonic evolution of SE Asia and the SW Pacific: computer-based reconstructions, model and animations. Journal of Asian Earth Sciences, 20 (4): 353 – 431.

Han J W, Xiong X L, Zhu Z Y, 2009. Geochemistry of Late-Cenozoic basalts from Leiqiong area: the origin of EM2 and the contributions from sub-continental lithosphere mantle. Acta Petrologica Sinica, 25: 3208 – 3220.

Herzberg C, 2006. Petrology and thermal structure of the Hawaiian plume from Mauna Kea volcano. Nature, 444: 605 – 609.

Herzberg C, 2010. Identification of source lithology in the Hawaiian and Canary Islands: Implications for origins. Journal of Petrology, 52 (1): 113 – 146.

Herzberg C, Asimow P D, 2008. Petrology of some oceanic island basalts: PRIMELT2. XLS software for primary magma calculation. Geochemistry, Geophysics, Geosystems, 9 (9): Q09001.

Herzberg C, Asimow P D, 2015. PRIMELT 3 MEGA. XLSM software for primary magma calculation: peridotite primary magma MgO contents from the liquidus to the solidus. Geochemistry, Geophysics, Geosystems, 16 (2): 563 – 578.

Hoang N, Flower M, 1998. Petrogenesis of Cenozoic basalts from Vietnam: implication for origins of a "diffuse igneous province". Journal of Petrology, 39 (3): 369 – 395.

Hoang T H A, Choi S H, Yu Y, et al., 2018. Geochemical constraints on the spatial distribution of recycled oceanic crust in the mantle source of late Cenozoic basalts, Vietnam. Lithos, 296: 382 – 395.

Holloway N H, 1982. North Palawan block, Philippines—Its relation to Asian mainland and role in evolution of South China Sea. AAPG Bulletin, 66 (9): 1355 – 1383.

Howarth G H, Harris C, 2017. Discriminating between pyroxenite and peridotite sources for continental flood basalts (CFB) in southern Africa using olivine chemistry. Earth and Planetary Science Letters, 475: 143 – 151.

Huang C Y, Wu W Y, Chang C P, et al., 1997. Tectonic evolution of accretionary prism in the arc – continent collision terrane of Taiwan. Tectonophysics, 281 (1 – 2): 31 – 51.

Huang X L, Niu Y, Xu Y G, et al., 2013. Geochronology and geochemistry of Cenozoic basalts from eastern Guangdong, SE China: constraints on the lithosphere evolution beneath the northern margin of the South China Sea. Contributions to Mineralogy and Petrology, 165 (3): 437 – 455.

Humayun M, Qin L, Norman M D, 2004. Geochemical evidence for excess iron in the mantle beneath Hawaii. Science, 306 (5693): 91–94.

Humphreys M C, Blundy J D, Sparks R S J, 2006. Magma evolution and open-system processes at Shiveluch Volcano: Insights from phenocryst zoning. Journal of Petrology, 47 (12): 2303–2334.

Husen A, Almeev R R, Holtz F, et al., 2013. Geothermobarometry of basaltic glasses from the Tamu Massif, Shatsky Rise oceanic plateau. Geochemistry, Geophysics, Geosystems, 14 (10): 3908–3928.

Jankovics M É, Harangi S, et al., 2015. A complex magmatic system beneath the Kissomlyó monogenetic volcano (western Pannonian Basin): evidence from mineral textures, zoning and chemistry. Journal of Volcanology and Geothermal Research, 301: 38–55.

Kudo A M, Weill D F, 1970. An igneous plagioclase thermometer. Contributions to Mineralogy and Petrology, 25 (1): 52–65.

Lallemand S, Font Y, Bijwaard H, et al., 2001. New insights on 3-D plates interaction near Taiwan from tomography and tectonic implications. Tectonophysics, 335 (3–4): 229–253.

Le Bas M J, Le Maitre R W, Streckeisen A, et al., 1986. A chemical classification of volcanic rocks based on the total alkali-silica diagram. Journal of petrology, 27 (3): 745–750.

Le Roux V, Lee C T A, Turner S, 2010. Zn/Fe systematics in mafic and ultramafic systems: implications for detecting major element heterogeneities in the Earth's mantle. Geochimica et Cosmochimica Acta, 74: 2779–2796.

Lebedev S, Nolet G, 2003. Upper mantle beneath Southeast Asia from S velocity tomography. Journal of Geophysical Research: Solid Earth, 108 (B1): 2048.

Lei J, Zhao D, Steinberger B, et al., 2009. New seismic constraints on the upper mantle structure of the Hainan plume. Physics of the Earth and Planetary Interiors, 173 (1–2): 33–50.

Li C F, Lin J, Kulhanek D K, 2014a. South China Sea tectonics: Opening of the South China Sea and its implications for Southeast Asian tectonics, climates, and deep mantle processes since the late Mesozoic. Int. Ocean Discovery Program Sci. Prospectus, 349: 1–111.

Li C F, Lin J, Kulhanek D K, Williams T, et al., 2015. Site U1431//Li C F, Lin J, Kulhanek D K, the Expedition 349 Scientists (Eds.). Proceedings of the International Ocean Discovery Program, 349: South China Sea Tectonics. International Ocean Discovery Program, College Station. https://doi.org/10.14379/iodp.proc.349.103.2015.

Li C F, Xu X, Lin J, et al., 2014b. Ages and magnetic structures of the South China Sea constrained by deep-tow magnetic surveys and IODP Expedition 349. Geochemistry, Geophysics, Geosystems, 15: 4958–4983.

Liu E, Wang H, Uysal I T, et al., 2017. Paleogene igneous intrusion and its effect on thermal maturity of organic-rich mudstones in the Beibuwan Basin, South China Sea. Marine and Petroleum Geology, 86: 733–750.

Liu J Q, Ren Z Y, Nichols A R, et al., 2015. Petrogenesis of Late Cenozoic basalts from North Hainan Island: Constraints from melt inclusions and their host olivines. Geochimica et Cosmochimica Acta, 152: 89–121.

Matthews S, Shortle O, Maclennan J, 2016. The temperature of the Icelandic mantle from olivine-spinel aluminum exchange thermometry. Geochemistry, Geophysics, Geosystems, 17 (11): 4725–4752.

Mittal T, Richards M A, 2017. Plume-ridge interaction via melt channelization at Galápagos and other nearridge hotspot provinces. Geochemistry, Geophysics, Geosystems, 18 (4): 1711 – 1738.

Morimoto N, 1988. Nomenclature of pyroxenes. Mineralogy and Petrology, 39 (1): 55 – 76.

Neave D A, Putirka K D, 2017. A new clinopyroxene-liquid barometer, and implications for magma storage pressures under Icelandic rift zones. American Mineralogist, 102 (4): 777 – 794.

Nimis P, Taylor W R, 2000. Single clinopyroxene thermobarometry for garnet peridotites. Part I. Calibration and testing of a Cr-in-Cpx barometer and an enstatite-in-Cpx thermometer. Contributions to Mineralogy and Petrology, 139 (5): 541 – 554.

Niu Y, Batiza R, 1997. Trace element evidence from seamounts for recycled oceanic crust in the Eastern Pacific mantle. Earth and Planetary Science Letters, 148 (3 – 4): 471 – 483.

Putirka K D, 2005. Mantle potential temperatures at Hawaii, Iceland, and the mid-ocean ridge system, as inferred from olivine phenocrysts: Evidence for thermally driven mantle plumes. Geochemistry, Geophysics, Geosystems, 6 (5): 241 – 254.

Putirka K D, 2008. Thermometers and barometers for volcanic systems. Reviews in mineralogy and geochemistry, 69 (1): 61 – 120.

Putirka K D, Mikaelian H, Ryerson F, et al., 2003. New clinopyroxene-liquid thermobarometers for mafic, evolved, and volatile-bearing lava compositions, with applications to lavas from Tibet and the Snake River Plain, Idaho. American Mineralogist, 88 (10): 1542 – 1554.

Putirka K D, Perfit M, Ryerson F J, et al., 2007. Ambient and excess mantle temperatures, olivine thermometry, and active vs. passive upwelling. Chemical Geology, 241 (3 – 4): 177 – 206.

Putirka K, Johnson M, Kinzler R, et al., 1996. Thermobarometry of mafic igneous rocks based on clinopyroxene-liquid equilibria, 0 – 30 kbar. Contributions to Mineralogy and Petrology, 123 (1): 92 – 108.

Ren Z Y, Takahashi E, Orihashi Y, et al., 2004. Petrogenesis of tholeiitic lavas from the submarine Hana Ridge, Haleakala Volcano, Hawaii. Journal of Petrology, 45 (10): 2067 – 2099.

Rhodes J M, Huang S, Frey F A, et al., 2012. Compositional diversity of Mauna Kea shield lavas recovered by the Hawaii Scientific Drilling Project: Inferences on source lithology, magma supply, and the role of multiple volcanoes. Geochemistry, Geophysics, Geosystems, 13 (3): Q03014.

Roeder P L, Emslie R, 1970. Olivine-liquid equilibrium. Contributions to mineralogy and petrology, 29 (4): 275 – 289.

Roques D, Matthews S J, Rangin C, 1997. Constraints on strike-slip motion from seismic and gravity data along the Vietnam margin offshore Da Nang: implications for hydrocarbon prospectivity and opening of the East Vietnam Sea. Geological Society, London, Special Publications, 126 (1): 341 – 353.

Ru K, Pigott J D, 1986. Episodic rifting and subsidence in the South China Sea. AAPG Bulletin, 70 (9): 1136 – 1155.

Shi H, Li C F, 2012. Mesozoic and early Cenozoic tectonic convergence-to-rifting transition prior to opening of the South China Sea. International Geology Review, 54 (15): 1801 – 1828.

Smith J V, Brown W L, 1988. Feldspar minerals. Springer – Verlag: 828.

Sobolev A V, Hofmann A W, Kuzmin D V, et al., 2007. The amount of recycled crust in sources of mantle-derived melts. Science, 316: 412 – 417.

Sobolev A V, Hofmann A W, Sobolev S V, et al., 2005. An olivine-free mantle source of Hawaiian shield basalts. Nature, 434 (7033): 590.

Spandler C, O'Neill H S C, 2010. Diffusion and partition coefficients of minor and trace elements in San Carlos olivine at 1,300 C with some geochemical implications. Contributions to mineralogy and petrology, 159 (6): 791 – 818.

Spice H E, Fitton J G, Kirstein L A, 2016. Temperature fluctuation of the Iceland mantle plume through time. Geochemistry, Geophysics, Geosystems, 17 (2): 243 – 254.

Sun S S, McDonough W F, 1989. Chemical and isotopic systematics of oceanic basalts: implications for mantle composition and processes. Geological Society, London, Special Publications, 42 (1): 313 – 345.

Sφager N, Portnyagin M, Hoernle K, et al., 2015. Olivine major and trace element compositions in southern Payenia basalts, Argentina: evidence for pyroxenite – peridotite melt mixing in a back-arc setting. Journal of Petrology, 56 (8): 1495 – 1518.

Taylor B, Hayes D E, 1983. Origin and history of the South China Sea basin. The tectonic and geologic evolution of Southeast Asian seas and islands: Part 2, 27: 23 – 56.

Thompson R N, Gibson S A, 2000. Transient high temperatures in mantle plume heads inferred from magnesian olivines in Phanerozoic picrites. Nature, 407: 502 – 506.

Turner S, George R, Jerram D A, et al., 2003. Case studies of plagioclase growth and residence times in island arc lavas from Tonga and the Lesser Antilles, and a model to reconcile discordant age information. Earth and Planetary Science Letters, 214: 279 – 294.

Villiger S, Müntener O, Ulmer P, 2007. Crystallization pressures of mid-ocean ridge basalts derived from major element variations of glasses from equilibrium and fractional crystallization experiments. Journal of Geophysical Research: Solid Earth, 112 (B1): B01202.

Wan Z, Coogan L A, Canil D, 2008. Experimental calibration of aluminum partitioning between olivine and spinel as a geothermometer. American Mineralogist, 93 (7): 1142 – 1147.

Wang J, Li X, Ning W, et al., 2019. Geology of a Neoarchean suture: Evidence from the Zunhua ophiolitic mélange of the Eastern Hebei Province, North China Craton. Geological Society of America Bulletin, 131 (11 – 12): 1934 – 1964.

Wang X C, Li Z X, et al., 2013. Identification of an ancient mantle reservoir and young recycled materials in the source region of a young mantle plume: implications for potential linkages between plume and plate tectonics. Earth and Planetary Science Letters, 377: 248 – 259.

Wang X C, Li Z X, Li X H, et al., 2012. Temperature, pressure, and composition of the mantle source region of Late Cenozoic basalts in Hainan Island, SE Asia: a consequence of a young thermal mantle plume close to subduction zones?. Journal of Petrology, 53 (1): 177 – 233.

Wei S S, Chen Y J, 2016. Seismic evidence of the Hainan mantle plume by receiver function analysis in southern China. Geophysical Research Letters, 43 (17): 8978 – 8985.

Xu R, Liu Y, 2016. Al-in-olivine thermometry evidence for the mantle plume origin of the Emeishan large igneous province. Lithos, 266: 362 – 366.

Yan P, Deng H, Liu H, et al., 2006. The temporal and spatial distribution of volcanism in the South China Sea region. Journal of Asian Earth Sciences, 27 (5): 647 – 659.

Yan Q, Shi X, Metcalfe I, Liu S, et al., 2018. Hainan mantle plume produced late Cenozoic basaltic rocks in Thailand, Southeast Asia. Scientific reports, 8 (1): 2640.

Yang A Y, Zhao T P, Zhou M F, et al., 2016. Isotopically enriched N-MORB: A new geochemical signature of off-axis plume-ridge interaction—A case study at 50°28′E, Southwest Indian Ridge. Journal of Geophysical Research: Solid Earth, 122 (1): 191 –213.

Yang F, Huang X L, Xu Y G, et al., 2019. Plume-ridge interaction in the South China Sea: Thermometric evidence from Hole U1431E of IODP Expedition 349. Lithos, 324: 466 –478.

Yang Z F, Zhou J H, 2013. Can we identify source lithology of basalt?. Scientific Reports, 3: 1856.

Yu M, Yan Y, Huang C Y, et al., 2018. Opening of the South China Sea and upwelling of the Hainan Plume. Geophysical Research Letters, 45 (6): 2600 –2609.

Zhang G L, Luo Q, Zhao J, et al., 2018. Geochemical nature of sub-ridge mantle and opening dynamics of the South China Sea. Earth and Planetary Science Letters, 489: 145 –155.

Zhao D, 2007. Seismic images under 60 hotspots: search for mantle plumes. Gondwana Research, 12 (4): 335 –355.

Zhou H, Xiao L, Dong Y, et al., 2009. Geochemical and geochronological study of the Sanshui basin bimodal volcanic rock suite, China: implications for basin dynamics in southeastern China. Journal of Asian Earth Sciences, 34 (2): 178 –189.

Zou H, Fan Q, 2010. U – Th isotopes in Hainan basalts: Implications for sub-asthenospheric origin of EM2 mantle endmember and the dynamics of melting beneath Hainan Island. Lithos, 116 (1 –2): 145 –152.

鄂尔多斯地块西缘科学山地区叠加变形分析

程永志[1]，施炜[2,3]，赵国春[4]

◆ 0 引 言

鄂尔多斯地块西缘构造带作为华北克拉通西部一个重要的构造边界，长期以来为广大研究者所关注。早期学者称其为鄂尔多斯台褶带（黄汲清，1983）、贺兰—六盘台褶带（马杏垣 等，1961），或者"陇西系"与"祁吕贺山字型构造的脊柱"（李四光，1954）。后期的一些研究指出该带为早古生代的板块缝合带、中－新元古代裂陷槽（张抗，1983，1989）或者"鄂尔多斯西缘掩冲构造带"（汤锡元 等，1988；陈发景 等，1986；刘和甫 等，2000）。

刘和甫等（2000）依据盆－山耦合机制，结合地球动力学分析，认为鄂尔多斯盆地西南缘为晚三叠世—白垩世弧－陆、陆－陆碰撞造山作用而形成的周缘前陆盆地。最近的阿拉善地块东南部的中－晚泥盆世的碎屑锆石 U－Pb 和 Hf 同位素研究与古地磁分析表明，印支运动导致阿拉善地块相对华北地块发生了 32°逆时针旋转并汇聚拼合，形成三叠纪陆－陆碰撞带（杨振宇 等，2014；Yuan et al., 2015）。详细的构造地质学和沉积学分析表明，鄂尔多斯地块西缘晚三叠世北段发生构造伸展而形成裂陷盆地，南段发育为由逆冲断层控制的前陆盆地。针对西缘这种南北构造差异，Liu 等（1997）提出了非限制性侧向挤出构造模型，从构造地质学及动力机制角度进行了合理解释（Liu et al., 2013；刘少峰、杨士恭，1996，1997；刘少峰 等，1997）。同样通过沉积学分析获得鄂尔多斯地块西缘在中生代属于残余克拉通内盆地，从晚三叠世开始，在晚侏罗世才开始

1 中国地质科学院地质研究所，北京，100037；2 中国地质科学院地质力学研究所，北京，10081；3 自然资源部新构造运动与地质灾害重点实验室，北京，10081；4 中国地质大学（北京）地球科学与资源学院，北京，100083。

基金项目：本文由国家重点研发计划项目（2017YFC0601402）、中国地质调查局地质调查项目（DD20160060）与中国地质科学院地质力学研究所基本科研业务费专项项目（DZLXJK201712）联合资助。

显现出前陆盆地特征，早白垩世进一步发展，直至新生代中期才基本形成现今前陆盆地格局（赵红格，2003；刘池洋 等，2005，2006；王锋 等，2006）。Darby 和 Ritts（2002）通过对鄂尔多斯西缘以贺兰山和桌子山地区为代表的陆内变形带进行构造分析，认为其构造缩短变形发生于中 – 早侏罗世至晚侏罗世，缩短量至少达30%，其构造缩短变形机制可能与古太平洋板块的俯冲有关（Darby et al.，2002）。张家声等（2008）通过区域构造调查与分析确认鄂尔多斯地块西缘北段表现为一个大型的自中生代以来形成的结晶基底和早古生代大陆边缘沉积盖层同时卷入的巨型陆缘逆冲推覆构造体系，侏罗纪—白垩纪为逆冲推覆构造的主要发展阶段，累计位移可达 60 ～ 80 km（张家声 等，2008）。最近，贺兰山叠加变形解析表明，鄂尔多斯地块西缘主要经历印支期 NNE—SSW 向和中侏罗世 NW—SE 向两期陆内缩短变形，形成一区域性叠加褶皱，是一典型的陆内变形带（Huang et al.，2015）。这些研究显示鄂尔多斯地块西缘自中生代以来经历了复杂的陆内变形，但构造演化过程仍然存在很大争议。如何破解这一问题，本文选取了鄂尔多斯地块西缘科学山地区的晚中生代盆地（图 1），进行详细的构造解析，提出了科学山地区中生代以来的主要构造演化过程，为厘定鄂尔多斯地块西缘晚中生代构造格架提供了依据。

1　区域地质背景

科学山地区位于鄂尔多斯地块西缘，西北临阿拉善地块，发育近 N—S 向展布的晚中生代盆地。北面以土井子为界，西面包括大战场，以前古城子为界，南面延伸至新井煤矿，东边受限于柳木高断裂。科学山地区四面环山，中部地势平缓。盆地的中生代的沉积特征及其地层接触关系与鄂尔多斯地块内部一致（王锋、刘池洋，2006；赵俊峰，2006），研究区出露的地层有奥陶纪、泥盆纪、侏罗纪、白垩纪及少量新生代地层（图 1；宁夏回族自治区地质矿产局，1983，1990；李清河 等，1999）。地层分布特点为以中生代地层为主，科学山地区中部出露有完整的侏罗纪地层（宁夏区域地质志，2017），分别为延安组（$J_{1-2}y$）、直罗组（J_2z）、安定组（J_3a），东部以早白垩世庙山湖组（K_1ms）为界，南部、西部及北部出露有较老地层。侏罗系延安组（$J_{1-2}y$）主要分布于科学山—后土城子以东的湾布勒沟、土圈、双圈、大战场、黑疙瘩、围沟等地，岩性特征为底部以紫、紫褐、灰黄色中层钙质角砾岩、底砾岩为主，夹紫褐色钙质长石石英砂岩、石英砂岩、含砾粗砂岩，底部含煤层，受古地理影响，各地沉积厚度差异较大，整体上沉积岩及内部所含砾石的粒度自南向北由粗变细。土圈以南沉积粒度相对较粗。直罗组（J_2z）在研究区分布广泛，从南面新井煤矿到北面大战场均有分布，直罗组（J_2z）与下伏延安组（$J_{1-2}y$）呈连续沉积，其上与安定组（J_3a）呈平行不整合接触，岩性为灰白、灰绿色薄 – 中厚层长石石英砂岩、长石砂岩与灰绿、黄绿色泥岩、页岩、粉砂质泥岩、泥质粉砂岩不等厚互层，底部时见砾岩、砂砾岩。以黄绿、灰绿为宏观色调且基本不含煤层，与下伏延安组（$J_{1-2}y$）相区别。沉积相为湿热气候条件下的曲流河亚相沉积，以边滩微相为主，兼有岸后沼泽微相的沉积，河道微相不发育。安定组（J_3a）分布范围比前两者要大，从南至北岩性、岩相分异明显。土圈以南沉积物粒度相对较粗，粗碎屑岩类所占比例偏大，且砾石粗大，岩性以紫红、灰褐色砾岩、砂岩为主，夹灰紫色长石石英砂岩，上部常夹有紫红色钙质粉砂岩、泥质粉砂岩及少量砂砾岩透镜体。以紫红、灰紫间夹灰绿色调与下伏直罗组（J_2z）相区别，沉积特征表明，其以河流相细边滩－河漫滩亚相为主，间有河漫湖泊亚相。安定组（J_3a）与下伏地层直罗组（J_2z）呈平行不整合接触，其上被下白垩统庙山湖组（K_1ms）碎屑岩不整合覆盖。东面山体以早白垩世庙山湖组（K_1ms）地层为主，为一套以碎屑岩为主的沉积岩，具有总体向上变细的层序结构，属冲积扇－河湖相沉积。庙山湖组（K_1ms）下部岩性为褐红、棕红色块状中－粗砾岩、粗－巨砾岩，夹含砾砂岩透镜体及少量粉砂质泥岩，上部为浅棕红、浅灰绿色厚层粗－巨砾岩、砂砾岩与灰绿泥岩、粉砂岩、砂质灰岩互层。南面和西面山体分别以米钵山组（$O_{2-3}mb$）灰岩和阿不切亥组（C_2-O_1a）中薄层含泥质条带微晶灰岩为主。西部三叠系的花岗闪长岩岩体（$T\gamma\delta$）以岩株状形式产出（白生明 等，2009），与周围的阿不切亥组（C_2-O_1a）灰岩和侏罗纪延安组（$J_{1-2}y$）长石石英砂岩呈角度不整合接触。北面为奥陶纪马家沟组（$O_{1-2}m$）灰黄色碎裂状结晶灰岩和泥盆纪老君山组（D_3l）灰紫、灰绿色钙质粉砂岩为主，该组下部以紫红色中厚层钙砾岩为主，上部为灰紫色钙质粉砂岩夹少量砂砾岩，岩性组合特征显示为山麓堆积－河流湖相沉积。

2　构造变形与断层运动学分析

古构造应力场恢复是构造变形研究中的重要内容之一，为区域构造演化与构造重建提供依据（Zhang et al.，2003a，2003b）。层间滑动和褶皱相关的断层运动学作为褶皱变形区的古构造应力场恢复的重要方法，逐渐应用于构造解析之中，获得了地壳缩短应力机制（Shi Wei et al.，2012，2013a，2013b，2015b）。该方法主要是通过野外测量褶皱相关断层或岩层间的断层滑动矢量，并在室内在构造分析软件平台上进行计算处理，可以获得相应的 3 个主压应力轴方位（Shi Wei et al.，2015a，2015b）。

本次在鄂尔多斯地块西缘科学山地区开展了相关的构造分析，区域构造编图显示本区发育两组褶皱构造，即 NW—SE 和 NE—SW 向展布的褶皱构造，形成横跨叠加褶皱（图 1）。构造编图结合野外观测，本区叠加褶皱构造样式主要为"移褶型""T 字形""新月形""穹盆形"等（图 1；Ramsay，1987）。科学山地区边缘主要受逆冲断层控制，断层多切割晚中生代—新生代地层，并部分切入寒武纪—奥陶纪地层内，表明褶皱－冲断变形主要发育于晚中生代以来。区域构造分析表明 NE—SW 向的逆冲断层多被 NW—SE 向的断层所切割，大致指示本区 NE—SW 向断层早于 NW—SE 向断层活动。初步证实科学山地区晚中生代以来主要经历两期强烈构造缩短变形事件。本次工作选取部分野外典型构造，从 NE—SW 向构造、NW—SE 向构造以及叠加构造方面，分别进行构造分析，从而获得了科学山地区两期构造缩短变形事件。

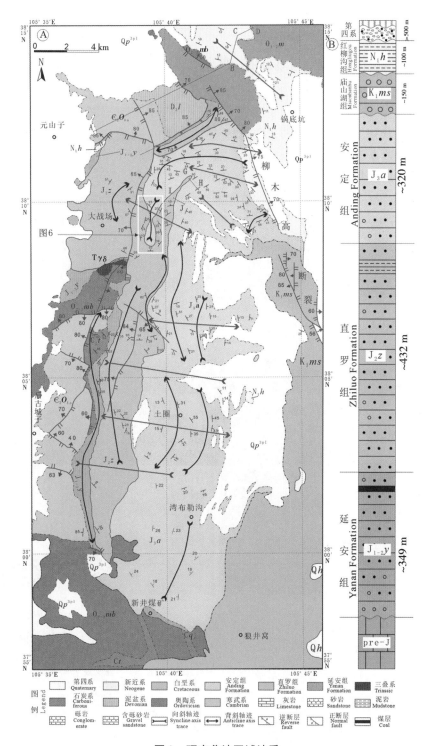

图1　研究盆地区域地质

2.1 NW—SE 向构造缩短变形

研究区内分布有大面积的侏罗纪地层，地层受强烈的构造挤压应力作用，形成一系列 NE—SW 走向的背斜、向斜构造，褶皱样式丰富。根据翼间角大小不同，野外露头可见开阔褶皱（图 2E、图 3A）、中常褶皱、紧闭褶皱；以褶皱转折端形态差异，发育有圆弧褶皱、箱状褶皱、挠曲构造（宋鸿林 等，2013）。研究区北部锅底坑西南安定组（J_3a）地层构造变形强烈，部分地层近直立甚至发生倒转，部分褶皱保留有一系列同期形成的逆冲断层及其相关伴生次级断层（图 3B）。

A：复合褶皱；B：挠曲；C、D：箱状褶皱；E：宽缓背斜。

图 2　科学山地区 NW—SE 向缩短构造变形分析（褶皱枢纽和矢量擦痕反演结果）

在科学山北缘，延安组（$J_{1-2}y$）地层不整合于老君山组（D_3l）灰绿色砂岩之上，且马家沟组（$O_{1-2}m$）灰岩逆冲在延安组（$J_{1-2}y$）之上（图2A），构造缩短变形强烈。老君山组（D_3l）发育扇形复背斜，褶皱左翼为"S"形褶皱，右翼为"Z"形褶皱，褶皱轴面延 NE—SW 向展布，褶皱枢纽统计分析结果大致指示 NW—SE 向挤压作用（图2A）。在科学山中部土圈附近，安定组（J_3a）内发育挠曲构造（图2B，观测点 K06），平缓岩层突然变陡，褶皱面发生膝状弯曲，层面产状分别为 120°∠15°、120°∠48°、105°∠34°，利用赤平投影方法计算出枢纽数据，枢纽统计结果指示发生 NW—SE 向缩短变形（图2B）。在观测点 K60，安定组（J_3a）地层发育一露头尺度的箱状褶皱（图2C、D），褶皱翼部产状较陡，转折端平坦宽阔，褶皱枢纽优选方位显示近 NE—SW 向展布（图2D），指示其形成受到 NW—SE 向挤压应力作用所致。在锅底坑西的安定组（J_3a）地层内（图2，观测点 K55、K57）发育有开阔褶皱（图2E），翼间角为70°～120°，褶皱测量与统计分析显示 NW—SE 向挤压变形。该点可见同褶皱层间滑动现象，且发育有方解石生长线理，擦痕滑动矢量分析指示 NW—SE 向挤压作用（图2E）。

在大战场北（图3A、B，观测点 K55、K67）安定组（J_3a）地层发育褶皱翼间角为70°～120°，同属于开阔褶皱，野外测量翼部产状计算出 9 条枢纽数据，下半球等面积赤平投影极密图呈 NE—SW 向分布（图3A、B），指示 NW—SE 向挤压应力作用。由于不同地区的岩性差异及同类岩石的抗挤压变形系数不同，导致褶皱一翼发育冲断层（图3B），断距约 1 m。观测点 K73 安定组（J_3a）发育有两翼间距小于 10 m 的平卧背斜褶皱，褶皱枢纽反演结果延 NE—SW 向展布，同样指示 NW—SE 向构造缩短应力的存在。综上所述，不同形态褶皱变形分析表明该区受 NW—SE 向挤压应力的控制，主要以发育 NE—SW 走向的褶皱构造为特征。

大战场东观测点 K05，安定组（J_3a）中－厚层砂岩发育一露头尺度的断坪断坡构造（图3C），断层滑动在断层面上形成明显的方解石生长线理（图3C），擦痕测量统计结果指示 NW—SE 向挤压作用（图3C）。在土圈附近的安定组（J_3a）砂岩（观测点 K04）发育"X"形共轭剪节理（图4D），紫红色含砾砂岩被切割成菱形棋盘状，两组节理近等距排列，部分砾石被切断，节理面平直整齐，节理面数据投影结果显示受 NW—SE 向挤压应力控制。

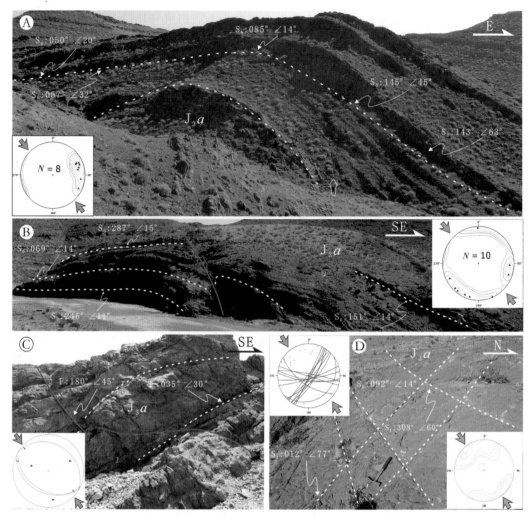

A：宽缓背斜；B：冲断褶皱；C：逆冲断层；D："X"形剪节理。

图 3 科学山地区 NW—SE 向缩短构造变形特征（褶皱枢纽和矢量擦痕反演结果）

近几年来，部分地质研究学者通过生长地层（growth strata）与构造年代学相结合，进一步揭示区域构造事件的时限（王永超 等，2017）以及约束盆地动力学、运动学的机制（刘少峰 等，2018），并取得了不错的研究进展。生长地层分为褶皱型生长地层和逆冲断层型生长地层。在造山带前路盆地中常常能发现生长地层，在构造变形过程中，就近物源新沉积的地层形成了与逆冲相关的生长褶皱和生长地层。目前得到广大学者认可的生长地层的变形机制模型主要有两种（图 4）：a—膝折带迁移（hinge migration）；b—翼部旋转（limb rotation）。两种不同变形机制下控制的生长地层特点迥异，由膝折带迁移形成的生长地层特点是：生长地层的翼部倾角不变，生长轴面随着构造变形持续发生变化，在纵剖面上或地震剖面上能观察到明显的生长三角面。由翼部旋转控制的生长地层，其发生旋转一侧的地层受到力学方向的持续作用，从而处于活动变化的状态，导致其轴面为活动轴面（图 4）。

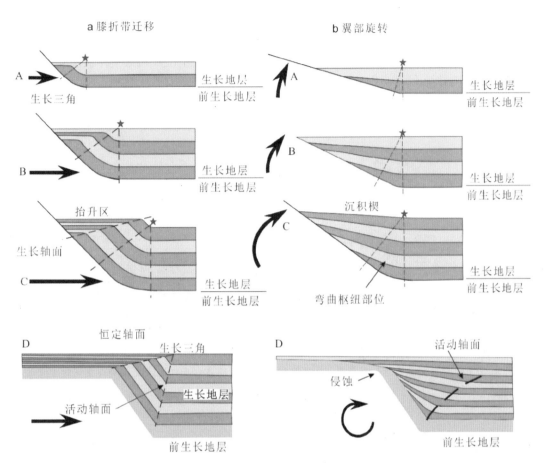

a：膝折带迁移模型；b：翼部旋转模型。A—C：分别表示上述两种不同状态下生长地层发育过程和伴随的生长轴变化；D：生长地层的最终形态，其中枢纽迁移方式下的生长轴面始终为恒定状态，生长三角可以明显识别，而在翼部旋转模式下生长轴面处于活动状态并向前缘迁移，生长三角面不明显。

图4　生长地层的两种模式（据 Ford et al., 1997；张广良 等，2006）

　　科学山地区位于鄂尔多斯地块西缘逆冲推覆构造带北段，科学山地区大战场东侧，送吉沟侏罗系直罗组（J_2z）和安定组（J_3a）地层中发育同沉积构造生长地层，野外得到了两个实测剖面，分别为剖面 G—H（图5）和剖面 I—J（图6），两个实测剖面记录了中–晚侏罗世构造缩短变形动力学过程及其相关的逆冲断层和逆冲褶皱构造样式，通过生长地层分析，可以很好地限定构造变形的时限问题（Ford et al., 1997；张广良 等，2006）。生长地层作为同沉积构造变形的特殊构造样式，其底界年龄可以作为生长褶皱的启动年龄，以此来约束构造变形的时限。研究区的生长地层（图5、图6）正好限制了科学山地区早期的 NW—SE 向挤压缩短构造变形的时限，虽然研究区的直罗组（J_2z）和安定组（J_3a）目前还未找到能够采样进行测年的沉积地层，但是在鄂尔多斯地块北缘大青山内部中侏罗统长汉沟组（J_2c）生长地层的年代学数据取得了新进展，获得了生长地层中–下部火山灰夹层锆石 U–Pb 年龄，并将这期构造挤压的起始时间限制于中侏罗世晚期（约170 Ma前）（王永超 等，2017；Wang et al., 2017）。这期构造缩短事件的动力学一般归结为中–晚侏罗世（约165 Ma前）东亚多向汇聚体系控制（张岳桥 等，2006；董树文 等，2007），可能与西伯利亚板块向南汇聚与太平洋板块北西向俯冲的联合作用有关。

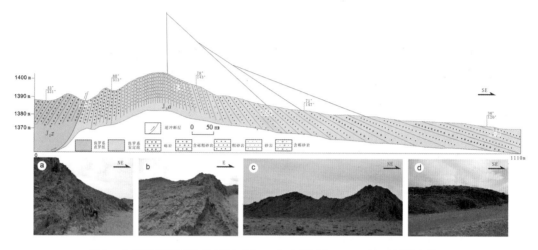

图5 生长地层实测构造剖面（G—H）（观测点 K38，剖面位置见图1）

a、b、c、d 为剖面野外典型露头，反映沉积地层在短距离内产状迅速变化和厚度迅速变化的特征。

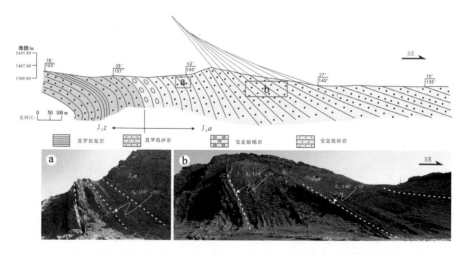

图6 送吉沟生长地层实测构造剖面（I—J）（观测点 K34，剖面位置见图1）

a 和 b 为剖面典型露头，露头尺度均显示沉积地层厚度和产状短距离内快速变化。

2.2 NE—SW 向构造缩短变形及其构造应力场

研究区内侏罗纪地层内还发育一系列 NW—SE 走向褶皱及其逆冲构造。本文选取部分典型的露头尺度构造，进行解析。科学山地区北部大战场东到锅底坑之间安定组（J_3a）中 - 薄层砂岩强烈变形，多处可见大范围的倾竖褶皱，可能指示叠加变形。观测点 K58（图 7A）发育叠加褶皱，褶皱枢纽倾角为 14°～21°，轴面倾伏角在 47°～70°范围，结合褶皱位态分类准则判断该褶皱为斜歪倾伏褶皱（宋鸿林 等，2013）。褶皱枢纽赤平投影结果指示受 NW—SE 向挤压构造应力场控制，而层间滑动矢量分析结果指示 NE—SW 向挤压应力场的存在，表明该倾竖褶皱受两期挤压应力作用控制（图 7A）。

在观测点 K91 安定组（J_3a）砂岩内观测到露头尺度的直立倾伏褶皱（图 7B），褶皱两翼对称，轴面近直立，对褶皱枢纽数据进行等面积下半球赤平投影，指示受 NE—SW 向挤压应力场控制。在大战场北山体顶部（观测点 K95），安定组（J_3a）出露宽缓向斜（图 7C），层间滑动运动矢量与褶皱枢纽赤平投影结果均指示 NE—SW 向构造挤压应力作用。在科学山地区的土圈附近安定组（J_3a）发育有良好的"X"形共轭剪节理（图 7D），节理面平直光滑，倾角较大，延伸远，节理间距小而等距，节理面投影结果显示受 NE—SW 向构造应力场作用。在新井煤矿北观测点 K01，奥陶纪米钵山组（$O_{2-3}mb$）逆冲推覆在延安组（$J_{1-2}y$）砂岩之上，断层面发育明细的粗擦槽，滑动矢量投影结果指示该期逆冲挤压作用受 NE—SW 向挤压应力控制（图 7E）。这些构造分析确定了科学山地区存在一次强烈的 NE—SW 向地壳缩短过程。

A—C：褶皱及其层间擦痕和褶皱枢纽反演结果；D：共轭剪节理及节理面反演结果；
E：逆冲推覆构造及其矢量擦痕反演结果。

图7　科学山地区 NE—SW 向挤压构造变形特征

2.3 叠加变形分析

科学山地区中西部大战场附近发育有典型的小区域横跨叠加褶皱，表现为较为完整的穹-盆构造（图1、图8A），该褶皱变形影响的最新地层为直罗组（J_2z）和安定组（J_3a）砂岩。

在盆地南缘观测点K13（图8B），可见近南北向展布小型叠加向斜盆地，遥感图解译和地层产状综合分析显示该盆地受NW—SE和NE—SW向两期构造缩短作用所致，形似"哑铃状"，构造形态清晰，为有效叠加褶皱（Ramsay，1987）。NW—SE向挤压控制了盆地近南北向展布的向斜构造，由于NE—SW向构造缩短，造成背斜横跨叠加，背形枢纽发生倾伏，向形枢纽发生扬起，形成鞍状构造（宋鸿林 等，2013）。观测点K15直罗组（J_2z）厚层砂岩近水平产出，发育两组密集近直交的直立劈理，发生部分置换，产状033°∠70°、120°∠70°（图8B、C），层理产状为335°∠13°，指示该盆地受NW—SE和NE—SW向两期地壳缩短作用。

在盆地西缘观测点K14、K16（图8D、E），安定组（J_3a）地层（000°∠15°）中发育有一期近乎直立的劈理，劈理产状250°∠85°、248°∠70°，指示NE—SW向挤压应力场存在。在小盆地中部观测点K20（图8I）发育另一期劈理，劈理产状为301°∠42°、330°∠59°，指示该期劈理为受NW—SE向构造缩短作用所致。盆地北部安定组（J_3a）观测点K17、K18、K19（图8F、G、H）发育近乎直交的两组劈理，地层产状110°∠25°，劈理面与地层面近乎垂直。NW—SE向挤压相关层间劈理产状分别为301°∠42°、330°∠59°、332°∠60°，NE—SW向构造缩短相关层间劈理产状分别为237°∠54°、240°∠60°、242°∠58°。观测点K19（图8H）处两组劈理具有明显的截切关系，受NW—SE向挤压控制的劈理被NE—SW向地壳缩短控制的劈理所截切，说明NE—SW向构造缩短作用要晚于NW—SE向构造缩短作用。此外，在小盆地的南、北两端观测点K21、K23均发育有运动滑动矢量，北缘滑动矢量反演结果指示NW—SE向构造挤压作用（图8J），南缘滑动矢量反演结果指示NE—SW向构造挤压作用（图8K）。此外，在小盆地北观测点K22安定组（J_3a）内发育有小范围的叠加变形向斜（图8L），早期由于受到NW—SE向的挤压形成了向斜褶皱的基本轮廓，后期受到NE—SW向的挤压作用，向斜枢纽发生了宽缓的"Z"形弯曲，属于露头尺度的"移褶型"叠加褶皱。这说明了NW—SE向挤压构造应力场要早于NE—SW向挤压构造应力场。

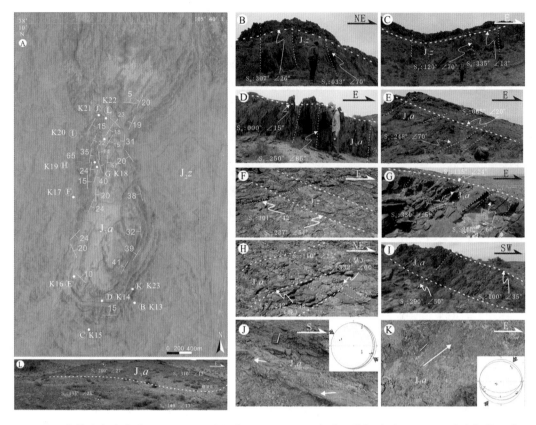

A：向斜盆地遥感图；B—E、I：层间劈理；F—H：两期劈理截切关系；J、K：滑动矢量及其
反演结果；L：叠加变形向斜。

图8 科学山地区叠加变形特征

上述叠加褶皱的变形分析、褶皱相伴生的层间劈理的截切关系表明，科学山地区侏罗纪以来主要经历 NW—SE 与 NE—SW 向构造缩短变形，且 NW—SE 向地壳缩短事件早于 NE—SW 向构造挤压变形事件，后期 NE—SW 向地壳缩短基本上塑造了科学山地区的构造格局。

3 叠加变形构造应力场

叠加褶皱区的构造应力场，可以考虑褶皱变形前、后及褶皱过程中形成的相关断层的几何要素变位关系，提出野外数据测量过程中识别褶皱变形不同阶段相关断层，包括层间滑动矢量，有针对性地测量和处理不同阶段断层构造要素，从而恢复叠加褶皱区的构造应力场（施炜 等，2007；Shi et al.，2012，2015b）。本次工作按照上述思路和方法，恢复了科学山叠加褶皱相关的构造应力场。

运用上述方法，本次工作主要在科学山地区侏罗纪地层中，开展了相关的断层运动学分析，并结合前文两期构造变形分析，恢复了两期构造应力场（图9A、B，表1）。

表1 科学山地区地层层面和断层滑动矢量应力场反演结果

点号	经度	纬度	岩性	擦痕数	[倾伏向/ (°)] / [倾伏角/ (°)]			应力场
					σ_1 (az/pl)	σ_2 (az/pl)	σ_3 (az/pl)	
K01 - 1	105°37′15″	38°00′10″	J_{1-2}砾岩	4	35/4	302/38	130/52	NE—SW 向挤压构造应力场
K01	105°37′15″	38°00′11″	O 灰岩	2	50/1	320/12	144/78	
K11	105°39′56″	38°08′45″	J_2砂岩	2	239/28	330/1	62/62	
K12	105°39′36″	38°08′50″	J_2页岩	7	85/28	344/20	234/54	
K19	105°39′22″	38°09′24″	J_2砂岩	5	33/18	127/14	253/67	
K36	105°40′48″	38°10′51″	J_2砂岩	9	246/37	342/7	80/52	
K37	105°40′35″	38°10′53″	J_2砂岩	4	11/35	111/13	217/52	
K38	105°40′30″	38°10′55″	J_2砂岩	10	11/31	108/12	216/56	
K52	105°42′02″	38°12′38″	J_2砂岩	1	91/14	352/34	200/53	
K57	105°41′04″	38°10′51″	J_3砂岩	1	265/30	117/14	54/56	
K58	105°41′06″	38°10′58″	J_3砂岩	3	84/10	354/4	241/79	
K95	105°40′35″	38°10′54″	J_3砂岩	6	6/11	99/14	239/72	
K154	105°42′23″	38°10′04″	J_3砂岩	9	207/21	304/18	72/62	
K05	105°40′57″	38°03′39″	J_2砾岩	7	128/39	37/1	305/51	NW—SE 向挤压构造应力场
K22	105°39′30″	38°09′38″	J_2砂岩	5	292/34	24/3	118/56	
K24	105°39′32″	38°09′03″	J_2砂岩	3	284/3	15/11	180/79	
K26	105°40′48″	38°10′51″	J_2砂岩	2	273/1	183/4	14/86	
K37	105°40′35″	38°10′53″	J_2砂岩	2	309/31	214/9	110/58	
K38	105°40′30″	38°10′55″	J_2砂岩	4	314/27	219/8	114/61	
K47	105°43′51″	38°11′40″	J_3砂岩	4	297/10	34/34	193/54	
K57	105°41′04″	38°10′51″	J_3砂岩	10	134/10	226/11	4/75	
K10	105°40′17″	38°08′29″	J_3砂岩	3	298/17	202/19	67/64	
K94	105°40′31″	38°10′49″	J_3砂岩	4	113/2	203/16	17/74	
K157	105°40′30″	38°10′24″	J_2砂岩	5	161/24	64/15	306/62	

σ_1：最大主压应力；σ_2：中间主压应力；σ_3：最小主压应力；az：倾向；pl：倾角；O：奥陶纪；J_{1-2}：早 – 中侏罗世；J_2：中侏罗世；J_3：晚侏罗世。

研究区北缘观测点 K38（图9A、B 和图10），位于锅底坑西南安定组（J_3a）叠加变形区，地层产状为145°∠25°，地层未发生倒转，岩层面发育有大量的次生方解石矿物拉伸线理，方解石厚度为 1 ～ 2 cm，很好地保留了两期构造缩短变形的滑动矢量，底面方解石保留的滑动矢量下半球等面积赤平投影指示 NW—SE 向构造挤压作用，覆盖在其上形成较晚的方解石保留了 NE—SW 向挤压形成的滑动矢量，虽然早期的滑动矢量受到了晚期构造作用的破坏，但依然可以清晰辨别。统计分析结果对应 NW—SE 向和 NE—SW 向两期构造挤压应力场。擦痕相互切割关系分析指示早期为 NW—SE 向挤压构造应力场，晚期为 NE—SW 向挤压构造应力场。

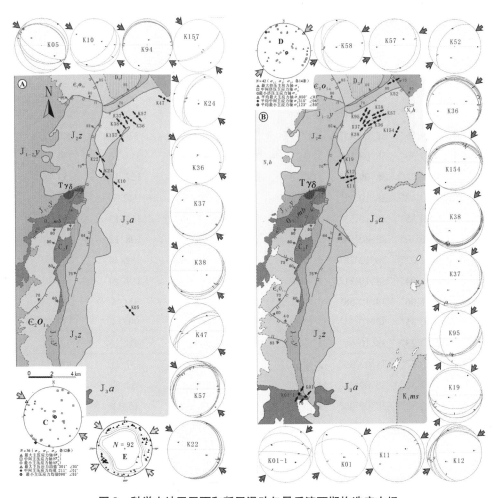

图9 科学山地区层面和断层滑动矢量反演两期构造应力场

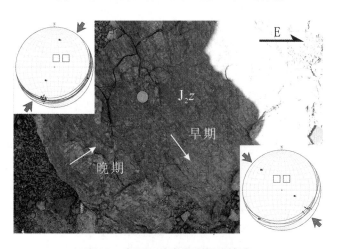

图10 直罗组砂岩发育两组擦痕

早期擦痕指示 NW—SE 向挤压作用，晚期擦痕反映 NE—SW 向挤压作用。

早期近 NW—SE 向挤压作用在研究区所出露的奥陶纪、泥盆纪和侏罗纪等地层中均有发现（表 1，图 9A），研究区自南向北均有发育宽缓的大型褶皱，大战场安定组（J_3a）地层内由于褶皱翼部局部受力不均匀产出翼部冲断褶皱（图 3B），在早期 NW—SE 向古构造应力场控制下形成挠曲褶皱、箱状褶皱等多种构造样式（图 2），部分地区层间劈理、"X" 形共轭剪节理发育，以上多种构造变形正是 NW—SE 向挤压构造应力场作用的结果（图 9C）。侏罗纪整套地层中均发现这期挤压构造应力作用的存在（表 1，图 10A），综合研究表明 NW—SE 向挤压古构造应力场的启动时间至少在中 – 晚侏罗世之后。同时，野外褶皱层间滑动矢量的统计结果分析表明 NE—SW 向挤压构造应力场在中侏罗世直罗组（J_2z）之上到侏罗世末期的地层中都有体现（表 1，图 9B），形成 NW—SE 向褶皱、逆冲断层、"X" 形共轭节理、层间劈理，并改造早期褶皱形成横跨或斜跨叠加褶皱。最重要的是在红柳沟（N_1h）和安定组（J_3a）地层接触处发育有同期褶皱（图 1、图 11），枢纽延伸方向为 NW—SE；在锅底坑西北部红柳沟组发育区域上的轴向为 NW—SE 向宽缓向斜（宁夏回族自治区地质矿产局，1983，1990），这与研究区内受 NE—SW 向古构造应力场（图 9D）所控制褶皱形态一致，说明后期 NE—SW 向构造挤压最早也在红柳沟（N_1h）地层沉积之后，即中新世之后；柳木高断裂作为晚新生代以来主要受 NE—SW 向构造挤压应力场控制的活动断层（陈虹 等，2013；公王斌 等，2016）；在研究区的侏罗纪直罗组（J_2z）地层的沉积地层叠加擦痕的分析结果（图 10）以及大战场叠加变形盆地的构造分析（图 8）均表明 NW—SE 向挤压构造应力场要早于 NE—SW 向挤压构造应力场。通过对研究区所有褶皱枢纽进行统计分析，赤平投影结果同样指示两期古构造应力场的存在（图 9E）。因此，上述分析结果表明了科学山地区中生代以来至少存在两期重要的挤压构造应力场，早期构造应力场主为 NW—SE 向挤压（图 9C），晚期构造应力场以 NE—SW 向挤压作用为主（图 9D）。

图 11　科学山地区北缘实测构造剖面（剖面位置见图 1）

◆◆ 4　讨论：构造演化过程

上述分析显示，鄂尔多斯地块西缘科学山地区主要经历 NW—SE 和 NE—SW 向两期构造缩短事件，结合区域构造和变形影响的地层特征，可以确定两期变形事件发生于晚中生代以来，本文提出了鄂尔多斯地块西缘晚中生代以来构造演化模式（图 12），具体分析如下。

上述构造分析表明，早期 NW—SE 向构造挤压作用影响了中生代侏罗纪所有地层，在科学山地区形成一区域性的 NE—SW 走向的褶皱及基地卷入的盆缘冲断构造（图 1、图 9A）。已有研究资料表明鄂尔多斯地块西缘在中 – 晚侏罗世处于挤压隆升的变形环境

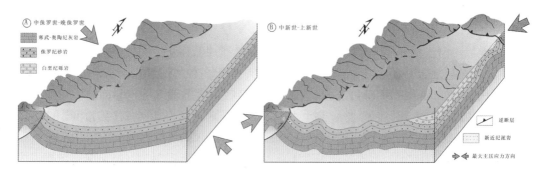

A：中晚侏罗世 NW—SE 向构造缩短变形　B：中新世晚期—上新世末 NE—SW 向构造缩短变形。

图 12　科学山地区构造演化模式

背景，区域构造地质学分析表明鄂尔多斯盆地及其周缘在中－晚侏罗世受到多向挤压应力作用控制（张岳桥 等，2006，2007），鄂尔多斯盆地南部古特提斯洋闭合带陆内变形强烈，形成强烈的向北的挤压力；北面蒙古—鄂霍次克构造带处于闭合阶段，西伯利亚板块向南逆冲，构成向南的挤压力；而东部环太平洋带作为主动型陆缘，形成北西向的强大挤压力。沉积学分析显示，鄂尔多斯盆地西缘在中侏罗世（J_2）古流向发生了转变，指示一期强烈的陆内变形事件（Darby et al.，2002）。这些研究表明科学山地区 NW—SE 向构造缩短时间应在中－晚侏罗世。这期构造导致本区晚侏罗世地层与早白垩世地层之间表现为区域性角度不整合接触，且发育有较厚的底砾岩（赵红格，2003；张岳桥 等，2006，2007）。科学山北缘的贺兰山在中－晚侏罗世经历了叠加变形，即 NW—SE 向构造缩短叠加在了早期 NW 走向构造之上（Huang et al.，2015）。这些研究表明科学山地区同样在这一时期经历了 NW—SE 向构造挤压事件（图 9A）。鄂尔多斯地块北缘大青山内部中侏罗世长汉沟组（J_2c）生长地层的年代学数据取得了新进展，获得了生长地层中－下部火山灰夹层锆石 U－Pb 年龄，并将这期构造挤压的起始时间限制于中侏罗世晚期（约 170 Ma 前）（Wang et al.，2017）。这期构造缩短事件的动力学一般归结为中－晚侏罗世（约 165 Ma 前）东亚多向汇聚体系控制（张岳桥 等，2006；董树文，2007），可能与西伯利亚板块向南汇聚与太平洋板块北西向俯冲的联合作用有关。

　　科学山地区识别出另一期强烈的 NE—SW 向构造缩短事件，导致侏罗纪地层中普遍发育褶皱构造和逆冲断层，主体构造为 NW—SE 向褶皱构造。这期构造强烈改造了早期 NW—SE 向挤压应力作用相关的构造，在区域上形成"移褶型""T 字形""新月形""穹盆形"叠加构造变形，局部地区发育平卧褶皱和倒转褶皱（图 9B）。这期构造缩短作用也影响了研究区东缘古近系—新近系。前人研究表明鄂尔多斯盆地西缘海原断裂带一带始新世—中新世沉积为一套泛湖泊环境下的稳定红色碎屑物，指示这段时间地壳相对稳定，青藏高原北东向扩展并未影响到鄂尔多斯盆地西缘海原断裂带（施炜 等，2013）。大量研究成果显示中新世晚期以来鄂尔多斯地块西缘发生了强烈的构造抬升（赵红格 等，2007；Wang et al.，2011），低温热年代学数据同样显示中新世晚期（10—8 Ma 前）鄂尔多斯地块西缘存在一期强烈的 NE—SW 向构造缩短事件（张培震 等，2006；白生明 等，2009）。从鄂尔多斯地块西缘新生代构造分析可见，NE—SW 向构造挤压控制了干河沟组沉积，干河沟组不整合于下伏清水营组（张进 等，2005；Shi et al.，2012），导致该组地层沉积相由下伏河湖相转变为河流相（Wang et al.，2011），区域性的盆–山弧形构造形成（施炜 等，2013a，2013b；Chen et al.，2015；Shi et al.，2015a），即卷入变形最新地层为中新世晚期—上新世干河沟组（施炜 等，2016），构造变形年龄可能为 16.7—5.4 Ma 前（Wang et al.，2011）。上新世末以来青藏高原物质东向挤出背景下，鄂尔多斯地块发生逆时针旋转（Zhang et al.，1998），研究区构造应力场以转变为 NE 向挤压为主（Chen et al.，2015）。最近的鄂尔多斯西缘新生界古地磁研究获得了干河沟组年龄的时限为 9.5—2.7 Ma 前（Liu et al.，2019），表明这期 NE—SW 向构造缩短时间为中新世晚期—上新世末。

综上所述，鄂尔多斯地块西缘科学山地区主要经历了晚中生代晚期 NW—SE 向和中新世末—上新世 NE—SW 向两期地壳缩短事件。中新世—上新世 NW—SE 向挤压构造应力场向 NE—SW 向挤压应力场的转变，塑造了科学山地区叠加褶皱构造特征，形成现在的地形地貌，其动力学背景应与晚新生代以来青藏高原的隆起及其北东向物质扩展相关（Shi et al.，2015a，2015b）。

5　结　　论

综上所述，通过对鄂尔多斯地块西缘科学山地区构造变形分析，结合区域构造分析，获得以下几点初步认识：

（1）科学山地区侏罗纪直罗组（J_2z）和安定组（J_3a）地层内发现了生长地层，生长地层指示早期 NW—SE 向构造缩短的启动时限为中侏罗世晚期—晚侏罗世，该期构造缩短变形控制了晚侏罗世安定组（J_3a）的沉积过程。

（2）科学山地区晚中生代以来主要经历两期陆内缩短变形，早期（J_2）受 NW—SE 向挤压作用，发生强烈的 NE—SW 向褶皱缩短；晚期（N_{12}—N_2）受 NE—SW 向构造挤压应力场控制，发育一系列 NW—SE 向褶皱构造，强烈改造早期 NE—SW 向构造，形成区域性的叠加构造。表明鄂尔多斯地块西缘是中–新生代的陆内变形带。

（3）科学山地区两期地壳缩短变形的动力学背景方面，早期的陆内缩短变形可能与西伯利亚板块向南汇聚与太平洋板块北西向俯冲的联合作用有关，晚期陆内变形主要是青藏高原北东向强烈扩展的记录。

参考文献

Carrera N，Muñoz J A，2008. Thrusting evolution in the southern Cordillera Oriental（northern Argentine Andes）：Constraints from growth strata. Tectonophysics，459（1）：107–122.

Chen H，Hu J，Gong W，et al.，2015. Characteristics and transition mechanism of late Cenozoic structural deformation within the Niushoushan – Luoshan fault zone at the northeastern margin of the Tibetan Plateau. Journal of Asian Earth Sciences，114：73–88.

Darby B J，Ritts B D，2002. Mesozoic contractional deformation in the middle of the Asian tectonic collage：

the intraplate Western Ordos fold-thrust belt, China. Earth and Planetary Science Letters, 205: 13 – 24.

Ford M, Williams E A, Artoni A, et al., 1997. Progressive evolution of a fault-related fold pair from growth strata geometries, Sant Llorenç de Morunys, SE Pyrenees. Journal of Structural Geology, 19 (3 – 4): 413 – 441.

Huang X, Shi W, Chen P, et al., 2015. Superposed deformation in the Helanshan Structural Belt: Implications for Mesozoic intracontinental deformation of the North China Plate [J]. Journal of Asian Earth Sciences, 114 (10): 140 – 154.

Liu S F, Su S, Zhang G W, 2013. Early Mesozoic basin development in North China: Indications of cratonic deformation. Journal of Asian Earth Sciences, 62: 221 – 236.

Liu X B, Shi W, Hu J M, et al., 2019. Magnetostratigraphy and tectonic implications of Paleogene – Neogene sediments in the Yinchuan basin, western North China Craton. Journal of Asian Earth Sciences, 173 (15): 61 – 69.

Mattauer M, 1986. Intracontinental subduction, crust-mantle decollement and crustal-stacking wedge in the Himalayas and other collision belts. Geological Society, London, Special Publications, 19 (1): 37 – 50.

Ramsay J G, 1987. The techniques of modern structural geology, volume 2: Folds and fractures. Academic Press.

Sengor A M C, Yilmaz Y, Sungurlu O, 1984. Tectonics of the Mediterranean Cimmerides: nature and evolution of the western termination of Palaeo – Tethys. Geological Society London Special Publications, 17 (1): 77 – 112.

Shi W, Dong S W, Hu J M, et al., 2007. An analysis of superposed deformation and tectonic stress fields of the western segment of Daba Mountains foreland. Acta Geologica Sinica, 81 (10): 1314 – 1327.

Shi W, Dong S W, Li J H, et al., 2013a. Formation of the Moping Dome in the Xuefengshan Orocline, Central China and its Tectonic Significance. Acta Geologica Sinica (English Edition), 87 (3): 720 – 729.

Shi W, Dong S W, Ratschbacher L, et al., 2013b. Meso – Cenozoic tectonic evolution of the Dangyang Basin, north-central Yangtze craton, central China. International Geology Review, 55 (3): 382 – 396.

Shi W, Dong S W, Yuan L, et al., 2015a. Cenozoic tectonic evolution of the South Ningxia region, northeastern Tibetan Plateau inferred from new structural investigations and fault kinematic analyses. Tectonophysics, 649: 139 – 164.

Shi W, Dong S W, Zhang Y Q, et al., 2015b. The typical large-scale superposed folds in the central South China: Implications for Mesozoic intracontinental deformation of the South China Block. Tectonophysics, 664: 50 – 66.

Shi W, Zhang Y Q, Dong S W, et al., 2012. Intra-continental Dabashan orocline, southwestern Qinling, Central China. Journal of Asian Earth Sciences, 46 (6): 20 – 38.

Wang W T, Zhang P Z, Kirby E, et al., 2011. A revised chronology for Tertiary sedimentation in the Sikouzi basin: Implications for the tectonic evolution of the northeastern corner of the Tibetan Plateau. Tectonophysics, 505 (1 – 4): 100 – 114.

Wang Y C, Dong S W, Shi W, et al., 2017. The Jurassic structural evolution of the western Daqingshan area, eastern Yinshan belt, North China. International Geology Review, 59 (15): 1 – 23.

Yuan W, Yang Z, 2015. The Alashan Terrane was not part of North China by the Late Devonian: Evidence from detrital zircon U – Pb geochronology and Hf isotopes. Gondwana Research, 27 (3): 1270 – 1282.

Yue Q Z, Mercier J L, Vergely P, 1998. Extension in the rift systems around the Ordos（China）, and its contribution to the extrusion tectonics of south China with respect to Gobi – Mongolia. Tectonophysics, 285（1）: 41 –75.

Zhang Y Q, Dong S W, Shi W, 2003a. Cretaceous deformation history of the Tan – Lu fault zone in Shandong Province, eastern China. Journal of Geodynamics, 363（3）: 243 –258.

Zhang Y Q, MaY S, Yang N, et al., 2003b. Cenozoic extensional stress evolution in North China. Journal of Geodynamics, 36（5）: 591 –613.

白生明, 吕昌国, 2009. 贺兰山南段大战场花岗闪长岩体特征及时代. 宁夏工程技术, 8（3）: 282 –286.

陈发景, 1986. 我国含油气盆地的类型、构造演化和油气分布. 地球科学,（3）: 7 –16.

陈虹, 胡健民, 公王斌, 等, 2013. 青藏高原东北缘牛首山—罗山断裂带新生代构造变形与演化. 地学前缘, 20（4）: 18 –35.

程永志, 施炜, 赵国春, 等, 2019. 鄂尔多斯地块西缘科学山地区叠加变形分析. 地球科学与环境学报, 41（2）: 209 –224.

董树文, 张岳桥, 龙长兴, 等, 2007. 中国侏罗纪构造变革与燕山运动新诠释. 地质学报, 81（11）: 1449 –1461.

公王斌, 施炜, 陈虹, 等, 2016. 牛首山—罗山断裂带北段柳木高断裂第四纪活动特征. 地质力学学报, 22（4）: 1004 –1014.

黄汲清, 1983. 中国大地构造的几个问题. 石油实验地质,（3）: 5 –9.

李清河, 郭守年, 吕德徽, 1999. 鄂尔多斯西缘与西南缘深部结构与构造. 北京: 地震出版社.

李四光, 1954. 旋卷构造及其他有关中国西北部大地构造体系复合问题. 地质学报, 4: 339 –410, 442, 444 –494.

刘池洋, 赵红格, 桂小军, 等, 2006. 鄂尔多斯盆地演化—改造的时空坐标及其成藏（矿）响应. 地质学报, 80（5）: 617 –638.

刘池洋, 赵红格, 王锋, 等, 2005. 鄂尔多斯盆地西缘（部）中生代构造属性. 地质学报, 79（6）: 737 –747.

刘和甫, 汪泽成, 熊宝贤, 等, 2000. 中国中西部中、新生代前陆盆地与挤压造山带耦合分析. 地学前缘, 7（3）: 55 –72.

刘少峰, 1994. 鄂尔多斯盆地西缘中生代构造地层分析及动力机制研究. 武汉: 中国地质大学.

刘少峰, 柯爱蓉, 吴丽云, 等, 1997. 鄂尔多斯西南缘前陆盆地沉积物物源分析及其构造意义. 沉积学报（1）: 156 –160.

刘少峰, 林成发, 刘晓波, 等, 2018. 冀北张家口地区同构造沉积过程及其与褶皱 – 逆冲作用耦合. 中国科学: 地球科学, 48（6）: 705 –731.

刘少峰, 杨士恭, 1996. 鄂尔多斯盆地西缘具限制性边界的侧向挤出构造. 地质通报（4）: 353 –360.

刘少峰, 杨士恭, 1997. 鄂尔多斯盆地西缘南北差异及其形成机制. 地质科学（3）: 397 –408.

马杏垣, 游振东, 谭应佳, 等, 1961. 中国大地构造的几个基本问题. 地质学报（1）: 32 –100.

宁夏回族自治区地质调查院, 2017. 中国区域地质志: 宁夏志. 北京: 地质出版社.

宁夏回族自治区地质环境监测总站, 2008. 银川市幅地质图说明书（1∶250000）. 111 –146.

施炜, 刘源, 刘洋, 等, 2013. 青藏高原东北缘海原断裂带新生代构造演化. 地学前缘, 20（4）: 1 –17.

施炜, 陈虹, 李振宏, 等, 2016. 新构造 – 活动构造区填图技术方法初析: 以宁夏 1∶50000 红崖子、大坝站、青铜峡铝厂三幅新构造与活动构造区填图试点为例. 地质力学学报, 22（4）: 856 –867.

施炜，董树文，胡健民，等，2007. 大巴山前陆西段叠加构造变形分析及其构造应力场特征. 地质学报，81（10）：1314 – 1327.

施炜，张岳桥，马寅生，2006. 六盘山两侧晚新生代红黏土高程分布及其新构造意义. 海洋地质与第四纪地质，26（5）：123 – 130.

宋鸿林，张长厚，王根厚，2013. 构造地质学. 北京：地质出版社.

汤锡元，郭忠铭，王定一，1988. 鄂尔多斯盆地西部逆冲推覆构造带特征及其演化与油气勘探. 石油与天然气地质，9（1）：1 – 10.

王锋，刘池洋，赵红格，等，2006. 贺兰山盆地与鄂尔多斯盆地的关系. 石油学报，27（4）：15 – 17.

王永超，董树文，陈宣华，等，2017. 内蒙古大青山侏罗纪生长地层对燕山运动"绪动"的制约. 科学通报（12）：1274 – 1277.

杨振宇，袁伟，仝亚博，等，2014. 阿拉善地块前中生代构造归属的新认识. 地球学报，35（6）：673 – 681.

张广良，张培震，闵伟，等，2006. 逆冲 – 褶皱造山过程中生长地层的识别及应用. 地震地质，28（2）：299 – 311.

张家声，何自新，费安琪，等，2008. 鄂尔多斯西缘北段大型陆缘逆冲推覆体系. 地质科学，43（2）：251 – 281.

张进，马宗晋，任文军，2005. 宁夏中南部新生界沉积特征及其与青藏高原演化的关系. 地质学报，79（6）：757 – 773.

张抗，1983. 论贺兰裂堑//鄂尔多斯盆地西缘地区石油地质论文集. 呼和浩特：内蒙古人民出版社：29 – 40.

张抗，1989. 鄂尔多斯断块构造和资源. 西安：陕西科学技术出版社.

张培震，郑德文，尹功明，等，2006. 有关青藏高原东北缘晚新生代扩展与隆升的讨论. 第四纪研究，26（1）：5 – 13.

张岳桥，董树文，赵越，等，2007. 华北侏罗纪大地构造：综评与新认识. 地质学报，81（11）：1462 – 1480.

张岳桥，廖昌珍，施炜，等，2007. 论鄂尔多斯盆地及其周缘侏罗纪变形. 地学前缘，14（2）：184 – 198.

张岳桥，施炜，廖昌珍，等，2006. 鄂尔多斯盆地周边断裂运动学分析与晚中生代构造应力体制转换. 地质学报，80（5）：639 – 647.

赵红格，2003. 鄂尔多斯盆地西部构造特征及演化. 西安：西北大学.

赵俊峰，刘池洋，喻林，等，2006. 鄂尔多斯盆地中侏罗世直罗—安定期沉积构造特征. 石油与天然气地质. 27（2）：159 – 166.

祁连造山带二元电性结构及动力学意义

康建强[3]，韩江涛[1,2]，高锐[3]，梁宏达[3]，辛中华[1]，刘立家[1,2]

◆ 0 引　言

　　青藏高原东北缘位于青藏高原与华北板块的交汇处，主要由柴达木地块、祁连造山带、阿拉善地块组成。晚元古代时期包括塔里木、柴达木、阿拉善、祁连山地区在内的天山以南至昆仑山以北地区为一个统一的整体（被称为"西域板块"）（冯益民 等，1992；葛肖虹 等，1999）。新元古代至晚－中寒武纪时期，北祁连洋在 NE—SW 向拉张作用下打开。晚奥陶纪时期，向北俯冲的北祁连洋沿着北祁连缝合带关闭，在挤压应力的作用下，祁连—柴达木块体与阿拉善块体发生碰撞，北祁连进入了造山作用阶段。到了晚泥盆纪后，在碰撞造山后持续的伸展环境下，祁连造山带的地表被强烈剥蚀，同时地幔岩浆物质上涌使岩石圈遭受强烈的底侵作用，发生俯冲板片断离，岩石圈底部被重新展平，至石炭纪，祁连的古生代造山运动已完全停止。新生代时期，印度板块和亚洲板块开始碰撞，在印度板块强烈的挤压作用下，造山作用再次被激活。

　　前人在此地区已经做过大量的研究工作，高锐等（1995）利用横跨祁连山的深反射地震发现了北边界逆冲带（NBT），这是一个类似于主喜马拉雅逆冲带（MHT）的逆冲构造，它指示了青藏高原地壳向北俯冲的边界。Feng 等（2014）利用穿过柴达木盆地东端和祁连山的 25 个宽频地震数据，获得了该区域地壳和深达 700 km 的图像，划分出了 45 ～ 65 km 深的 Moho 并确定了岩石圈—软流圈边界（LAB）。通过横跨祁连山465 km，65 个测点的宽频大地电磁数据，Xiao 等（2013）获得了该区域 100 km 深的电性结构，并对祁连山进行了三个分区，即复杂的北祁连，相对简单的南祁连，以及它们

　　1 吉林大学地球探测科学与技术学院，长春，130026；2 自然资源部应用地球物理重点实验室，长春，130026；3 中山大学地球科学与工程学院，广州，510275。

　　基金项目：本文由国家自然科学基金项目（41590863，41504076）、国家重点研发专项（2017YFC0601305）、吉林省科技发展计划项目（20180101093JC）、"中央高校基本科研业务费专项资金资助"联合资助。

之间的过渡中祁连，而该地区地壳增厚的主要原因是由于南部地幔楔形凹陷而导致地壳中产生叠瓦状构造。另外，Xiao 等（2011）指出青藏高原生长的东北边界应该位于河西走廊的下方。金胜等（2010）根据合作—大井的大地电磁剖面划分了青藏高原东北缘地区 5 个主要地块，由南至北分别为：西秦岭地块、中祁连地块、北祁连地块、河西走廊过渡带和阿拉善地块，同时研究发现该区域中下地壳普遍存在高导层，其中中祁连高导层可能是由于含盐流体引起的，而北祁连和河西走廊过渡带的高导层可能是板块俯冲或仰冲的构造运动的痕迹。夏时斌等（2019）在东北缘祁连山造山带至阿拉善地块之间完成了一个 372 km 的大地电磁剖面，获得了沿剖面 180 km 深的壳幔电性结构模型，揭示了东祁连、河西走廊和阿拉善南缘的电性结构，并认为若干形状不规则、彼此不相连的"碎块状"极高阻块体组成的中上地壳与"似层状"的中下地壳低阻层共同构成的地壳电性结构，是引起青藏高原东北缘强烈破坏性地震最佳的地壳电性结构组合之一（夏时斌 等，2019）。

作为亚洲板块和印度板块挤压抬升的地区，该区域地震活动频繁，特别是在北祁连地区，曾发生多次地震，因此对该区域进行深部岩石圈电性结构研究，对于认识陆 - 陆碰撞机制和高原的生长动力学具有重要的意义。

然而，以往的研究成果很少有跨越柴达木盆地、祁连造山带和阿拉善地块南缘的，特别是对于南祁连、中祁连和北祁连地块的电性结构特征的研究较少，且深度往往在100 km 以内，对于该区域深部的电性结构特征以及不同地块的接触关系需要更进一步的了解。大地电磁方法是研究深部结构探测、构造边界带、地震等的一种不可替代的地球物理观测方法，其具有不受高阻层屏蔽，探测深度大，且对低阻层敏感的特点。因此布设了南起柴达木盆地北缘，北至阿拉善南缘的大地电磁测深剖面，使用长周期和宽频大地电磁测深相结合的方法，获得了剖面 200 km 的二维反演结果，旨在研究该区域深部的电性结构特征。

1　研究方法

1.1　数据采集与处理

大地电磁测深剖面南起柴达木盆地北缘，北至阿拉善南缘，途经木里、天峻、高台，剖面走向近东北，主要穿过柴达木盆地北缘断裂带、中祁连南缘断裂带、祁连山北缘断裂带、龙首山断裂带，测区地形起伏较大，主要地块有柴达木盆地、祁连造山带、河西走廊和阿拉善地块。剖面全长约 580 km，宽频大地电磁数据基本点距为 5 km，共完成 76 个（图1），采集时长在 20 h 以上，采集数据时使用的是加拿大产的 V5 - 2000 型大地电磁测深仪；长周期大地电磁数据基本点距为 15 km，共完成 25 个，采集时长在120 h 以上，采集数据时使用的是乌克兰产的 LEMI - 417 型长周期大地电磁测深仪。使用张量测量方式进行布极，测量每个测点的 3 个相互正交的磁场分量（H_x，H_y，H_z）和 2 个互相正交的水平电场分量（E_x，E_y），下标 x、y、z 分别代表南北方向、东西方

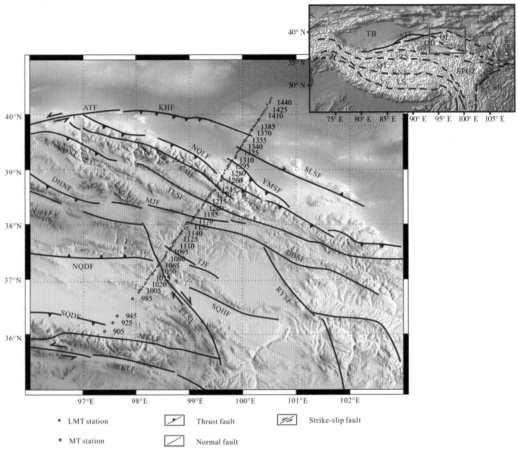

ATF：金沙江断裂带；KHF：关丹山—黑山断裂带；YMSF：榆木山断裂带；SLSF：南龙首山断裂带；NQLF：北祁连断裂带；CMF：昌马断裂带；NDXF：北大雪山断裂带；TLSF：托莱山断裂带；DHNF：党河—南山断裂带；MJF：木里—江仓断裂带；DBSF：大坂山断裂带；TJF：天峻断裂带；NQDF：北柴达木断裂带；ELSF：鄂拉山断裂带；SQHF：青海—南山断裂带；RYSF：日月山断裂带；SQDF：南柴达木断裂带；MKLF：中昆仑断裂带；EKLF：东昆仑断裂带；LS：拉萨；QT：羌塘；SPGZ：松潘—甘孜；QD：柴达木—昆仑—西秦岭；QL：祁连；Alxa：阿拉善；NCC：华北克拉通；TB：塔里木盆地；SB：四川盆地；YS：雅鲁藏布江缝合带；BNS：班公—怒江缝合带；JRS：金沙江缝合带；AMS：阿尼玛卿缝合带；SQS：南祁连缝合带；NQS：北祁连缝合带；ATF：阿尔金断裂带；LMSF：龙门山断裂带。

图1 大地电磁测点位置（据 Deng et al., 2003 修改）

向和垂直方向。

　　野外采集数据完成后，首先需要利用快速傅里叶变换的方法，将时间域的数据转化到频率域，然后再利用 Robust 估计和功率谱挑选等处理方法，获得相应的阻抗张量信息，经过一系列处理后，获得各个测点的视电阻率和相位信息。图2展示了部分测点的视电阻率和相位曲线，从图中可以看出曲线连续性好，无近源干扰现象，数据质量可靠。

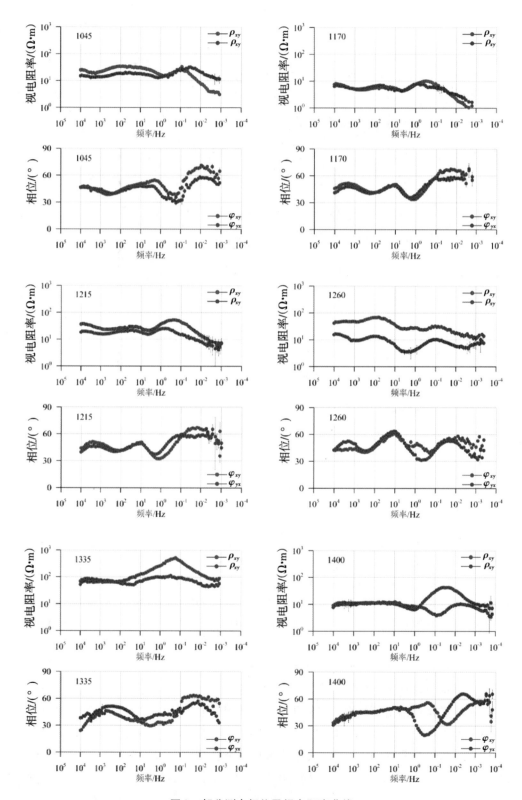

图2　部分测点相位及视电阻率曲线

1.2　维性与构造走向分析

在进行大地电磁二维反演前必须确定剖面的二维特征，图 3 显示了 4 个周期点（0.01 s、1 s、100 s、1000 s）的相位张量应变椭圆及二维偏离角。从图上可以看出在 0.01 s 和 1 s 的二维偏离角普遍小于 5°，说明该区域浅部具有简单的 2D 结构；100 s 和 1000 s 的二维偏离角 5°以上的占大多数。从以上分析可以看出该区域整体以二维结构为主，在深部表现为一定的三维性，为接下来的二维反演工作奠定了基础。

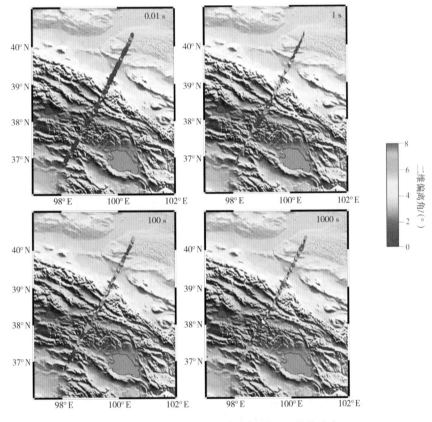

图 3　部分频点相位张量应变椭圆及二维偏离角

同时运用阻抗张量分解技术来获得研究区域构造阻抗和走向等参数，采用 GB 分解方法对研究剖面进行了不同深度的构造识别（陈小斌 等，2014；Hu et al.，2015），图 4 给出了剖面部分测点的相位张量分解电性主轴方位玫瑰图。由于阻抗张量分解所确定的主轴方向具有 90°的模糊性，在张量阻抗分解的基础上，考虑到在关丹山—黑山断裂以南区域的构造走向为北西向，结合电性主轴方向，综合判定关丹山—黑山断裂以南的构造走向为 135°。在关丹山—黑山断裂以北区域的构造走向为东西向，结合电性主轴方向，综合判定关丹山—黑山断裂以北的构造走向为 90°。据此将 580 km 电性剖面进行分段处理，旋转阻抗得到相应模式的数据。

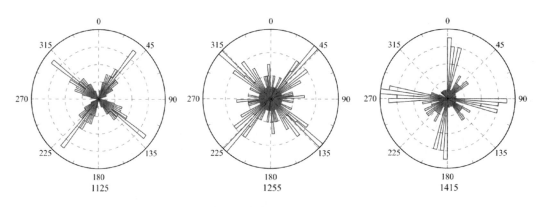

图4 部分测点电性主轴玫瑰统计图

1.3 数据反演

二维反演方法采用的是非线性共轭梯度的算法（NLCG；Rodi & Mackie，2000），在确定最终的反演结果前对不同反演模式和反演参数进行了试算，最终选择 TM 模式。前人的研究结果表明 TE 模式的反演和视电阻率受三维畸变效应影响较大（蔡军涛、陈小斌，2010），而上文的维性分析也指出此区域深部可能存在着一定的三维性，因此选择使用 TM 模式。另外，为了确定本次反演所采用的正则化因子 τ 值，进行了 L 曲线分析，对不同的正则化因子 τ 值均进行了反演试算，最后以每个模型的均方根误差（RMS）为纵轴，粗糙度（roughness）为横轴绘制 L 曲线图（图5），曲线拐点位置相对应的 τ 值在保证了模型光滑程度的同时，与原始数据又有很好的拟合关系（Farquharson & Oldenburg，2004），因此选用拐点位置15作为本次反演的正则化因子。

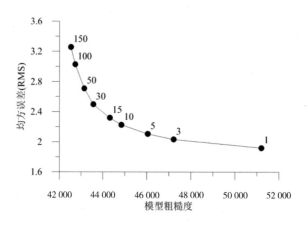

图5 不同正则化因子反演得到的模型粗糙度与拟合差曲线

最终反演参数为：初始模型为 $100\ \Omega \cdot m$ 均匀半空间，网格剖分为 144×107，对 TM 模式视电阻率和阻抗相位分别使用10%和5%的本底误差，正则化因子 $\tau = 15$，横纵光滑比为1。经过200次迭代计算，最终 RMS 反演拟合差降至2.31，从图6可以看出实测数据与响应数据基本一致，证明了反演的电性结构模型的可靠性。

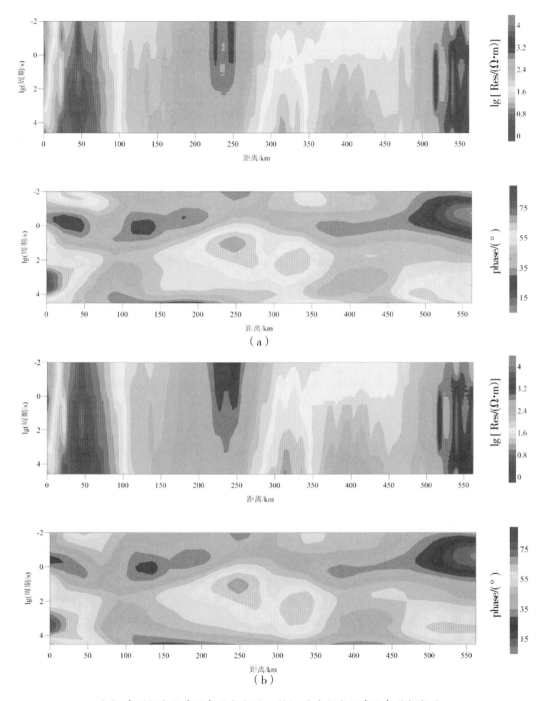

（a）实测视电阻率及相位拟断面；（b）响应视电阻率及相位拟断面。

图 6 大地电磁实测数据与响应拟断面

为了验证 C5 和 R5 两个电阻率异常的存在，我们进行了两次测试。在第一次测试中，异常区 R5 替换为均匀电阻率值 202 Ω·m。结果表明，修正后的模型与观测数据不匹配（图7）。在1290和1260点，基于修正模型的响应曲线与观测数据不匹配（图7）。我们还对异常带、C5进行了类似的灵敏度测试，将其替换为均匀电阻率值202 Ω·m。这些敏感性试验表明，用现有MT资料反演的低阻异常是真实的。

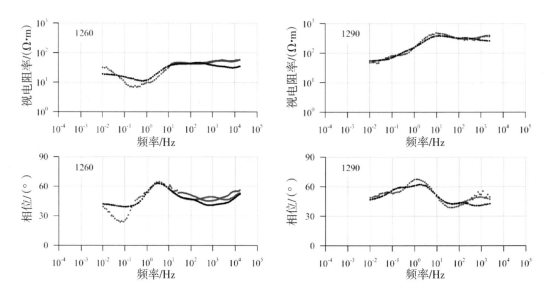

图7 R5的灵敏度试验

蓝点表示电阻率和相位的观测值；红点表示基于反演模型的响应曲线；黑点表示基于修改模型的响应。

✕◆ 2　电性结构特征与分析

剖面跨越柴达木盆地、祁连造山带和阿拉善地块等地质单元，南起柴达木盆地北缘，经乌兰、天峻、木里、野牛沟、肃南、高台，到阿拉善地块南缘，不同地块的电性结构具有明显的差异。

柴达木盆地北缘以柴达木盆地北缘断裂为界，盆地南缘地壳总体表现为高导，电阻率在10 Ω·m左右，葛肖虹（1999）等发现柴达木盆地的岩石圈结构在挤压的环境中已不具有稳定地块的性质，其地壳轻而破碎，C1高导的形成很有可能与此有关。盆地北部地壳表现为高阻，电阻率在1000 Ω·m左右，可能是前寒武纪结晶基底。柴达木盆地的岩石圈地幔电阻率表现为中低阻，但在盆地北部边界部位存在着一个下插的中高阻，电阻率在100 ~ 1000 Ω·m之间。

南祁连褶皱带和柴达木盆地以柴达木盆地北缘断裂带为界，进入南祁连褶皱带后，地壳开始增厚，深度约为60 km。此区域电阻率不具有很好的分层性，地壳整体表现为高阻，电阻率在10 000 Ω·m左右，地壳下部发育有岩浆囊，电阻率大约为100 Ω·m。高阻的地壳很有可能为被逆冲推覆到了柴达木古老的基底上方，而深部的岩浆囊可能说明此区域深部具有一定的活跃性。

中祁连隆起带位于大坂山断裂和托莱山断裂带之间，Moho从此区域开始减薄，电性结构没有明显的成层性。地壳高导层发育，电阻率约为 100 Ω·m，岩石圈地幔电阻率表现为中高阻，在中祁连隆起带与南祁连褶皱带的过渡部位发育有岩浆囊。该区域地壳发育的高导层揭示了该区域具有较强的活动性。

北祁连褶皱带北以祁连山北缘断裂带为界，南以托莱山断裂带为界，地块空间分布由地壳浅部到深部呈上宽、下窄的倒梯形结构，区域地表超基性岩发育。地壳电性结构具有很好的成层性，浅部表现为中高阻，电阻率在 100～1000 Ω·m 之间，有可能为地表超基性岩的反应，下地壳是一个分布连续的高导层，该高导北侧产状南倾，南侧产状北倾，呈现北浅南深形态，电阻率值大概为 10 Ω·m。

河西走廊盆地位于祁连山北缘断裂带和龙首山断裂带之间，中间发育有榆木山断裂。地壳具有一定的成层性，上地壳发育有电阻率约为 1000 Ω·m 的高阻层，下地壳高导层发育，产状南倾，成上窄下宽的漏斗状，电阻率为 10 Ω·m。而岩石圈地幔部分发育有上窄下宽的中高阻体，产状南倾，浅部和阿拉善地块相关联。

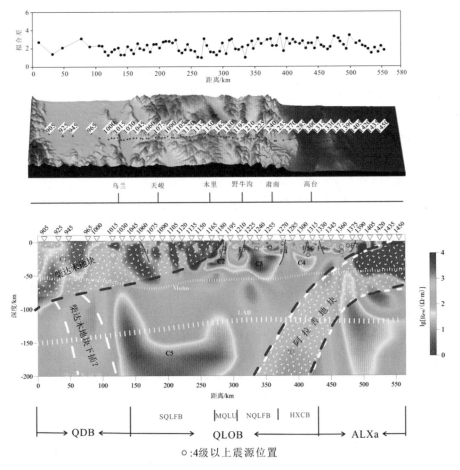

○:4级以上震源位置

　　F1：柴达木盆地北源断裂；F2：大坂山断裂；F3：托莱山断裂；F4：祁连山北缘断裂；F5：榆木山断裂；F6：南龙首山断裂；F7：关丹山—黑山断裂。

图8　大地电磁二维反演及解释

阿拉善盆地南以关丹山—黑山断裂为界，阿拉善弧形构造带作为碰撞的前缘地区，整个岩石圈表现为高阻，活动较为剧烈，进入银额盆地，该区域具有明显的分层性，作为一个稳定的盆地，地壳表现为高阻，电阻率在 1000 $\Omega \cdot m$ 以上，Moho 以下部分以中高导为主，很有可能为北部的华北板块的软流圈的反应。

3 讨 论

3.1 南北祁连造山带二元电性结构差异的讨论

剖面反演结果显示不同地块间具有明显的电性差异，特别是在祁连造山带，南祁连地壳具有整体高阻的性质，而中北祁连地壳具有一定的分层性，下地壳发育有高导层，这种电性方面的差异是怎么产生的呢？

南祁连和柴达木盆地在元古代应该属于同一个克拉通，被称为祁连—柴达木克拉通，在古生代，受祁连洋闭合的影响，祁连—柴达木克拉通和阿拉善地块发生碰撞，到石炭纪时古生代造山运动结束，形成了现今的南祁连和北祁连缝合带（Song et al.，2005），因此南祁连和中北祁连具有不同的基底属性是合理的。地质资料显示南祁连褶皱带是被古生代沉积序列覆盖的叠瓦式逆冲带，基底为前寒武纪结晶基底（Song et al.，2013），因此南倾的高阻体 R1 很有可能为叠瓦状逆冲的前寒武纪结晶基底的反应。而在南祁连下方的岩石圈地幔的高导体 C5 的形成很有可能和新生代以来印度板块和亚洲板块的岩石圈双向挤压有关，说明在岩石圈地幔尺度上祁连造山带活跃地区应该位于南祁连褶皱带的下方。

北祁连造山带是典型海洋缝合带，并包含有从新元古代到早古生代蛇绿岩序列、岛弧火山岩和花岗岩岩体、志留系复理石建造、泥盆纪磨拉石和石炭—三叠纪沉积盖层序列（Song et al.，2013）。从反演的电阻率结果可以看到此区域的电性结构和南祁连造山带具有明显的差异，下地壳高导层发育。关于下地壳的高导体的形成，詹艳等（2008）认为其形成与连通性较好的孔隙富含的流体有关，金胜等（2012）认为中祁连下地壳的高导体有可能是地下水的渗透作用导致的。我们的结果显示高导体的最大埋深在 50 km 左右，显然地下水不可能渗透到这一深度。另外，金胜等（2010）的计算结果表明：在下地壳最大流体含量为 0.1% 的情况下，厚度达 90 km 的高导层才能够产生青藏高原地表观测到的 6000 S 的纵向电导，显然，这一情况是不可能的，因为这一厚度已经超过了地壳厚度，延伸到上地幔之中。对于青藏高原地表观测到的 6000 S 的纵向电导，在实验室情况下，其相应的高导层厚，所以下地壳高导体的形成不可能是由于含盐水流体。北祁连的大地热流值资料显示此区域地表热流值为 64.06 mW/m^2（沈显杰 等，1995），下地壳温度可达 596 ~ 839 ℃（李清河 等，1998），当温度到达 550 ℃时，岩石便可以发生部分熔融（Feldman et al.，1976），因此 C2、C3 的形成有可能是部分熔融产生的。受印度板块俯冲的影响，中祁连—河西走廊过渡带正处于挤压的环境下，由于摩擦生热，岩石发生部分熔融和脱水作用，C2 和 C3 的形成很可能与此有关。

将测区范围内近年来发生的 4 级以上地震投影到测线上可以发现震源多位于中祁连—河西走廊过渡带的位置，因此在地壳尺度上，祁连造山带地壳尺度最活跃的区域应该位于中祁连—河西走廊过渡带的位置。

南北祁连造山带存在电性结构差异的原因主要是基底属性不同，南祁连造山带在新元古代时期属于祁连—柴达木克拉通，而北祁连造山带是祁连—柴达木克拉通与阿拉善克拉通碰撞造山的产物。

3.2 亚洲岩石圈向青藏高原下方俯冲的前缘位置及模式

对于欧亚大陆的俯冲边界问题，前人已给出过多种观点，Kind 等（2002）推测欧亚板块已俯冲到羌塘地块的中心位置，Zhang 等（2012）认为欧亚板块至少俯冲到金沙江缝合带的附近，余大新等（2014）依据地震成像的结果，认为其已俯冲到柴达木盆地的北缘，Zhao 等（2011）认为欧亚板块已经俯冲到了班公—怒江缝合带，Feng 等（2014）根据其地震的反演结果分析认为欧亚板块已经俯冲到了祁连造山带的下方，Ye 等（2015）认为欧亚板块已经俯冲到了松潘—甘孜地块附近。

阿拉善地块是华北克拉通的西部组成部分，研究阿拉善地块与祁连地块的接触关系也能反映出亚洲板块的俯冲边界。从我们的反演结果可以看到，位于青藏高原向阿拉善地块过渡的河西走廊过渡带下方高阻体 R3 整体表现为挤压的特征，深部向南高角度的楔入河西走廊地幔的下方，浅部和阿拉善的基底 R2 有所关联，呈现一种由坚硬的华北板块向相对较为软弱的北祁连造山带下方楔入的特征，这一结构特征表明华北板块存在着向青藏高原东北缘下方的主动楔入，而不仅仅是被动阻挡着高原向东北方向生长。高导体 C4 很有可能是阿拉善地块向祁连造山带俯冲留下的效应与痕迹，高导体的形成与构造滑脱带有关。因此，亚洲板块的俯冲边界应该是在河西走廊过渡带的位置。在阿拉善基底 R2 的下方存在着电阻率值在 10 ~ 100 Ω·m 的高导体，阿拉善地块也被分成了高 – 低阻的层状结构，这和夏时斌（2019）及金胜（2010）的结果相类似，而高导层的存在有可能和阿拉善地块的软流圈有关。

关于青藏高原地壳增厚的原因一直存在着争议，有下地壳加厚方式、上地壳加厚方式和地壳均匀缩短的方式。我们的结果表明青藏高原东北缘地壳不存在大规模的高导层，只有在中北祁连和河西走廊过渡带下地壳存在小规模的高导体，因此不太可能是管道流导致的下地壳加厚。前人的结果发现在中祁连、北祁连存在着低速层（Ye et al.，2015；Zhang et al.，2013），这个低速层可能成为地壳中的一个物理软弱层（Bao，2013）；各向异性的研究也表明该区域中上地壳，上地幔存在着各向异性（张辉 等，2012；王琼 等，2013），因此高导层的存在可能表明此区域上下地壳的变形是解耦的。黄兴富等（2018）的研究表明在祁连山与酒西盆地结合部位地壳发生了解耦，地壳以均匀缩短的方式加厚，我们的结果表明这一作用发生在整个中北祁连和河西走廊过渡带区域。受青藏高原东北缘与华北克拉通之间不断的挤压碰撞作用的影响，华北克拉通的岩石圈地幔不断地楔入祁连造带山的下方，受此影响，解耦的下地壳带动上地壳向北运动，上地壳强烈变形并向外逆冲推覆，形成一系列南倾的断裂带。在这样的动力学背景下，青藏高原一系列古老的缝合带再次活化，祁连造山带又重新开始隆起。

3.3 柴达木地块与祁连造山带的接触关系

我们的反演结果表明柴达木盆地存在着大规模的高导体（C1），尽管前人曾认为柴达木岩石圈表现为高阻性质（Unsworth et al.，2004），而最新的电性结果却表明柴达木下地壳和上地幔可能广泛发育着高导层（Zhang et al.，2015；Xiao et al.，2011）。在挤压环境下，柴达木盆地的岩石圈结构已不具有稳定地块的性质，其地壳轻而破碎（葛肖虹等，1999），可能是流体的存在使得柴达木盆地存在高导层（Zhang，2015）。

前人曾认为南祁连向南逆冲于柴达木盆地之上，且逆冲作用已影响到地壳的中下部（高锐，1995）。由 MT 反演结果可以看到在柴达木盆地北缘断裂（F1）与中祁连南缘断裂（F2）之间的高阻体 R1 表现为南倾的特征，角度约为 20°，最大深度在 50 km 左右，和柴达木盆地地壳的深度相当，因此推测是由于受印度板块俯冲的影响，柴达木盆地的前寒武纪结晶基底被逆冲推覆到了刚性的南祁连地壳上方，柴达木盆地在挤压的作用下，发生破碎，因此表现为高导的特征。同时发现在柴达木盆地 Moho 下方存在着中高阻，并向北倾斜，插入到了南祁连的下方，在反射地震的结果上同样也有所显示，因此其很有可能是柴达木盆地地幔部分楔入南祁连褶皱带的下方。

从以上分析可以看出柴达木盆地向祁连一侧地壳和地幔的活动是解耦的，地壳尺度向上叠加在祁连造山带之上，而柴达木盆地岩石圈地幔则下插到祁连之下。

4 结 论

（1）本文揭示了南北祁连造山带具有不同的基底属性，电性结构存在着较大的差异，南祁连造山带在新元古代时期属于祁连—柴达木克拉通，而北祁连造山带是祁连—柴达木克拉通与阿拉善克拉通碰撞造山的产物。

（2）揭示了亚洲岩石圈向青藏高原下方俯冲的前缘位置及模式。亚洲板块的俯冲边界应该是在河西走廊过渡带的位置，中北祁连上下地壳是解耦的，受青藏高原东北缘与华北克拉通之间不断的挤压碰撞作用的影响，华北克拉通的岩石圈地幔不断地楔入祁连造山带的下方，受此影响，解耦的下地壳带动上地壳向北运动，祁连造山带内的古生代沉积地层强烈变形并向外逆冲推覆。

（3）展现了柴达木地块与祁连造山带的接触关系。柴达木盆地地壳和地幔的向北碰撞挤压是解耦的，柴达木盆地的前寒武纪结晶基底被逆冲推覆到了刚性的南祁连地壳上方，地幔部分则插入到了南祁连褶皱带的下方，柴达木盆地地幔的向北楔入作用促使了地壳以逆冲的形式向外扩张和生长，推动南祁连褶皱带继续向北挤压。

✕◆ 参 考 文 献

Bao X W, Song X D, Xu M J, et al., 2013. Crust and upper mantle structure of the North China Craton and the NE Tibetan Plateau and its tectonic implications. Earth and Planetary Science Letters, 369: 129 – 137.

Cai J T, Chen X B, 2010. Refined techniques for data processing and two-dimensional inversion in magnetotelluric Ⅱ: Which data polarization mode should be used in 2D inversion. Chinese J. Geophys. (in Chinese), 53 (11): 2703 – 2714.

Chen X B, Cai J T, Wang L F, et al., 2014. Refined techniques for magnetotelluric data processing and two-dimensional inversion (Ⅳ): Statistical image method based on multi-site, multi-frequency tensor decomposition. Chinese Journal of Geophysics, 57 (6): 1946 – 1957.

Deng Q D, Zhang P Z, Ran Y K, et al., 2003. Basic characteristics of active tectonics of China. Science in China Series D: Earth Sciences, 46 (4): 356 – 372.

Farquharson C G, Oldenburg D W, 2004. A comparison of automatic techniques for estimating the regularization parameter in non-linear inverse problems. Geophysical Journal International, 156 (3): 411 – 425.

Feldman I S, 1976. On the nature of conductive layers in the Earth's crust and upper mantle. Geoelectric and Geothermal Studies, 22: 721 – 730.

Feng M, Kumar P, Mechie J, et al., 2014. Structure of the crust and mantle down to 700 km depth beneath the East Qaidam basin and Qilian Shan from P and S receiver functions. Geophysical Journal International, 199 (3): 1416 – 1429.

Feng Y M, Wu H Q, 1992. Tectonic evolution of North Qilian mountains and its neighbourhood since Paleozoic. Northwest Geoscience, (2): 61 – 74.

Gao R, Cheng X Z, Ding Q, 1995. Preliminary geodynamic model of Golmud piin Qi geoscience transect – Ejin Qi geoscience transect. Chinese Journal of Geophysics, 38 (S2): 3 – 14.

Ge X H, Liu J, 1999. Formation and tectonic background of the Northern Qilian Orogenic Belt. Earth Science Frontiers, 6: 223 – 230.

Hu Y C, Li T L, Fan C S, et al. 2015. Three-dimensional tensor controlled-source electromagnetic modeling based on the vector finite-element method. Applied Geophysics, 12 (1): 35 – 46.

Huang X F, Gao R, Guo X Y, et al., 2018. Deep crustal structure beneath the junction of the Qilian Shan and Jiuxi Basin in the northeastern margin of the Tibetan Plateau and its tectonic implications. Chinese Journal of Geophysics (Chinese edition), 61 (9): 3640 – 3650.

Jin S, Zhang L T, Jing Y J, 2012. Crustal electrical structure along the Hezuo – Dajing profile across the northeastern margin of the Tibetan Plateau. Chinese Journal of Geophysics, 55 (12): 3979 – 3990.

Jin S, Wei W B, Wang S, et al., 2010. Discussion of the formation and dynamic signification of the high conductive layer in Tibetan crust. Chinese Journal of Geophysics, 53 (10): 2376 – 2385.

Kind R, Yuan X, Saul J, et al., 2002. Seismic images of crust and upper mantle beneath Tibet: evidence for Eurasian plate subduction. Science, 298 (5596): 1219 – 1221.

Li Q H, Zhang Y S, Tu Y M, et al., 1998. The combined interpretation of crustal velocity and electrical resistivity in Qilianshan mountain – Hexi corridor region. Chinese Journal of Geophysics (2): 197 – 210.

Rodi W, Mackie R L, 2000. Nonlinear conjugate gradients algorithm for 2-D magnetotelluric inversion. Geophysics, 66 (1): 174 – 187.

Shen X J, Liang S X, 1995. Forward calculation of heat flow profile and slow shell temperature of Golmud – Ejina Banner. Chinese Science Bulletin, 40 (7): 639 – 642.

Song S G, Niu Y L, Su L, et al., 2013. Tectonics of the North Qilian orogen, NW China. Gondwana Research, 23 (4): 1378 – 1401.

Song S G, Zhang L F, Niu Y L, et al., 2005. Evolution from oceanic subduction to continental collision: a case study from the Northern Tibetan Plateau based on geochemical and geochronological data. Journal of Petrology, 47 (3): 435 – 455.

Unsworth M, Wei W B, Jones A G, et al., 2004. Crustal and upper mantle structure of northern Tibet imaged with magnetotelluric data. Journal of Geophysical Research: Solid Earth, 109 (B2): B02403.

Wang Q, Gao Y, Shi Y T, et al., 2013. Seismic anisotropy in the uppermost mantle beneath the northeastern margin of Qinghai – Tibet plateau: evidence from shear wave splitting of SKS, PKS and SKKS. Chinese Journal of Geophysics, 56 (3): 892 – 905.

Xia S B, Wang X B, Min G, et al., 2019. Crust and uppermost mantle electrical structure beneath Qilianshan Orogenic Belt and Alxa block in northeastern margin of the Tibetan Plateau. Chinese Journal of Geophysics, 62 (3): 950 – 966.

Xiao Q B, Zhang J, Zhao G Z, et al., 2013. Electrical resistivity structures northeast of the Eastern Kunlun Fault in the Northeastern Tibet: Tectonic implications. Tectonophysics, 601: 125 – 138.

Xiao Q B, Zhao G B, Dong Z Y, 2011. Electrical resistivity structure at the northern margin of the Tibetan Plateau and tectonic implications. Journal of Geophysical Research: Solid Earth, 116 (B12): B12401.

Ye Z, Gao R, Li Q, et al., 2015. Seismic evidence for the North China Plate underthrusting beneath northeastern Tibet and its implications for plateau growth. Earth & Planetary Science Letters, 426: 109 – 117.

Yu D X, Li Y H, Wu Q J, et al., 2014. S-wave velocity structure of the northeastern Tibetan Plateau from joint inversion of Rayleigh wave phase and group velocities. Chinese Journal of Geophysics, 57 (3): 800 – 811.

Zhan Y, 2008. Deep electric structures beneath the northeastern margin of the Tibetan Plateau and its tectonic implications. Institute of Geology, China Earthquake Administration.

Zhang H, Zhao D, Zhao J, et al., 2012. Convergence of the Indian and Eurasian plates under eastern Tibet revealed by seismic tomography. Geochemistry, Geophysics, Geosystems, 13 (6): Q06W14.

Zhang L, Unsworth M, Jin S, et al., 2015. Structure of the Central Altyn Tagh Fault revealed by magnetotelluric data: New insights into the structure of the northern margin of the India – Asia collision. Earth and Planetary Science Letters, 415: 67 – 79.

Zhang Z, Bai Z, Klemperer S L, et al., 2013. Crustal structure across northeastern Tibet from wide-angle seismic profiling: Constraints on the Caledonian Qilian orogeny and its reactivation. Tectonophysics, 606: 140 – 159.

Zhang H, Gao Y, Shi Y T, et al., 2012. Tectonic stress analysis based on the crustal seismic anisotropy in the northeastern margin of Tibetan plateau. Chinese Journal of Geophysics (Chinese Edition), 55 (1): 95 – 104.

Zhao W, Kumar P, Mechie J, et al., 2011. Tibetan plate overriding the Asian plate in central and northern

Tibet. Nature geoscience, 4 (12): 870.

蔡军涛, 陈小斌, 2010. 大地电磁资料精细处理和二维反演解释技术研究 (二): 反演数据极化模式选择. 地球物理学报, 53 (11): 2703 – 2714.

陈小斌, 蔡军涛, 王立凤, 等, 2014. 大地电磁资料精细处理和二维反演解释技术研究 (四): 阻抗张量分解的多测点 – 多频点统计成像分析. 地球物理学报, 57 (6): 1946 – 1957.

冯益民, 吴汉泉, 1992. 北祁连山及其邻区古生代以来的大地构造演化初探. 西北地质科学 (2): 61 – 74.

高锐, 成湘洲, 丁谦, 1995. 格尔木—额济纳旗地学断面地球动力学模型初探. 地球物理学报, 38 (S2): 3 – 14.

葛肖虹, 刘俊来, 1999. 北祁连造山带的形成与背景. 地学前缘, 6 (4): 223 – 230.

黄兴富, 高锐, 郭晓玉, 等, 2018. 青藏高原东北缘祁连山与酒西盆地结合部深部地壳结构及其构造意义. 地球物理学报, 61 (9): 132 – 142.

金胜, 魏文博, 汪硕, 等, 2010. 青藏高原地壳高导层的成因及动力学意义探讨: 大地电磁探测提供的证据. 地球物理学报, 53 (10): 2376 – 2385.

金胜, 张乐天, 金永吉, 等, 2012. 青藏高原东北缘合作—大井剖面地壳电性结构研究. 地球物理学报, 55 (12): 3979 – 3990.

李清河, 张元生, 涂毅敏, 等, 1998. 祁连山—河西走廊地壳速度结构及速度与电性的联合解释. 地球物理学报, (2): 197 – 210.

沈显杰, 梁恕信, 1995. 格尔木—额济纳旗热流剖面及壳幔温度正演计算. 科学通报, 40 (7): 639 – 642.

王琼, 高原, 石玉涛, 等, 2013. 青藏高原东北缘上地幔地震各向异性: 来自 SKS、PKS 和 SKKS 震相分裂的证据. 地球物理学报 (3): 180 – 193.

夏时斌, 王绪本, 闵刚, 等, 2019. 青藏高原东北缘祁连山造山带至阿拉善地块壳幔电性结构研究. 地球物理学报, 62 (3): 140 – 156.

余大新, 李永华, 吴庆举, 等, 2014. 利用 Rayleigh 波相速度和群速度联合反演青藏高原东北缘 S 波速度结构. 地球物理学报, 57 (3): 800 – 811.

詹艳, 2008. 青藏高原东北缘地区深部电性结构及构造涵义. 北京: 中国地震局地质研究所.

张辉, 高原, 石玉涛, 等, 2012. 基于地壳介质各向异性分析青藏高原东北缘构造应力特征. 地球物理学报, 55 (1): 95 – 104.

松辽盆地南部地幔反射揭示出古老块体汇聚过程
——深地震反射剖面大炮证据

李明芮[1]，高 锐[1,2]，符伟[2]，谭晓淼[1]，侯贺晟[2]

❖ 0 引 言

　　深地震反射剖面已被国际地学界公认为是探测岩石圈精细结构，研究大陆构造变形和深部过程最有效技术之一（Li et al.，2017）。自21世纪以来，在中国，深地震反射剖面技术在探测造山带和盆地的地壳结构的实践中逐渐发展成熟。中国学者利用大炮技术得到青藏高原巨厚Moho结构（Guo et al.，2017；Gao et al.，2013，2016b），探索了秦岭造山带及周围地区的深部地球动力学过程（Li et al.，2017）。在松辽盆地和四川盆地地区也曾通过大炮技术揭示岩石圈信息和地幔反射（符伟 等，2019；Gao et al.，2016a）。事实证明，在快速准确获得地壳及岩石圈地幔反射图像的研究过程中，大炮技术确实扮演了不可替代的角色（Li et al.，2017）。深地震反射剖面大炮技术激发方式是利用大药量震源深井激发，接收方式为长排列接收（李洪强 等，2013）。较强的激发能量使得通过大炮技术得到的深部反射表现出较好的信噪比和波组连续性，且大炮数据的近垂直部分受地壳横向变化影响小。这些特点决定了大炮近垂直反射数据具有通过较为简单的处理流程即可获得下部地壳至上地幔可靠信息的优势（李洪强 等，2014；Stem et al.，2015）。

　　松辽盆地作为我国一个大型含油气盆地，一直是国内外研究的热点。关于松辽盆地是否存在前寒武纪结晶基底的问题一直有所讨论。有观点认为在松辽盆地不存在大规模前寒武纪结晶基底，而是显生宙造山带的一部分，因为在大庆长垣附近的岩心数据未发现古老年龄存在的痕迹（Wu et al.，2001；吴福元 等，2013）；而另一种观点认为松辽盆地存在前寒武纪基底，证据是在松辽盆地东缘、东南缘以及徐家围子附近测定的岩石年龄均属元古代时期（权京玉 等，2013；王颖 等，2006）。

　　针对松辽盆地的深部过程，地球物理方法提供了强大的数据支持，在1992年和1996—1999年两个阶段共计完成6个剖面，讨论了盆地中上地壳的地震学性质、下地壳

---

1 中山大学地球科学与工程学院，广州，510275；2 中国地质科学院，北京，10037。

和 Moho 的分布、盆地构造特征以及形成机制（杨宝俊 等，2001）。满洲里—绥芬河断面的综合地球物理研究表明，松辽盆地以大庆为界，东西两侧重力异常和磁场分布不均匀、震相特征不同，提出拼合基底以及动力学模型（杨宝俊 等，1996）。泰康—哈尔滨的近垂直地震反射剖面表明，地壳厚度由西向东呈减薄趋势并存在广泛的东倾断层。Moho 是一个高低速度层叠置的过渡带，并且与松辽盆地沉积形态不对称（傅维洲 等，1998）。2006 年松南—辽北地区大地电磁测深（MT）资料显示出松辽盆地基底结构的电性趋势，即南变缓，东西边界较陡（刘国兴 等，2006）。松辽盆地科学钻探工程松科二井东孔，地球物理测井在上白垩统给出白垩统古气候和古环境、地质情况以及地球物理参数的参考（邹长春 等，2018）。2016 年中国地质调查局在松辽盆地布设了一个南北向近垂直地震反射剖面（图 1），本文的研究是通过处理这 5 个大炮数据（为了满足一次覆盖加入了 2 个中炮数据），快速揭露松科二井及邻区的下地壳、Moho 深度及其起伏状态，以及可能存在的地幔反射，为进一步研究壳幔结构与变化提供基础。

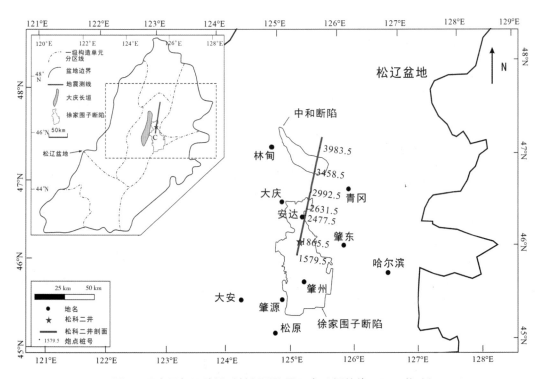

图 1　研究区与深地震反射剖面位置示意（据符伟，2019 修改）

✖◆ 1　区域构造背景

　　松辽盆地位于中国东北地区，大地构造划分处于松嫩地块，西北方向以黑河—贺根山缝合带与兴安地块相隔，南部以西拉木伦河—长春—延吉缝合带和华北板块分界，东部以牡丹江缝合带与木斯地块相接。中国东北在古生代主要由额尔古纳—兴安地块、松嫩地块和佳木斯地块三个微陆块组成。有学者认为在志留纪松辽地块和佳木斯地块拼合，泥盆纪晚期至石炭纪早期该结合体与额尔古纳—兴安地块拼合（Wu et al., 2001）。东北地区的三大地块在早石炭纪统一，晚石炭纪地块碰撞抬升（张兴洲 等，2008）。经研究佐证，石炭纪晚期东北地区整体进入稳定陆相沉积（黑龙江省地质矿产局，1993；内蒙古自治区地质矿产局，1991）。二叠纪时，松辽盆地下沉与古亚洲洋结合，转为被动大陆边缘，接受巨量海相沉积。近年的调查研究认为松辽盆地的区域变质并未影响到上古生界地层，印支—燕山期花岗岩广泛发育（图2），由此，松辽盆地属于燕山旋回以来的沉积盆地（张兴洲 等，2008）。

　　松辽盆地中新生代的地质演化过程较为复杂，对于其动力学过程的观点也不尽相同。有学者认为在晚侏罗世，属于裂谷期前，受太平洋板块俯冲的影响，松辽盆地底部形成地幔对流，使岩石圈隆升拉伸，岩石圈减薄，形成裂谷；后期俯冲带撤退，使地下热源机制消失，火山活动减弱，松辽盆地由热异常向热平衡转化。其形成机制表明松辽盆地属于典型的弧后盆地（刘德来 等，1996）。李德生、薛叔浩（1983）把裂谷期分两个阶段，第一阶段受蒙古鄂霍茨克洋俯冲的影响，第二阶段受太平洋板块俯冲的影响，因此认为松辽盆地属于蒙古鄂霍茨克洋和太平洋俯冲的双弧后盆地。也有观点表明松辽盆地属于大陆地壳，其构造特点与北海盆地相似，应为克拉通内复合型盆地（杨继良，1983）。由于白垩纪板块俯冲作用不再明显，而整个东亚地区的火山活动剧烈，范围巨大，Okada（1999）提出松辽盆地的发育主要是受地幔670 km热边界层返回流（羽状岩浆）的影响。而在松辽盆地发展后期的构造运动中，刘德来等（1996）将其相关形成机制解释为后续有块体拼合在亚洲大陆东缘使构造反转。也有学者认为后期的构造反转是受日本海扩张的影响（杨继良，1983）。

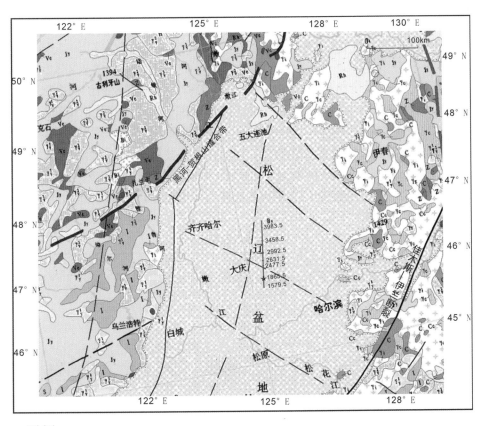

图例

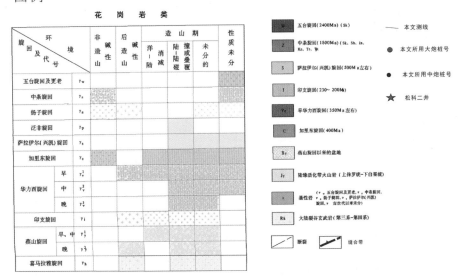

图2 研究区大地构造背景

构造背景图取自任纪舜等主编《中国及邻区大地构造图》，比例尺1:5 000 000，http://www. igeodata. org/handle/20. 500. 11758/96。

2 深地震反射剖面数据采集

本次研究在松辽盆地松科二井（CG2016 – SLDR2）深地震反射剖面中选择 5 个大炮数据和 2 个中炮数据，共 7 炮数据进行数据处理。测线位于松辽盆地中部，测线位置跨过松辽盆地松科二井，近南北展布。本次研究中的剖面起点为 46°8′28″N，125°20′38″E；全长 127.3 km；部分地区采用双线接收。该 7 炮采集参数见表 1，大炮炮间距 25 km，药量 480 kg，单边接收不少于 1000 道，道间距 50 m。中炮炮间距 1000 m，药量 72 kg，其他采集参数同大炮。7 炮空间位置表现为沿着测线炮点号自南向北逐渐增大。其中的 1579.5 炮（大炮）、1865.5 炮（中炮）、2477.5 炮（大炮）的接收系统采用双线接收。

表 1　激发参数和接收参数

参数	大炮	中炮
接收道数	单边接收，不少于 1000 道	800
炮点距/km	25	1
药量/kg	480	72
炸药类型	高爆速硝铵炸药	
道距/m	50	
井深/m	30	
记录长度/s	50	
采样间隔/ms	2	
记录格式	SEG – D	
检波器型号	20 – DX	
组合个数	一串 12 个检波器	
组合方式	矩形面积组合	

3 数据处理流程

与常规石油地震剖面技术有所不同，近垂直地震反射剖面技术所用的激发震源能量强，穿透深度大，原始资料深部反射波组的信噪比较高［图 3（a）］。因此，整个处理过程中无须过多的修饰性处理，就可以获取单次剖面，即可反映地下真实信息。主要的处理流程及参数见表 2。

3.1　高程静校正

测线所在位置地表由低速层覆盖，速度差异不大，整体静校正问题不是很严重，但是由于测线跨度比较长，整条测线有比较明显的高差，因此选用高程静校正［图 3（b）］。通过静校正模块，将检波点和炮点校正到同一基准面上（林伯香 等，2006），实现高程静校正。为了避免校正后收据有所缺失，静校正基准面选择最高海拔 250 m，经过测试替换速度选择 2200 m/s（由中石化石油工程地球物理有限公司华东分公司地震队实测获得）。

表2 处理流程及主要参数

处理流程	CG2016 – SLDR2
预处理	格式转换、时序转道序、加载观测系统
高程静校正	基准面 250 m、替换速度 2200 m/s
时间函数增益	增益指数 0.6
面波衰减	窗口长度 100 ms、中值宽度 61
工业电干扰去除	单频波衰减 50 Hz
随机噪声衰减	窗口长度 100 ms、中值宽度 81
线性干扰压制	具体参数见表 3
几何扩散补偿	几何扩散补偿、均方根线性内插
地表一致性振幅补偿	窗口 100 ms、400 ～ 15 000 ms
动校正	用全线速度文件动校正
自动增益控制	窗口长度 1500 ms

3.2 去噪流程

经过简单的干扰波分析，本文的 5 个大炮数据和 2 个中炮数据在去噪部分主要针对 50 Hz 工业电、面波、随机噪声、线性干扰进行处理。去噪之前通过时间增益函数对数据进行纵向能量补偿，在后续的处理过程中可以观察到 Moho 的情况，确定其位置和连续性，再进行去噪流程。

去噪流程针对面波、工业电干扰、随机干扰、线性干扰依次进行。由于面波能量强，对面波进行异常振幅衰减，将数据排列打乱后变换到频域中，用中值滤波的思想进行压制；单频波衰减工业电干扰；随机干扰采用与面波相似的方法进行压制；本次数据的噪声干扰以线性干扰尤为严重，依据线性干扰有确定的速度，拾取线性干扰的速度参数（表3），通过用该速度参数校正的记录判定道与道之间相关性，对相关性强的部分去除，从而达到对线性干扰的压制。经过去噪流程后，面波、随机噪声、线性干扰都被明显压制 ［图3（c）］，整个过程尽量在保护有效信号的前提下使去噪达到理想效果。

表3 各炮线性干扰速度参数

炮点桩号	线性干扰速度/（m·s⁻¹）
1579.5	2267、4982、2511
1865.5	3720、2518、2162
2477.5	3355、5946、1855
2631.5	3720、2518、1757
2992.5	2296、3733、1860
3458.5	2772、5905、1840
3983.5	2587、5989、1859、2906

3.3　几何扩散补偿和地表一致性振幅补偿

当波离开震源传播时，波前扩散会造成振幅衰减：

$$A_t = \frac{A_0}{4\pi(vt)^2} \tag{1}$$

$$A_0 = A_t \cdot 4\pi(vt)^2 \tag{2}$$

式中：A_0 为初始振幅；A_t 为 t 时刻时的振幅；v 为介质的平均速度；t 为传播时间。几何扩散补偿模块的补偿方式考虑炮间距和速度因素。在实际数据处理的过程中，几何扩散补偿模块在不同的区域根据不同的补偿类型和内插方式使用不同的补偿方式。本次处理在几何扩散补偿模块中选用的是较常用的几何扩散补偿和均方根速度平方内插［图 3 (d)］。

在地震勘探中，由于自然条件限制，不可能保证各炮野外激发条件和接收条件完全相同。如炮点的井深、药量以及检波点的埋置条件等。激发条件和接收条件不相同使得到的地震波能量在记录上表现出差异。进行地表一致性补偿可以均衡道与道之间、炮与炮之间的能量，解决炮点、检波点、偏移距引起的振幅不同对最终剖面的影响。在进行处理的过程中，给定包含大多数有效波的窗口，用统计的思想进行补偿，对给定的时窗计算均方根振幅或平均振幅：

$$p = \left[\frac{1}{N}\sum_{t}^{t+N}a^2(j)\right]^{0.5} \tag{3}$$

式中：t 为时窗起始时间；N 为时窗长度；j 为 t 到 $t+N$ 的样点索引；$a(j)$ 为样点的振幅，再将上述过程计算的振幅分解成与地表因素有关的振幅分量并进行归一化。经过几何扩散补偿和地表一致性补偿后［图 3 (e)］达到了炮与炮之间、道与道之间的能量均衡。

3.4　速度分析及动校正

理论上反射波时距曲线为双曲线，但在数据处理中需将各接收点处的接收时间校正为自激自收时间，将来实现同相叠加。虽然本次数据处理结果为输出单次剖面，但是为了得到地下界面的准确情况，依然需要进行动校正处理［图 3 (f)］。动校正处理的核心是速度的选取，由于本次处理大炮炮间距大、炮数少、速度分析样本少，故本次数据处理参考了整条测线上所有大、中、小炮数据叠加速度文件，因此对于本文所处理的大炮和中炮数据来说，该速度文件在浅层的校正速度以及动校正依然是合适的。

3.5　双线处理

由于观测系统部分地区采用双线接收（R2 为主接收线，R3 为另增的接收线），在大炮 1579.5 炮和 2477.5 炮处，以及中炮 1865.5 炮加入了双线接收（R3 线接收），R3 线道间距与 R2 线相同，均为 50 m，但接收点与 R2 线相错，形成道间距为 25 m 的接收序列，相当于对测线进行加密。图 3 (g)、图 3 (h) 是进行双线接收处理的对比图，

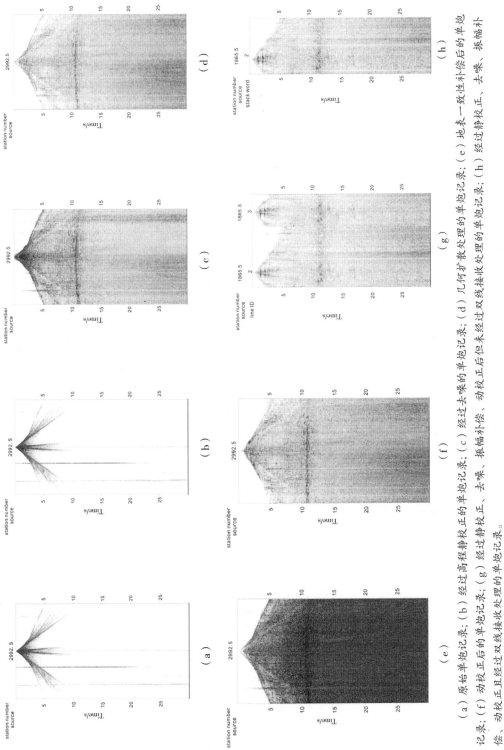

图3　大炮处理流程

（a）原始单炮记录；（b）经过高程静校正的单炮记录；（c）经过去噪的单炮记录；（d）几何扩散处理的单炮记录；（e）地表一致性补偿后的单炮记录；（f）动校正后但未经过双线接收处理的单炮记录；（g）经过静校正、去噪、振幅补偿、动校正且经过双线接收处理的单炮记录；（h）经过静校正、去噪、振幅补偿、动校正、去噪、振幅补偿、动校正且经过双线接收处理的单炮记录。

对于双线接收剖面，为了加入双线接收部分，在处理过程中加入一个网格文件，将 R3 部分囊括到 R2 中。由于整个剖面上反射点的点距实际上一侧为 12.5 m，另一侧为 25 m，成图效果较差，后为了均衡剖面比例以及加强信号采用叠加，将整个剖面反射点的点距处理为 25 m，使 12.5 m 点距的反射点处的数据有所叠加。但这种叠加和一般意义上的叠加不同的是，对于这种叠加来说，每一个点上的互相叠加的数据来自相似的路径，最后形成的剖面只有部分是叠加的。

3.6 数据拼接

近垂直地震反射技术用强能量激发，深部波阻的信噪比较高，本次处理采用单次剖面作为输出结果。在选择数据的过程中通过反射定律和检波点的空间位置计算地下实际的覆盖长度，对不同炮之间叠加的部分只保留一组数据，在选择保留的数据时需进行多次试验，尽量保留质量较高的数据。将数据拼接起来并按照地下反射点与地表实际位置一一对应。为了均衡振幅，保证更好的成图效果，对数据使用大窗口的自动增益控制，最终呈现深地震反射数据的单次剖面（图 4、图 5）。

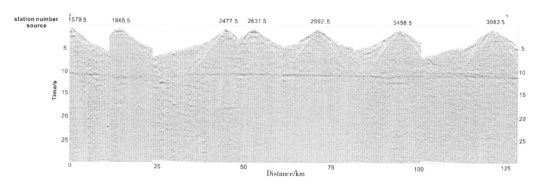

图 4 松科二井近垂直地震反射单次剖面（单线接收）

剖面记录时间 30 s，横向总长 127.3 km，以炮号 1579.5 地理坐标为零点，近南北向展布。剖面纵横比 5∶12。

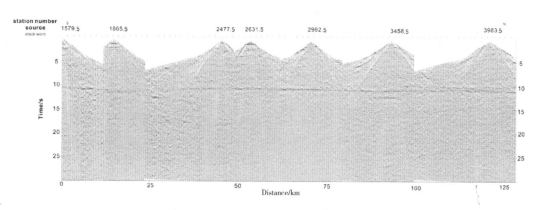

图 5 松科二井近垂直地震反射单次剖面（双线接收）

剖面记录时间 30 s，横向总长 127.3 km，以炮号 1579.5 地理坐标为零点，近南北向展布。剖面纵横比 5∶12。

4 反射特征描述

4.1 Moho 反射

作为壳幔分界面，Moho 标志着地球内部化学组分和物质结构在此处发生变化。从本文得到的剖面结果来看（图6），在剖面大部分区段 11 s 左右出现具有较强且波组连续的强反射同相轴（Moho），在距剖面南段水平距离 30 km 处向北近水平展布。以纵波速度平均 6.00 km/s 推测，该处的 Moho 深度在 33 km 附近。

4.2 地幔顶部反射

本文的结果剖面（图6）在横向 0 ～ 100 km 的区段，纵向 10 ～ 25 s 的深度，出现明显地幔强反射。由剖面南端的 Moho 附近向北向下倾斜，断续延伸到剖面北段横向 80 km 处，纵向深度至少可达 75 km。剖面右端出现受左侧俯冲岩石圈地幔拖带的弯曲地幔反射。

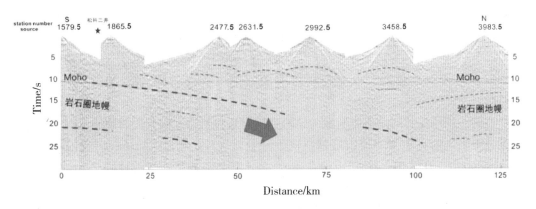

图6 松科二井近垂直地震反射单次剖面解释素描

5 讨　论

对松辽盆地基底的研究一直存有争议，其基底性质被广泛讨论。一种观点认为松嫩地块作为东北地区的构造单元之一属于前寒武纪大陆基底（张兴洲 等，2015）。也有学者认为佳木斯等地块与俄罗斯一部分地块同属于同一个古老的构造单元（Khanchuk，2001）。在盆地东部的小兴安岭和张广才岭地区的东风山群年龄属新元古代，数据指示松嫩地块东部存在与格林维尔期有关的新元古代变质基底（权京玉 等，2013）；同时，王颖等（2006）对松辽盆地东南缘隆起带处（公主岭市）的四5井岩心数据进行分析，确定变质闪长岩侵入时期为古元古代。裴福萍等（2006）以盆地东南隆起区的岩石数据判断松辽盆地南部存在古元古代基底；在松辽盆地徐家围子断陷的岩心数据的锆石定年测定显示该处的火成岩年龄为古元古代和中元古代（章凤奇 等，2008）。有学者在四平市东北方向 8 km 的团山子基性岩脉中发现元古代岩石（贾维馨 等，2016）；宋卫卫等（2012）在松辽地块西南部得到中元古代年龄锆石。这些资料暗示松嫩地块可能存在前寒武纪基底。而吴福元等（2000）认为松辽盆地基底的部分区域已经受到弱变质作用以及一定程度的造陆作用，通过 Sr – Nd 同位素测定证实松辽盆地下并不是前寒武纪基底，而是显生宙造山带的一部分（Wu at al., 2001）。并且对松辽盆地内的岩心数据进行锆石 U – Pb 同位素定年，数据表明大庆长垣西侧（泰来县）的花岗岩在晚古生代形成；在大庆长垣东侧（肇源县），之前被认定作为前寒武纪基底证据的片麻岩于晚中生代形成，且基本不含锆石残留，认为在松辽盆地下不具备大规模的前寒武纪结晶基底。

本文的结果剖面显示出在松辽盆地中部部分区域的 Moho 和岩石圈地幔的构造特征。Moho 表现为整体平坦的地震强反射，岩石圈地幔反射较为复杂。根据美国 COCORP 团队的研究认为，常见的地幔顶部（岩石圈地幔，或地幔盖层部分）反射主要分以下几类：

（1）反射剖面得到的地幔反射源于下地壳并进入地幔一段距离的倾斜反射，常在板块缝合处见到，最有可能与俯冲过程有关。

（2）千米尺度的广泛不连续反射，可能与上地幔的剪切作用有关。

（3）几十千米连续的次水平反射，可能与上地幔的局部剪切和岩浆侵入有关。

（4）地幔深度反射，可能与岩石圈的底部有关（符伟 等，2019；Steer et al., 1998）。

显然，松科二井剖面南侧北倾的地幔强反射是与俯冲过程有关的地幔反射，与在四川盆地下发现的古老俯冲构造反射特征十分类似（Gao et al., 2016a）。在松辽盆地东缘，SinoProbe – 02 – 01 课题组也曾在 23 ～ 25 s 位置发现了西倾的地幔反射，解释为古老佳木斯地块向松嫩地块之下俯冲的遗迹（张兴洲 等，2015）。瑞典和芬兰北部的地震剖面南部出现东北倾向，深至 70 km 的地幔反射，被解释为南部岛弧或大陆地体与斯凯尔夫特弧碰撞俯冲带中的元古代地壳残余（BABEL Working Group, 1990）。加拿大苏必利尔省的奥帕蒂卡带下方向北—西北方向倾斜延伸 65 km 的倾斜地震反射也被解释为与古老俯冲作用的残余有关（Cavert et al., 1995）。

本文在前面介绍研究区构造背景时，曾提及近年来在松辽盆地南部发现古元古代—太古代岩石（王颖 等，2006），但松辽盆地北部岩心年龄标定结果认为并不存在广泛分布的前寒武纪基底（Wu et al., 2001；吴福元 等，2000），暗示松嫩地块南部可能是一个古老块体而北部则属于一个造山带。本文发现的地幔反射正好可以为此提供深部证据，即一个古老块体曾向北俯冲，在地幔残留下俯冲遗迹（国际上也称为地震化石）。根据板块构造理论，板块俯冲伴随着俯冲前缘岛弧（造山带）形成，本文在单次剖面上识别出下地壳的多个弧状反射体，位于地幔俯冲反射前缘，推测是松嫩地块北部古老造山带的残留反映，而近于平坦的 Moho 说明松辽盆地后期在中 – 新生代受到了地壳伸展作用的影响。

◆ 6 结 论

（1）近垂直地震反射剖面大炮近炮点数据属于自激自收的近垂直反射探测，由于激发能量强，单炮就可以得到下地壳、Moho，甚至是岩石圈地幔的反射。数据处理过程中，力求得到地下深部更真实的情况，采用较为简单的数据处理手段，强调数据的信噪比，保护低频信号，避免修饰性处理。因此本文的单次剖面信息是可靠的。

（2）本文处理得到整条测线的大炮近垂直反射单次剖面，清晰地揭示了下地壳、Moho 结构，特别是发现了较为连续北倾的岩石圈地幔反射，为研究松辽盆地基地构造属性提供了深部证据。发现在松辽盆地南部一个古老块体曾向北俯冲，在地幔残留下俯冲遗迹。本文单次剖面上识别出下地壳的多个弧状反射体，推测是古老块体俯冲前缘松嫩地块北部造山带的残留反映，近于平坦的 Moho 说明松辽盆地后期中 – 新生代地壳受到了伸展作用的影响。

（3）本文的发现说明松辽盆地处在板块汇聚带附近。全球大型油气田不少都是分布在大陆边缘，如波斯湾油气区由阿拉伯地台和札格罗斯褶皱带组成，曾经经历过陆相和海相沉积，由被动大陆边缘转化为主动大陆边缘，札格罗斯次盆地受阿拉伯—非洲板块向东北俯冲而造成裂谷褶皱的影响，形成巨大的第三系油气藏（白国平，2007）。松辽盆地的演化机制与波斯湾盆地的演化有相似之处，我们的发现和解释为松辽盆地油气深层勘探提供了新的科学信息。

◆ 致 谢

本研究得到国家自然科学基金项目（41430213、41590863）、中国地质调查局二级项目（DD20160207、DD20190010）和珠江人才计划项目（2017ZT07Z066）的联合资助，在此表示感谢。

◆ 参 考 文 献

BABEL Working Group，1990. Evidence for early Proterozoic plate tectonics from seismic reflection profiles in the Baltic shield. Nature，348（6296）：34 – 38.

Calvert A J，Sawyer E W，Davis W J，et al.，1995. Archaean subduction inferred from seismic images of a mantle suture in the Superior Province. Nature，375（6533）：670 – 674.

Fuchs K，Kozlovsky Y A，Krivtsov A I，et al.，1990. Super-Deep Continental Drilling and Deep Geophysical Sounding. Berlin，Heidelbery：Springer – Verlag.

Gao R，Chen C，Lu Z W，et al.，2013. New constraints on crustal structure an d Moho topography in Central Tibet revealed by SinoProbe deep seismic reflection profiling. Tectonophysics，606（23）：160 – 170.

Gao R，Chen C，Wang H Y，et al.，2016a. SinoProbe deep reflection profile reveals a neo-Proterozoic subduction zone be neath Sichuan basin. Earth & Planetary Science Letters，454（18）：86 – 91.

Gao R, Lu Z W, Simon L K, et al., 2016b. Crust-scale duplexing beneath the Yarlung Zangbo suture in the western Himalaya. Nature Geoscience, 9 (7): 1 – 7.

Guo X Y, Li W H, Gao R, et al., 2017. Nonuniform subduction of the Indian crust beneath the Himalayas. Scientific reports, 7 (1): 1 – 8.

Khanchuk A I, 2001. Pre-Neogene tectonics of the Sea-of-Japan region: A view from the Russian side (< Special issue > Geotectonic framework of eastern Asia before the opening of the Japan Sea-Part 2-). Earth Science (Chikyu Kagaku), 55 (5): 275 – 291.

Li H, Gao R, Xiong X S, et al., 2017. Moho fabrics of North Qinling Belt, Weihe Graben and Ordos Block in China constrained from large dynamite shots. Geophys. J. Int., 209: 643 – 653.

Okada H, 1999. Plume-related sedimentary basins in East Asia during the Cretaceous. Palaeogeography, Palaeoclimatology, Palaeoecology, 150 (1 – 2): 1 – 11.

Steer D N, Knapp J H, Brown L D, 1998. Super-deep reflection profiling: exploring the continental mantle lid. Tectonophysics, 286 (1 – 4): 111 – 121.

Stern T A, Henrys S A, Okaya D, et al., 2015. A seismic reflection image for the base of a tectonic plate. Nature, 518 (7537): 85 – 88.

Wu F Y, Sun D Y, Li H M, et al., 2001. The nature of basement beneath the Songliao Basin in NE China: geochemical and isotopic constraints. Physics and Chemistry of the Earth, Part A: Solid Earth and Geodesy, 26 (9 – 10): 793 – 803.

符伟, 侯贺晟, 高锐, 等, 2019. "松科二井"邻域岩石圈精细结构特征及动力学环境: 深地震反射剖面的揭示. 地球物理学报, 62 (4): 1349 – 1361.

傅维洲, 杨宝俊, 刘财, 等, 1998. 中国满洲里—绥芬河地学断面地震学研究. 长春科技大学学报 (2): 87 – 93.

高福红, 王枫, 许文良, 等, 2013. 小兴安岭"古元古代"东风山群的形成时代及其构造意义: 锆石 U – Pb 年代学证据. 吉林大学学报 (地球科学版), 43 (2): 440 – 456.

黑龙江省地质矿产局, 1993. 黑龙江省区域地质志. 北京: 地质出版社.

贾维馨, 姜琦刚, 王冬艳, 等, 2016. 松辽盆地南缘基性岩脉中捕获锆石 U – Pb 年龄及其对基底岩浆事件的制约. 岩石学报, 32 (9): 2881 – 2888.

李德生, 薛叔浩, 1983. 中国东部中、新生代盆地与油气分布. 地质学报 (3): 224 – 234.

李洪强, 高锐, 王海燕, 等, 2013. 用近垂直方法提取莫霍面: 以六盘山深地震反射剖面为例. 地球物理学报, 56 (11): 3811 – 3818.

李洪强, 高锐, 王海燕, 等, 2014. 用深反射大炮对大巴山—秦岭结合部位的地壳下部和上地幔成像. 地球物理学进展, 29 (1): 102 – 109.

林伯香, 孙晶梅, 徐颖, 等, 2006. 几种常用静校正方法的讨论. 石油物探 (4): 367 – 372, 5.

刘德来, 陈发景, 关德范, 等, 1996. 松辽盆地形成、发展与岩石圈动力学. 地质科学 (4): 397 – 408.

刘国兴, 张志厚, 韩江涛, 等, 2006. 兴蒙、吉黑地区岩石圈电性结构特征. 中国地质 (4): 824 – 831.

内蒙古自治区地质矿产局, 1991. 内蒙古自治区区域地质志. 北京: 地质出版社.

裴福萍, 许文良, 杨德彬, 等, 2006. 松辽盆地基底变质岩中锆石 U – Pb 年代学及其地质意义. 科学通报 (24): 2881 – 2887.

权京玉, 迟效国, 张蕊, 等, 2013. 松嫩地块东部新元古代东风山群碎屑锆石 LA – ICP – MS U – Pb 年龄及其地质意义. 地质通报, 32（Z1）：353 – 364.

宋卫卫, 周建波, 郭晓丹, 等, 2012. 松辽地块大地构造属性：古生界碎屑锆石年代学的制约. 世界地质, 31（3）：522 – 535.

王颖, 张福勤, 张大伟, 等, 2006. 松辽盆地南部变闪长岩 SHRIMP 锆石 U – Pb 年龄及其地质意义. 科学通报（15）：1811 – 1816.

吴福元, 孙德有, 李惠民, 等, 2000. 松辽盆地基底岩石的锆石 U – Pb 年龄. 科学通报（6）：656 – 660.

杨宝俊, 穆石敏, 金旭, 等, 1996. 中国满洲里—绥芬河地学断面地球物理综合研究. 地球物理学报（6）：772 – 782.

杨宝俊, 唐建人, 李勤学, 等, 2001. 松辽盆地深部反射地震探查. 地球物理学进展（4）：11 – 17.

杨继良, 1983. 中国松辽盆地的构造发育特征与油气聚集. 长春地质学院学报（3）：9 – 20.

杨文采, 张春贺, 朱光明, 2002. 标定大陆科学钻探孔区地震反射体. 地球物理学报, 45（3）：370 – 384.

张兴洲, 曾振, 高锐, 等, 2015. 佳木斯地块与松嫩地块俯冲碰撞的深反射地震剖面证据. 地球物理学报, 58（12）：4415 – 4424.

张兴洲, 郭冶, 曾振, 等, 2015. 东北地区中 – 新生代盆地群形成演化的动力学背景. 地学前缘, 22（3）：88 – 98.

张兴洲, 周建波, 迟效国, 等, 2008. 东北地区晚古生代构造 – 沉积特征与油气资源. 吉林大学学报（地球科学版）（5）：719 – 725.

邹长春, 张小环, 赵金环, 等, 2018. 松辽盆地科学钻探工程松科二井东孔上白垩统地球物理测井科学成果. 地球学报, 39（6）：679 – 690.

研究方法的探索

壳内解耦对大陆岩石圈碰撞变形的影响作用

廖杰[1,2,3]，庞风平[1]，李伦[1,2,3]，高锐[1,2,3]

✕◆ 0 引　言

大陆地壳存在流变强度的分层和解耦。全球大陆地壳的平均厚度约为 41 km（Christensen & Mooney，1995；Hacker et al.，2015），年龄约为 1.8 ～ 2.0 Ga（Hawkesworth et al.，2017）。在经历了漫长和复杂的地质构造演化后，大陆地壳的成分变得十分复杂，与洋壳相比，表现出高度多样化的岩性（Rudnick & Fountain，1995；Hawkesworth & Kemp，2006；Rudnick & Gao，2014）。根据地震波速的深度变化，可推测大陆地壳存在岩性分层（Christensen & Mooney，1995；Rudnick & Gao，2014），但是对于地壳划分成两层（即上、下地壳）还是三层（即上、中、下地壳）依然存在较大的争议（Hacker et al.，2015）。考虑到中地壳的岩性和主量元素与上地壳十分接近（Rudnick & Gao，2014），把中地壳归入到上地壳中，只考虑上、下地壳两层依然是合理的划分。同大陆地壳的岩性分层相似，大陆地壳的流变结构也存在分层，因为岩石的流变学性质强烈受控于岩性、温度、压力和应变速率（Kohlstedt et al.，1995；Ranalli，1995；Hirth & Kohlstedt，2003）。从板块构造运动的时间尺度来看（即不考虑弹性），大陆地壳的流变强度表现为塑性（也称为脆性）和黏性（也称为韧性）的竞争（图1；Kohlstedt et al.，1995；Burov，2007；Burgmann & Desen，2008）。上、下地壳的流变强度常常表现为线性增加的塑性强度向指数降低的黏性强度转变。因此，在上、下地壳的过渡区域，地壳的力学/流变强度可能会发生跳跃变化，产生壳内解耦 [图1（b）]。

大量的地球物理观测表明大陆地壳存在着壳内解耦。在一些大陆汇聚区域，如喜马拉雅—青藏高原地区，地震波速度结构的研究表明其地壳中部（约20 ～ 40 km 深度）

1 中山大学地球科学与工程学院，广州，510275；2 广东省地球动力作用与地质灾害重点实验室，广州，510275；3 南方海洋科学与工程广东省实验室（珠海），珠海，519000。

基金项目：国家自然科学基金项目（41974104，91855208）、NSFC - 广东联合基金（U1901214）、和广东省"珠江人才计划"引进创新创业团队（2017ZT07Z066）联合资助。

广泛存在着低速异常体（Yao et al.，2008；Yang et al.，2012；Xie et al.，2013；Li et al.，2013，2016；Liu et al.，2014；Ye et al.，2017）。低速异常体存在较低的剪切波（S 波）绝对速度值和较高的泊松比值［图 1（c）；Wang et al.，2010；Kong et al.，2016；Ye et al.，2017］。S 波的速度值主要受控于温度和物质成分（如 Christensen et al.，1996；Kern et al.，2001），低速则可能说明地壳中部温度升高（可能为放射性元素生热所致），或含有一定量的部分熔融/流体。另外，地震的各向异性结果显示青藏高原的地壳中部具有较强的正值径向各向异性（水平分量速度大于垂直分量速度；Shapiro et al.，2004；Huang et al.，2010；Xie et al.，2013；Li et al.，2016），这可能是由地壳矿物（如云母）晶格的优势排列所导致的，表明了地壳中部存在着运动变形（Shapiro et al.，2004；Hacker et al.，2014）。大地电磁数据表明喜马拉雅—青藏高原地区的地壳中部存在着高电导率特征（Wei et al.，2001；Unsworth et al.，2005；Bai et al.，2010）。高分辨率的主动源深反射地震剖面在上地壳和下地壳的上部都观测到了强地震反射特征，揭示了上、下地壳的塑性变形；而在上地壳和下地壳的界面处可能出现滑脱面，说明存在一定程度的壳内解耦（Wang et al.，2011；黄兴富 等，2018）。此外，从发生在大陆地壳中的地震事件看（如阿尔卑斯造山带北侧的欧洲板块），上地壳底部的黏性区域，地震数目明显减少（Singer et al.，2014）。这些地球物理特征表明了大陆汇聚区域的地壳中部岩石流变强度较弱，易于变形，反映了大陆地壳的壳内解耦。

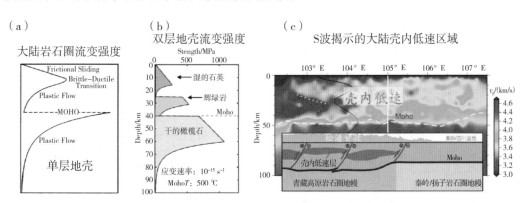

（a）经典的大陆岩石圈流变强度包络线（Kohlstedt et al.，1995），单层地壳，没有考虑岩性分层；（b）在给定地温和应变速率下的双层地壳的流变强度曲线（流变参数来自 Ranalli，1995）；（c）青藏高原东北缘的 S 波速度结构（Ye et al.，2017；叶卓 等，2018），S 波绝对值揭示地壳中部的低速区域，可能指示地壳的显著增温或流体的进入。

图 1　大陆岩石圈的流变分层和可能的壳内解耦

大陆地壳的壳内解耦会影响地壳和岩石圈地幔变形。横过雅鲁藏布江缝合带的主动源深反射地震剖面显示，印度大陆地壳的缩短变形会受到壳内解耦的影响（Gao et al.，2016；Guo et al.，2017）。印度大陆的下地壳与岩石圈地幔耦合在一起，向亚洲大陆之下俯冲；印度大陆的上地壳与下地壳解耦，以双重逆冲构造的形式在浅部缩短、增厚［图 2（a）］。在喜马拉雅造山带西北构造结的帕米尔碰撞区域，亚洲大陆的下地壳与岩石圈地幔耦合在一起，向印度板块之下俯冲；亚洲大陆的上地壳与下地壳解耦，在浅部缩短、增厚［图2（b）；Schneider et al., 2013］。此外，上、下地壳的解耦变形，也出现在阿尔卑斯造山带的地质记录中（Schmid et al., 2017；Rosenberg & Kissling, 2013）。阿尔卑斯造山带南、北两侧的阿德里亚和欧洲板块，都显示了一定程度的壳内解耦，并且上地壳与下地壳之间存在一定程度的滑脱变形［图2（c）、图3（b）］。

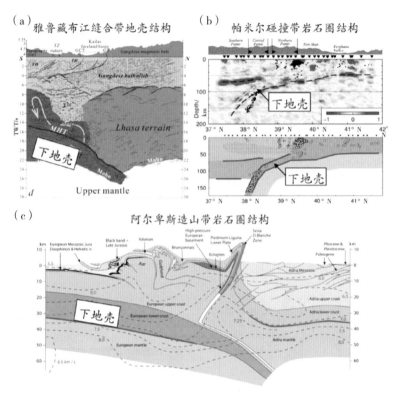

（a）—（c）依次为雅鲁藏布江缝合带（Guo et al., 2017）、帕米尔碰撞带（Schneider et al., 2013）和阿尔卑斯造山带（Schmid et al., 2017）的岩石圈结构。

图2　地质/地球物理观测展示的壳内解耦变形

对于大陆地壳的壳内解耦的动力学过程，我们依然缺少系统、定量的研究。比如，壳内解耦需要什么样的动力学条件，壳内解耦对大陆碰撞过程中的地壳缩短变形有什么样的定量影响作用。围绕地壳缩短量的分配、地壳的深俯冲和地壳流动三个方面，借助前沿的、热－力学耦合的地球动力学数值模拟，我们系统地探讨壳内解耦的动力学过程，定量地分析具体物理参数的影响作用。结合地质和地球物理观测，我们进一步对比、分析模拟结果，讨论壳内解耦的普遍性。

◆ 1　热－力学耦合的地球动力学数值模拟

本文使用了热－力学耦合的地球动力学数值模拟计算程序 I2VIS 和 I3ELVIS（Gerya & Yuen, 2003；Gerya, 2013）。热－力学耦合的动力学数值模拟，通过使用各种数值离散方法，在网格节点上求解三大守恒/控制方程，即质量守恒方程、动量守恒方程和能量守恒方程：

$$\frac{\partial v_i}{\partial x_i} = 0 \tag{1}$$

$$\frac{\partial \sigma'_{ij}}{\partial x_j} - \frac{\partial P}{\partial x_i} = -\rho g_i \tag{2}$$

$$\rho C \frac{DT}{Dt} = \frac{\partial}{\partial x_i}\left(k\,\frac{\partial T}{\partial x_i}\right) + H_r + H_s + H_a + H_L \tag{3}$$

其中，∂ 为偏微分符号，v_i 为速度，x_i 为空间坐标，i、j 指示空间方向（三维模型中 $i = x$, y, z; $j = x$, y, z），σ' 为偏应力，P 为压力，ρ 为密度，g 为重力加速度，C 为热容，T 为温度，t 为时间，k 为热导率，H 为系统内部热源。

质量守恒方程也称为连续方程，在不可压缩的介质条件下（即每个介质点上的密度都不随时间发生变化），速度的散度为零。动量守恒方程也称为斯托克斯方程，是在纳维尔－斯托克斯方程（Navier-Stokes equation，描述黏性不可压缩流体动量守恒的运动方程）的基础上，通过忽略惯性项简化而来。斯托克斯方程中的偏应力是有效黏滞系数和应变速率的函数，而应变速率是速度的函数。因此，斯托克斯方程本身是求解速度场。能量守恒方程也称为温度方程，求解连续介质中由于物质对流、传导和介质内部生热而带来的温度变化。

温度方程主要包含对流项（即温度随时间的拉格朗日变化）、传导项和内部生热源。内部生热源主要包括放射性元素（如铀、铅和钾元素）的放射生热；在黏－塑性变形过程中由于机械能的消耗而转换成热能的剪切生热（它是偏应力和应变速率的函数）；在绝热条件下由于压力的变化而产生或消耗的热能和由于相变而产生的潜热，比如由于温度和压力条件变化，在固体发生部分熔融的过程或熔体固结的过程中，所吸收和产生的热量。对于潜热的计算，往往是通过改变部分熔融/重结晶岩石的有效热容和热扩散系数来实现（Burg & Gerya, 2005）。

在热－力学耦合的动力学数值模型中，岩石的变形受控于岩石流变学性质，主要包括黏、弹、塑性。对于大尺度的岩石变形，如岩石圈变形，往往只考虑岩石的黏－塑性流变性质。岩石的黏性变形受控于应变速率、温度和压力，这种变形往往是非线形的（即非牛顿流体变形）。岩石的黏性变形往往以扩散蠕变和位错蠕变为主。在低温、高应力、大的晶体颗粒条件下（往往对应于岩石圈），位错蠕变起主导作用；在高温、低应力、小的晶体颗粒条件下（往往对应于地幔深部状态），扩散蠕变起主导作用。当岩石的偏应力达到岩石的屈服强度时，岩石变形机制从黏性转变为塑性，这种转变通常使用德鲁克－普拉格（Drucker-Prager）屈服准则来判断。屈服强度是压力的函数，随压力的增加而增大。

✕◆ 2 壳内解耦的动力学数值模拟

2.1 壳内解耦对地壳缩短变形的影响

在阿尔卑斯造山带，观测到一个有意思的现象：地壳缩短变形在俯冲板块和上覆板块的分配程度不同（图3）。在西阿尔卑斯造山带，地壳缩短变形主要集中在俯冲板块上；在东侧，地壳缩短逐渐转移到了上覆板块［图3（b）］。我们应用二维动力学数值模型［图3（c）］，系统地探讨了大陆板块挤压碰撞过程中，壳内解耦对地壳缩短变形的影响作用。详细的模型设置（如模型的速度和温度边界条件、岩石物理性质、流变参数等）见 Liao 和 Gerya（2017）。动力学数值模拟揭示，壳内解耦是影响地壳缩短变形的一个重要影响因素（图4）。

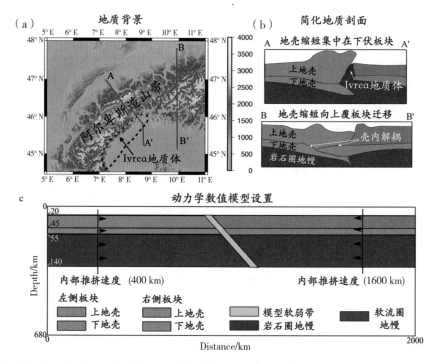

（a）（b）阿尔卑斯造山带的简化地质背景和地质剖面（修改于 Rosenberg & Kissling, 2013）；
（c）二维动力学数值模型，详细的地质背景和模型设置见 Liao & Gerya（2017）。

图3 地壳缩短变形的分配和二维动力学模型

在初始模型设置中，Moho 温度在很大程度上控制了上、下地壳的耦合程度（图4）。增加 Moho 温度，上、下地壳的解耦程度增加［图4（a）］。模拟结果显示，当 Moho 温度较低时［300～400 ℃，图4（b）］，上、下地壳耦合强烈，地壳缩短变形主要集中在下板块。当 Moho 温度较高时（500 ℃以及更高），壳内解耦显著，导致地壳的缩短变形逐渐向上覆板块转移［图4（b）］。增加初始 Moho 温度，还可以看到壳幔之间的耦合程度降低，因为地壳的温度升高，地壳流变强度普遍降低［图4（b）］。单从温度结构来看，影响壳内解耦的临界 Moho 温度是 500 ℃［图4（b）（c）］。大陆岩石圈的 Moho 温度处在什么样的变化范围？是否促进壳内解耦？我们在最后的讨论部分进行了描述。此外，地壳缩短变形还受控于地壳的塑性强度、汇聚速率等（详见 Liao & Gerya，2017）。

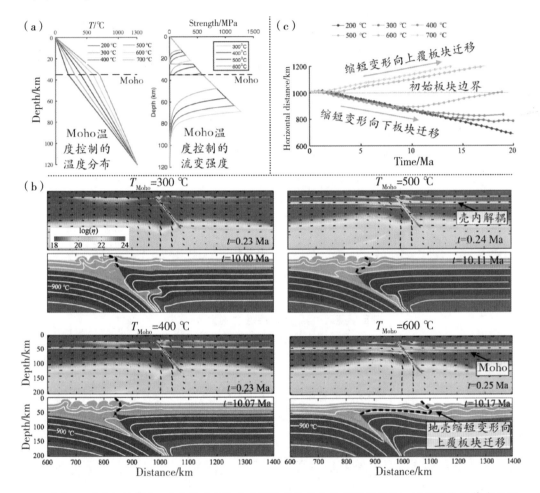

（a）不同的初始 Moho 温度所对应的岩石圈温度结构和流变强度结构，流变强度计算中使用的应变速率是 $10^{-15} s^{-1}$；（b）二维动力学模拟结果，上、下图分别为黏度场和岩性场；（c）上地壳的缩短变形在上、下板块的分配，详细的模型设置和模拟结果见 Liao 和 Gerya（2017）。

图4 初始 Moho 温度对壳内解耦的影响

2.2 壳内解耦对大陆岩石圈俯冲的影响

越来越多的地质/地球物理证据表明，大陆岩石圈可以发生深俯冲，如在造山带发现的超高压环境下形成的柯石英（Chopin，1984）以及中深源地震（地震深度在 50～300 km 之间；Kufner et al.，2016）。帕米尔—兴都库什构造区域形成了独特的、极性相向的大陆深俯冲［图5（a）］，并且大陆板块的碰撞、俯冲可能受到壳内解耦的影响。
我们应用三维动力学数值模型［图5（b）］，系统地探讨了壳内解耦对大陆板块碰撞和
俯冲的影响作用。该研究中使用的三维模型设置和参数（如模型的速度和温度边界条
件，岩石物理性质，流变参数等）详见 Liao 等（2017）。

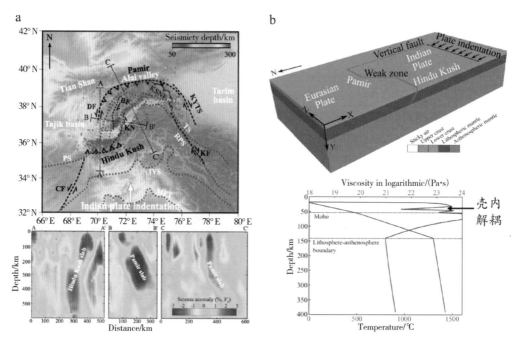

（a）帕米尔—兴都库什造山系统的地质/地球物理背景，下方彩图为地震层析结果；（b）
三维动力学数值模型，模型的背景黏度场表明了壳内解耦，详细的地质背景和模型设置介绍见
Liao 等（2017）。

图5　帕米尔—兴都库什大陆深俯冲的观测和动力学模型

模拟结果显示，在壳内解耦的情况下，上、下地壳的变形样式显著不同（图6）。
上地壳发生强烈的缩短增厚，在碰撞前缘增厚最为显著，并逐渐向上覆板块迁移。下地
壳挤压变形微弱，其与上地壳解耦，与岩石圈地幔耦合在一起，向深部地幔俯冲［图6
（a）］。模型结果展示的上地壳挤压缩短增厚和下地壳与岩石圈地幔共同俯冲的现象，
与上文描述的帕米尔造山带的地球物理观测结果一致［图2（b）］。此外，增厚的上地
壳底部，由于温度升高（如放射性元素生热以及深部热传导作用），岩石强度降低［图
6（b）］。在挤压作用下，上地壳底部的岩石物质发生横向流动，形成地壳流［图6
（c）］。但与我们所熟知的下地壳流不同，模型结果展示的地壳流动来自上地壳物质，
即形成了上地壳流。大陆岩石圈挤压增厚过程中，上、下地壳哪一部分会变得更弱、更
容易发生流动？在下一节中（2.3节），我们应用动力学数值模拟计算，对该问题进行
系统讨论。

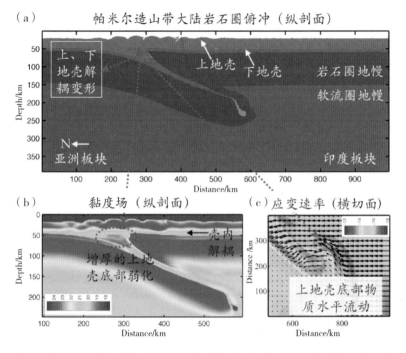

（a）模型的岩性场展示壳内解耦对大陆俯冲的影响，上地壳发生显著的缩短和增厚，下地壳与岩石圈地幔耦合，发生深俯冲；（b）黏度场（黏度值取对数）展示增厚的上地壳底部变弱；（c）上地壳底部物质产生水平流动，横切面深度 50 km，详细的模拟结果见 Liao 等（2017）。

图6 模型展示的大陆板块深俯冲

2.3 壳内解耦和上地壳流动

早在 20 世纪 90 年代，地壳流的概念就已经提出（Royden et al., 1997；Royden et al., 2008），该观点认为在大陆碰撞过程中，下地壳温度升高，岩石流变强度降低，发生韧性的蠕变流动（也称为下地壳流）。人们用下地壳流解释了青藏高原东部、四川盆地南北两侧的平缓地形变化（Clark & Royden，2000）；下地壳流结合强烈的地表剥蚀解释了藏南高变质岩石的出露（Beaumont et al.，2001）。但是，越来越多的地球物理观测结果显示（包括 S 波的相对和绝对速度），地壳内部的低速区域更多的是出现在地壳中部，而非地壳底部（图1；Yao et al.，2008；Liu et al.，2014；Ye et al.，2017）。这意味着地壳中部的低速区域可能代表着弱化的上地壳底部。根据岩石的流变实验得到的流变结构，揭示了上、下地壳的浅部是塑性变形，底部是韧性蠕变变形（图1）。此外，上地壳的放射性生热率比下地壳高一个数量级（Turcotte & Schubert，2002），在地壳增厚过程中，上地壳尤其是上地壳底部增温更快，流变强度降低更快，更容易发生韧性蠕变流动。另外，2.2 节的动力学模拟结果也显示，增厚的上地壳底部会发生侧向流动［图6（c）］。因此，我们认为很多增厚的大陆地壳，尤其是地球物理观测数据显示低速的区域，很可能是上地壳底部岩石物质产生的地壳流动。为了检验这种想法，我们主要应用一维动力学模型，系统地计算大陆地壳增厚过程中，地壳的增温和流变强度的变化（图

7—图9）。最后，进一步应用二维动力学模型，对一维模型计算结果进行对比检验（图10、图11）。

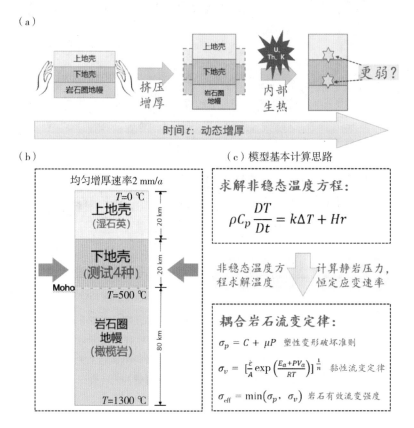

（a）一维模型计算的示意图，大陆岩石圈随时间均匀挤压增厚，并计算地壳流变强度的变化；
（b）一维模型的初始设置，下地壳的岩性和流变性质是主要测试参数，此外，对增厚速率、地壳厚度、Moho 温度都进行了系统测试；（c）求解非稳态温度方程，并与流变定律耦合。

图7　一维模型计算地壳增厚的温度和流变强度变化

一维模型考虑的是比较理想的模型条件，计算大陆岩石圈在均匀挤压增厚过程中温度场的变化，然后与岩石的流变定律耦合，计算岩石强度（图7）。模型应用有限差分的数值方法求解非稳态的温度方程，生热源仅考虑放射性生热（生热率来自 Turcotte & Schubert，2002）。一维模型计算中不考虑岩石变形（假设均匀增厚，即恒定应变速率）；而与变形相关的机械能转换为热能的过程（即剪切生热），在二维模型中进行了考虑。在一维模型中，地壳只分为上、下地壳两层；考虑到中地壳的岩性和主量元素，尤其是放射性元素钾的含量与上地壳十分接近（Rudnick & Gao，2014），我们把中地壳归入到上地壳中。

我们对可能影响地壳强度的模型参数进行了系统测试（包括下地壳岩性，上、下地壳厚度，增厚速率和 Moho 温度）。下地壳的岩性是影响下地壳流变强度的一个重要参数。与上地壳岩性成分相对单一不同，下地壳岩性变化较大，从偏长英质矿物/岩石向偏镁铁质矿物/岩石转变。在目前的地球动力学模拟中，人们经常使用湿石英的流变性质来表征上地壳，使用不同的岩石流变学参数（如斜长石、麻粒岩等）来表征下地壳的流变性质（Ranalli，1995；Duretz et al.，2011）。我们按照流变强度从弱到强的顺序，系统地测试了下地壳为长英质麻粒岩、斜长石、辉绿岩和镁铁质麻粒岩 4 种不同岩性时，其流变强度随时间的变化（图 8、图 9）。

在所有模型的计算中，模型厚度增加到初始状态的两倍，即岩石圈厚度从 120 km 增厚到 240 km，地壳厚度从 40 km 增加到 80 km（在 2 mm/a 的增厚速率下计算了 60 Ma）。模型的增厚时间和增厚程度与青藏高原的挤压增厚相当。当下地壳使用长英质麻粒岩时，模型计算结果如图 8 所示。在模型均匀增厚过程中，上、下地壳的温度缓慢升高。在上、下地壳的底部，各取了一个点，观测到温度随时间近似线性增加，并且上地壳底部的温度升高更快，在 60 Ma 时比下地壳底部高出 100 ℃［图 8（a）（b）］。地壳的流变强度同样发生显著变化：初始时刻，上地壳底部的流变强度大于下地壳底部；但是伴随地壳的增厚和升温，上地壳底部的流变强度急剧降低，低于下地壳底部［图 8（c）］。在该模型中，上、下地壳底部强度的转换出现在 2.5 Ma 左右［图 8（d）］。

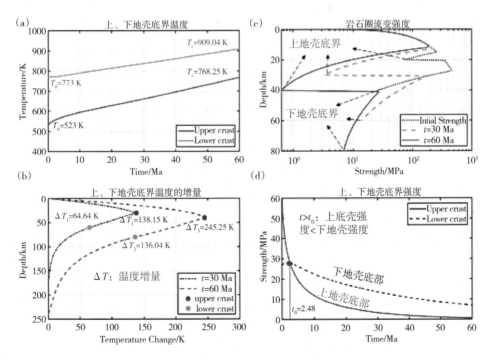

（a）上、下地壳底部的温度变化；（b）不同时刻的温度增量随深度的变化，彩色圆点标记出了上、下地壳底部的温度增量；（c）地壳强度随深度的变化；（d）上、下地壳底部的流变强度随时间的变化，t_0 标记了上、下地壳底部强度的转换。

图 8 模型 1 的计算结果（下地壳为长英质麻粒岩）

按照流变强度从弱到强的顺序，我们进一步测试了下地壳岩性为长英质麻粒岩、斜长石、辉绿岩和镁铁质麻粒岩时，其流变强度随着时间的变化（图9）。计算结果表明，随着下地壳流变强度的增加，下地壳底部的流变强度始终要大于上地壳底部。这说明在地壳增厚过程中，上地壳底部变得更弱，更容易发生韧性的蠕变流动。此外，我们测试了上、下地壳的厚度，增厚速率和初始温度场分布对计算结果的影响。计算结果表明这些参数会产生一定的影响作用，但与图8和图9所展示的强度变化趋势一致。

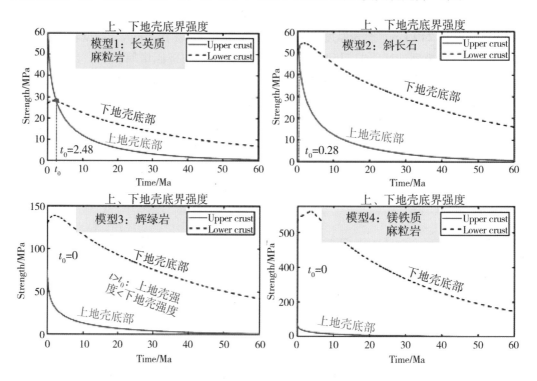

图9　下地壳采用不同岩性的对比结果
下地壳岩性依次采用长英质麻粒岩、斜长石、辉绿岩和镁铁质麻粒岩，t_0标记了上、下地壳底部强度的转换。

在一维模型计算的基础上，我们进一步应用二维热–力学耦合的动力学模型模拟大陆碰撞过程中的地壳增厚及强度变化。二维模型采用与一维模型计算相同的参数，但模型计算更加复杂，并且考虑了物质变形以及由变形导致的温度变化。关于数值方法的描述见第1节和2.1节，基本的模型设置见图10。模拟结果揭示以下几点认识：

（1）岩石圈的增厚变形更加复杂，增厚不是类似纯剪样式的均匀增厚，而是在模型中心处出现强烈的应变集中和地壳增厚。这种应变集中是岩石圈变形的普遍现象，主要是由岩石变形的应变弱化和剪切生热机制导致（如 Huismans & Beaumont，2003；Thielmann，2012）。

（2）在模型中心，上、下地壳都发生了显著增厚，并伴随强烈的韧性蠕动变形。该模型的下地壳岩性是4种岩性中最弱的长英质麻粒岩，所以下地壳会发生显著的韧性蠕动变形。部分深部地壳物质折返到了地表。

（3）根据示踪点记录的温度，可以看出上地壳增温明显高于下地壳，意味着上地壳底部弱化更加明显。

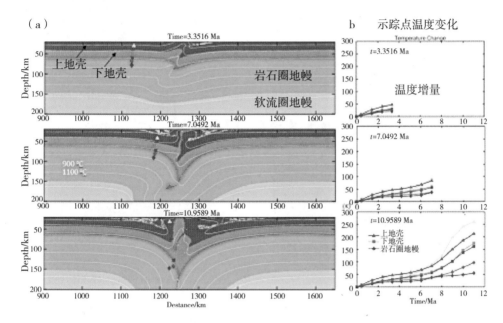

（a）模型演化结果，上、下地壳的流变学性质分别为湿的石英和长英质麻粒岩，初始厚度均匀20 km，初始 Moho 温度为 500 ℃，模型两侧设置对称的汇聚速率 2 cm/a（假设均匀增厚的条件下近似于 2 mm/a 的增厚速率）；（b）温度增量随时间的变化，上地壳升温较下地壳更快。

图 10　二维动力学模拟结果展示上、下地壳的增厚变形

同一维模型一致，二维模型也重点测试了 4 种不同的下地壳岩性（图 11）。模拟结果揭示以下两点认识：

（1）随着下地壳流变强度的增加，下地壳的变形程度大大降低。流变强度增加的下地壳与岩石圈地幔一起发生俯冲，与 2.2 节（图 6）模拟结果一致。

（2）随着下地壳流变强度的增加，碰撞、俯冲模式从双向俯冲转变为单向俯冲。大洋和大陆板块的俯冲，在自然界中都是不对称的单向俯冲（如 Gerya et al.，2008；Crameri et al.，2012；Goes et al.，2017）。这表明，使用较强的下地壳岩性（如辉绿岩和铁镁质麻粒岩），可以得到更合理的模拟结果。

从全球来看，大陆下地壳的流变强度可能普遍较强；我们在第 3 节讨论部分对这一问题进行探讨。二维模拟结果与一维计算结果一致均说明：地壳缩短增厚过程中，上地壳的底部会变得更弱，更容易发生蠕变流动，形成位于地壳中部的地壳流。

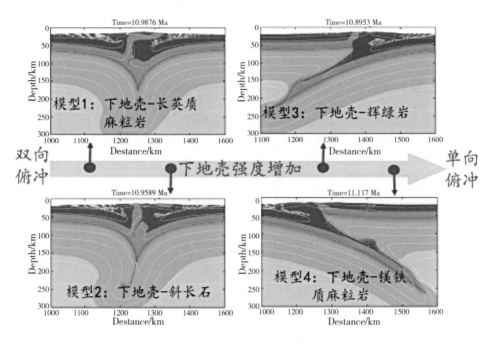

图 11　下地壳为不同岩性的模拟结果

在模型1—4中，下地壳的流变强度依次增加。随下地壳流变强度的增加，壳内解耦更加明显，碰撞、俯冲样式更符合自然观测。

◆3　讨　　论

3.1　下地壳岩性和流变强度

下地壳的岩性和流变强度显著地影响着壳内和壳幔之间的耦合性。下地壳流变越强，壳内解耦越明显，壳幔耦合性越强。关于大陆下地壳的岩性，前人做了大量的论述（Christensen & Mooney，1995；Rudnick & Fountain，1995；Rudnick & Gao，2014；Hacker et al.，2015）。其中，Rudnick 和 Gao（2014）从地球化学的角度，对大陆下地壳做了系统地综述，并整理了翔实的地壳包裹体样品数据。我们对这些包裹体数据重新进行了绘图（图12）。文章中罗列的 77 个包裹体样品点分布于全球不同的大陆区域。这些包裹体样品揭示了大陆下地壳岩性较为复杂和多样，从酸性的石英到超基性的石榴基性麻粒岩。从统计来看，84% 的样品点揭示的下地壳主要岩性是镁铁质麻粒岩和石榴基性麻粒岩［图12（a）］。岩石中的长英质成分越少，镁铁质成分越高，可能意味着岩石流变强度越高（Mackwell et al.，1998）。在 2.3 节的模拟计算中，模型 1 使用的下地壳岩性最弱，是长英质麻粒岩；在 77 个包裹体样品点中揭示的比长英质麻粒岩更弱的样品点仅有 6 个，说明软弱的下地壳在自然界较为少见。比模型 2（斜长石）更强的样品点可达到约 90%，表明大陆下地壳岩性普遍较强。

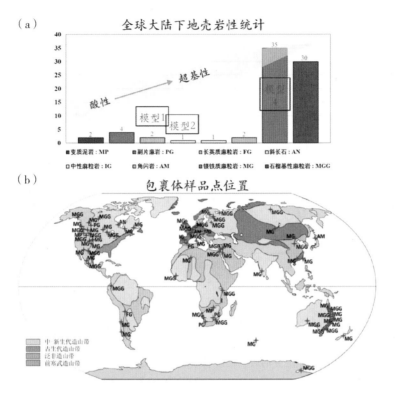

（a）下地壳主要岩性统计，图中模型1、2和4对应2.3节的一维计算和二维模拟；（b）地壳包裹体的分布以及主要岩性。底图修改自 Zheng（2012）。

图 12 岩石包裹体揭示的下地壳主要岩性（修改自 Rudnick & Gao，2014）

此外，Christensen & Mooney（1995）应用全球不同大陆区域（包括造山带、稳定地台、大陆岩浆弧、裂谷带等）的地震折射/宽角反射数据，系统地分析了全球大陆地壳的物理性质。该研究揭示了全球大陆地壳的平均厚度、平均波速、地震波速随深度的变化以及地震波速与不同岩性组合的对应关系。对于下地壳的岩性，作者给出了一个合理的岩性模型，认为下地壳（25 ～ 40 km）含93%的铁镁质岩性成分（包括角闪岩、铁镁质麻粒岩和石榴基性麻粒岩）和7%的英云闪长片麻岩（图13）。因此，地球物理的数据分析也表明大陆下地壳岩性普遍较强。

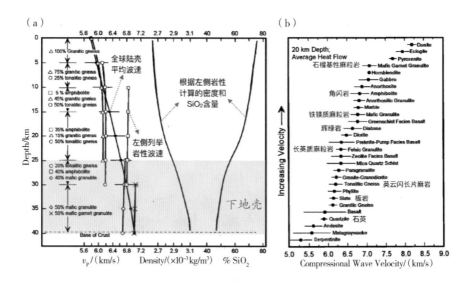

（a）大陆地壳的岩性模型，下地壳（25～40 km）岩性以镁铁质麻粒岩和石榴基性麻粒岩为主，英云闪长片麻岩仅出现在下地壳的顶部（25～30 km），约占整个下地壳含量的7%；（b）各种地壳岩性的P波波速，中文标记的岩性出现在（a）图和图12中。

图13　全球大陆地壳的岩性模型（修改自 Christensen & Mooney，1995）

3.2　大陆岩石圈的 Moho 温度

Moho 的温度是影响壳内和壳幔耦合性的一个重要参数（图4）。Moho 是一个岩性界面，不是一个温度界面；不同区域的 Moho 温度可能存在较大差异。根据已发表的区域地球物理资料，我们简要地讨论一下大陆岩石圈的 Moho 温度范围，进而分析动力学模型中使用的 Moho 温度的合理性，以及壳内解耦的普遍性。

根据地表热流数据和求解稳态的温度方程，人们计算了大陆岩石圈的温度场（图14；Afonso & Ranalli，2004；张健 等，2018）。不同的地表热流值给出的 Moho 温度不同 ［图14（a）］。在低热流值的情况下（50 mW/m^2；对应于比克拉通年轻的元古代大陆地块），Moho 温度约为550 ℃；在高热流值的情况下（70 mW/m^2；对应伸展减薄的大陆地块），Moho 温度大于800 ℃（Afonso & Ranalli，2004）。应用地表热流计算的地壳温度，结合 Moho 深度（熊小松 等，2009；沈玉松 等，2013；黄海波 等，2014），推测出华南陆缘的 Moho 温度为550 ℃ ［图14（b）；张健 等，2018］。在中国东部的重力梯度带以东，Moho 的典型温度估计为500～600 ℃（地壳厚度约30～40 km）；而在重力梯度带以西地区（典型地壳厚度约35～45 km，平均约40 km）的 Moho 温度为550～650 ℃（汪洋、程素华，2011）。

此外，根据岩石的居里面深度可以进一步地约束 Moho 温度。岩石圈中含有一定量的磁性矿物，如钛铁矿、磁黄铁矿、磁铁矿等，影响这些矿物磁性的一个物理量是居里点／居里温度。在地温低于居里点时，磁性矿物呈现出铁磁性；随着深度的增加，地温大于居里点，磁性矿物出现消磁，铁磁性转变为顺磁性，并随周围磁场的改变而改变。

由居里点组成的温度界面称为居里面。尽管不同磁性矿物的居里点不同（如熊盛青 等，2016；张建 等，2018），但从全球看，往往认为居里面是一个等温面，温度为 550 ℃ 左右（Mayhew，1982；Tselentis，1991；Li et al.，2017）。在获取了居里面的深度后，结合 Moho 深度，可以约束 Moho 温度。根据地表磁异常数据，利用一些反演方法，人们对居里面深度进行了一系列计算，获取了全球和某些区域的居里面深度 ［图 14（c）；Li & Wang，2016；Li et al.，2017；熊盛青 等，2016；张建 等，2018；王建 等，2018］。从全球来看，大陆岩石圈的居里面平均深度是 22 km 和 33 km，可能代表了两类大陆岩石圈，即相对热（如大陆伸展区域）和冷（如克拉通）的大陆块体（Li et al.，2017）。结合全球大陆地壳的平均厚度 41 km（Christensen & Mooney，1995），可以推测大陆岩石圈的平均 Moho 温度要大于 550 ℃。考虑到全球模型的分辨率问题，区域性的计算研究可能提供了更精细的居里面深度。在东亚的大陆地块内，居里面深度普遍小于 Moho 深度（熊小松 等，2011），说明 Moho 温度普遍高于 550 ℃；造山带/隆升区域的居里面深度普遍较浅，可能说明挤压增厚的大陆地壳温度升高（Li & Wang，2016；李春峰 等，2009；熊盛青 等，2016）。

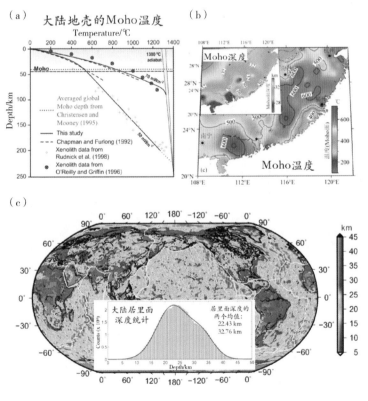

（a）根据地表热流值计算的岩石圈温度（Afonso & Ranalli，2004），Moho 深度与地温线的交点指示了 Moho 温度（约 550 ～ 850 ℃）；（b）华南陆缘的 Moho 温度（张健 等，2018），计算得到的 Moho 温度在 500 ℃ 以上；（c）全球居里面深度计算（Li et al.，2017），揭示的大陆区域的居里面深度小于地壳的平均厚度，指示大陆地壳的平均 Moho 温度高于居里温度。

图 14　大陆地壳的 Moho 温度

因此，根据热流值计算的地壳温度和磁异常反演的居里面深度，计算/约束的 Moho 温度普遍在 550 ℃以上。动力学模拟结果揭示（图 4），500 ℃的 Moho 温度是壳内解耦的临界范围；更高的 Moho 温度，会导致更显著的壳内解耦。此外，结合 3.1 节对下地壳岩性的讨论，我们可以认为大陆地壳的壳内解耦是普遍现象。

◆ 4 结 论

在大陆岩石圈挤压、碰撞背景下，应用前沿的、热 - 力学耦合的地球动力学数值模拟，我们系统地探讨了壳内解耦对地壳缩短变形的分配，下地壳的俯冲和地壳流的影响作用。模拟结果给出了以下结论：

（1）初始 Moho 温度是影响壳内解耦的一个重要因素；500 ℃可能是壳内解耦的临界范围，且 Moho 温度越高，壳内解耦越显著。在壳内不发生解耦的情况下，上地壳的挤压缩短主要集中在俯冲板块；在壳内解耦的情况下，上地壳的挤压缩短逐渐向上覆板块转移。

（2）在大陆板块挤压、碰撞过程中，壳内解耦显著影响上、下地壳的缩短变形。上地壳在浅部挤压、缩短、增厚，不断向地幔深部俯冲；增厚的上地壳底部升温、变弱，容易发生地壳流动，可能与地球物理观测到的地壳中部的低速层对应。下地壳缩短变形微弱，与岩石圈地幔耦合，一起发生俯冲。

（3）岩石圈均匀增厚的一维温度计算显示，由于上地壳放射性生热率比下地壳大一个量级，在增厚过程中上地壳底部升温更快，流变强度降低更快，更容易发生地壳流动。随着下地壳流变强度的增加，大陆板块的碰撞变形逐渐从双向俯冲转换为更符合自然观测的单向俯冲；同时，流变强度高的下地壳不易发生地壳流动。

（4）结合地质和地球物理观测资料，可认为大陆下地壳流变强度较大，Moho 温度较高，有利于大陆地壳解耦。这些观测也进一步约束了动力学模拟结果。

◆ 参 考 文 献

Afonso J C, Ranalli G, 2004. Crustal and mantle strengths in continental lithosphere：is the jelly sandwich model obsolete?. Tectonophysics, 394：221 – 232.

Bai D, Unsworth M J, Meju M A, et al., 2010. Crustal deformation of the eastern Tibetan Plateau revealed by magnetotelluric imaging. Nat. Geosci., 3 (5)：358 – 362.

Beaumont C, Jamieson R A, Nguyen M, et al., 2001. Himalayan tectonics explained by extrusion of a low-viscosity crustal channel coupled to focused surface denudation. Nature, 414 (6865)：738 – 742.

Burg J P, Gerya T, 2005. The role of viscous heating in Barrovian metamorphism of collisional orogens：thermomechanical models and application to the Lepontine dome in the central Alps. J. metamorphic Geol., 23：75 – 95.

Burgmann R, Dresen G, 2008. Rheology of the lower crust and upper mantle：Evidence from rock mechanics, geodesy, and field observations. Annu. Rev. Earth Planet. Sci., 36：531 – 567.

Burov E, Schubert G, 2007. Plate rheology and mechanics. Treatise on Geophysics, 6: 99–151.

Chopin C, 1984. Coesite and pure pyrope in high-grade blueschists of the Western Alps: A first record and some consequences. Contrib. Mineral. Petrol., 86: 107–118.

Christensen N I, Mooney W D, 1995. Seismic velocity structure and composition of the continental crust: A global view. J. Geophys. Res., 100 (B6): 9761–9788.

Clark M K, Royden L H, 2000. Topographic ooze: Building the eastern margin of Tibet by lower crustal flow. Geology, 28 (8): 703–706.

Crameri F, Tackley P, Meilick I, et al., 2012. A free plate surface and weak oceanic crust produce single-sided subduction on earth. Geophys. Res. Lett., 39 (3): L03306.

Duretz T, Gerya T V, May D A, 2011. Numerical modelling of spontaneous slab breakoff and subsequent topographic response. Tectonophysics, 502 (1–2): 244–256.

Gao R, Lu Z, Klemperer S L, et al., 2016. Crustal-scale duplexing beneath the Yarlung Zangbo suture in the western Himalaya. Nat. Geosci., 9 (7): 555–560.

Gerya T V, 2013. Three-dimensional thermomechanical modeling of oceanic spreading initiation and evolution. Phys. Earth Planet. Inter., 214: 35–52.

Gerya T V, Connolly J A, Yuen D A, 2008. Why is terrestrial subduction one-sided?. Geology, 36 (1): 43–46.

Gerya T V, Yuen D A, 2003. Characteristics-based marker-in-cell method with conservative finite-differences schemes for modeling geological flows with strongly variable transport properties. Phys. Earth Planet. Inter., 140: 293–318.

Goes S, Agrusta R, van Hunen J, et al., 2017. Subduction-transition zone interaction: A review. Geosphere, 13 (3): 644–664.

Guo X, Li W, Gao R, et al., 2017. Nonuniform subduction of the Indian crust beneath the Himalayas. Sci. Rep., 7 (1): 1–8.

Hacker B R, Kelemen P B, Behn M D, 2015. Continental lower crust. Annu. Rev. Earth Planet. Sci., 43: 167–205.

Hacker B, Ritzwoller M, Xie J, 2014. Partially melted, mica-bearing crust in central Tibet. Tectonics, 33 (7): 1408–1424.

Hawkesworth C J, Cawood P A, Dhuime B, et al., 2017. Earth's continental lithosphere through time. Annu. Rev. Earth Planet. Sci., 45: 169–198.

Hawkesworth C J, Kemp A, 2006. Evolution of the continental crust. Nature, 443 (7113): 811–817.

Hirth G, Kohlstedt D L, 2003. Rheology of the upper mantle and the mantle wedge: a view from the experimentalists//Eiler J E (ed.). Inside the Subduction Factory. Washington, DC: American Geophysical Union: 83–105.

Huang H, Yao H, van der Hilst R D, 2010. Radial anisotropy in the crust of SE Tibet and SW China from ambient noise interferometry. Geophys. Res. Lett., 37 (21): L21310.

Huismans R S, Beaumont C, 2003. Symmetric and asymmetric lithospheric extension: Relative effects of frictional-plastic and viscous strain softening. J. Geophys. Res., 108 (B10): 1–13.

Kern H, Popp T, Gorbatsevich F, et al., 2001. Pressure and temperature dependence of v_P and v_S in rocks from the superdeep well and from surface analogues at Kola and the nature of velocity anisotropy. Tectonophysics, 338 (2): 113–134.

Kohlstedt D, Evans B, Mackwell S, 1995. Strength of the lithosphere: Constraints imposed by laboratory experiments. J. Geophys. Res., 100 (B9): 17587 –17602.

Kong F, Wu J, Liu K H, et al., 2016. Crustal anisotropy and ductile flow beneath the eastern Tibetan Plateau and adjacent areas. Earth Planet. Sci. Lett., 442: 72 –79.

Kufner S K, Schurr B, Sippl C, et al., 2016. Deep India meets deep Asia: Lithospheric indentation, delamination and break-off under Pamir and Hindu Kush (Central Asia). Earth Planet. Sci. Lett., 435: 171 –184.

Li C F, Lu Y, Wang J, 2017. A global reference model of Curie-point depths based on EMAG2. Sci. Rep., 7: 45129.

Li C F, Wang J, 2016. Variations in moho and curie depths and heat flow in eastern and southeastern Asia. Mar. Geophys. Res., 37 (1): 1 –20.

Li L, Li A, Murphy M A, et al., 2016. Radial anisotropy beneath northeast Tibet, implications for lithosphere deformation at a restraining bend in the Kunlun fault and its vicinity. Geochemistry, Geophysics, Geosystems, 17 (9): 3674 –3690.

Li L, Li A, Shen Y, et al., 2013. Shear wave structure in the northeastern Tibetan Plateau from Rayleigh wave tomography. J. Geophys. Res., 118 (8): 4170 –4183.

Liao J, Gerya T, 2017. Partitioning of crustal shortening during continental collision: 2D thermomechanical modeling. J. Geophys. Res., 122: 592 –606.

Liao J, Gerya T, Thielmann M, et al., 2017. 3D geodynamic models for the development of opposing continental subduction zones: The Hindu Kush – Pamir example. Earth Planet. Sci. Lett., 480: 133 –146.

Liu Q Y, van der Hilst R D, Li Y, et al., 2014. Eastward expansion of the Tibetan Plateau by crustal flow and strain partitioning across faults. Nat. Geosci., 7 (5): 361 –365.

Mackwell S, Zimmerman M, Kohlstedt D, 1998. High-temperature deformation of dry diabase with application to tectonics on Venus. J. Geophys. Res., 103 (B1): 975 –984.

Mayhew M, 1982. Application of satellite magnetic anomaly data to curie isotherm mapping. J. Geophys. Res., 87 (B6): 4846 –4854.

Ranalli G, 1995. Rheology of the earth. London: Chapman & Hall.

Rosenberg C L, Kissling E, 2013. Three-dimensional insight into Central-Alpine collision: Lower-plate or upper-plate indentation?. Geology, 41 (12): 1219 –1222.

Royden L H, Burchfiel B C, King R W, et al., 1997. Surface deformation and lower crustal flow in eastern Tibet. Science, 276 (5313): 788 –790.

Royden L H, Burchfiel B C, van der Hilst R D, 2008. The geological evolution of the Tibetan Plateau. Science, 321 (5892): 1054 –1058.

Rudnick R L, Fountain D M, 1995. Nature and composition of the continental crust: a lower crustal perspective. Rev. Geophys., 33 (3): 267 –309.

Rudnick R, Gao S, 2014. Composition of the continental crust//Holland H, Turekian K (eds.). Treatise on Geochemistry. Elsevier Science.

Schmid S M, Kissling E, Diehl T, et al., 2017. Ivrea mantle wedge, arc of the Western Alps, and kinematic evolution of the Alps – Apennines orogenic system. Swiss J. Geosci.: 1 –32.

Schneider F M, Yuan X, Schurr B, et al., 2013. Seismic imaging of subducting continental lower crust beneath the Pamir. Earth Planet. Sci. Lett. , 375：101 – 112.

Shapiro N M, Ritzwoller M H, Molnar P, et al., 2004. Thinning and flow of Tibetan crust constrained by seismic anisotropy. Science, 305 (5681)：233 – 236.

Singer J, Diehl T, Husen S, et al., 2014. Alpine lithosphere slab rollback causing lower crustal seismicity in northern foreland. Earth Planet. Sci. Lett. , 397：42 – 56.

Thielmann M, Kaus B J, 2012. Shear heating induced lithospheric-scale localization：Does it result in subduction?. Earth Planet. Sci. Lett. , 359：1 – 13.

Tselentis G A, 1991. An attempt to define Curie point depths in Greece from aeromagnetic and heat flow data. Pure Appl. Geophys. , 136 (1)：87 – 101.

Turcotte D L, Schubert G, 2002. Geodynamics. Cambridge：Cambridge University Press.

Unsworth M, Jones A G, Wei W, et al., 2005. Crustal rheology of the Himalaya and southern Tibet inferred from magnetotelluric data. Nature, 438 (7064)：78 – 81.

Wang C, Gao R, Yin A, et al., 2011. A mid-crustal strain-transfer model for continental deformation：A new perspective from high-resolution deep seismic-reflection profiling across NE Tibet. Earth Planet. Sci. Lett. , 306 (3 – 4)：279 – 288.

Wang C, Zhu L, Lou H, et al., 2010. Crustal thicknesses and Poisson's ratios in the eastern Tibetan Plateau and their tectonic implications. J. Geophys. Res. , 115 (B11)：B11301.

Wei W, Unsworth M, Jones A, et al., 2001. Detection of widespread fluids in the Tibetan crust by magnetotelluric studies. Science, 292 (5517)：716 – 719.

Xie J, Ritzwoller M H, Shen W, et al., 2013. Crustal radial anisotropy across eastern Tibet and the western Yangtze craton. J. Geophys. Res. , 118 (8)：4226 – 4252.

Yang Y, Ritzwoller M H, Zheng Y, et al., 2012. A synoptic view of the distribution and connectivity of the mid-crustal low velocity zone beneath Tibet. J. Geophys. Res. , 117 (B4)：B04303.

Yao H, Beghein C, van der Hilst R D, 2008. Surface wave array tomography in SE Tibet from ambient seismic noise and two-station analysis-Ⅱ. crustal and upper-mantle structure. Geophys. J. Int. , 173 (1)：205 – 219.

Ye Z, Li J, Gao R, et al., 2017. Crustal and uppermost mantle structure across the Tibet – Qinling transition zone in NE Tibet：Implications for material extrusion beneath the Tibetan Plateau. Geophys. Res. Lett. , 44 (20)：10 – 316.

黄海波, 郭兴伟, 夏少红, 等, 2014. 华南沿海地区地壳厚度与泊松比研究. 地球物理学报, 57 (12)：3896 – 3906.

黄兴富, 高锐, 郭晓玉, 等, 2018. 青藏高原东北缘祁连山与酒西盆地结合部深部地壳结构及其构造意义. 地球物理学报, 61 (9)：3640 – 3650.

李春峰, 陈冰, 周祖翼, 2009. 中国东部及邻近海域磁异常数据所揭示的深部构造. 中国科学 D 辑：地球科学, 39 (12)：1770 – 1779.

沈玉松, 康英, 徐果明, 2013. 广东及其邻域的地壳厚度和泊松比分布. 中国地震, 29 (2)：210 – 218.

汪洋, 程素华, 2011. 中国东部岩石圈热状态与流变学强度特征. 大地构造与成矿学, 35 (1)：12 – 23.

王健, 张广伟, 李春峰, 等, 2018. 青藏高原东缘地震活动与居里点深度之间的相关性. 地球物理学报, 61 (5)：1840 – 1852.

熊盛青，杨海，丁燕云，等，2016. 中国陆域居里等温面深度特征. 地球物理学报，59（10）：3604 – 3617.

熊小松，高锐，李秋生，等，2009. 深地震探测揭示的华南地区莫霍面深度. 地球学报，30（6）：774 – 786.

熊小松，高锐，张兴洲，等，2011. 深地震探测揭示的华北及东北地区莫霍面深度. 地球学报，32（1）：46 – 56.

叶卓，高锐，李秋生，等，2018. 青藏高原向东挤出与向北扩展：高原隆升深部过程之探讨. 科学通报，63（31）：3217 – 3228.

张健，王蓓羽，唐显春，等，2018. 华南陆缘高热流区的壳幔温度结构与动力学背景. 地球物理学报，61（10）：3917 – 3932.

大型油气盆地砂泥岩薄互层地震相分析及厚度预测

李蕙琳[1]，高锐[1,2]，王仰华[3]

❯◆ 0 引 言

砂泥岩薄互层储层的地震特征对剩余油探测具有重要意义，尤其是厚度小于 5 m 的薄层储层。Widess（1973）最早定义了薄层定量化，他认为薄层的厚度应小于入射子波在其介质中传播时波长的四分之一。Koefoed（1980）指出，薄层厚度和地震反射复合波的振幅之间存在着准线性关系。然而实际地层很少有单个的薄层，大部分是薄层或薄互层的组合。李庆忠（1987）指出，地震波的频率特性取决于地层的砂泥岩组合情况及薄层的含油气性。苏盛甫（1988）利用薄层厚度与地震复合反射波振幅的近似线性关系，提出了薄层厚度和多层储集层总厚度的定量化估计方法。基于地震沉积学的概念，Zeng 等（1998）和 Zeng（2001）提出能够将薄层分辨出来，而不是要区分薄层内部界面。

在实际应用中，可以利用振幅、平均频率和带宽信息来计算薄层厚度，因此计算的厚度比只使用振幅更精确。Adriansyah 和 McMechan（2002）利用多元回归分析方法建立地震属性与储层特性之间的统计关系，并利用地震属性预测地层特性。Guo 等（2018）为了描述砂体的横向变化，提取了地震振幅切片。

本文的主要目的是预测砂泥岩薄互层中砂岩厚度的空间分布。研究区位于背斜构造中央，本研究的最终目的是在松辽盆地发育成熟的油气藏中寻找剩余油。本文根据沉积微相分析了伽马测井资料的特征，将整个研究区储层划分为 5 种不同岩相模式；根据不同岩相模型的地震响应或地震相，由地震阻抗预测理论伽马射线值；最后，定量评价了目标砂泥岩薄互层储层内砂层厚度的空间分布。

我们在这项研究中使用的方法的主要优点是，对于每个地震相区域，伽马射线值的预测和厚度评估都是独立进行的，而不是整体区域预测。因此，与实际测井资料结果相

---

1 中山大学地球科学与工程学院，广州，510275；2 中国地质科学院地质研究所，北京，100037；3 帝国理工学院资源地球物理学院，伦敦，SW7 2BP。

比，由地震资料分析得到的砂岩厚度的空间分布具有较高的精度。

◆ 1 薄层储层的地层和岩性

研究区位于背斜构造的顶部至东部，面积约 12 km²，是 5.9 km×3.27 km 矩形区域的一部分 [图 1（a）]。地块内部构造相对平坦，地层倾角 1°～2°，研究储层位于西北向正断层的东部 [图 1（b）]。

表 1 描述了目标油藏的地层和岩性。研究区 G、P、S 油层组为上白垩世青山口组—姚家组时期大型湖相—三角洲相背景下形成的。沉积过程中河道能量较强，摆动频繁。在 P 油层组内部有多个产油层，本次研究集中在一个砂泥岩薄互层，即 P_1^2 层，地震剖面上的两条蓝色曲线是 P_1^2 层的顶部和底部 [图 1（b）]。P_1^2 层在沉积过程中发育了主河道、废弃河道、决口扇等沉积微相，河道砂体呈带状分布，且呈垂直正韵律。当河流快速横向移动时，沿泛滥平原沉积了大量泥质砂质沉积物。此外，侧向加积和废弃河道形成的夹层在局部造成砂体不连续，P_1^2 层的厚度一般在 2～10 m 之间变化。

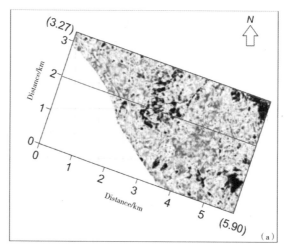

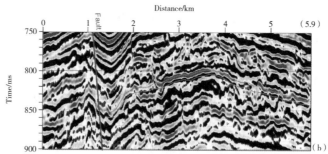

（a）三维地震数据的时间切片，研究区约 12 km²；（b）过图（a）中紫线的地震剖面，可以看出目标储层的背斜构造，研究区在断层东部，两条蓝线为储层顶底。

图 1　研究区地震数据分布

表1 上白垩统地层的岩性信息（目标油层为 P 油层组内的 P_1^2 层）

统	阶	沉积微相	岩性	产油层		
				油层组	地层	
上白垩统	姚家组	三角洲相	大段深灰、灰绿、黑灰色泥岩夹粉砂质泥岩	油层组 S	S_1	
					S_2	
					S_3	
			顶为黑色泥岩、粉砂岩，其下深灰、绿灰色泥岩与具含油显示的棕色粉砂质泥岩、泥质粉砂岩、粉砂岩互层	油层组 P	P_1	P_{12}
	青山口组	深湖相	灰黑、深灰色泥岩夹薄层黑色介形虫层			P_2
				油层组 G	G_1	

P_1^2 层经历了海退—海进—海退 3 个沉积阶段，通过对研究区 100 多口井的测井资料综合分析，结合沉积微相特征，将 P_1^2 层内的伽马测井资料划分为 5 个相。5 种岩相模式将在下一节具体介绍。地震响应或地震相是后续砂岩厚度评估的基础，已知这是第一次将这种分析步骤应用到此研究领域。

✕◆ 2 地震相分析

2.1 伽马测井资料的相分析

根据 3 个沉积阶段的砂岩组合，将测井资料划分为 5 个相。图 2 所示为所选 P_1^2 层典型的伽马测井曲线，其中黑色直线代表目标储层的顶部和底部。在伽马射线曲线中，低振幅代表高含砂层段，高振幅代表泥岩层段，砂岩和泥岩的振幅差异较大。

相 I 显示伽马测井曲线在目标层中呈现为低值，形状近似于典型的钟形或箱形，表明 P_1^2 层为厚砂岩层。

相 II 显示伽马测井曲线在整个储层中呈锯齿状，箱形体中部有齿状突出，这代表了砂—泥—砂的夹层结构，其中紫色虚线将该层划分为 3 个沉积阶段。

相 III 显示中部的伽马测井曲线上振幅较低，这相当于一层薄薄的砂岩。

相 IV 显示伽马测井曲线下半段表现为高振幅，上半段表现为低振幅，两者之间的突变代表从泥岩到砂岩的岩性突变界面。

相 V 显示伽马测井曲线下半段表现为低振幅，上半段表现为高振幅，这代表了从砂岩到泥岩的岩性变化。

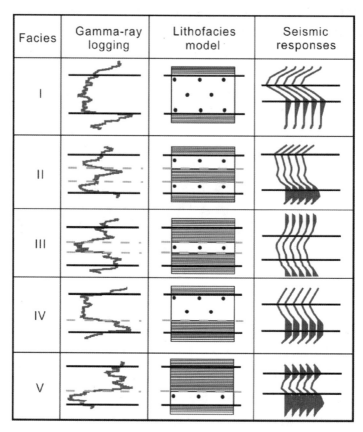

Facies	Gamma-ray logging	Lithofacies model	Seismic responses
I			
II			
III			
IV			
V			

图2　5种微相对应的伽马测井曲线、岩相模型，以及从井旁地震道提取的地震响应
（其中2个水平直线是目标层 P_{12} 的顶底）

2.2　岩相模型

通过对沉积微相的分析，可以得到与上述5种测井相对应的5种岩相模型（图2）。

岩相模型 I 为在沉积过程中形成的大套砂岩，该沉积为主河道沉积微相，该套砂岩具有良好的稳定性，砂岩沉积内泥岩含量较低。砂岩顶部和底部以泥岩作为背景地层。

岩相模型 II 的储层在沉积过程中自上而下依次沉积了砂岩、泥岩、砂岩，反映出水动力由强变弱变强的过程，这种沉积主要分布在河道边部，分布分散。

岩相模型 III 的储层在沉积过程中自上而下依次沉积了泥岩、砂岩和泥岩，前期形成的泥岩层未被完全冲刷，仍保留部分泥岩层，随后水退逐渐形成一层薄层砂岩，后期出现水进，水动力条件变弱，又开始沉积泥岩层，这种泥—沙—泥沉积结构可归为水下分流河道沉积。

岩相模型 IV 的储层在沉积过程中前期保留部分泥岩层，后期砂岩在此地层上沉积，反映出水动力由弱变强的过程，这种沉积特征可归为水下分流河道沉积微相或水下决口扇沉积微相。

岩相模型 V 的储层在沉积过程中底部地层发育冲刷面，在砂岩层上沉积泥岩层，这种沉积特征主要为水下废弃河道沉积微相或水下分流河道沉积微相。

表2列出了5种岩相模型的物性参数。这些参数是由样本井的测井资料测量得到的。速度是通过声波测井测量的，而非来自地震数据。砂岩的速度低于泥岩的速度，而砂岩的密度也低于泥岩的密度。因此，砂岩的地震阻抗明显低于泥岩的地震阻抗（Yan & Han，2018）。

表2 由样本井测定得到的5种岩相模型的物性参数

相	岩性	厚度/m	速度/（m/s）	密度/（g/cm³）
I	泥岩	—	3030.3 ～ 3225.8	2.10 ～ 2.35
	砂岩	6 ～ 10	2702.7 ～ 3125.0	1.90 ～ 2.10
	泥岩	—	2985.1 ～ 3225.8	2.10 ～ 2.35
II	泥岩	—	2985.1 ～ 3225.8	1.80 ～ 2.00
	砂岩	1 ～ 5	2631.6 ～ 2857.1	1.95 ～ 2.10
	泥岩	0.1 ～ 4.0	3030.3 ～ 3125.0	2.20 ～ 2.30
	砂岩	1 ～ 5	2597.4 ～ 2857.1	1.95 ～ 2.10
	泥岩	—	2898.6 ～ 3125.0	1.85 ～ 2.00
III	泥岩	—	2985.1 ～ 3205.1	2.25 ～ 2.35
	泥岩	—1 ～ 4	3030.3 ～ 3333.3	2.20 ～ 2.35
	砂岩	2 ～ 4	2739.7 ～ 2985.1	1.90 ～ 2.05
	泥岩	1 ～ 4	2898.6 ～ 3076.9	2.20 ～ 2.30
	泥岩	—	2857.1 ～ 3125.0	2.23 ～ 2.33
IV	泥岩	—	2941.2 ～ 3174.6	2.30 ～ 2.40
	砂岩	2 ～ 6	2631.6 ～ 2857.1	2.05 ～ 2.20
	泥岩	1 ～ 6	2898.6 ～ 3846.2	2.35 ～ 2.45
	泥岩	—	2941.2 ～ 3125.0	2.25 ～ 2.35
V	泥岩	—	3030.3 ～ 3333.3	2.00 ～ 2.05
	泥岩	1 ～ 5	2941.2 ～ 3448.3	2.30 ～ 2.40
	砂岩	1 ～ 5	2666.7 ～ 2985.1	2.00 ～ 2.20
	泥岩	—	3076.9 ～ 3333.3	2.00 ～ 2.03

2.3 地震相

P_1^2 层内5种岩相模型的地震相或地震响应（图2）在合成波形特征上存在明显差异。地震相分析在油藏地球物理中已经得到了广泛的应用（Liu & Wang，2017；Song et al.，2017；Liu et al.，2018；Yin et al.，2018）。

对研究区的地震资料进行了分辨率增强和地震反Q滤波处理（Wang，2002，2006），因此地震资料的主频高达70 Hz左右。井旁的地震波形可以作为岩相模型的地震响应，这些波形以广义形式出现，而不是理想的雷克子波（Wang，2015），它仅仅是不同地层间界面反射的地震子波叠加的结果。地震响应中的两条水平直线分别对应于 P_1^2 层的顶部和底部（图2）。

对于地震相 I，岩相模型顶部的地震反射系数为负，而岩相模型底部的反射系数为正。由于储层厚度大（据表2为 6～10 m），波形的波谷和波峰被清楚地保存下来。

对于地震相 II，薄泥岩夹层的存在影响了出现在地震相 I 中的波形。相 II 的地震响应是一个复合波形，其中泥岩夹层的顶底反射不能够独立分离。

对于地震相 III，薄砂岩夹层的地震响应表现为对泥岩背景地震响应的干扰。波形显示为一个波谷，但在波谷的顶部和底部均不伴随任何临近的峰值。

对于地震相 IV，地震响应的顶部与相 I 类似，为波谷，而底部则是两个波峰的叠加，不是相 I 中地震响应的单峰。

对于地震相 V，薄层砂体位于 P_1^2 层下半部，波谷对应砂体的顶部，波峰对应砂体和 P_1^2 层的底部。由于砂体与 P_1^2 层外的背景泥岩层之间存在高阻抗差，波峰振幅较大。

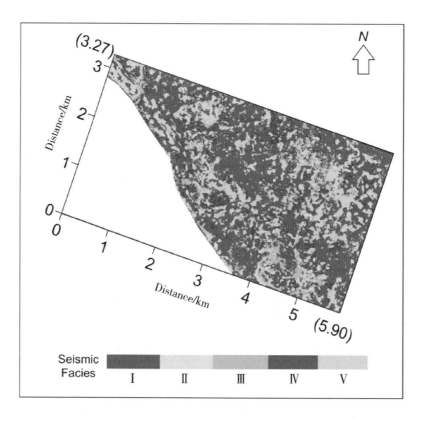

I：主河道沉积微相（红色）；II：河道边缘（黄色）；III：水下分流河道沉积微相（绿色）；IV：水下分流河道和水下决口扇沉积微相（紫色）；V：水下分流河道和水下废弃河道沉积微相（蓝色）。

图3　P_1^2 层内地震相的空间分布

地震相是储层预测的基础资料，不同的地震波形对应不同的储层特征。选取 5 类地震相的典型地震波形或地震道，互相关研究区的全部地震道，得到 P_1^2 层地震相的空间展布，如图 3 所示。研究区以 Ⅰ、Ⅳ、Ⅴ 相为主，Ⅱ、Ⅲ 相在地震相分布图中随机分布。

3 砂体厚度分布预测

对于砂体厚度分布预测，需要建立地震阻抗、伽马射线值和砂体厚度间的关系。

3.1 伽马射线值和地震阻抗之间的关系

通过线性回归得到交会图（图 4），建立了样本井的伽马射线值与井旁地震阻抗之间的关系。5 种相的线性回归关系如下：

$$\gamma = -518.200 + 0.10100z$$
$$\gamma = -102.134 + 0.03063z$$
$$\gamma = -104.650 + 0.03075z \tag{1}$$
$$\gamma = -116.875 + 0.03125z$$
$$\gamma = -223.435 + 0.05005z$$

其中，z 代表地震阻抗，γ 为伽马射线值。相 Ⅰ—Ⅴ 的相关系数为 0.52、0.51、0.90、0.67 和 0.69。注意，相 Ⅲ 的相关系数可能过于乐观，因为只有很少的样本井可用。

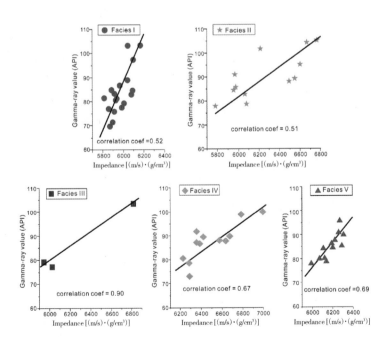

图 4 地震相 Ⅰ、Ⅱ、Ⅲ、Ⅳ 和 Ⅴ 的伽马射线值和地震阻抗的交会

如果利用所有样本井进行交会，而不划分地震相，交会图［图5（a）］表明伽马射线值与地震阻抗值的相关系数为0.41。注意，图5（a）中使用了图4中的全部样本。显然，基于每个地震相的样本井交会的相关系数（图4）要高于利用整体样本井交会的相关系数［图5（a）］。

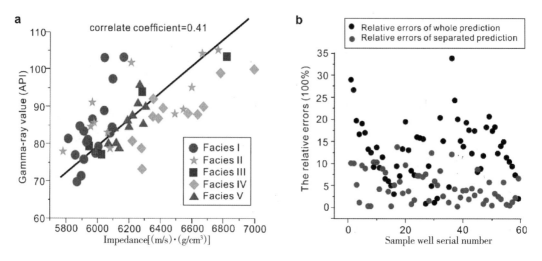

（a）所有井的伽马射线值和地震阻抗的交会图，其中使用了图4中的全部样本；（b）P_1^2层内整体预测和分地震相来预测的伽马射线值的相对误差。

图5　样本井伽马射线值与地震阻抗交会图及其误差分析

在本研究中，考虑划分地震相可大大提高伽马射线预测值的准确性。在图5（b）中，横轴表示随机排列的井号，纵轴表示样品井的理论预测的伽马值与实际伽马测井值的相对误差。本研究从100多口井中选择了58口井作为样本井进行分析，红点代表分别利用5种地震相关系进行预测的相对误差，黑点是利用所有样本井共同建立的关系进行预测的相对误差。很明显，所有的黑点值都高于红点。划分地震相后的伽马射线预测值的相对误差基本小于10%。因此，划分地震相可以提高后续砂泥岩薄互层储层刻画的准确性。

3.2　砂岩厚度和伽马射线值之间的关系

P_1^2层内岩性主要由泥岩和粉砂岩组成，由于伽马测井数据是区分砂岩和泥岩的敏感参数，可以根据样品井的伽马测井值估计每个相的砂岩厚度。估算可分为三个步骤：①利用目标段的伽马测井数据计算砂岩和泥岩的平均伽马值；②当伽马射线值低于平均值时，认为此段为砂岩段；③将砂岩的厚度垂直相加得到总的砂岩厚度。

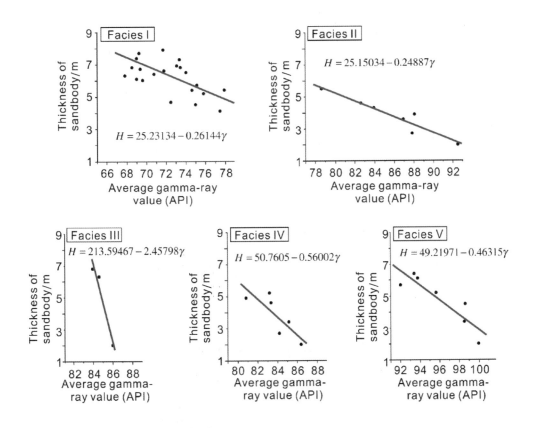

图6 P$_1^2$层内平均伽马射线值和砂体厚度的关系

然后分别建立了5种相的样本井旁平均伽马射线值与储层砂体厚度之间的经验关系（图6）。5种相的经验关系如下：

$$H = 25.23134 - 0.26144\gamma,$$
$$H = 25.15034 - 0.24887\gamma,$$
$$H = 213.59467 - 2.45798\gamma, \qquad (2)$$
$$H = 50.76050 - 0.56002\gamma,$$
$$H = 49.21971 - 0.46315\gamma,$$

其中，H 为砂体厚度。其中相Ⅲ的经验关系是不可靠的，因为只有3个样本井可用于线性回归。

3.3 砂岩厚度分布

前面的小节分别以地震相为分析预测单元，建立了目标储层内地震阻抗与伽马射线值间的关系以及伽马射线值与砂体厚度间的关系，利用这两个关系可预测 P$_1^2$ 层砂体的厚度。

本文采用基于测井约束的稀疏脉冲反演方法（Debeye & van Riel，1990；Wang，

2016；Alebouyeh & Chehrazi，2018；Liu & Wang，2020）获取地震阻抗数据。图 7（a）是反演的地震阻抗，阻抗值是每个单独地震道在深度窗口上的平均值。

当以地震相为分析单元利用第一组交会关系时，由反演的地震阻抗可以求出每道的平均伽马值，结果如图 7（b）所示；然后平均射线值被转换成砂岩厚度，将每个地震相的厚度图合并，可以得到研究区域上 P_1^2 层的砂岩厚度分布，如图 7（c）所示。

由于利用线性关系进行预测，图 7 中的三个分布图显示出高度的相关性。当将这些结果与振幅切片 ［图 1（a）］ 比较时，（反）相关性不强，因为地震阻抗的强度与地震波的振幅没有直接关系。

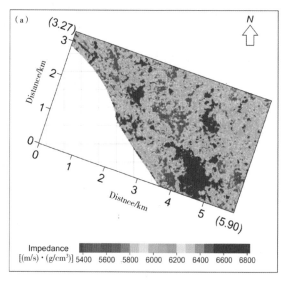

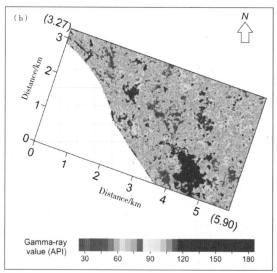

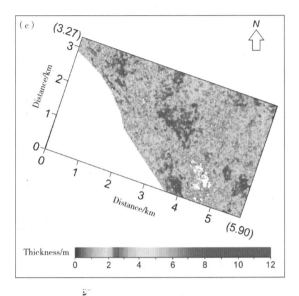

（a）P_1^2 层内反演地震阻抗的空间分布；（b）P_1^2 层内的预测伽马射线值的空间分布；（c）P_1^2 层内砂岩厚度的空间分布。

图7　P_1^2 层预测结果分布

图8显示了整个研究区域内481口后验井的厚度预测值与砂体实际厚度的相对误差。所有后验井点上相对误差小于10%的占31.4%，小于20%的占60.1%，小于30%的占86.3%，小于35%的占96.5%，这些相对误差反映了砂体厚度预测的高精度。

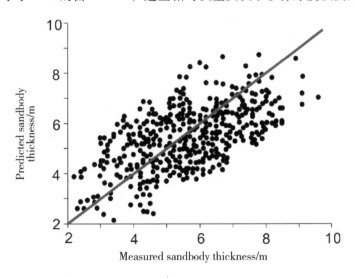

图8　P_1^2 层内砂岩厚度预测精度

横轴为测井资料给出的实测砂岩厚度，纵轴为由地震阻抗数据反演预测的砂岩厚度。

虽然我们已经建立了伽马射线值和地震阻抗之间的关系，以及砂体厚度和伽马射线值之间的关系，但这两种线性回归关系都需要进一步细化，例如使用二元非线性回归方法。然而这些线性关系为研究砂层厚度与伽马值、地震阻抗等多种地球物理属性之间的多元关系提供了可靠的参考。对于将多种属性转化为砂体厚度，人工神经网络算法可能比本研究的连续地质解释更有效（Wang，2012；Farfour et al.，2015；Abdulaziz et al.，2019）。

4 结   论

我们根据研究区地层和岩性资料分析了测井资料，并根据伽马测井资料的特点，建立了5种岩相模式，分别代表了主河道、废弃河道、决口扇等沉积微相的不同组合。将这些模型地震响应做互相关，得到研究区目标储层的地震相分布图。

利用研究区内5个地震相的样本井伽马射线测井值与地震阻抗的关系，以及储层砂体厚度与平均伽马射线值的关系，成功地预测了目的层砂体厚度的空间分布。由于这些关系是在每个地震相下分别预测的，而不是整体预测，因此，如果对比地震数据的预测结果与实际伽马射线测井数据，可以获得精度更高的砂体厚度分布预测。

致   谢

谨此祝贺高锐先生从事地球物理科研工作50周年，感谢中国大庆油田股份有限公司石油勘探开发研究院的部分资助，感谢中国矿业大学（北京）煤炭资源与安全开采国家重点实验室提供的相关软件和实验室设施。本文得到国家自然科学基金重点项目（41430213、41590863）和珠江人才计划项目（2117ZT07Z066）资助。此文章英文版已发表于2020年 *Journal of Geophysics and Engineering* 期刊（Li et al.，2020）。

参 考 文 献

Abdulaziz A M, Mahdi H A, Sayyouh M H, 2019. Prediction of reservoir quality using well logs and seismic attributes analysis with an artificial neural network：a case study from Farrud Reservoir, Al – Ghani Field, Libya. Journal of Applied Geophysics, 161：239 – 254.

Adriansyah A, McMechan G A, 2002. Analysis and interpretation of seismic data from thin reservoirs：Northwest Java basin, Indonesia. Geophysics, 67：14 – 26.

Alebouyeh M, Chehrazi A, 2018. Application of extended elastic impedance (EEI) inversion to reservoir from non-reservoir discrimination of Ghar reservoir in one Iranian oil field within Persian Gulf. Journal of Geophysics and Engineering, 15：1204 – 1213.

Debeye H W J, van Riel P, 1990. Lp-norm deconvolution. Geophysical Prospecting, 38：381 – 403.

Farfour M, Yoon W J, Kim J, 2015. Seismic attributes and acoustic impedance inversion in interpretation of complex hydrocarbon reservoirs. Journal of Applied Geophysics, 114：68 – 80.

Koefoed O, 1980. The linear properties of thin layers, with an application to synthetic seismograms over coal seams. Geophysics, 45：1254 – 1268.

Li H L, Gao R, Wang Y H, 2020. Predicting the thickness of sand strata in a sand-shale interbed reservoir based on seismic facies analysis. Journal of Geophysics and Engineering, 17 (4): 592 – 601.

Liu J, Wang Y, 2020. Seismic simultaneous inversion using a multidamped subspace method. Geophysics, 85 (1): R1 – R10.

Liu X, Li J, Chen X, et al., 2018. Stochastic inversion of facies and reservoir properties based on multi-point geostatistics. Journal of Geophysics and Engineering, 15: 2455 – 2468.

Liu Y, Wang Y, 2017. Seismic characterization of a carbonate reservoir in Tarim Basin. Geophysics, 82 (5): B177 – B188.

Song C, Liu Z, Cai H, et al., 2017. Unsupervised seismic facies analysis with spatial constraints using regularized fuzzy c-means. Journal of Geophysics and Engineering, 14: 1535 – 1543.

Wang Y H, 2002. A stable and efficient approach of inverse Q filtering. Geophysics, 67: 657 – 663.

Wang Y H, 2006. Inverse Q-filter for seismic resolution enhancement. Geophysics, 71: V51 – V60.

Wang Y H, 2012. Reservoir characterization based on seismic spectral variations. Geophysics, 77: M89 – M95.

Wang Y H, 2015. Generalized seismic wavelets. Geophysical Journal International, 203: 1172 – 1178.

Wang Y H, 2016. Seismic Inversion, Theory and Applications. Oxford: Wiley Blackwell.

Widess M B, 1973. How thin is a thin bed?. Geophysics, 38: 1176 – 1180.

Yan F, Han D H, 2018. Application of the power mean to modelling the elastic properties of reservoir rocks. Journal of Geophysics and Engineering, 15: 2686 – 2694.

Yin S, Jia Q, Ding W, 2018. 3D paleotectonic stress field simulations and fracture prediction for marine-continental transitional facies forming a tight-sandstone reservoir in a highly deformed area. Journal of Geophysics and Engineering, 15: 1214 – 1230.

Zeng H L, 2001. From seismic stratigraphy to seismic sedimentology: a sensible transition. AAPG Bulletin, 85: 413 – 420.

Zeng H L, Backus M M, Barrow K T, et al., 1998. Stratal slicing, part I: realistic 3-D seismic model. Geophysics, 63: 502 – 513.

国春香, 郭淑文, 朱伟峰, 等, 2018. 河流相砂泥岩薄互层预测方法研究与应用. 物探与化探, 42 (3): 594 – 599.

李庆忠, 1987. 含油气砂层的频率特征及振幅特征. 石油地球物理勘探, 22 (1): 1 – 23.

苏盛甫, 1988. 薄储集层的反射特征和定量解释方法. 石油地球物理勘探, 23 (4): 387 – 402.

地震多次波成像

卢绍平[1]

◆0 引　言

　　基于波动方程的地震偏移成像技术由地震波波场传播和成像条件两部分组成（Claerbout，1971）。传统的地震偏移方法多利用一次反射波进行成像。其中，点源波场用于获得震源波场，表面记录的地震数据用于获得检波波场。然而，实际地表采集的地震记录中不仅含有一次反射波，还包含着多次反射的能量，这部分能量通常在数据处理过程中被当作噪声进行剔除（例如运用表面多次波去除技术）。

　　实际上，多次波也可以被用作有效信号进行成像（Berkhout & Verschuur，1994；Whitmore et al.，2010；Lu et al.，2015），即多次波成像技术。该技术使用下行波场作为新的震源波场以替代传统方法中的点源波场（图1），而用于多次波成像的下行波场可以从双检波器采集的地震数据中获得（Carlson et al.，2007）。

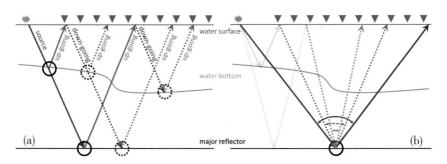

　　（a）一次波（实线）与多次波（虚线）的传播路径示意图，来自多次反射信号（虚线圆）的成像结果要比来自一次波（实线圆）的成像结果有更大的地下照明范围；（b）对于地下某一反射点（实线圆），一次波波场仅包含一个反射角（蓝色），而多次反射波波场包含多个反射角（红色和绿色）。

图1　一次波成像与多次波成像

　　1 中山大学地球科学与工程学院，广州，510275。

◆ 1　方　法

多次波成像方法将每个检波点作为虚拟震源，从而有效地增加了偏移成像的覆盖范围以及地下照明。该方法的成像原理与波动方程的传播算法无关，因此单程波或者双程波算法均可以用于多次波成像中，本文使用单程波偏移的算法（wave-equation-migration，WEM）实现多次波成像。其中，单程波的波场传播是基于傅里叶有限差分算法（Fourier finite-difference，FFD）实现的，其频散近似式由三部分组成：相移项、薄透镜项和有限差分项。其中，有限差分算子通过多向分裂的方式实施，并在不同的分裂方向上采取不同的优化差分系数（Valenciano et al.，2009），以保证算法的稳定及高效。

在炮集偏移成像中，多次波成像技术是一个时空域混合偏移的过程。在此过程中，成像结果会受到串扰噪声的影响。成像结果中的部分串扰噪声可由叠加作用进行压制。除此之外，成像条件也对串扰噪声的压制有一定作用。反褶积成像条件通过对震源波场与检波波场进行反褶积处理来构建偏移成像结果（Claerbout，1971）。然而，出于实际情况以及稳定性的考虑，通常的做法是利用互相关成像条件：

$$I(\boldsymbol{x}) = \sum_{x_s} \sum_{\omega} \boldsymbol{P}_{\mathrm{up}}(x_s,\boldsymbol{x},\omega) \boldsymbol{P}_{\mathrm{down}}^*(x_s,\boldsymbol{x},\omega) \qquad (1)$$

其中，P_{up} 和 P_{down} 分别代表上行波场和下行波场，$\boldsymbol{x}$ 代表成像点的位置，x_s 表示震源位置，ω 表示频率。虽然互相关成像条件（公式 1）具备稳定性的优势，但是这种成像条件无法获得真振幅的成像结果，同时在多次波成像时也受到串扰噪声的影响。针对上述问题，一个稳定的反褶积成像条件如下式所示：

$$R(\boldsymbol{x}) = \sum_{x_s} \sum_{\omega} \frac{\boldsymbol{P}_{\mathrm{up}}(x_s,\boldsymbol{x},\omega) \boldsymbol{P}_{\mathrm{down}}^*(x_s,\boldsymbol{x},\omega)}{< \boldsymbol{P}_{\mathrm{down}}(x_s,\boldsymbol{x},\omega) \boldsymbol{P}_{\mathrm{down}}^*(x_s,\boldsymbol{x},\omega) >_x + \varepsilon(x_s,\boldsymbol{x},\omega)} \qquad (2)$$

相比公式（1）中的成像条件，上述成像条件可以更加准确地计算反射系数 $R(\boldsymbol{x})$ 并有效地压制成像中的串扰噪声。其中，上式分母中的空间域平滑算子 $< >_x$ 和参数 $\varepsilon(x_s,\boldsymbol{x},\omega)$ 共同起到了稳定该成像条件的作用。本文利用标准的 SEAM（SEG advanced modeling）模拟数据并结合反褶积成像条件，来验证上式的成像效果。图 2 比较了利用互相关成像条件［图 2（a）］和反褶积成像条件［图 2（b）］得到的多次波成像的结果。对比显示，反褶积成像条件可以有效地压制串扰噪声，其成像结果具有更高的信噪比。

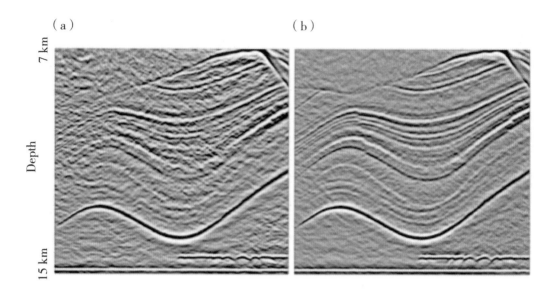

（a）互相关成像条件结果；（b）反褶积成像条件结果。

图2　多次波成像结果

公式（2）可以通过推广到叠前域，以计算共成像点偏移距道集 I（x，h）：

$$I(x,h) = \sum_{x_s} \sum_{\omega} \frac{P_{up}(x_s,x,\omega,x+h)P_{down}^*(x_s,x,\omega,x-h)}{< P_{down}(x_s,x,\omega,x-h)P_{down}^*(x_s,x,\omega,x-h) >_x + \varepsilon(x_s,x,\omega)} \quad (3)$$

其中，h 表示半偏移距。偏移距道集可以进一步计算角度域道集（Rickett & Sava，2002），为后续的速度建模和改进成像效果提供帮助。

反褶积成像条件的应用只能压制部分的串扰噪声，而剩余的串扰噪声可以通过特定的偏移成像方法进行预测，并在成像域进行剔除。实际上，串扰噪声是由不相关的震源与检波波场相干产生的。根据串扰噪声在成像结果与真实反射点之间的位置关系，串扰噪声可以分为因果关系噪声和反因果关系噪声，而大部分的因果关系噪声和反因果关系噪声是可以被预测的。图3（a）展示了未经处理的多次波成像结果，该成像结果受到因果关系（红色椭圆）和反因果关系（非红色椭圆）串扰噪声的影响。图3（c）和图3（d）展示的是通过偏移成像方法预测的串扰噪声。图3（b）展示的是经过串扰噪声压制后的结果。

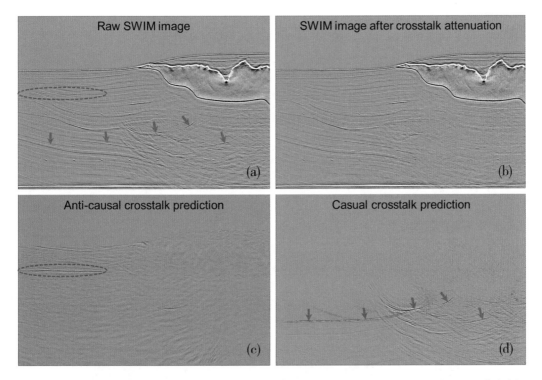

（a）原始的多次波成像结果；（b）经过串扰噪声压制的多次波成像结果；（c）反因果关系串扰噪声的预测；（d）因果关系串扰噪声的预测。

图3 多次波成像后的串扰噪声预测和压制

◈ 2 多次波成像的优势

一方面，多次波成像技术将每一个检波点作为虚拟震源，从而有效地扩大了地震勘探的表面覆盖范围，增强了对地下成像的照明；另一方面，该技术通过将地震拖缆阵列同时用作震源阵列和检波阵列，使得观测系统空间采样率大大提升，偏移距和方位角分布也更为丰富。图1（a）显示，在单炮的数值模拟中，多次波比一次波可以产生更大的照明覆盖。在炮域成像中，偏移成像的照明覆盖范围近似等于炮检距的一半。因此在利用一次波进行成像时，照明范围多受到震源位置的影响。而对于多次波成像而言，震源点被用作检波点，其成像的覆盖范围要大得多，因此可以有效地扩大成像的覆盖区域。同时，这种做法在每一个成像点上产生了更多的反射角，进而提高了成像的分辨率。从单炮成像结果分析，图1（b）显示多次波可以从多个角度对地下同一反射点进行成像，而一次波成像只能从一个角度照到该成像点。这是因为角度照明取决于震源的密度，在一个典型的拖缆采集的海洋地震数据中，检波器的密度远远大于震源的密度。而多次波成像将其中的每一个检波点用作一个虚拟震源，能够以更密集的反射角度照亮反射点，从而提高了每一个成像点的分辨率。

◆ 3 地震数据采集系统对多次波成像的影响

在多次波成像中，下行波场和上行波场分别作为震源波场和检波波场。因此，地震数据采集系统中拖缆的覆盖范围、接收器的密度、震源－检波点分布，以及采集过程中拖缆的方向、成像目标的深度和地下结构的倾角都是影响多次波成像的因素。

其中光缆的尺寸决定着下行波场和上行波场的覆盖范围，因此，覆盖范围更广、更密集的光缆可以记录更为完整的震源波场和检波波场，从而提高多次波成像的效果。图4展示了利用一条宽方位角侧线与窄方位角侧线的 SEAM 模拟数据进行多次波成像的结果。等深度截面［图4（a）（b）］以及联络测线方向的成像结果表明，宽方位角观测系统比窄方位角观测系统有更多的地下照明。

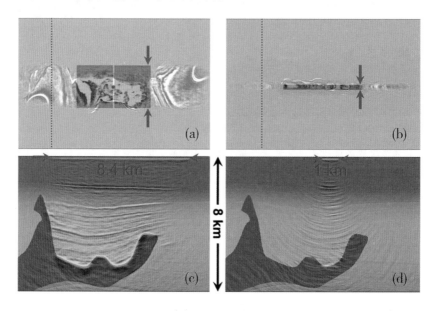

（a）和（c）是来自宽方位角观测系统的成像结果；（b）和（d）是来自窄方位角观测系统的成像结果。（a）和（b）展示的是等深度剖面（深度2 km），粉红色的区域表示了来自单炮的检波点的分布范围。其中，宽方位角观测系统在主测线方向上的长度是14 km，在联络测线方向上的宽度是8.4 km；窄方位角观测系统在主测线方向上的长度是16 km，在联络测线方向的宽度是1 km。（c）和（d）展示了联络测线方向的深度域的成像结果（彩色的背景显示的是速度值）。（a）和（b）中的红色虚线表示了（c）和（d）的位置。（a）和（b）中的红色箭头表示沿联络测线方向上拖缆的宽度，这与（c）和（d）上表示的沿联络测线方向的成像结果覆盖范围相一致。

图4　运用 SEAM 模拟数据获得的一条测线的多次波成像结果

另外，多次波成像的效果还受到地震采集过程中拖缆方向的影响。单方向拖缆的采集系统会造成多次波成像在方向上的偏差。例如，如果地下反射界面是相对平缓的，那么下行波场的方向主要指向拖缆的尾端。因此，多次波成像可以照亮小倾角、浅部的断层以及向下倾斜的断层［图5（c）（d）］。然而，多次波对于向上倾斜的构造成像能力不足，特别是当成像目标深度较大时，这一缺陷将更加明显［图5（c）（e）］。针对上述问题，可采取反向平行的观测系统对倾斜的成像目标从另外一侧进行成像。在实际的拖缆地震数据采集中，可通过利用船头—船尾交替放炮的方式双向采集地震数据，之后利用双向采集的地震数据得到上行波场和下行波场，进而对上倾角和下倾角构造进行成像。

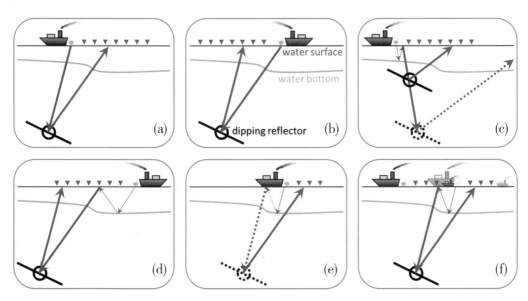

　　箭头表示地震波场，蓝色箭头表示下行波场，红色箭头表示上行波场；实线表示被有效记录到的地震波场，虚线表示未被记录到的地震波场。实线圆表示有效成像点，虚线圆表示无法成像的反射点。（a）和（b）表示一次成像的射线路径，其中上倾和下倾构造可以被来自不同方向的射线覆盖到。（c）和（e）表明多次波在上倾构造成像上有局限性。（c）显示当成像目标较浅时，多次波可以对上倾构造进行成像。而对于深部的上倾构造，由于震源波场［（e）中的下行波场］或者检波波场［（c）中的上行波场］无法被记录到，因此这部分构造无法得到有效成像。（d）表明反向平行的观测系统可以对倾斜的成像目标从另外一个方向进行成像。（f）表明双向采集的地震数据，可以利用不同侧采集到的上行波场和下行波场进行成像，从而对上倾和下倾构造都可以有效地刻画。

图5　地震数据采集观测系统对于多次波成像的影响

　　为了验证地震采集过程中拖缆的方向对多次波成像的影响，本文通过利用SEAM模拟数据进行分析。图6展示了利用不同的观测系统进行的多次波成像结果。由于没有记录到上行波场或下行波场，单方向观测系统［图6（a）（b）］对上倾构造的成像存在局限性。反向平行观测系统［图6（c）］的成像结果，实际上是图6（a）和图6（b）所示单方向观测系统成像结果的总和，因此，两个方向上的倾角均可以成像。对比显示，双向观测系统［图6（d）］比反向平行观测系统［图6（c）］具备更好的成像效果。

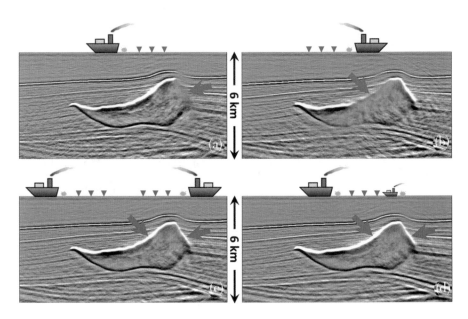

（a）和（b）单向观测系统的结果；（c）反平行观测系统的结果；（d）采用船头—船尾交替放炮的双向观测系统得到的结果。

图6　利用不同观测系统得到的多次波成像结果

◆ 4　实际数据应用结果：宽方位角观测系统采集的地震数据

多次波成像的效果很大程度上取决于数据采集过程中使用的拖缆的覆盖范围以及接收器的密度。对于某一观测系统而言，其能够记录到的多次反射信息越多，最终的成像效果就越好。因此，本文利用宽方位角地震数据分别进行成像。结果表明，多次波成像技术在改善地下照明和成像分辨率上更有优势。

本文将多次波成像技术应用于墨西哥湾深水区的宽方位角地震数据中。结果表明，多次波成像方法可以有效提高成像的分辨率以及复杂盐丘边界结构的成像照明。图7（a）和图7（b）展示了一次波成像和多次波成像在海平面下3 km处等深度截面。比较显示，多次波成像结果成像的分辨率更高，盐丘边界等细节构造的刻画更加清晰准确。对图7（a）和图7（b）进行对比可以看出，多次波成像比一次波成像的同相轴更连续、更清晰。

对比叠前域的角道集结果也可以看出，多次波成像有更好的照明和分辨率。一次波成像的地下照明受到炮点密度的限制，而炮点的密度受到炮点间距以及航线间距（通常为几百米）的影响。对于多次波成像而言，其使用的表面多次波的震源密度是由检波器间距和拖缆间距决定的，这要比炮点间距和航线间距小得多。因此，多次波成像可以产生更密集采样的角道集，这一点在联络测线方向上尤为明显。图7（c）和图7（f）展示了水底、沉积层和盐丘顶部的角道集。这些结果展示了0°方位角与90°方位角的角道集，角度范围为 −70°～70°。图7（d）展示的来自多次波成像0°方位角的角道集，其采样率比一次波成像角道集的采样率更为密集。除此之外，在90°方位角的方向上，一次波只有几个反射角可以成像［图7（e）］，而多次波成像的角道集更为密集［图7（f）］。

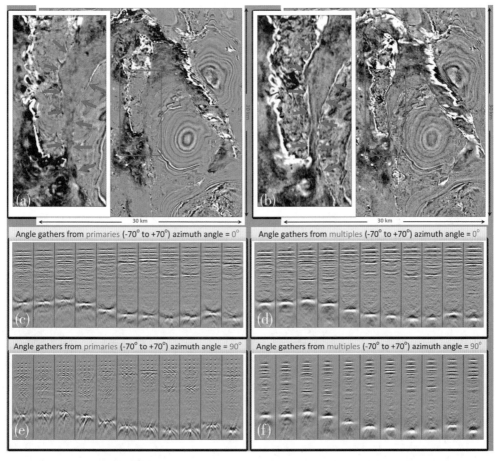

（a）一次波成像的等深度截面（海平面以下3 km）；（b）多次波成像的等深度截面（海平面以下3 km），多次波成像改善了复杂盐丘边界的照明（方框内红色箭头标记的结果）；（c）一次波成像的角道集（主测线方向）；（d）多次波成像的角道集（主测线方向）；（e）一次波成像的角道集（联络测线），在该方向上只有少数的反射点可以成像；（f）多次波成像的角道集（联络测线），其角度域照明更为密集。由于炮点的采样率更为稀疏，因此一次波成像得到的角道集照明较差，而多次波成像得到的角道集可以提供更好照明度。

图7　一次波成像与多次波成像等深度截面及角道集

◆ 5　实际数据应用结果：窄方位角观测系统采集的地震数据

多次波成像技术不仅可以用于宽方位角观测系统采集的地震数据，而且也可以应用于窄方位角观测系统采集的数据，用于提高对浅层目标成像的照明和分辨率。在浅水环境中，常规的利用一次波进行成像时，会存在采集脚印和近地表分辨率低的问题。其中，采集脚印是由于联络测线方向上的炮检距造成的。多次波成像通过将检波点用作虚拟震源，可以在主测线和联络测线方向上产生更为密集的炮点，从而扩展照明区域并有效地解决采集脚印的问题。除此之外，多次波成像可以产生更为密集的角度照明，进而提高了成像的分辨率。

为了提高成像结果的分辨率，传统的成像方法中有针对性地设计了具有高密集航线间距和震源分布的高密度三维（HD3D）采集观测系统。虽然这种观测系统有助于提高成像的分辨率，但是这种做法极大地增加了数据采集和数据处理的成本。多次波成像以其特有的优势，相比于一次反射波可以提供更为密集的采样率。因此，多次波成像方法以低成本的形式间接取代了高密度采样的三维观测系统。

下面展示的是多次波成像方法应用于马来西亚近海窄方位角数据的结果。在测试区域内，本文利用上行波场和下行波场对 49 条航线的地震数据进行了多次波成像。图 8 展示的是一次波成像［图 8（a）］和多次波成像［图 8（b）］在海平面以下 105 m 处的等深度截面。通过对比可以看出，一次波成像的结果中浅层构造分辨率明显不足，而多次波成像解决了浅部成像的采集脚印问题，提供了分辨率更高的近地表结构［图 8（b）］。

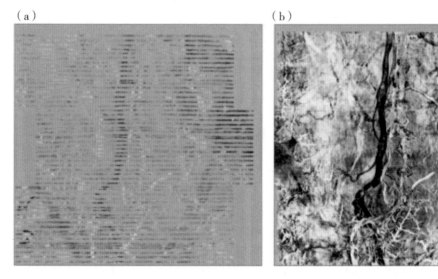

（a）一次波成像结果；（b）多次波成像结果。

图 8 海平面以下 105 m 处的等深度截面（水深 70 m）

◆ 6 结　论

多次波成像技术利用上行波场和下行波场进行深度偏移，能够提供高分辨率的地下成像结果。其中，地震数据采集拖缆的覆盖范围、接收器的密度、震源－检波点分布的观测系统设计、采集的方向、目标深度和地下倾角都是影响多次波成像的控制因素。在多次波成像中，下行波场作为虚拟震源，增加了成像的角度照明，进而提高了地下的照明覆盖范围和分辨率。但是，在多次波的成像过程中会受到串扰噪声的干扰，这些串扰噪声可以利用反褶积成像条件进行部分压制，剩余的串扰噪声可以在成像域进行预测和剔除。本文通过对比宽方位角和窄方位角数据的测试结果，可以看出，多次波成像可以明显改进地下成像的效果，同时说明了观测系统对多次波成像质量的重要性。

◆ 说　　明

　　本文英文原版发表于国际勘探地球物理学家学会（SEG）期刊 *The Leading Edge*，获评 2015 年的年度最佳论文。文献发表信息：Lu S P，Whitmore D N，Valenciano A A，et al.，2015. Separated-wavefield imaging using primary and multiple energy. The Leading Edge，34（7）：770 – 778.

◆ 参 考 文 献

Berkhout A J，Verschuur D J，1994. Multiple technology：Part 2，migration of multiple reflections//Society of Exploration Geophysicists. SEG Technical Program Expanded Abstracts 1994：1497 – 1500. http://dx. doi. org/10. 1190/1. 1822821.

Carlson D H，Long A，Söllner W，et al.，2007. Increased resolution and penetration from a towed dual-sensor streamer. First Break，25（12）：71 – 77.

Claerbout J F，1971. Toward a unified theory of reflector mapping. Geophysics，36（3）：467 – 481. http://dx. doi. org/10. 1190/1. 1440185.

Guitton A，Valenciano A，Bevc D，et al.，2007. Smoothing imaging condition for shot-profile migration. Geophysics，72（3）：S149 – S154. http://dx. doi. org/10. 1190/1. 2712113.

Lu S，Valenciano A A，Chemingui N，et al.，2015. Separated wavefield imaging of ocean bottom seismic（OBS）data//European Association of Geoscientists & Engineers. 77th EAGE Conference and Exhibition 2015. Spain，Madrid：1 – 5. http://dx. doi. org/10. 3997/2214 – 4609. 201412943.

Rickett J E，Sava P C，2002. Offset and angle-domain common image-point gathers for shot-profile migration. Geophysics，67（3）：883 – 889. http://dx. doi. org/10. 1190/1. 1484531.

Valenciano A A，Cheng C C，Chemingui N，et al.，2009. Fourier finite-difference migration for 3D TTI media//European Association of Geoscientists & Engineers. 71st EAGE Conference and Exhibition incorporating SPE EUROPEC 2009. Netherlands，Amsterdam：cp – 127 – 00044.

Whitmore N D，Valenciano A A，Sollner W，et al.，2010. Imaging of primaries and multiples using a dual-sensor towed streamer//Society of Exploration Geophysicists. SEG Technical Program Expanded Abstracts 2010：3187 – 3192. http://dx. doi. org/10. 1190/1. 3513508.

地幔过渡带底部全球低速层探测

沈旭章[1]，袁晓晖[2]，李学清[2]

✖◆ 0 引 言

全球范围上地幔不同深度存在的地震学间断面是地幔岩石矿物，如橄榄石、辉石、石榴石等组分发生相变转换的主要界面（Jeanloz & Thompson，1983），其中 410 km 和 660 km 深度间断面（简称 410 和 660）是上地幔中最为重要的两个间断面，二者共同界定了地幔转换带（MTZ），并且将地幔分隔成了上下地幔（Helffrich，2000）。410 和 660 主要被认定为橄榄石到其高压组分的相变界面，且形成了近垂直梯度分布的密度和速度跃变。410 为橄榄石到瓦兹利石的相变，660 为林伍德石到钙钛矿和镁方铁矿的相变。由瓦兹利石到林伍德石的相变造成的 520 km 深度间断面不同区域所在深度不同（Shearer，1990；Deuss & Woodhouse，2001）。某些研究区域，少量地幔组分（如石榴石）的变化会产生间断面较大的深度起伏和复杂的 MTZ 结构（Vacher et al.，1998）。而其他间断面时常也被人们观测得到，比如约 220 km 深度的 Lehmann 间断面（Gu et al.，2001；Deuss & Woodhouse，2002），约 300 km 深度的 X – 间断面等（Deuss & Woodhouse，2002；Bagley & Revenaugh，2008；Schmerr et al.，2013；Ramesh et al.，2005）。

地震体波通过间断面时会发生振动属性的转换，在地震波记录中可以被观测到。接收函数方法是探测台站下方 P – to – S 转换波最为行之有效的方法。该方法对大陆或洋岛观测记录均适用。前人对 410 和 660 的全球性和局部分布特征进行了大量研究，得到了较多关于 410 和 660 的研究成果（Stammler et al.，1992；Li et al.，2003；Lawrence & Shearer，2006）。本研究将对 169 个全球分布的地震台站约 30 000 多个接收函数进行叠

1 中山大学地球科学与工程学院，广东省地球动力作用与地质灾害重点实验室，广州，510275；2 德国赫姆霍兹波茨坦地学中心（GFZ），波茨坦，14473，德国。

基金项目：本文得到国家自然科学基金项目（41874052，41730212）和广东省引进人才创新创业团队项目（2017ZT07Z066）联合资助。

加，以此清晰揭示上地幔层状结构。在结果中除了常见的 MTZ 间断面（410 和 660）外，我们还观察到另外两个不同震相代表的间断面，其分别位于约 300 km 和 600 km 深度。前者为被前人多次在不同区域发现的 X - 间断面（Deuss & Woodhouse，2002；Bagley & Revenaugh，2008；Schmerr et al.，2013；Ramesh et al.，2005），后者未被人们熟知且偶尔在局部区域才被观测到（Shen & Blum，2003；Shen et al.，2008；Jasbinsek & Dueker，2007；Eagar et al.，2010；Bonatto et al.，2013）。

本文中我们分别使用 Pds 一次转换波和 PPds 多次转换波（d 表明深度为 d km 深度的间断面）对间断面进行了探测。

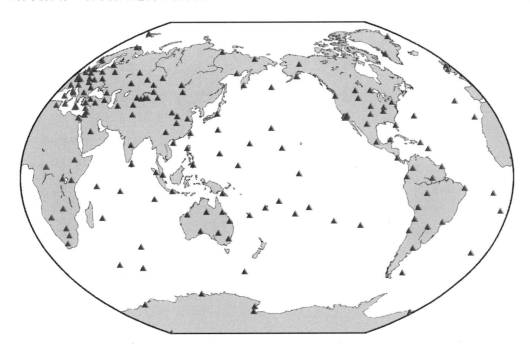

图 1 本研究中所使用的全球地震台站位置

红色和蓝色三角形分别表示位于大陆和海洋的台站。

◈ 1 资料和方法

图 1 给出了本研究中用到的 169 个固定台站的分布。其中，139 个台站位于大陆（大陆台站），30 个位于大洋岛屿（海洋台站）。波形资料来自 IRIS 和 GEOFON 数据中心，数据选择条件为震级 >5.7 级，震中距范围 30°～95°。接收函数的计算主要包括从 $Z—N—E$ 坐标系旋转到基于射线路径的 $L—Q—T$ 坐标系，然后进行单个事件 Q 分量和 L 分量的反褶积（Yuan et al.，1997）。L、Q 和 T 分量分别对应于 P、SV 和 SH 偏振方向。新的坐标系通过协方差矩阵的对角化来确定（Montalbetti & Kanasewich，1970），通过 P 波到达时的 Q 和 T 分量的幅值确定旋转角度。反褶积时采用时间域的维纳滤波方法（Berkhout，1977）。接收函数由 L、Q、T 分量波形与滤波器的逆矩阵卷积产生，滤

波器逆矩阵是通过在 80 s 时间窗内最小化 L 分量与期望的 δ 函数之间的最小二乘得到。本研究将用 Q 分量接收函数研究全球平均地幔结构。对所有观测到的接收函数根据台站分布分为两组，一组为大陆，另一组为大洋。对于每组接收函数我们根据震中距进行排列，并根据 0.5° 间隔进行叠加 [图 2（a）（b）]。叠加前使用 5 s 的低通滤波器进行滤波。尽管大洋范围叠加（约 2700 条）用到的原始接收函数数量明显少于大陆（约 27 000 条），但两个区域都可以识别出主要转换震相。此外，较强 PP 和 PcP 震相存在于大陆叠加中，而在大洋中较弱。这种差异可能主要由旋转过程中使用的基于 IASP91 模型（Kennett & Engdahl，1991）理论入射角和实际入射角的差别引起。大量海洋台站下面缺少厚的沉积物层，使得 Q 分量在 P 波振动方向（L 分量）投影更少，因此其坐标旋转相对更为理想。比较大陆和海洋区域接收函数叠加结果，二者明显的区别是壳内震相。大陆叠加结果中，主要一次转换和地壳多次波占据了前 30 s，而在海洋叠加中，它们则在前 10 s 之内。

◆ 2　观测结果

大陆和海洋叠加 [图 2（a）（b）] 结果均清晰地显示出 410（P410s）和 660（P660s）间断面 P - S 转换波信号。大陆叠加结果中主要震相到时与 IASP91 模型预测时间基本一致，而大洋观测资料叠加结果中，由于地震层析成像结果显示的大洋下方低速异常的存在（Grand，1994），两个震相同时延迟了约 5 s。410 的多次转换波（PP410s）在 130 ~ 140 s 时不同慢度下都可以很好地被识别。220 km 深度的 Lehman 间断面和 520 km 间断面并未被清晰观察到，表明它们可能不是全球普遍存在的界面，也可能是受到间断面大尺度的深度变化影响所致。

大洋地区地震台站叠加结果中 [图 2（b）]，9 s 附近出现了一个明显的负转换震相，可能代表平均深度为 80 km 的海洋岩石圈—软流圈边界（LAB）。大陆台站叠加结果中，前 30 s 信号被壳内多次折反射波所占据。在 25 ~ 30 s 存在一个清晰连续的代表 X - 间断面的转换震相（P300s）。大洋台站的叠加结果中该震相更为清晰，其主要原因可能是在大陆地震台站叠加结果中存在壳内多次波震相干扰。然而 X - 间断面由于其一次转换波慢度和 P 波慢度接近，较易受到浅层中的多次波干扰，使得探测到其震相表现不太清晰。但是在叠加结果中我们清晰地观测到了该 X - 间断面的多次反射震相 PP300s，全球两个不同区域的叠加结果中，90 ~ 100 s 之间 PP300s 都较为清晰，该结果是 X - 间断面存在的一个非常有力的地震学证据。

P660s 震相之前 60 ~ 70 s 范围的负转换震相较为明显。该震相到时曲线和 P660s 平行且较 P660s 提前 6 ~ 8 s，表明 600 km 深度附近存在速度减小的低速间断面。大陆台站和大洋台站叠加中此震相到时相近，由于地壳厚度在大陆和大洋区域显著不同，因此该震相不可能是地壳内的多次波产生。我们据此推测该震相来自 600 km 深度的全球性间断面。

我们还将接收函数依据时间和慢度进行排列叠加，如图 2（c）和图 2（d）所示。

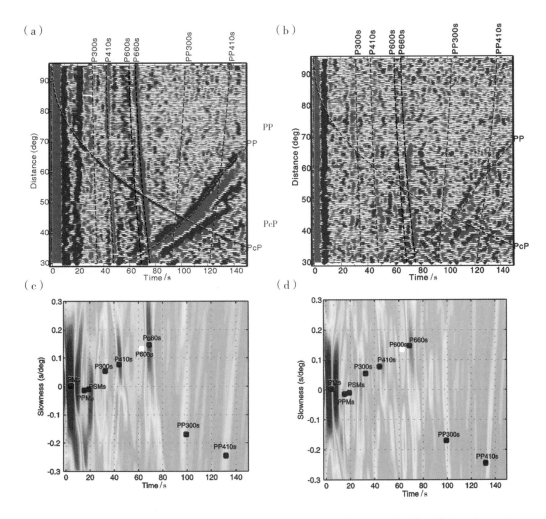

（a）大陆地震台站接收函数以0.5°震中距间隔叠加结果；（b）大洋所有地震台站接收函数以0.5°震中距间隔叠加结果；（c）大陆地震台站接收函数慢度倾斜叠加；（d）大洋地震台站接收函数慢度倾斜叠加。

其中所有接收函数都用5～50 s的带通滤波器进行滤波。正振幅和负振幅分别用红色和蓝色表示。黑色虚线代表了P300s、P410s、P600s、P660s、PP300s、PP410s以及PP和PcP由IASP91模型得到的参考到时。接收函数慢度倾斜叠加中，红色和蓝色分别表示正幅值和负幅值。不同震相具有不同慢度值。参考P波慢度，将主要一次转换震相和多次转换震相分别被划分至正慢度和负慢度范围。P300s、P410s、P660s、PP300s、PP410s震相的理论位置用黑加号标记。白色的十字加号代表P600s震相。

图2 观测接收函数震中距叠加剖面和慢度倾斜叠加结果

所使用的倾斜叠加技术（Schultz & Claerbout，1978）可以确定转换震相的慢度，从而识别出一次转换波和多次转换波。以P波慢度作为参考慢度，正慢度值范围内的最大值代表了一次转换波能量，而多次转换波能量则分布在负慢度值范围。图2（c）和图2

（d）中，我们观察到正的 Moho、X－不连续面、410 和 660，以及负的 600 km 间断面的转换波。负慢度值范围内可以观察到 Moho、X－不连续面和 410 的多次波。它们的震相慢度值接近理论预测值。倾斜叠加结果中，60 s 左右未在负慢度范围内发现多次波，也证实了该震相是由 600 km 间断面引起的直达 P－S 转换波。此外，在慢度倾斜叠加结果中，我们也清晰看到了 PP300s 震相，这一结果更可靠地证实了 X－间断面的存在。

此外，不同频率接收函数叠加结果中，同时也观察到了 300 km 和 600 km 深处存在的间断面（图 S1 和图 S2）。它们可以在较宽频范围中被清晰地识别（图 S1），并在长周期内保持连续性（图 S2）。图 S3 给出了大陆不同区域的接收函数的倾斜叠加。其中，欧洲和北美洲各包含 3000 多条数据，亚洲和澳大利亚合计包含 3000 多条数据，但在南美洲和非洲的可用数据量较少，使得这些叠加噪声大，可靠性相对低。然而 600 km 深度负的间断面则在所有大陆范围都存在。而 X－间断面震相表现不太一致，其在北美较强，欧洲可见，但在亚洲表现相对较弱。

地幔转换震相的幅值信息可用来计算间断面剪切波速度变化。我们分别对大陆和大洋的接收函数进行叠加，对主要转换波进行时差校正，并测量了地幔 Pds 震相幅值（表1）。同时计算了 IASP91 模型下 410 和 660 的 Pds 震相幅值。全球叠加结果中的绝对幅值可能会受到不同因素的影响，比如三维地球的各向异性、间断面的尖锐程度和起伏变化等因素，因此我们计算了不同间断面震相的相对幅值。根据 IASP91 模型将 660 的速度跃变调整至固定值（6.2%），并计算了其他间断面的幅值。大陆范围内计算得到的 410 速度跃变值（4.4%）和 IASP91 模型（4.1%）非常接近，但大洋范围幅值相对较高（5.7%）。大陆用来叠加的数据量是大洋的 10 倍之多，因此大陆范围的叠加结果相较大洋更为可靠。另外测得 300 km 和 600 km 深度间断面的速度跃变值分别为 2.2% 和 －2.2%。由于大陆范围的数据量大，由 Bootstrap 重采样估计得到的速度跃变的误差相对较小，而大洋则相对较大。

表1　地幔间断面的 Pds 转换波幅值和 v_s 速度跃变

间断面 深度/ km	Pds 幅值 （大陆）	v_s 跃变 （大陆）/ %	Pds 幅值 （大洋）	v_s 跃变 （大洋）/ %	Pds 幅值 （IASP91）	v_s 跃变 （IASP91）/ %
300	0.009 ± 0.001	2.2 ± 0.2	0.027 ± 0.006	4.8 ± 1.1	－	－
410	0.018 ± 0.001	4.4 ± 0.2	0.032 ± 0.007	5.7 ± 1.2	0.025	4.1
600	-0.009 ± 0.001	-2.2 ± 0.2	-0.022 ± 0.009	-3.9 ± 1.6	－	－
660	0.025 ± 0.001	6.2 (fixed)	0.035 ± 0.008	6.2 (fixed)	0.044	6.2

表中根据 IASP91 模型将 660 的 v_s 波速跃变调整到 6.2%。振幅测量过程中的误差由 100 次 bootstrap 重采样标准差得到，每次随机采样数据占全部数据的 60%。

此外，我们还计算了两种不同模型下的理论接收函数。第一种模型基于 IASP91 模型，将地壳设置成一个梯度层［图 3（a）］。第二种模型在 300 km 和 600 km 深度处分别设置了一个正的间断面和负的间断面［图 3（b）］。由反射率方法计算得到了全波场理论地震图（Kind，1976）。理论接收函数和观测接收函数的数据处理流程一致。最终理论［图 3（c）（d）］和观测资料叠加均表现出相同特征。由于采用了均匀的一维模型和低噪声水平，一些高阶多次转换波同时可见。但地球介质沿射线路径的非均一性，可能使高阶震相在观测数据中逐渐微弱。对于具有正的 300 km 和负的 600 km 深度间断面速度模型，理论接收函数与观测接收函数具有良好的一致性。倾斜叠加结果［图 3（e）（f）］中正的 300 km 和负的 600 km 间断面都能被很好地解释。

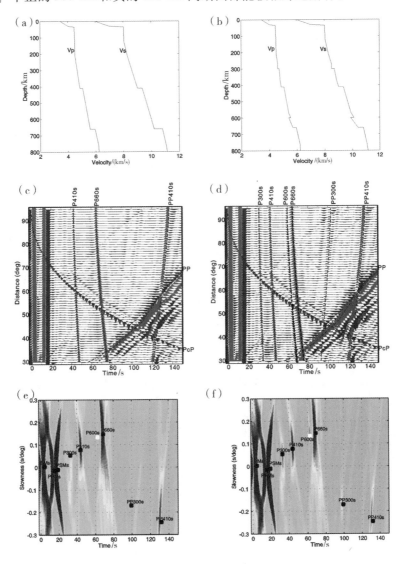

　　（a）基于 IASP91 修正得到的模型；（b）具有 300 km 和 600 km 的间断面模型；（c）图（a）模型理论接收函数；（d）图（b）模型理论接收函数；（e）图（c）接收函数的倾斜叠加；（f）图（d）接收函数的倾斜叠加。幅度值的正和负分别用红色和蓝色表示。图 2（a）中对 IASP91模型的参考震相分别进行标示。图中也标示了参考震相的理论到时。

图 3　理论地球模型、理论接收函数及慢度倾斜叠加结果

◆ 3 讨　论

地幔过渡带底部 600 km 深度附近的负震相在全球各地如南非（Shen & Blum，2003）、中国（Shen et al.，2008）、南美（Jasbinsek & Dueker，2007；Eagar et al.，2010）和伊比利亚半岛（Bonatto et al.，2013）等不同区域曾被陆续观测到。由 Shen 和 Blum（2003）估算得到南非下方的 600 km 间断面剪切波速率减小值为 2.2%，而 Jabinsek 和 Dueker（2007）得到的南美的值为 7.4%，且都认为古老俯冲板块的洋壳在上地幔底部的残留是形成低速层的主要原因（Shen & Blum，2003）。本研究接收函数叠加结果表明，600 km 深度间断面具有全球性的特征，其 S 波速度跃变在 2.2% 左右，与 Shen 和 Blum（2003）在南非的结果一致。

洋壳在 MTZ 中的残留是全球性的现象。在俯冲洋壳内橄榄石发生的相变导致其在 600 km 深度附近密度变小，利于在 MTZ 底部进行滞留（Ringwood，1969；Irifune & Ringwood，1993；Shen & Blum，2003）。地震层析成像结果中显示大多数俯冲区域都存在板块停滞（Fukao et al.，2009），这些停滞板块将大量的洋壳带入了 MTZ。数值模拟结果表明，伴随着俯冲板块内洋壳滞留，会在 MTZ 中部形成一个高速带，从而在其下部形成一个低速区（Zhang et al.，2013）。大量的富水洋壳可以随着俯冲而到达 MTZ。过量的含水会使 MTZ（Inoue et al.，1998）底部的地震波速降低，从而产生负的 600 km 深度间断面。Shen 和 Blum（2003）认为，水含量的增加会致使 660 的速度跃变增大，而在南非观测到负的 600 km 深度间断面存在的区域未观察到明显的波速增加。如果 600 是一个全球性的间断面，且 MTZ 底部存在的一定的过量水，则全球 660 的速度跃变可能受到影响。此外，MTZ 中一个重要的高压相——超硅石榴石的声速测量表明，MTZ 的底部会出现剪切波波速的降低（Irifune et al.，2008）。

前人在不同构造背景的研究区都曾观测到 X - 间断面（Deuss & Woodhouse，2002；Bagley & Revenaugh，2008；Schmerr et al.，2013；Ramesh et al.，2005）。现今，也提出了产生 X - 间断面的很多不同机制，相对较合理的解释是在富含榴辉岩的地幔矿物组成中，由柯石英到斯石英的矿物相变（Williams & Revenaugh，2005；Liu et al.，1996）。斯石英中的 P 波和 S 波速率比柯石英大 30%，因此，很小比例的游离态氧化硅（4% ~ 10%）足以产生 X - 间断面（Williams & Revenaugh，2005）。本研究中，我们观察到 v_S 波速跃变是 2.2%，可用上地幔中 9% 的游离氧化硅含量进行合理解释。

◆ 致　谢

本文结果于 2014 年全文发表于 *Geophysical Research Letters*（Shen et al.，2014）。该结果发表以来，国际上很多从事高温高压和地震学观测的同行在实验室和不同区域的观测中都证明了我们探测到的上地幔中两个全球性间断面的存在。如近期美国加州理工大学地震学实验室 Johannes Buchen 博士基于高温高压实验，推断上地幔底部 600 km 深度附近存在低速层，其发表在 *Nature* 上的文章（Buchen，2019）引用本研究对其高温高压结果进行了验证。该工作对于大尺度的地球动力学过程及地球的演化历史都具有一定的参考意义。在高锐院士从事地球物理科研工作 50 周年之际，我们对本研究结果进行了翻译和整理，谨此祝贺。感谢美国地震学研究联合会（IRIS）和德国 GEOFON 数据中心提供地震波形资料。

✕◆附　　图

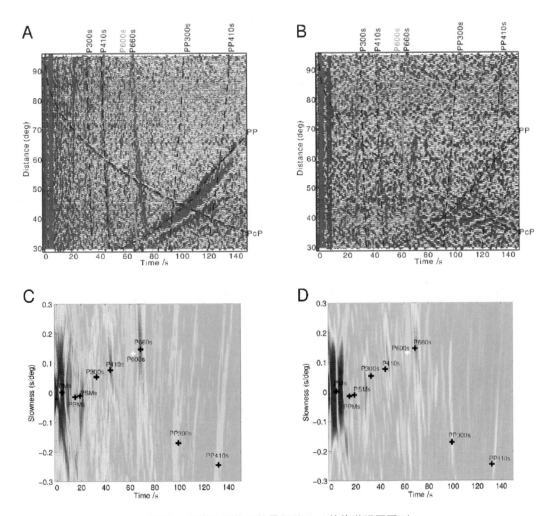

图 S1　无滤波接收函数叠加结果（其他说明同图 2）

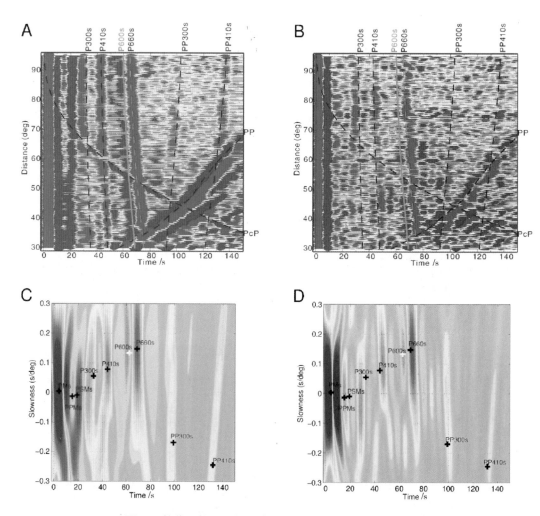

图 S2　接收函数 10 s 低通滤波叠加结果（其他说明同图 2）

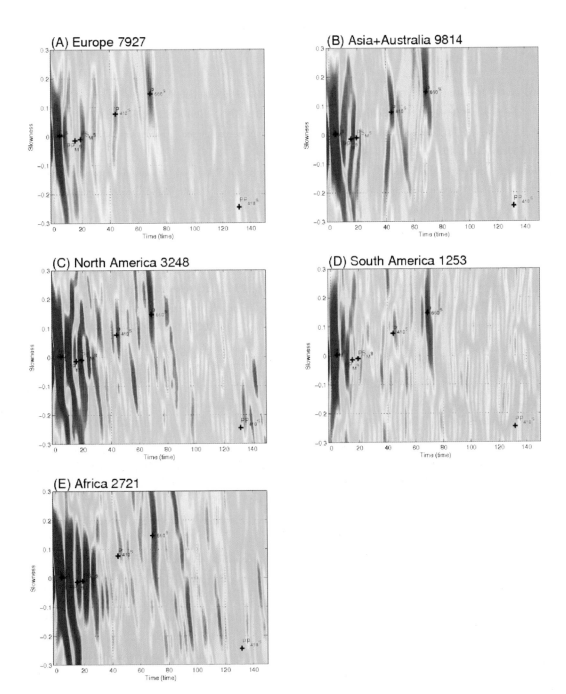

（a）欧洲 7927 条接收函数叠加结果；（b）亚洲和澳大利亚 9814 条接收函数叠加结果；（c）北美大陆 3248 条接收函数叠加结果；（d）南美洲 1253 条接收函数叠加结果；（e）非洲 2721 条接收函数叠加结果。（其他说明同图 2）

图 S3　不同大陆接收函数（5 ～ 50 s 带通滤波）倾斜叠加

◆ 参 考 文 献

Bagley B, Revenaugh J, 2008. Upper mantle seismic shear discontinuities of the Pacific. Journal of Geophysical Research Solid Earth, 113 (B12): B12301. DOI: 10. 1029/2008JB005692.

Berkhout A J, 1977. Least-squares inverse filtering and wavelet deconvolution. Geophysics, 42 (7): 1369 – 1383. DOI: 10. 1190/1. 1440798.

Bonatto L, Schimmel M, Gallart J, et al., 2013. Studying the 410-km and 660-km discontinuities beneath Spain and Morocco through detection of P – to – S conversions. Geophysical Journal International, 194 (2): 920 – 935. DOI: 10. 1093/gji/ggt129.

Buchen J, 2019. High-pressure experiments cast light on deep-Earth mineralogy. Nature, 565 (7738): 168 – 170.

Deuss A, Woodhouse J H, 2001. Seismic observations of splitting of the mid-transition zone discontinuity in Earth's mantle. Science, 294 (5541): 354 – 357. DOI: 10. 1126/science. 1063524.

Deuss A, Woodhouse J H, 2002. A systematic search for mantle discontinuities using SS-precursors. Geophysical Research Letters, 29 (8): 90-1 – 90-4. DOI: 10. 1029/2002GL014768.

Eagar K C, Fouch M J, James D E, 2010. Receiver function imaging of upper mantle complexity beneath the Pacific Northwest. United States, Earth and Planetary Science Letters, 297 (1 – 2): 141 – 153. DOI: 10. 1016/j. epsl. 2010. 06. 015.

Fukao Y, Obayashi M, Nakakuki T, et al., 2009. Stagnant slab: A review. Annual Review of Earth and Planetary Sciences, 37 (1): 19 – 46. DOI: 10. 1146/annurev. earth. 36. 031207. 124224.

Grand S P, 1994. Mantle shear structure beneath the Americas and surrounding oceans. Journal of Geophysical Research Solid Earth, 99 (B6): 11, 591 – 11, 621. DOI: 10. 1029/94JB00042.

Gu Y, Dziewonski A M, Ekstrom G, 2001. Preferential detection of the Lehmann discontinuity beneath continents. Geophysical Research Letters, 28 (24): 4655 – 4558.

Helffrich G, 2000. Topography of the transition zone seismic discontinuity. Geophysical Research Letters, 38 (24): 141 – 158. DOI: 10. 1029/2001gl013679.

Inoue T, Weidner D J, Northrup P A, et al., 1998. Elastic properties of hydrous ringwoodite (γ – phase) in Mg_2SiO_4. Earth & Planetary Science Letters, 160 (1): 107 – 113. DOI: 10. 1016/S0012 – 821X (98) 00077 – 6.

Irifune T, Higo Y, Inoue T, et al., 2008. Sound velocities of majorite garnet and the composition of the mantle transition region. Science, 451 (7180): 814 – 817. DOI: 10. 1038/nature06551.

Irifune T, Ringwood A E, 1993. Phase transformation in subducted oceanic crust and buoyancy relationships at depths of 600 ~ 800 km in the mantle. Earth and Planetary Science Letters, 117 (1 – 2): 101 – 110. DOI: 10. 1016/0012 – 821X (93) 90120 – X.

Jasbinsek J, Dueker K, 2007. Ubiquitous low-velocity layer atop the 410-km discontinuity in the northern Rocky Mountains, Geochem. Geochemistry Geophysics Geosystems, 8 (Q10): Q10004. DOI: 10. 1029/2007GC001661.

Jeanloz R, Thompson A B, 1983. Phase transitions and mantle discontinuities. Rev. Geophys., 21: 51 – 74.

Kennett B L N, Engdahl E R, 1991. Travel times for global earthquake location and phase identification.

Geophysical Journal International, 105 (2): 429 –465, DOI:10. 1111/j. 1365 –246X. 1991. tb06724. x.

Kind R, 1976. Computation of reflection coefficients for layered media. Journal of Geophysical Research, 42: 191 –200.

Lawrence J F, Shearer P M, 2006. A global study of transition zone thickness using receiver functions. Journal of Geophysical Research: Solid Earth, 111 (B6): B06307. DOI: 10. 1029/2005JB003973.

Li X, Kind R, Yuan X, et al., 2003. Seismic observation of narrow plumes in the oceanic upper mantle. Geophysical Research Letters, 30 (6): 1334. DOI: 10. 1029/2002GL015411.

Liu J, Topor L, Navrotsky A, et al., 1996. Calorimetric study of the coesite stishovite transformation and calculation of the phase boundary. Physics and Chemistry of Minerals, 23 (1): 11 – 16. DOI: 10. 1007/bf00202988.

Montalbetti J F, Kanasewich E R, 1970. Enhancement of teleseismic body phases with a polarization filter. Geophysical Journal of the Royal Astronomical, 21 (2): 119 – 129. DOI: 10. 1111/j. 1365 – 246x. 1970. tb01771. x.

Ramesh D S, Ravi Kumar M, Uma Devi E, et al., 2005. Moho geometry and upper mantle images of northeast India. Geophysical Research Letters, 32 (14): 301. DOI: 10. 1029/2005GL022789.

Ringwood A E, 1969. Phase transformations in the mantle. Earth Planetary Science Letters, 5 (68): 401 – 412. DOI: 10. 1016/S0012 –821X (68) 80072 – X.

Schmerr N C, Kelly B M, Thorne M S, 2013. Broadband array observations of the 300 km seismic discontinuity. Geophysical Researsh Letters, 40 (5): 841 –846. DOI: 10. 1002/grl. 50257.

Schultz P, Claerbout J, 1978. Velocity estimation and downward-continuation by wavefront synthesis. Geophysics, 43 (4): 691 –714. DOI: 10. 1190/1. 1440847.

Shearer P M, 1990. Seismic imaging of upper-mantle structure with new evidence for a 520-km discontinuity. Nature, 344 (6262): 121 –126. DOI: 10. 1038/344121a0.

Shen X, Yuan X, Li X, 2014. A ubiquitous low-velocity layer at the base of the mantle transition zone. Geophysical Research Letters, 41 (3), 836 –842.

Shen X, Zhou H, Kawakatsu H, 2008. Mapping the upper mantle discontinuities beneath China with teleseismic receiver functions. Earth Planets Space, 60 (7): 713 –719. DOI: 10. 1186/BF03352819.

Shen Y, Blum J, 2003. Seismic evidence for accumulated oceanic crust above the 660 – km discontinuity beneath southern Africa. Geophysical Research Letters, 30 (18): 1925. DOI: 10. 1029/ 2003GL017991.

Stammler K, 1993. Seismichandler—Programmable multichannel data handler for interactive and automatic processing of seismological analysis. Computers & Geosciences, 19 (2): 135 – 140. DOI: 10. 1016/ 0098 –3004 (93) 90110 –Q.

Stammler K, Kind R, Petersen N, et al., 1992. The upper mantle discontinuities: Correlated or anticorrelated?. Geophysical Research Letters, 19 (15): 1563 –1566. DOI: 10. 1029/92gl01504.

Vacher P, Mocquet A, Sotin C, 1998. Computations of seismic profiles from mineral physics: The importance of the non-olivine components for explaining the 660 km depth discontinuity. Physics of the Earth and Planetary Interiors, 106 (3 –4): 275 –298. DOI: 10. 1016/s0031 –9201 (98) 00076 –4.

Wessel P, Smith W H F, 1998. New, improved version of the Generic Mapping Tool released. Eos Transactions American Geophysical Union, 79 (47): 579. DOI: 10. 1029/98EO000426.

Williams Q, Revenaugh J, 2005. Ancient subduction, mantle eclogite and the 300 km seismic discontinuity. Geology, 33 (1): 1 –4. DOI: 10. 1130/G20968. 1.

位场边缘识别方法在推断地壳断裂中的应用

常畅[1]，杨长保[1]，吴燕冈[1]，张贵宾[2]，陈竞一[3]

❖ 0 引 言

在重磁数据处理与解释工作中，位场边缘识别具有十分重要的意义（Cordell & Grauch，1985；张凤琴 等，2008）。重力异常的线性梯度带或等值线规则扭曲区域，对于寻找断裂构造和地质体边界位置具有指示作用（Cooper & Cowan，2008；陈青 等，2013；郁恒飞，2013；Li et al.，2014；王想 等，2004）。Hood 和 Mcclure（1965）利用磁异常垂直分量的垂向导数与垂向二阶导数零值线位置来确定铅垂台阶的边缘位置。Nabighian（1984）将二维解析信号法应用于二度体磁力异常的边缘识别。Miller 和 Singh（1994）将解析信号相位的概念引入边缘识别，称为斜导数法（tilt derivative）。Wijns（2005）提出了 Theta 图法。肖锋等（2009）利用三种不同埋深的长方体组合模型验证了斜导数法与 Theta 图法的适用性。王万银等（2010）详细介绍了位场边界识别方法的发展，并通过模型试验对垂向二阶导数法、斜导数法、斜导数总水平导数法、Theta 角法、归一化标准差法、总水平导数法、解析信号振幅法等方法进行了对比分析，结果表明，边界增强方法比边界检测方法具有更好的应用效果，上述方法均受起伏观测面的影响，都适用于重力异常处理。王彦国（2013）利用位场归一化差分方法识别边界，取得了较好的应用效果。

本文主要应用了垂向二阶导数法、斜导数法、Theta 角法和位场归一化差分法研究区内的位场边缘识别，对比分析了不同方法在本地区的应用效果及优缺点。

---

1 吉林大学地球探测科学与技术学院，长春，130026；2 中国地质大学地球物理与信息技术学院，北京，100037；3 塔尔萨大学工程与自然科学学院，塔尔萨，Tulsa OK 74137。

✕◆ 1　位场边缘识别方法原理

1.1　垂向二阶导数法（vertical second derivative method）

重力异常函数 F 的 n 阶垂向导数波数域表达式可以表示为

$$\left(\widetilde{\frac{\partial^n F}{\partial_z^n}}\right) = r^n \widetilde{F} \tag{1}$$

即 F 的 n 阶导数的波谱等于 F 的波谱与 r^n 之积，其中，r^n 为 n 阶垂向导数的波数域响应，当 $n=1$ 和 $n=2$ 时，计算结果分别为垂向一阶导数和垂向二阶导数。垂向导数计算相当于高通滤波计算，对于高频成分具有放大作用，对于低频成分具有压制作用。理论上可将重力异常垂向二阶导数的零值线视为地质体或构造边界（Hood et al., 1965）。王万银等（2010）通过模型计算，认为垂向导数法受地质体埋深和磁化方向影响较大；随着导数阶次的增加，零值线位置向模型中心位置靠近；通常情况下，对重力异常做垂向二阶导数计算，对化极磁异常做垂向一阶导数计算。

1.2　斜导数法（tilt Derivative）

斜导数法（Miller et al., 1994）又称倾斜角法，计算公式如下：

$$TA = \tan^{-1}\left(\frac{VDR}{THDR}\right) \tag{2}$$

其中，VDR 为垂直梯度 $\partial F/\partial z$，$THDR$ 为总水平梯度 $\sqrt{(\partial F/\partial x)^2 + (\partial F/\partial y)^2}$。$TA$ 斜导数为垂向导数与总水平导数比值的反正切值，由于是一阶导数的比值，因此能够起到对高频异常与低频异常的平衡作用。通常利用斜导数法的零值线来进行位场边缘识别，王想等（2004）、郭华等（2006）通过理论模型计算，验证了斜导数法的适用性与优缺点。王万银等（2010）通过模型试验研究认为，斜导数法与垂向导数法具有相同的位场边缘识别效果。

1.3　Theta 角法（Theta map）

Theta 角法（Wijns, 2005）是由解析信号法发展而来的，其计算公式为

$$\cos\theta = \frac{THDR}{ASM} \tag{3}$$

其中，ASM 为总梯度模量 $\sqrt{THDR^2 + VDR^2}$，$THDR$ 为总水平导数。Theta 角法可以看作是总梯度模量对总水平导数进行归一化，也可以看作是解析信号与水平方向夹角的余弦。利用其极大值的位置来确定地质体或构造边界位置。Wijns（2005）认为在靠近磁北的低磁纬度地区，Theta 角法相比于解析信号振幅法能够捕捉到更多的边界信息。

1.4　位场归一化差分法（normalized differential method）

位场数据 $f(i, j, 0)$ 在 x、y、z 三个方向的 n 阶差分算子及 n 阶归一化差分 D_{Nn}

（王彦国 等，2013）可表示如下：

x 方向：

$$f_x^{(n)}(i,j) = f_x^{(n-1)}(i+\Delta r,j,-\Delta r) - f_x^{(n-1)}(i-\Delta r,j,-\Delta r) \tag{4}$$

y 方向：

$$f_y^{(n)}(i,j) = f_y^{(n-1)}(i+\Delta r,j,-\Delta r) - f_y^{(n-1)}(i,j-\Delta r,-\Delta r) \tag{5}$$

z 方向：

$$f_z^{(n)}(i,j) = f_z^{(n-1)}(i,j,0) - f_z^{(n-1)}(i,j,-2\Delta r) \tag{6}$$

$$D_{Nn} = \frac{f_z^{(n)}}{A_n} \tag{7}$$

其中，n 阶总差分为

$$A_n = \begin{cases} \sqrt{f_{ix}^{2(n)}+f_{iy}^{2(n)}+f_{iz}^{2(n)}},n \text{ 为奇数} \\ \sqrt{f_x^{2(n)}+f_y^{2(n)}+f_z^{2(n)}},n \text{ 为偶数} \end{cases} \tag{8}$$

$f_{ix}^{(n)}$ 和 $f_{iy}^{(n)}$ 分别是 $f_x^{(n)}$ 和 $f_y^{(n)}$ 进行 90° 相移后的异常，即 $f_{ix}^{(n)} = F^{-1}\{i \cdot F[f_x^{(n)}]\}$，$f_{iy}^{(n)} = F^{-1}\{i \cdot F[f_y^{(n)}]\}$。王彦国等（2013）通过模型试验证明二阶归一化差分方法紧缩了异常梯度带宽度，异常梯度带反映了模型体边界基本形状与实际位置，差分半径相对较大的归一化差分结果受噪声影响较小，并且二阶归一化差分方法在实际重力数据处理中具有较好的应用效果。

◆ 2 黑龙江某地区重力异常边缘识别

2.1 重力异常特征分析

本研究区是小兴安岭与松嫩平原的过渡地带，位于大兴安岭隆起、小兴安岭隆起和松辽断陷三个构造单元所构成的三角区域内（吕宗文 等，1994）。五大连池火山群是小兴安岭火山带的组成之一，属于陆内新生代火山群，发育有 14 座火山锥、11 座盾形火山和百余座岩渣锥火山。从前期收集到的 $1:10^6$ 比例尺布格重力异常数据可知，研究区西、南、东均为布格异常低值区，并且西南部的低值分布范围更广，东部低值区异常等值线圈闭分布范围相对较小。

图 1 为研究区 $1:10^5$ 布格重力异常等值线图，测区面积约 400 km²，野外数据采集的点距和线距均为 1 km，在数据网格预处理阶段以 250 m 作为网格化间距，为了减少边界效应，在进行各项计算之前进行了 5 km 的扩边处理。由布格重力异常等值线图可知，测区重力异常变化范围在 -6.3 ~ 17.4 mGal 之间，测区中部及东北部为正异常区，东部存在一定范围的高值圈闭，测区西南部为负异常区，存在较小范围负异常圈闭。研究区内的尾山处于布格重力异常高值区，老黑山与笔架山处于布格重力异常低值区内。老黑山与笔架山相对规模较大，相对高度分别为 165.9 m、125.3 m，尾山相对高度为 96.6 m（毛翔 等，2010）。王允鹏等（1996）将五大连池火山群划分为 7 个喷发旋回，其中，格拉球为第一喷发旋回，熔岩台地测龄为 (2.076 ± 0.054) Ma；尾山为第四喷

发旋回，熔岩台地测龄为 0.40 ～ 0.57 Ma；笔架山为第五喷发旋回，年龄数据为 0.17～0.19 Ma；老黑山属于第七喷发旋回。老黑山与火烧山喷发属于现代喷发，喷发时间约为 1719—1721 年。姜枚等（1986）通过分析五大连池地区重磁异常资料认为，本地区大范围的火山活动造成了一定程度的深部物质亏损，使得部分火山处于重力相对低值区。部分火山位于局部正异常区则是由于火山喷发导致深部高密度物质上涌，使得此区域岩石密度高于围岩密度，形成相对重力高值区。

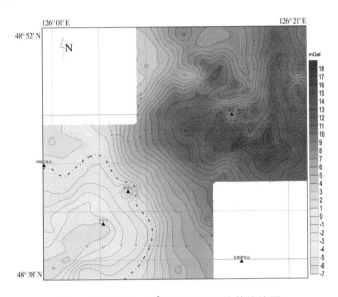

图 1　研究区 1：10^5 布格重力异常等值线图

2.2　多种位场边缘识别方法应用对比分析

图 2 为向上延拓 1000 m 的重力异常垂向二阶导数等值线图。为排除浅部异常的干扰，笔者分别做了向上延拓 100 m、200 m、500 m、1000 m、1500 m、2000 m 的处理，当延拓高度较小时，处理结果中包含有较多的局部干扰信息，随着延拓高度的增加，等值线逐渐平缓，局部的小圈闭逐渐消失。通过对比分析，最终选择对向上延拓 1000 m 的重力异常数据进行垂向二阶导数处理。图 2 的黑色虚线为等值线的零值线，测区东北角、南部呈较为明显的南北向展布，中部存在范围较大的等值线圈闭，零值线方向性不明显。在测区北部以及老黑山地区存在明显的低值圈闭。

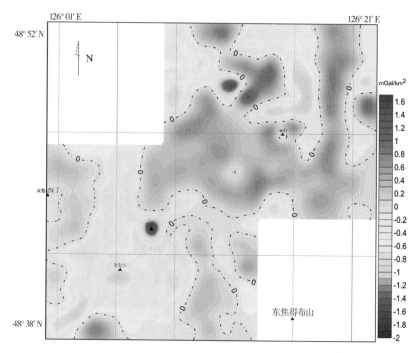

图 2 向上延拓 1000 m 重力异常垂向二阶导数等值线图

图 3 为斜导数法边缘识别等值线图，黑色虚线为等值线零值线。与图 2 对比可知，两种方法的零值线位置与形态总体一致，在体现测区内大范围的梯度带信息上具有一定的相似性。斜导数法在测区西南部有一些小规模零值线圈闭存在，包含了更多的浅部及细节信息。相比于垂向二阶导数法，斜导数法在测区中部及东北部的等值线圈闭及梯度带范围略向外部扩散，相对范围较大。

总体来看，两种方法的处理结果是一致的，在一定程度上增加了结果的可信度与可靠性。通过对比可知，垂向二阶导数法受地质体或断裂构造的埋深影响较大，当对布格重力异常或上延高度较小的重力异常做垂向二阶导数处理时，得到的处理结果包含较多的浅部干扰信息。向上延拓 1000 m 的垂向二阶导数结果与斜导数法结果相似，也进一步印证了斜导数法在平衡高频异常与低频异常方面具有较好的应用效果。

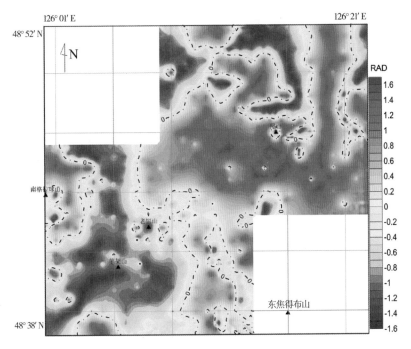

图3 斜导数方法边缘识别等值线图

　　图4为Theta角法边缘识别等值线图，Theta角法所体现的边缘信息与垂向二阶导数、斜导数法相似，测区北部的极大值梯度带相对较窄，东北部条带状明显，但等值线梯度带相对较为宽缓，边缘位置不明显。

　　图5为位场归一化二阶差分法边缘识别等值线图，笔者分别进行了差分半径为1.5、2、3、5的试验计算，结果表明差分半径越小，等值线梯度带越窄、包含的细节信息越多。为了在削弱浅部干扰的同时提升该方法的边缘识别能力，选择了差分半径为3的处理结果。相比于Theta角法，在等值线间隔相同的情况下，位场归一化二阶差分法的等值线梯度带更窄，对位场边缘的定位更加精确。

　　综合对比分析上述4种位场边缘识别方法，处理结果中等值线零值线或异常极大值梯度带的走向与位置是基本相似的，斜导数法与位场归一化二阶差分方法的异常梯度带相对较窄，位场边缘识别的结果更准确。多种方法的综合应用增加了结果的可靠性，起到了不同方法之间互相印证与补充的作用，为下一步的边界信息推断与划分提供依据。

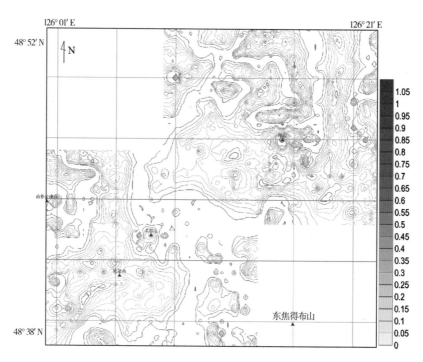

图4　Theta 角法边缘识别等值线图

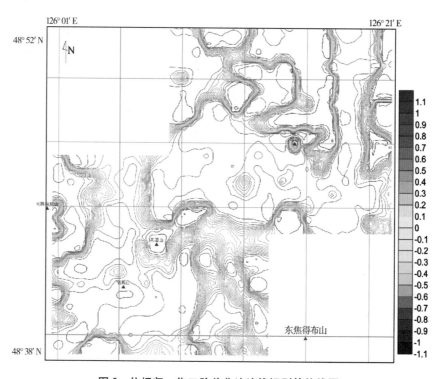

图5　位场归一化二阶差分法边缘识别等值线图

❖ 3 黑龙江某地区断裂推断与认识

五大连池火山群是世界著名的陆内新生代火山群，研究区内包含了尾山、老黑山、笔架山，西部紧邻南格拉球山，东焦得布山位于测区外东南部，研究断裂构造与火山位置分布的关系对于火山活动研究以及火山地区深部地质问题的研究具有十分重要的意义。现有不同研究认为五大连池地区火山分布受 NE、NW 方向断裂控制，断裂呈"井"字形分布，火山锥发育于 NE、NW 断裂交汇处；五大连池地区火山主要沿 NE 方向分布，是由于 NE 走向的断层、裂隙或破碎带形成于火山活动之前，为火山喷发的岩浆运移提供通道；五大连池地区发育有 NE、NW 和近 EW 向断裂，呈网格状分布，火山锥发育于网状断裂的交汇处；五大连池地区有 7 条 NE、NW、近 EW 向断裂（张凤鸣 等，2000；Wang & Chen，2005；吕宗文，1994；毛翔 等，2010）。研究区内的笔架山、老黑山、火烧山、尾山沿 NE 向断裂分布；北格拉球山与南格拉球山沿 NE 向断裂分布。作者根据多种方法位场边缘识别结果并结合工区内遥感断裂解译结果以及尾山地区约 100 km² 的地质图，绘制了如图 6 所示的研究区断裂构造推断示意图，其底图为布格重力异常图。图中绘出的断裂构造在四种位场边缘识别方法中都有出现，并且位于布格重力异常等值线的梯度带或扭曲部位。

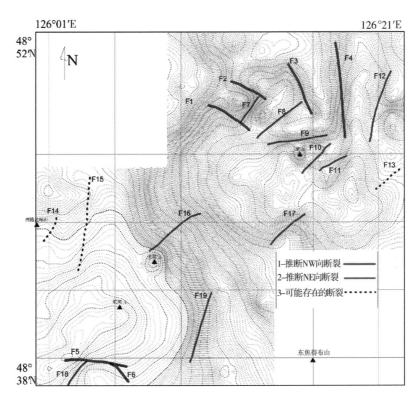

图 6 研究区推断的断裂分布（底图为布格重力异常）

图中共绘制出 19 条断裂构造线，F1—F6 为 NW 走向断裂，其中 F4 为近 NS 走向断裂，F5 为近 EW 走向断裂，用黑色粗线标记；F7—F19 为 NE 走向断裂构造线，用黑色细线标记，其中黑色虚线为可能存在的断裂构造线。由图 6 可以看出，测区东北部断裂构造线分布较多，主要围绕尾山地区展布。F7—F11 之间无明显的切割关系，交替分布于尾山周围，都为 NE 走向断裂。F1—F4 都为 NW 走向断裂，与 F12、F13 呈发散状分布于尾山外围，其位置和形态与地质图中的放射状火山断裂相似，推断研究区东北部的断裂构造与尾山地区火山运动的岩浆喷发与冷凝等过程相关，其中，F1—F3、F7—F8 呈现出 F1 与 F2 切割 F7，F3 切割 F8 的切割关系。F16 位于老黑山北侧，处在等值线略有错动变形区域，位于尾山、老黑山、笔架山火山锥位置连线上。测区西南角呈现 F5 切割 F18 与 F6 的切割关系，其中 F5 的位置与毛翔等（2010）推断的卧虎山—药泉山断裂位置相近；F6 与南格拉球山—笔架山—药泉山断裂、F18 与笔架山—老黑山—火烧山—尾山断裂西南角末端的位置与形态相近，推测 F18 与 F16 位于同一断裂构造带上，即 NE 向笔架山—老黑山—火烧山—尾山断裂构造带上。此外，位于相对重力低值区的笔架山和老黑山与位于相对重力高值区的尾山周围的断裂构造线的数量与分布形态相差较大，这可能与不同火山机构的形成机制相关。

4 结 论

（1）分析结果表明，4 种处理方法得到的异常等值线整体趋势相近。垂向二阶导数法和斜导数法利用零值线来推断位场边缘位置。两种方法相比，垂向二阶导数法受埋深影响较大，当对布格重力异常或上延高度较小的重力异常做垂向二阶导数处理时，得到的处理结果包含较多的浅部干扰信息。向上延拓 1000 m 的垂向二阶导数结果与斜导数法结果相似，也进一步印证了斜导数法在平衡高频异常与低频异常方面具有较好的应用效果。

Theta 角法和位场归一化二阶差分法利用等值线极大值位置来推断位场边缘位置。通过对这两种方法的对比研究，Theta 角法具有比较宽的异常梯度带。位场归一化二阶差分方法的处理结果中，异常梯度带相对较窄，具有较高的识别精度。多种方法的综合应用增加了结果的可靠性，起到了不同方法之间互相印证与补充的作用，为下一步的边界信息推断与划分提供依据。

（2）本文通过分析相对布格重力异常特征，结合多种位场边缘识别处理结果以及测区内遥感解译结果和地质图，对测区内断裂构造分布特征进行了推断与分析，共划分出 19 条断裂构造线，其中，NW 向 6 条，NE 向 13 条，并探讨了断裂构造与火山分布的关系，为今后本研究区的地质工作提供参考。此外，笔架山、老黑山与尾山地区不同的断裂构造分布特征还需进一步结合火山的形成机制予以探讨和分析。

参 考 文 献

Chen Q, Yuan B Q, Dong Y P, et al., 2013. The new methods to study fault structure by gravity data and applications to TANA sag in Kenya. Journal of Northwest University: Natural Science Edition (in Chinese), 43 (4): 599 – 605.

Cooper G R J, Cowan D R, 2008. Edge enhancement of potential-field data using normalized statistics. Geophysics, 73 (3): H1 – H4.

Cordell L, Grauch V J S, 1985. Mapping basement magnetization zones from aeromagnetic data in the San Juan basin, New Mexico // Hinze W J (Ed.). The utility of regional gravity and magnetic anomaly. [s. l.]: Society of Exploration Geophysicists: 181 – 197.

Guo H, Wu Y G, Gao T, 2006. The research of theories model in time area with the method of Tilt derivative in gravity. Journal of Jilin University (Earth Science Edition) (in Chinese) (S2): 9 – 14.

Hood P, Mcclure D J, 1965. Gradient measurements in ground magnetic prospecting. Geophysics, 30 (3): 403 – 410.

Huan H F, 2013. Study on integrated processing and interpretation of gravity data for the application in sylvite mine (in Chinese). Changchun: Jilin University.

Jiang M, 1986. Geophysical characteristics and deep-seated structures of the Wudalianchi volcanic area// Bulletin of The Institute of Mineral Deposits Chinese Academy of Geological Sciences (in Chinese). Geological Publishing House: 222 – 230.

Li L, Wu Y G, Yang C B, 2014. Several boundary identification methods of gravity data and application in Vientiane of Laos area. Global geology, 17 (1): 55 – 61.

Lv Z W, 1994. Volcanic structure of the present-day volcanic group Wudalianchi and its forming mechanism. Volcanology and Mineral Resources (in Chinese) (1): 5 – 21.

Mao X, Li J H, et al., 2010. Vent Distribution of Wudalianchi Volcanoes Heilongjiang Province, China, and its relation to faults. Geological Journal of China Universities (in Chinese), 16 (2): 226 – 235.

Miller H G, Singh V, 1994. Potential filed tilt—a new concept for location of potential field sources. Journal of Applied Geophysics, 32 (2 – 3): 213 – 217.

Nabighian M N, 1984. Toward a three-dimensional automatic interpretation of potential field data via generalized Hilbert transforms: fundamental relations. Geophysics, 49: 780 – 786.

Wang W Y, Qiu Z Y, Yang Y, et al., 2010. Some advances in the edge recognition of the potential field. Progress in Geophysics (in Chinese), 25 (1): 196 – 210.

Wang X, LI T L, 2004. Locating the boundaries of magnetic or gravity sources with T_{dr} and $T_{dr} – Th_{dr}$ methods. Progress in Geophysics (in Chinese), 19 (3): 625 – 630.

Wang Y G, 2013. Study and application of high-precision methods in potential-field data processing (in Chinese). Changchun: Jilin University.

Wang Y P, Mu L X, 1996. Activity regularity and characteristics of Wudalianchi volcanoes. Heilongjiang Geology (in Chinese) (4): 1 – 7.

Wang Y, Chen H Z, 2005. Tectonic controls on the Pleistocene – Holocene Wudalianchi volcanic field (northeastern China). Journal of asian earth sciences, 24 (4): 419 – 431.

Wijns C, 2005. Theta map: Edge detection in magnetic data. Geophysics, 70 (4): 39 – 43.

Xiao F, 2009. Study on gravity data processing method and apply it to sylvite mine exploration (in Chinese). Changchun: Jilin University.

Zhang F M, Xu X Y, et al., 2000. The volcano tectonic environment and earthquake activity in Wudalianchi. Journal of Natural Disasters (in Chinese) (3): 133 – 137.

Zhang F Q，Zhu H Y，Zhang F X，et al., 2008. Study and application of normalized full gradient of gravity anomalies and phase based on DCT identifying fracture. Global Geology（in Chinese），27（1）：83 – 88.

陈青，袁炳强，董云鹏，等，2013. 断裂识别新方法及其在肯尼亚 Tana 凹陷中的应用. 西北大学学报（自然科学版），43（4）：599 – 605.

郭华，吴燕冈，高铁，2006. 重力斜导数方法在时间域中的理论模型与研究. 吉林大学学报（地球科学版）（S2）：9 – 14.

郇恒飞，2013. 重力数据综合处理与解释在钾盐矿区的应用研究. 长春：吉林大学.

姜枚，1986. 五大连池火山区的地球物理特征//矿床地质研究所. 中国地质科学院矿床地质研究所文集（18）. 地质出版社：222 – 230.

吕宗文，1994. 黑龙江五大连池火山群现代火山构造及其形成机制. 火山地质与矿产（1）：5 – 21.

毛翔，李江海，高危言，等，2010. 黑龙江五大连池火山群火山分布与断裂关系新认识. 高校地质学报，16（2）：226 – 235.

王万银，邱之云，杨永，等，2010. 位场边缘识别方法研究进展. 地球物理学进展，25（1）：196 – 210.

王想，李桐林，2004. Tilt 梯度及其水平导数提取重磁源边界位置. 地球物理学进展，19（3）：625 – 630.

王彦国，2013. 位场数据处理的高精度方法研究及应用. 长春：吉林大学.

王允鹏，穆丽霞，1996. 五大连池火山活动规律及特征. 黑龙江地质（4）：1 – 7.

肖锋，2009. 重力数据处理方法的研究及其在钾盐矿勘探中的应用. 长春：吉林大学.

张凤鸣，许晓艳，张守国，等，2000. 五大连池火山构造环境与地震活动. 自然灾害学报（3）：133 – 137.

张凤琴，朱洪英，张凤旭，等，2008. 基于 DCT 的重力归一化总梯度及相位在识别断裂构造中的研究与应用. 世界地质（1）：83 – 88.